U0821088

兽医（犬猫）临床病例分析

Canine and Feline Clinical Case Analysis for Veterinarian

夏兆飞　主编

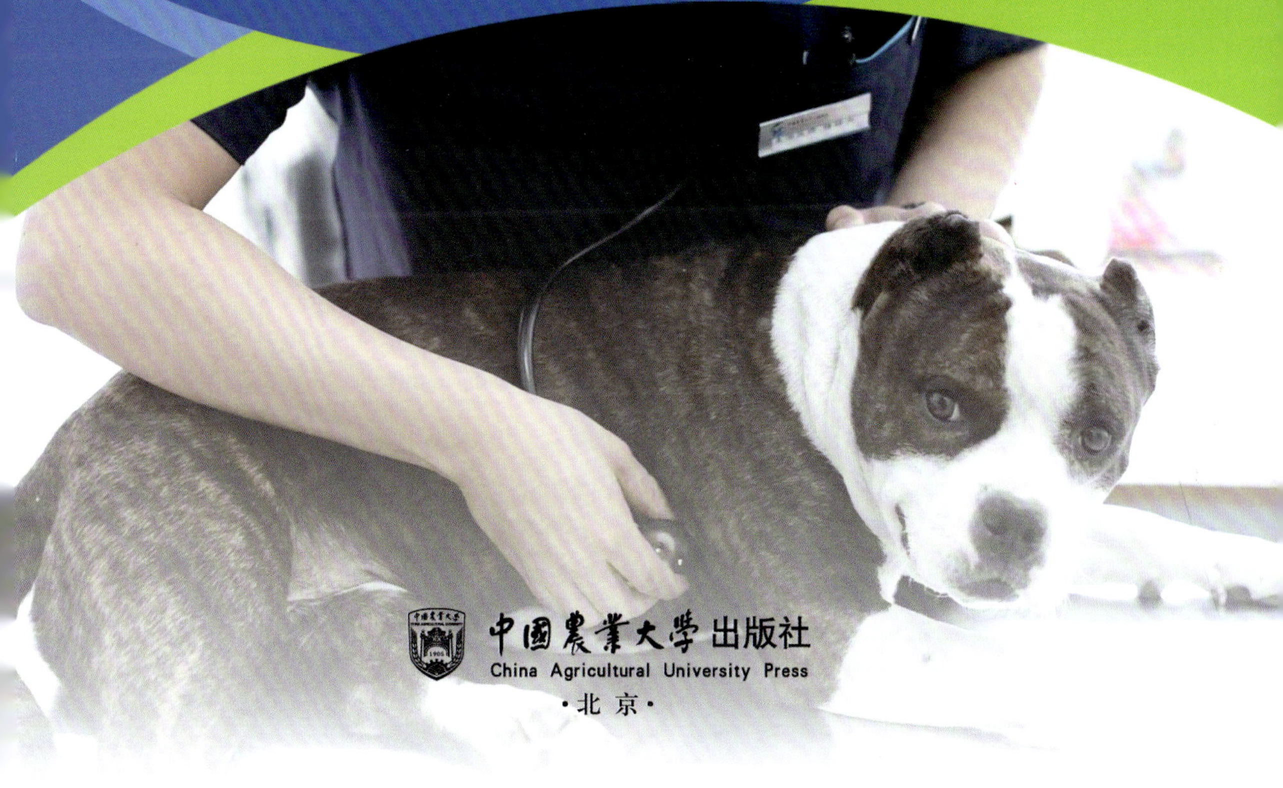

中国农业大学出版社
China Agricultural University Press
·北京·

图书在版编目（CIP）数据

兽医（犬猫）临床病例分析 / 夏兆飞主编. —北京：中国农业大学出版社，2023.5

ISBN 978-7-5655-2675-6

Ⅰ.①兽…　Ⅱ.①夏…　Ⅲ.①兽医 - 病案 - 分析　Ⅳ.①S85

中国版本图书馆CIP数据核字（2021）第 259479 号

书　名　兽医（犬猫）临床病例分析
作　者　夏兆飞　主编

策划编辑　梁爱荣　宋俊果　　**责任编辑**　梁爱荣
封面设计　李尘工作室
出版发行　中国农业大学出版社
社　址　北京市海淀区圆明园西路 2 号　　**邮政编码**　100193
电　话　发行部 010-62818525，8625　　读者服务部 010-62732336
编辑部 010-62732617，2618　　出　版　部 010-62733440
网　址　http://www.caupress.cn　　**E-mail**　cbsszs@cau.edu.cn
经　销　新华书店
印　刷　涿州市星河印刷有限公司
版　次　2023 年 5 月第 1 版　　2023 年 5 月第 1 次印刷
规　格　185 mm × 260 mm　　16 开本　　25 印张　　460 千字
定　价　168.00 元

图书如有质量问题本社发行部负责调换

编写人员

主　　编　夏兆飞

副主编　傅梦竹　陈艳云　周雳威　张海霞　陈丝雨

参编人员（按姓氏拼音排序）

白　鹤　白　璐　陈诗佳音　陈丝雨　陈艳云

丛心宇　戴榕全　范静怡　傅梦竹　黄　薇

黄　欣　季玲西　蒋艺佳　蒋玉洁　缴　莹

邝　怡　李安琪　李格宾　李浩运　李慧侠

李　晶　李一帆　李祎宇　李　艺　林如莹

刘嘉怡　刘小萍　刘雨洁　娄银莹　陆梓杰

马超贤　毛双兰　曲　艺　阮　丽　苏　畅

孙艳争　唐玉洁　田一男　汪艺玮　王佳尧

王　敏　王思莹　王依荻　魏苗苗　魏　琦

吴海燕　夏兆飞　向雅頔　肖　园　辛　良

熊　欣　许楚楚　杨文娟　张　彬　张　琼

张　润　张　艺　张海霞　张兆霞　张志轩

郑栋强　周雳威　周娅楠　周媛媛　朱　军

前　言

国内小动物兽医临床诊疗从起步至今已有30余年，随着行业的成熟和教育水平的提升，临床技术得到迅速发展，许多疑难杂症现在也有了标准的诊断和治疗方法。但是，不同地区的兽医教育资源存在不均等的现实问题，制约了高水平兽医人才梯队的建设工作。

习近平总书记在党的二十大报告中指出“科技是第一生产力、人才是第一资源、创新是第一动力”“实施科教兴国战略，强化现代化建设人才支撑”。人才是引领行业发展的第一资源，而教材是人才培养的主要剧本。为了推动小动物临床诊疗高水平人才建设，满足在校学生和年轻临床兽医的学习需求，我们邀请在中国农业大学教学动物医院和其他大型动物医院工作的资深兽医共同撰写了《兽医(犬猫)临床病例分析》一书。

本书共列举了76个病例，每个病例均从就诊原因、体格检查、问题列表、鉴别诊断出发，提出怀疑的疾病，并用后续的实验室检查、影像学检查等特殊检查方法进行验证，有些疾病相对复杂，还需要治疗后再进一步诊断。确诊之后，详细介绍了每个病例的治疗计划和治疗方案。本书的诊断流程和治疗方案主要参照国际推荐的诊疗指南，具有广泛性和共识性。

为了完成这些病例的总结分析，每个参编人员均查阅了大量文献，多次讨论，精益求精，力求科学、准确。然而，鉴于目前国内兽医临床发展水平，以及大家的认知局限，本书所列举的病例仍然会存在一些争议，不妥之处，恳请读者反馈给出版社，再版时一定更正。

本教材得到中国农业大学研究生教材建设项目资助（JC201901）。

虽然兽医临床书籍越来越多，但完整的病例分析思维训练的书少之又少。借此机会，我们把所学浓缩成完整的病例总结，衷心祝愿在校学生和年轻兽医能好好利用此书，意气风发，携手共进，将小动物兽医临床事业推向新的高度。

夏兆飞

2023年2月

缩略词

ACTH	促肾上腺皮质激素
AO	主动脉
aPTT	活化部分凝血活酶时间
ATE	动脉血栓栓塞
BAR	活泼、警觉、反应
BCS	体况评分
BID	每日 2 次
BW	体重
CBC	全血细胞计数
CCV	犬冠状病毒
CHF	充血性心力衰竭
CKD	慢性肾病
cPL	犬胰腺特异性脂肪酶
CPV	犬细小病毒
CRI	恒速输注
CRP	C- 反应蛋白
CRT	毛细血管再充盈时间
CT	电子计算机断层扫描
DNA	脱氧核糖核酸
ELISA	酶联免疫吸附试验
EPO	促红细胞生成素
FCV	猫杯状病毒
FeLV	猫白血病病毒
FHV	猫疱疹病毒
FIP	猫传染性腹膜炎
FIV	猫免疫缺陷性病毒
fPL	猫胰腺特异性脂肪酶
GFR	肾小球滤过率
HAC	肾上腺皮质功能亢进
HCM	肥厚型心肌病

IgE	免疫球蛋白 E
IgM	免疫球蛋白 M
IL–1	白介素 -1
IU	国际单位
IV	静脉注射
IVSd	舒张期室间隔厚度
LA	左心房
LDD	低剂量地塞米松
LMN	下运动神经元
LVPWd	舒张期游离壁厚度
MRI	磁共振成像
NSAIDs	非甾体类抗炎药
pH	酸碱度
QAR	安静、警觉、反应
RNA	核糖核酸
SAA	血清淀粉样蛋白 A
SBP	收缩压
SC	皮下注射
SDMA	对称性二甲基精氨酸
SID	每日 1 次
SIRS	全身炎症反应综合征
STT	泪液量测试
PARR	抗原克隆受体重排聚合酶链式反应
PCR	聚合酶链式反应
PO	口服
PSS	门静脉短路
PT	凝血酶原时间
PTH	甲状旁腺激素
TD/TI	气管与胸腔入口处直径之比
UPC	尿液蛋白肌酐比

目　录

案例 1
CASE 1

犬免疫介导性溶血性贫血

1. 基本信息和病史

雪纳瑞犬，9 岁，雌性，单独饲养，平时活动范围为所居住的小区。日常食物以犬粮为主，偶尔吃餐桌食物（可能含葱类食物）。近几年没有定期进行免疫驱虫。就诊前一段时间内无旅行史，无既往病史和用药史。

近两周患犬精神差，食欲差，活动能力下降。

2. 体格检查

患犬精神沉郁，体况评分（BCS）：5/9，体温 39.6℃（皮温），心率 150 次 /min，呼吸频率 40 次 /min。黏膜黄染苍白，毛细血管再充盈时间（CRT）＜ 2 s。腹部触诊未见明显异常。

3. 问题列表

黏膜黄染苍白、心动过速、呼吸偏快、体温升高。

4. 鉴别诊断

溶血性贫血（免疫介导性、传染性、寄生虫等）、肝脏损伤、胆道阻塞等。

5. 初步诊断计划

诊断项目：全血细胞计数（CBC）、生化检查、尿液检查、库姆斯试验、IDEXX 4Dx 检查（犬埃里希体抗体、犬无形体抗体、莱姆病抗体、心丝虫抗原）、巴贝斯虫 PCR 检查、腹部超声检查。

6. 初步检查结果

CBC 检查结果见表 1–1。血涂片检查见图 1–1。生化检查结果见表 1–2。尿液检查结果见表 1–3。其他实验室检查结果见表 1–4。腹部超声检查结果见图 1–2。

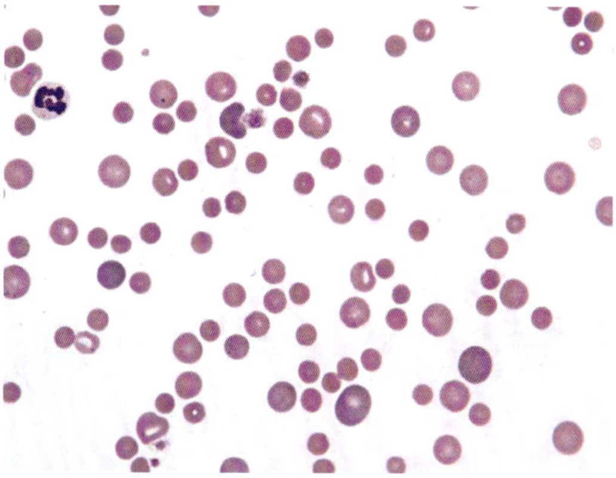

图 1–1

血涂片检查（瑞氏吉姆萨染色，1 000 ×）

表 1-1　CBC 检查结果

检查项目	结果	参考范围
红细胞总数（RBC）	2.04×10^{12}/L	5.1×10^{12} ～ 7.6×10^{12}/L
红细胞比容（HCT）	16.9%	35% ～ 52%
血红蛋白浓度（HGB）	54 g/L	124 ～ 192 g/L
网织红细胞（RETIC）	127.3×10^3/μL	19.4×10^3 ～ 110.0×10^3/μL
平均红细胞体积（MCV）	82.8 fL	60 ～ 71 fL
平均红细胞血红蛋白浓度（MCHC）	320 g/L	320 ～ 380 g/L
红细胞分布宽度（RDW）	23.1%	13.2% ～ 19.1%
白细胞总数（WBC）	48.29×10^9/L	5.6×10^9 ～ 18.4×10^9 /L
分叶中性粒细胞（SEG）	35.25×10^9/L	2.9×10^9 ～ 13.6×10^9/L
杆状中性粒细胞（BAND）	6.7	—
淋巴细胞（LYM）	1.41×10^9/L	1.1×10^9 ～ 5.3×10^9/L
单核细胞（MONO）	4.3×10^9/L	0.4×10^9 ～ 1.6×10^9/L
嗜酸性粒细胞（EOS）	0×10^9/L	0 ～ 3.1×10^9/L
嗜碱性粒细胞（BASO）	0×10^9/L	0.0 ～ 0.1×10^9/L
血小板（PLT）	56×10^3/μL	148×10^3 ～ 484×10^3/μL
镜检结果	球形红细胞 +；多染性红细胞 +，有核红细胞：13 个 /100 个白细胞；未见血液寄生虫； 中性粒细胞呈轻度中毒性变化 血小板：3 ～ 5 个 / 油镜视野	

表 1-2　生化检查结果

检查项目	结果	参考范围
总胆红素（TBIL）	13.7 mg/dL	0.0 ～ 0.8 mg/dL
总蛋白（TP）	7.0 g/dL	5.5 ～ 7.2 g/dL
白蛋白（ALB）	3.0 g/dL	3.2 ～ 4.1 g/dL
球蛋白（GLOB）	4.0 g/dL	1.9 ～ 3.7 g/dL
白球比（A/G）	0.75	0.9 ～ 1.9
葡萄糖（GLU）	158 mg/dL	68 ～ 104 mg/dL
丙氨酸氨基转移酶（ALT）	52 U/L	17 ～ 95 U/L
天门冬氨酸氨基转移酶（AST）	46 U/L	10 ～ 56 U/L
碱性磷酸酶（ALP）	327 U/L	7 ～ 115 U/L
γ- 谷氨酰转肽酶（GGT）	3 U/L	0 ～ 8 U/L
胆汁酸（TBA）	20 μmol/L	0 ～ 25 μmol/L
尿素（UREA）	45.0 mg/dL	19.0 ～ 55.7 mg/dL
肌酐（CREA）	1.0 mg/dL	0.6 ～ 1.4 mg/dL
磷（P）	4.8 mg/dL	2.7 ～ 5.4 mg/dL
钙（Ca）	10.04 mg/dL	9.4 ～ 12.0 mg/dL
总胆固醇（CHOL）	204.5 mg/dL	139 ～ 392 mg/dL
甘油三酯（TG）	100 mg/dL	23 ～ 102 mg/dL

续表 1-2

检查项目	结果	参考范围
肌酸激酶（CK）	174 U/L	0 ～ 314 U/L
钾（K）	3.5 mmol/L	4.1 ～ 5.4 mmol/L
钠（Na）	148 mmol/L	143 ～ 150 mmol/L
氯（Cl）	113 mmol/L	106 ～ 114 mmol/L

表 1-3　尿液检查结果

物理性质和化学性质		尿沉渣检查	
检查项目	检查结果	检查项目	检查结果
颜色	黄色	红细胞	未见
透明度	微浊	白细胞	未见
比重	1.039	移行上皮细胞	未见
pH	5.5	鳞状上皮细胞	0 ～ 1 个 /hpf
潜血	阴性	管型	未见
蛋白	++	结晶	未见
葡萄糖	阴性	脂滴	10～20 个 /hpf
酮体	阴性	微生物	未见
尿胆红素	+++	采样方式	穿刺取尿

表 1-4　其他实验室检查结果

检查项目	结果
犬库姆斯试验	阳性（+）
犬心丝虫抗原	阴性（-）
埃里希体	阴性（-）
犬莱姆病抗体	阴性（-）
犬无形体抗体	阴性（-）
巴贝斯虫属 PCR	阴性（-）

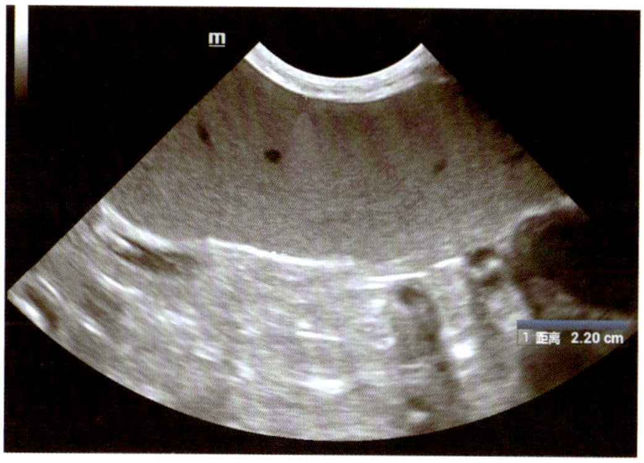

图 1-2

脾脏超声图

7. 初步检查结果分析

7.1　CBC 结果

红细胞象：HCT 为 16.9%，提示严重贫血；网织红细胞为 $127.3\times10^3/\mu L$，结合镜检可见多染性红细胞，提示为再生性贫血。血涂片检查可见球形红细胞＞ 5 个 / 油镜视野，提示存在免疫破坏。应进一步排查免疫介导性因素。

白细胞象：中性粒细胞、杆状中性粒细胞和单核细胞数量升高，以及镜检可见中性粒细胞呈中毒性变化，均提示严重炎症。

血小板象：人工镜检和机器计数提示严重的血小板减少症，主要鉴别为血小板破坏增加、消耗增加、扣押以及生成减少。结合血细胞象，推测可能与血小板免疫破坏有关。

7.2　血清生化检查结果

高胆红素血症：高胆红素血症可分肝前性、肝性和肝后性。由于其他肝酶和肝胆指标未见明显异常，超声未见明显肝脏形态异常，可排除肝性和肝后性因素。该病例高胆红素血症主要原因是红细胞被破坏，产生血红蛋白，经肝脏代谢生成过量胆红素进入血液。

轻度低白蛋白血症伴球蛋白升高：白蛋白轻度下降，主要考虑合成减少（肝脏）、急性期反应、丢失增加、恶病质及消化不良等因素。该病例肝胆指标提示肝脏疾病导致的合成减少可能性低。病史及生化结果也不提示胃肠道或肾脏丢失。结合球蛋白升高，提示可能存在感染、炎症、免疫介导等因素。

ALP 轻度升高：ALP 对临床疾病的特异性较低，本病例 ALP 升高原因可能由于慢性疾病状态导致内源性皮质醇升高，引起 ALP 轻度升高。

钾轻度降低：本病例钾离子下降可能和患犬近期食欲下降、摄入减少有关。

7.3 尿液检查结果

尿胆红素含量升高，主要原因是红细胞大量破坏导致过量胆红素通过血液进入尿液。

7.4 超声检查结果

脾脏轮廓平滑，脾尾轻度钝圆。其他未见明显异常。

超声提示：脾脏轻度增大，结合动物严重贫血，可能和髓外造血相关。

7.5 其他检查结果

库姆斯试验结果：阳性（+），提示存在免疫破坏。

贫血相关常见病原检查和巴贝斯虫结果均呈阴性，排除可排查的感染性因素造成的贫血。

8. 诊断

结合病史及各种检查结果，本病例被诊断为免疫介导性溶血性贫血（immune-mediated hemolytic anemia，IMHA）。

9. 治疗及转归

患犬就诊时有严重贫血，并有继续下降趋势，首先进行输血治疗（300 mL 新鲜全血）。口服泼尼松龙［3 mg/（kg·d）］，并使用多西环素［10 mg/（kg·d）］预防潜在感染，三周后 HCT 恢复正常，血涂片未见球形红细胞，总胆红素含量降至正常范围。泼尼松龙剂量减至 2mg（kg·d）持续 3 周，之后以 1mg（kg·d）剂量使用 3 周，之后以 1mg（kg·d）剂量隔日使用 3 周停药。期间患犬复查，HCT 维持正常范围，患犬精神状态良好，饮食欲良好。每周监测血常规，连续 4 周，未见复发。

10. 讨论

IMHA 是犬较常发的免疫介导性疾病，病理机制是红细胞被免疫球蛋白破坏引起血管内溶血。或被抗体包被，被巨噬细胞吞噬引起血管外溶血，IMHA 可造成动物急性严重贫血。本病例就诊时虚弱，提示急性发病。黏膜黄白，提示贫血，应通过血常规检查确认贫血的严重程度及类型。血常规显示，网织红细胞数量升高，提示再生性贫血。IMHA 动物通常伴有炎症，可能和骨髓非特异性造血或免疫破坏导致组织坏死引起的炎症有关。本病例中，白细胞明显升高、中性粒细胞伴有中毒性变化、球蛋白升高，均提示患犬存在炎症。

IMHA 的诊断要点包括免疫破坏指征和溶血表现。免疫破坏指征包括：球形红细胞数量显著增加、自体凝集阳性、抗红细胞抗体检测阳性；溶血表现包括高胆红素血症、血红蛋白血症 / 血红蛋白尿、影细胞。确诊动物发生贫血后，下一步应评估免疫介导性破坏和溶血表现，至少存在 2 种免疫破坏指标和 1 种溶血表现，才能确诊 IMHA。本病例血涂片中可见球形红细胞数量明显上升和库姆斯试验阳性，生化结果可见高胆红素血症。符合免疫破坏和溶血表现，可诊断为 IMHA。另外 B 超检查可见脾脏增大，可能和髓外造血相关。

IMHA 可能由感染、肿瘤、药物、疫苗和炎症等原因造成，当 IMHA 由潜在疾病引发时，认为是继发性 IMHA；如果未发现病因，认为是原发性 IMHA。对于 IMHA 的诊疗，应排除可能引起免疫破坏的潜在因素，避免长期免疫抑制治疗造成严重的副作用。本病例就诊时对常见感染性因素进行排查，并在治疗时对可能存在的其他感染因素进行控制，还结合病史及其他检查排除药物和其他疾病造成的免疫破坏。

IMHA 治疗方案包括免疫抑制和支持治疗。免疫抑制治疗一线用药是糖皮质激素，泼尼松或泼尼松龙，推荐初始口服剂量为 2 ～ 3 mg /（kg · d）。如果效果不理想，或对糖皮质激素副反应较大，可以添加第二种免疫抑制药物，推荐药物有硫唑嘌呤［2 mg/kg 或 50 mg/m^2 PO（口服，后同）q24 h（每 24 h 一次，后同）］或环孢霉素［5 mg/kg PO q12 h（每 12 h 一次）］。经过治疗，HCT > 30%，持续稳定 2 周，且大多数指标（包括球形红细胞增多、自体凝集、血清胆红素浓度和网织红细胞计数）有改善时，可逐渐降低泼尼松龙的用量（25% 的下调幅度）。支持治疗包括输血和其他对症支持治疗。本病例就诊时出现组织供氧减少相关临床特征（心动过速、呼吸偏快），输血缓解症状后，进行免疫抑制治疗，并用多西环素控制潜在的病原。患犬对泼尼松龙反应良好，治疗两周 HCT 稳步升高，多项指标有改善，逐渐减量至停药，停药后连续 4 周监测指标，未见复发。

◆ 参考文献

1. Garden O A, Kidd L, Mexas A M, et al. ACVIM consensus statement on the diagnosis of immune-mediated hemolytic anemia in dogs and cats[J]. Journal of Veterinary Internal Medicine, 2019, 33(2): 313-334.
2. Swann J W, Garden O A, Fellman C L, et al. ACVIM consensus statement on the treatment of immune-mediated hemolytic anemia in dogs[J]. Journal of Veterinary Internal Medicine, 2019, 33(3): 1141-1172.
3. Villiers E, Ristić J. BSAVA manual of canine and feline clinical pathology[M].3rd ed. Wales: British Small Animal Veterinary Association, 2016.

CASE 2

案例 2

犬免疫介导性血小板减少症

1. 基本信息和病史

迷你贵宾犬，5 岁，雄性已去势。室内饲养，室外牵遛，就诊前一段时间内无旅行史。常规免疫。2 个月前进行体外驱虫，未曾进行体内驱虫。

5 d 前美容时发现蜱虫，自行拔除，美容结束后，发现皮肤存在广泛性出血斑。期间饮食欲尚可，排尿排便未见明显异常。于家中观察 2 d 后，前往附近诊所就诊，症状未见明显改善，且患犬精神日渐沉郁，饮食欲废绝。排尿红棕色，主观评价尿量增加，大便深棕色。

2. 体格检查

患犬精神紧张，对操作表现攻击性。心率 152 次 /min，左侧心尖部收缩期心杂音 1 ～ 2/6 级，呼吸急促，肛温 39.8 ℃；中度黏膜苍白，CRT ≈ 1.5 s，脱水＜ 5%。临床检查期间排尿一次，尿色偏红。患犬体表存在多处瘀斑，主要位于后腹部、阴茎两侧、腹股沟、股骨内侧、左前肢腋下皮肤；多处瘀点，主要位于阴茎黏膜（图 2-1）、外耳廓内侧。

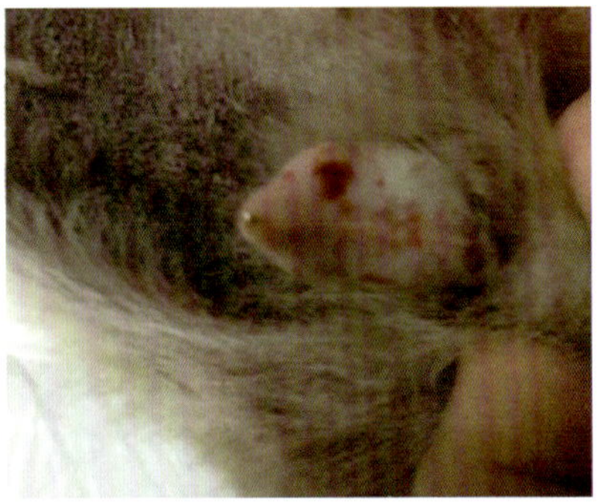

图 2-1

治疗前阴茎黏膜瘀点

3. 问题列表

体表瘀点瘀斑、尿色异常（红色）、黏膜苍白。

4. 鉴别诊断

血小板减少症、寄生虫感染、免疫介导性溶血。

5. 初步诊断计划

诊断项目：血常规检查、尿液检查、凝血功能检查、寄生虫疾病排查。

6. 初步检查结果

血常规结果见表 2-1。尿常规结果见表 2-2。凝血检查结果见表 2-3。

表 2–1　血常规检查结果

检查项目	结果	参考范围
红细胞总数（RBC）	2.89×10^{12}/L	5.65×10^{12} ～ 8.87×10^{12}/L
红细胞比容（HCT）	18.3%	37.3% ～ 61.7%
血红蛋白（HGB）	6.8 g/dL	13.1 ～ 20.5 g/dL
平均红细胞体积（MCV）	63.3 fL	61.6 ～ 73.5 fL
平均红细胞血红蛋白浓度（MCHC）	37.2 g/dL	32.0 ～ 37.9 g/dL
网织红细胞（RETIC）	105.8×10^{3}/μL	10.0×10^{3} ～ 110.0×10^{3}/μL
白细胞总数（WBC）	23.94×10^{9}/L	5.05×10^{9} ～ 16.76×10^{9}/L
中性粒细胞（NEU）	16.22×10^{9}/L	2.95×10^{9} ～ 11.64×10^{9}/L
血小板（PLT）	0 /μL	148×10^{3} ～ 484×10^{3} /μL
镜检：多染性 RBC 少量；自体凝集试验阴性；未见血液寄生虫；WBC 未见明显形态异常；片中未见 PLT		

表 2–2　尿常规检查结果

物理性质和化学性质检查		尿沉渣检查	
检查项目	检查结果	检查项目	检查结果
颜色	浅红色	RBC	大量
透明度	微浊	WBC	0 ～ 1 个 /hpf
比重	1.039	移行上皮细胞	未见
pH	8.5	鳞状上皮细胞	未见
潜血	+	管型	未见
蛋白	+++	结晶	未见
葡萄糖	–	脂滴	0 ～ 4 个 /hpf
酮体	+	微生物	球菌（+）
尿胆红素	+	采样方式	接尿
尿胆原	3.2 μmol/L		

表 2–3　凝血检查结果

检查项目	结果	参考范围
凝血酶原时间（PT）	14 s	11 ～ 14 s
活化部分凝血活酶时间（aPTT）	80 s	60 ～ 93 s

PCR 检查结果：吉氏巴贝斯虫阴性，犬巴贝斯虫阴性。

IDEXX SNAP 4Dx：阴性。

7. 初步检查结果分析

7.1　血常规检查结果

红细胞象：重度贫血，多染性红细胞提示存在再生反应；自体凝集试验阴性，提示 IMHA 的可能性较低。

白细胞象：中性粒细胞数轻度增高，可能提示存在急性炎性反应。

血小板象：血小板重度减少，计数为 0，镜检未见 PLT。重度 PLT 减少通常提示存在免疫介导性病因。

7.2　尿液检查结果

红尿：镜检可见大量完整的红细胞，提示血尿。

7.3　凝血检查结果

对凝血功能进行检测，PT 和 aPTT 均在参考范围之内，未见凝血功能异常倾向。提示当前的凝血异常可能存在于初级凝血阶段，而非次级凝血阶段。

7.4　寄生虫与传染病病原检查结果

针对可能引起血小板减少的病原进行筛查，常见的寄生虫病原与传染病病原均为阴性，未见能引发继发性免疫介导性疾病的原发病因，提示本病例的免疫介导性病因更倾向于原发性。

8. 诊断

结合病史、体格检查和实验室检查结果，本病例存在与初级凝血异常相关的进行性出血。根据血小板减少的程度，结合病因排查诊断结果，初步诊断为原发性免疫介导性血小板减少症，伴有重度贫血。

9. 治疗及转归

自就诊次日诊断后，使用泼尼松龙［4 mg/（kg·d）］进行治疗，第 3 日输注新鲜全血 100 mL，并静脉给予一次长春新碱（0.2 mg/kg）。预防性使用阿莫西林克拉维酸。针对潜在的感染性病因，使用多西环素。输注新鲜全血后，HCT 上升约 10%，此后维持于 30%；输血对 PLT 计数无明显升高效果（表 2–4、图 2–2）。入院治疗 24 h 后，尿液逐渐转为浅黄清亮。自联合使用糖皮质激素和长春新碱第 4 日起，血小板计数逐渐上升，散点图可见体积较大的血小板，提示新生血小板进入血液循环。治疗开始第 5 日，外耳廓内侧、阴茎黏膜瘀点消退（图 2–3）。第 10 日，皮肤瘀斑消退（图 2–4）。第 18 日复查时各项指标良好。

表 2–4　治疗后血常规指标变化

检查项目	Day 1	Day 2	Day 3	Day 4	Day 5	Day 6	Day 7	Day 11	Day 18	参考值范围
HCT / %	41.8	28.3	18.3	28.9	30.4	30.3	28.5	26.3	35.3	37.3 ～ 61.7
PLT /μL^{-1}	0	0	0	0	6 000	24 000	74 000	269 000	205 000	148 000 ～ 484 000

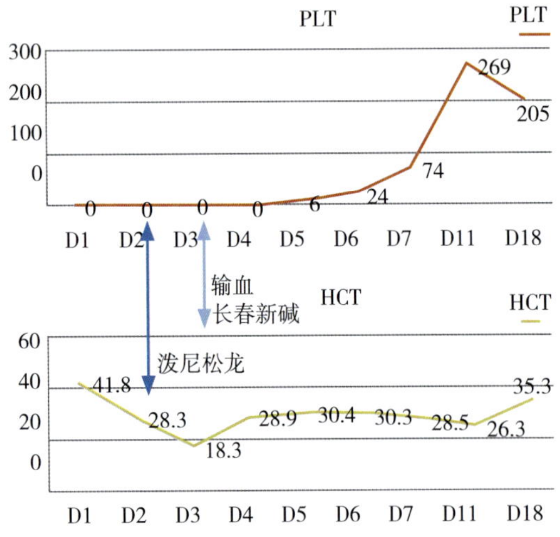

图 2–2

治疗后血常规指标变化

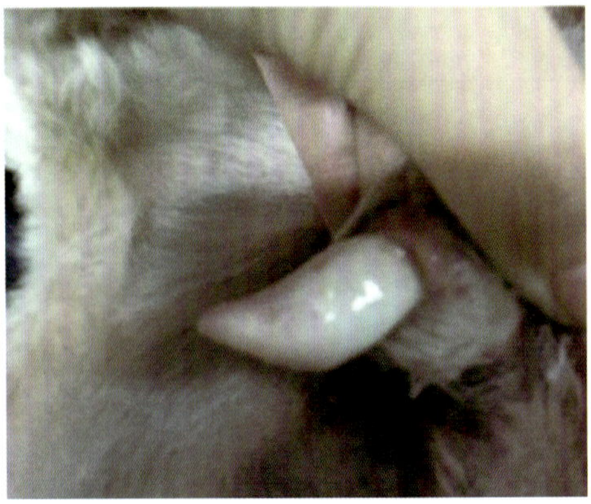

图 2–3

治疗第 5 天阴茎黏膜瘀点消退

治疗第 3 天　　治疗第 5 天　　治疗第 10 天

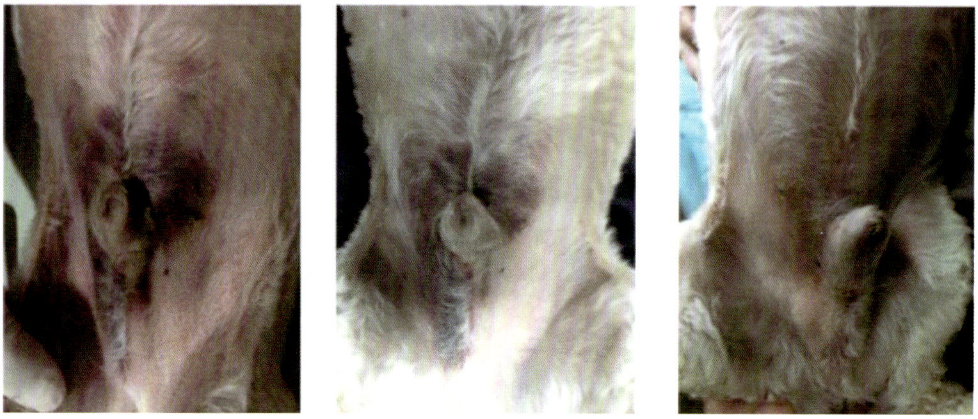

图 2-4

腹部瘀斑治疗前后变化

10. 讨论

血小板计数是血小板减少症诊断的关键。犬猫常见的血小板正常计数范围为 $200\times10^3\sim600\times10^3$ /μL。除进行血小板计数外，还应当对血涂片进行判读，排除血小板凝集造成的血小板假性减少。在急诊情况下，可以对血涂片上的血小板数进行估算。多种疾病因素都可能引起血小板的轻度至中度减少（$100\times10^3\sim150\times10^3$ /μL），通常随原发疾病的治疗而好转。出血也可能引起血小板减少，但通常不低于 70×10^3 /μL。计数低于 50×10^3 /μL 为严重血小板减少。若计数低于 30×10^3 /μL，出血风险会大幅度增加。本病例前 3 d 血小板计数均为 0，有极高的出血风险。

出现严重的血小板减少，原因通常可以分为四类：生成异常、破坏 / 消耗增加、扣押、稀释。首先对常见病因进行了排查，包括详细询问既往病史、用药史及旅行史；并对会引发血小板减少的常见寄生虫因素进行了排查；同时排除了感染性因素和肿瘤疾病。除去以上病因，引发严重血小板减少（PLT $<50\times10^3$/μL）最常见的原因是免疫介导性因素，其中免疫介导性血小板减少症（immune-mediated thrombocytopenia, IMT）属于破坏 / 消耗增加，且通常引起极严重的血小板减少（$<30\times10^3$ /μL）。该病例初步诊断为 IMT，因此使用糖皮质激素进行治疗。治疗期间应当监测并评估治疗效果，若 IMT 药物方案的治疗效果不佳，则需考虑骨髓穿刺，进一步排查其他病因。IMT 疾病中，一般情况下，骨髓穿刺不会引起严重的出血，值得尝试，并可用来鉴别骨髓中巨核细胞是否下降，下降病例预后不良。

血小板减少通常会伴随着凝血异常。凝血分为三个阶段：初级凝血阶段、次级凝血阶段和纤溶阶段。初级凝血阶段异常的典型临床症状为体表皮肤或黏膜上出现瘀点、瘀斑；涉及初级凝血的实验室检查包括血小板计数、血涂片和颊黏膜出血时间。次级凝血异常的典型临床症状为体腔出血、关节积血、血肿、肌间隙积血；涉及次级凝血阶段的实验室检查为提示外源途径、共同途径的凝血酶原时间（PT），以及提示内源途径、共同途径的活化部分凝血活酶时间（aPTT）。通过对本病例的实验室检查，判断为初级凝血异常。

虽然单独存在的血小板计数轻度减少，通常不会引发严重/持续的出血。但一旦血小板计数低于 30×10^3/μL，出血风险会大幅度增加。若同时存在凝血功能紊乱或血管异常，则可能使出血更加严重。一些免疫介导性疾病，可能使患病动物的凝血机制处于高凝状态，从而增加出现 DIC 或肺栓塞等危重情况的风险。在进行病例沟通时，应充分考虑到这一点，确保动物主人了解上述情况的潜在风险与严重性。

针对 IMT 病例，推荐使用糖皮质激素进行治疗。一线药物为泼尼松/泼尼松龙，推荐剂量为 2 ～ 4 mg/（kg·d）。就病例统计结果来看，单独使用激素的中位起效时间（血小板达到 40×10^3/μL）为 6.8 d。有条件时可以考虑配合使用一次长春新碱（0.2 mg/kg，Ⅳ，单次使用），联合用药的血小板起效时间平均缩短至 4.9 d。使用长春新碱过程需严格按照化疗药物的配置规程使用，且需注意患病动物排泄物的收集和无害化处理。本病例中的患犬可以选择单独激素治疗，但是考虑到该犬属于严重血小板减少，并且已经出现严重出血，所以采取泼尼松配合长春新碱进行治疗，以加快血小板升高，降低出现 DIC 和肺栓塞的概率。

在血小板出现上升并且至 40×10^3/μL 后，糖皮质激素的剂量逐渐减少，每次调整剂量后 7 d，复查血小板指标能否维持在理想范围内，药物调整共需 4 ～ 6 个月。对于急性失血的患病动物而言，需要进行血液制品的输注。犬新鲜全血通常可以有效缓解 HCT 降低的情况，但对于血小板计数的恢复无明显帮助，可以考虑输注分离的血小板血液制品。

及时进行诊断、治疗的原发性 IMT 预后良好。由于免疫介导性因素引发血小板减少，患病动物在此后随时可能复发，犬的复发率为 10% ～ 25%，应对该类病例进行定期复查。

◆ 参考文献

1.Day M J, Mackin A, Littlewood J D. BSAVA Manual of Canine and Feline Haematology and Transfusion Medicine[M]. Wales: British Small Animal Veterinary Association, 2000.

2.Ettinger S J, Feldman E C, Cote E. Textbook of Veterinary Internal Medicine[M]. 8th ed. St. Louis, Missouri: Elsevier health sciences, 2016.

3.Latimer K S, Duncan J R. Duncan and Prasse's veterinary laboratory medicine: clinical pathology[M].5th ed. Iowa: John Wiley & Sons, 2011.

4.Villiers E, Ristić J. BSAVA manual of canine and feline clinical pathology[M].3rd ed. Wales:British Small Animal Veterinary Association, 2016.

CASE 3

案例 3 犬吉氏巴贝斯虫病

1. 基本信息和病史

哈士奇犬，5 岁，雄性已去势。室内饲养，平时以肉食为主。定期免疫，未定期驱虫。

两年前有蜱虫感染史；一月前被家养柴犬咬伤出血，未进行处理。

就诊前 10 d 开始，精神逐渐沉郁，食欲下降，运动不耐受；尿色由深黄变为酱油色。

2. 体格检查

患犬精神沉郁。体况评分（BCS）：5/9，体温 40.1 ℃。心率 120 次 /min，呼吸 46 次 /min，脉搏亢进。黏膜黄白，未见出血点 / 斑；腹部触诊敏感。

3. 问题列表

黏膜黄白、体温升高、尿色异常。

4. 鉴别诊断

感染性疾病（寄生虫、细菌性）、溶血性贫血、泌尿系统疾病、肝胆疾病。

5. 初步诊断计划

诊断项目：CBC、生化检查、尿液检查、腹部超声检查。

6. 初步检查结果

CBC 检查结果见表 3–1，生化检查结果见表 3–2，尿液检查结果见表 3–3。

血涂片检查见图 3–1，尿液颜色见图 3–2，肾超声结果见图 3–3，膀胱超声结果见图 3–4。

表 3–1　CBC 检查结果

检查项目	结果	参考范围
红细胞总数（RBC）	4.44×10^{12}/L	5.65×10^{12} ～ 8.87×10^{12}/L
红细胞比容（HCT）	27.5%	37.3% ～ 61.7%
血红蛋白浓度（HGB）	9.8 g/dL	13.1 ～ 20.5 g/dL
平均红细胞体积（MCV）	62.5 fL	61.6 ～ 73.5 fL
平均红细胞血红蛋白浓度（MCHC）	32.4 g/dL	32.0 ～ 37.9 g/dL
网织红细胞（RETIC）	15.1×10^3/μL	10.0×10^3 ～ 110.0×10^3/μL
网织红细胞血红蛋白含量（RETIC–HGB）	15.9 pg	13.2 ～ 20.8 pg

续表 3-1

检查项目	结果	参考范围
白细胞总数（WBC）	7.28×10^9/L	5.05×10^9 ～ 16.76×10^9/L
分叶中性粒细胞（SEG）	4.78×10^9/L	2.95×10^9 ～ 11.64×10^9/L
杆状中性粒细胞（BAND）	/	/
淋巴细胞（LYM）	1.31×10^9/L	1.05×10^9 ～ 5.10×10^9/L
单核细胞（MONO）	0.87×10^9/L	0.16×10^9 ～ 1.12×10^9/L
嗜酸性粒细胞（EOS）	0.22×10^9/L	0.06×10^9 ～ 1.23×10^9/L
嗜碱性粒细胞（BASO）	0.1×10^9/L	0 ～ 0.10×10^9/L
血小板（PLT）	8×10^3 /μL	148×10^3 ～ 484×10^3/μL
镜检：小巴贝斯虫 10 ～ 20 个 / 油镜视野；PLT：0 ～ 2 个 / 油镜视野；多染性红细胞：少量。		

表 3-2 生化检查结果

项目	结果	参考范围（犬）
总胆红素（TBIL）	19.41 mg/dL	0 ～ 0.8 mg/dL
总蛋白（TP）	6.44 g/dL	5.5 ～ 7.2 g/dL
白蛋白（ALB）	3.67 g/dL	3.2 ～ 4.1 g/dL
球蛋白（GLOB）	2.77 g/dL	1.9 ～ 3.7 g/dL
白球比（A/G）	0.77	0.9 ～ 1.9
葡萄糖（GLU）	100.8 mg/dL	68 ～ 104 mg/dL
丙氨酸氨基转移酶（ALT）	28.9 U/L	17 ～ 95 U/L
天门冬氨酸氨基转移酶（AST）	102.48 U/L	10 ～ 56 U/L
碱性磷酸酶（ALP）	113.34 U/L	7 ～ 115 U/L
γ- 谷氨酰转肽酶（GGT）	1.59 U/L	0 ～ 8 U/L
胆汁酸（TBA）	6.14 μmol/L	0 ～ 25 μmol/L
尿素（UREA）	33.43 mg/dL	19 ～ 55.7 mg/dL
肌酐（CREA）	1.13 mg/dL	0.6 ～ 1.4 mg/dL
磷（P）	2.89 mg/dL	2.7 ～ 5.4 mg/dL
钙（Ca）	9.22 mg/dL	9.4 ～ 12 mg/dL
总胆固醇（CHOL）	130 mg/dL	139 ～ 392 mg/dL
甘油三酯（TG）	26.7 mg/dL	23 ～ 102 mg/dL
肌酸激酶（CK）	266 U/L	0 ～ 314 U/L
钾（K）	4.5 mmol/L	4.1 ～ 5.4 mmol/L
钠（Na）	147 mmol/L	143 ～ 150 mmol/L
氯（Cl）	112 mmol/L	106 ～ 114 mmol/L

表 3-3 尿液检查结果

物理性质和化学性质		尿沉渣检查	
颜色	黑褐色	红细胞	大量红细胞产物
透明度	浑浊	白细胞	未见
比重	1.053	移行上皮细胞	未见

续表 3-3

物理性质和化学性质		尿沉渣检查	
pH	6.5	鳞状上皮细胞	未见
潜血	+++	管型	颗粒管型：0 ~ 1/hpf
蛋白	+++	结晶	胆红素结晶：0 ~ 2/hpf
葡萄糖	++	脂滴	未见
酮体	+++	微生物	未见
尿胆红素	+++	采样方式	穿刺取尿

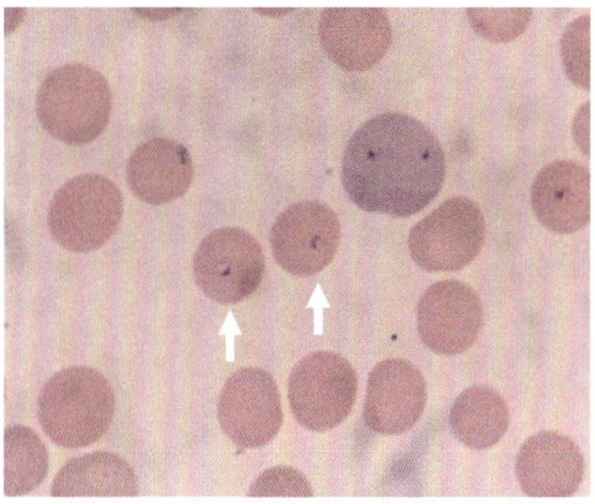
图 3-1
患犬血涂片，箭头标志为虫体（10×100）（瑞氏吉姆萨染色，1 000×）

图 3-2
患犬尿液颜色

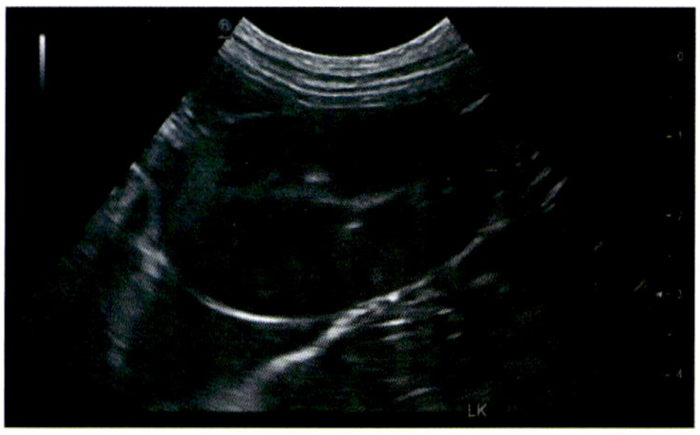
图 3-3
左侧肾脏纵切面超声图

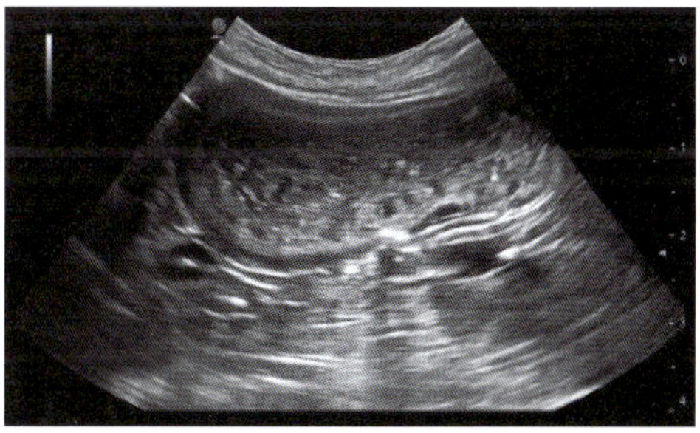
图 3-4
膀胱纵切面超声图

7. 初步检查结果分析

7.1　CBC 结果

红细胞象：中度非再生性贫血。结合存在巴贝斯虫感染及胆红素升高，为血液寄生虫感染导致的溶血性贫血。

白细胞象：未见明显异常。

血小板象：血小板数量显著减少，需进一步排查其原因。

显微镜检查可见红细胞内虫体，从形态学上怀疑吉氏巴贝斯虫。

7.2　血清生化检查结果

高胆红素血症：肝脏其他生化指标未见异常，结合血液寄生虫感染病因，胆红素升高与溶血相关。

7.3　尿液检查结果

由于尿液离心后颜色为红褐色，会影响试纸条评估，因此尿液化学性质检查中，部分项目结果不准确。尿液离心呈红褐色，血液离心后呈粉红色，提示可能存在血红蛋白尿。尿液胆红素结晶与高胆红素血症有关。颗粒管型提示肾小管损伤。

7.4　超声检查结果

肝脏轮廓平滑，实质回声均匀，脉管纹理清晰；胆囊适度充盈，壁平滑，腔内可探及少量中等回声内容物沉积；双肾轮廓平滑，皮质回声均匀，皮髓质分界清晰，肾盂及近端输尿管未见明显扩张；膀胱充盈，壁平滑，腔内大量产回声光点悬浮。

超声提示：膀胱内大量细胞成分或结晶；肝脏、胆囊、肾脏形态未见明显异常。结合血清生化检查及尿液检查，排除肝胆及泌尿系统疾病。

8. 进一步诊断计划及结果分析

吉氏巴贝斯虫 PCR 结果为阳性（+）。

9. 诊断

结合病史及各种检查结果，本病例诊断为犬吉氏巴贝斯虫感染。

10. 治疗及转归

患犬初期治疗使用 AA 方案（即阿托伐醌、阿奇霉素联用），效果良好，犬精神食欲逐渐恢复，尿色由酱油色变为深黄色。用药 16 d 后，HCT 恢复正常，镜检未见焦虫。此后主人自行停药，停药 19 d 后，犬食欲减退，尿色变红，HCT 降为 21.8 %，镜检焦虫数量 50 ～ 60 个 / 油镜视野；再次使用 AA 方案治疗，控制不良。换用 CDI 方案（即克林霉素、三氮脒、咪多卡联用）治疗，用药 28 d 后复查，镜检未见巴贝斯虫，犬巴贝斯虫属 PCR（–）；停药 30 d 后复查，镜检未见巴贝斯虫，犬巴贝斯虫属 PCR（–）。具体治疗方案及疗效见表 3–4。

表 3–4 治疗方案及治疗效果

阶段	时间	抗巴贝斯虫方案	用药	剂量	间隔	途径	症状变化	HCT 变化
第一阶段	D3 ～ D19	AA 方案	阿托伐醌	13.4 mg/kg	q 8 h	PO	精神饮食欲恢复，尿色正常	恢复正常
			阿奇霉素	10 mg/kg	q 24 h	PO		
第二阶段	D20 ～ D40	停止治疗					精神逐渐变差，食欲减退，尿色红	降至 21.8%
第三阶段	D41 ～ D44	AA 方案	同上					
第四阶段	D45 ～ D79	CDI 方案	克林霉素	30 mg/kg	q12	PO	精神饮食欲恢复，尿色正常	恢复正常
			三氮脒	3.5 mg/kg	一次	IM		
			咪多卡	6 mg/kg	一次	SC		

11. 讨论

犬吉氏巴贝斯虫属于巴贝斯虫的一种，是一种血液寄生虫，主要寄生在红细胞。根据形态分类，吉氏巴贝斯虫属于小巴贝斯虫（1 ～ 3 μm）。犬属巴贝斯虫、伏氏巴贝斯虫、罗氏巴贝斯虫属于大巴贝斯虫（3 ～ 7 μm）。吉氏巴贝斯虫的传播途径主要有两种：通过蜱虫叮咬传播，即携带吉氏巴贝斯虫的蜱虫通过唾液将虫体注入到下一个宿主体内；通过犬与犬之间传播，如打架撕咬和输血，未常规驱虫，常出现在斗犬中（例如比特犬）。该患犬曾有蜱虫感染史，且之前有同其他犬打架被咬伤病史，这些均是可能感染巴贝斯虫的途径。

显微镜检查以及 PCR 检查对犬吉氏巴贝斯虫的诊断意义重大。生化检查或尿液检查不具有特别指示意义，常见的生化检查异常结果包括高球蛋白血症和肝酶活性轻度升高，较少见高胆红素血症。巴贝斯虫感染犬的影像学诊断无明显特异性，可能会出现肝脏增大、肾脏增大。显微镜检查是较为简单便利的检查手段，要求对血涂片仔细判读。即使镜检看到虫体，也要求进行 PCR 确诊，区分巴贝斯虫的种属。一般认为 PCR 是检测的金标准，准确率和敏感性都较其他检测方法高，并且对治疗效果的监测至关重要。

治疗方案的选择目前推荐使用 AA 方案。若怀疑 AA 方案出现耐药性，则考虑更换为 CDI 方案，临床证明有效，但需进一步证实。若以上两种方案均无效，则考虑使用多种抗生素联用方案。从临床效果来看，使用 AA 方案容易出现耐药性，很难彻底清除虫体，且费用昂贵，动物主人经济压力较大，但是对缓解急性症状效果好，推荐作为一线药物使用。CDI 方案治疗效果良好，费用也相对较低，可作为阿托伐醌耐药后的二线药物使用。除了上述的 AA 方案和 CDI 方案之外，还有一些抗生素联用方案，包括 CDOM 方案（克林霉素、多西环素、甲硝唑联用）和 DEM 方案（多西环素、恩诺沙星、甲硝唑联用）等。抗生素联用相关文献较少、作用机理不明确，但若前两种治疗方案无效，可以尝试使用。该患犬首次使用 AA 方案时，效果较好，约 3 d 左右贫血明显改善，镜检未见虫体，但是停药后再次出现临床症状。二次使用 AA 方案，效果不明显，怀疑出现了耐药性。临床病例耐药性的出现可能与停药有一定关系。使用 CDI 方案后，效果较好，连续两次复查 PCR（停药后 60 d、停药后 90 d）均为阴性，且未出现临床症状。

◆ 参考文献

1. Iguchi A, Shiranaga N, Matsuu A, et al. Efficacy of Malarone® in dogs naturally infected with Babesia gibsoni[J]. Journal of Veterinary Medical Science, 2014, 76(9): 1291-1295.
2. Kirk S K, Levy J K, Crawford P C. Efficacy of azithromycin and compounded atovaquone for treatment of Babesia gibsoni in dogs[J]. Journal of veterinary internal medicine, 2017, 31(4): 1108-1112.
3. Lin M Y, Huang H P. Use of a doxycycline-enrofloxacin-metronidazole combination with/without diminazene diaceturate to treat naturally occurring canine babesiosis caused by Babesia gibsoni[J]. Acta Veterinaria Scandinavica, 2010, 52(1): 1-4.
4. Solano-Gallego L, Sainz Á, Roura X, et al. A review of canine babesiosis: the European perspective[J]. Parasites & vectors, 2016, 9: 1-18.

CASE 4

案例 4

犬利什曼原虫病

1. 基本信息和病史

拉布拉多犬，3 岁，雄性。自由饲养，日常主要饲喂犬粮、鸡肝等食物。定期进行免疫。近 2 个月开始出现鼻衄，体重轻度下降，饮食欲、排便及排尿未见明显异常。

2. 体格检查

患犬精神尚可，体况评分（BCS）：3/5，体温 39.0℃。心率 80 bpm，呼吸频率 20 bpm。黏膜苍白，CRT > 2 s，脱水程度为 6% ～ 8%。眼周脱毛，溃疡，双侧下颌淋巴结轻度增大。心音及肺音听诊未见异常，腹部触诊未见明显异常，全身无明显瘀点瘀斑。

3. 问题列表

鼻出血、皮肤病。

4. 鉴别诊断

凝血异常，鼻部病原感染、肿瘤、异物等，皮肤感染、炎症或免疫介导性疾病、系统性疾病。

5. 初步诊断计划

诊断项目：CBC、凝血检查、生化检查、皮肤和鼻腔细胞学检查、鼻腔镜和头部 CT 检查。

6. 初步检查结果

CBC 检查结果见表 4–1，凝血检查结果见表 4–2，生化检查结果见表 4–3，鼻腔镜、鼻腔分泌物、皮肤细胞学检查结果见表 4–4。

表 4–1　CBC 检查结果

项目	结果	参考范围
红细胞总数（RBC）	2.29×10^{12}/L	5.1×10^{12} ～ 7.6×10^{12}/L
红细胞比容（HCT）	15.5%	35% ～ 52%
血红蛋白浓度（HGB）	46 g/L	124 ～ 192 g/L
网织红细胞（RETIC）	137.4×10^3/μL	19.4×10^3 ～ 110.0×10^3/μL
平均红细胞体积（MCV）	67.2 fL	60 ～ 71 fL
平均红细胞血红蛋白浓度（MCHC）	299 g/L	320 ～ 380 g/L
红细胞分布宽度（RDW）	17.0%	13.2% ～ 19.1%

续表 4-1

项目	结果	参考范围
白细胞总数（WBC）	11.20×10^9/L	5.6×10^9 ～ 18.4×10^9/L
分叶中性粒细胞（SEG）	7.10×10^9/L	2.9×10^9 ～ 13.6×10^9/L
淋巴细胞（LYM）	2.80×10^9/L	1.1×10^9 ～ 5.3×10^9/L
单核细胞（MONO）	1.22×10^9/L	0.4×10^9 ～ 1.6×10^9/L
嗜酸性粒细胞（EOS）	0.07×10^9/L	0.1×10^9 ～ 3.1×10^9/L
嗜碱性粒细胞（BASO）	0.01×10^9/L	0.0×10^9 ～ 0.1×10^9/L
血小板（PLT）	154×10^3/μL	148×10^3 ～ 484×10^3/μL
镜检：多染红细胞；RBC 中央淡染区增大		

表 4-2　凝血检查结果

检查项目	检查结果	参考范围
凝血酶原时间（PT）	8.5 s	5 ～ 16 s
活化部分凝血活酶时间（aPTT）	40.2 s	15 ～ 43 s

表 4-3　生化检查结果

项目	结果	参考范围（犬）
总蛋白（TP）	8.1 g/dL	5.5 ～ 7.2 g/dL
白蛋白（ALB）	2.0 g/dL	3.2 ～ 4.1 g/dL
球蛋白（GLOB）	6.1 g/dL	1.9 ～ 3.7 g/dL
白球比（A/G）	0.3	0.9 ～ 1.9
葡萄糖（GLU）	136 mg/dL	68 ～ 104 mg/dL
丙氨酸氨基转移酶（ALT）	12 U/L	17 ～ 95 U/L
碱性磷酸酶（ALP）	24 U/L	7 ～ 115 U/L
胆汁酸（TBA）	0.2 μmol/L	0 ～ 25 μmol/L
尿素（UREA）	51 mg/dL	19 ～ 55.7 mg/dL
肌酐（CREA）	0.7 mg/dL	0.6 ～ 1.4 mg/dL

表 4-4　鼻腔镜、鼻腔分泌物、皮肤细胞学检查结果

检查项目	检查结果
鼻腔镜检查	双侧鼻腔中段可见脓性分泌物，双侧鼻腔未见明显出血点，深部鼻黏膜正常
鼻腔分泌物	中性粒细胞：++，巨噬细胞：少量，角化上皮：+ 利什曼原虫无鞭毛体（+）
皮肤	中性粒细胞：++，巨噬细胞：+ 利什曼原虫无鞭毛体（+）

图 4-1 为鼻腔 CT 影像结果。

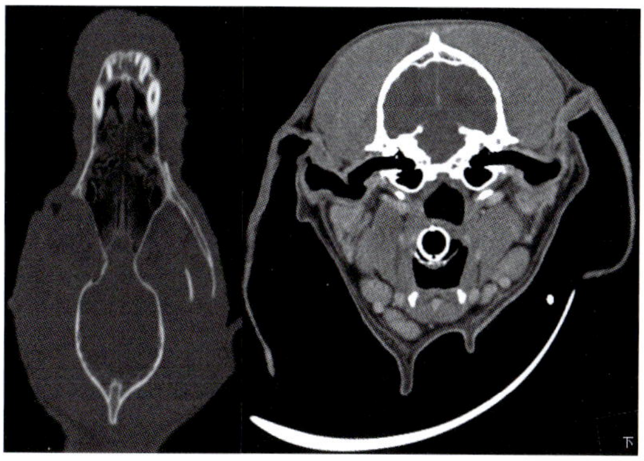

图 4-1

鼻腔 CT 图

鼻腔冠状面 CT 影像（左侧）及鼓泡水平横断面 CT 影像（右侧），可见增大的双侧下颌淋巴结。

7. 初步检查结果分析

7.1　CBC 和凝血检查结果

HCT 为 15.5%，网织红细胞数大于 80×10^3/μL，提示重度再生性贫血，结合病史主要怀疑与出血有关。血小板数量正常，凝血指标正常，可初步排除血小板数量过低及次级凝血异常导致的出血，但无法排除是否存在血小板功能异常。

7.2 血清生化检查结果

显著高球蛋白血症：怀疑与感染或炎症有关。

中度低白蛋白血症：考虑蛋白丢失性肾病、蛋白丢失性肠病、肝衰竭等。因胆汁酸、ALT 和 ALP 以及其他肝脏合成功能的指标均正常，故基本可以排除肝病。此外，鼻出血导致的失血、炎症、高球蛋白血症等也可能导致低白蛋白血症。

葡萄糖轻度升高：更可能与动物应激或紧张有关。

肝酶下降：不具有临床参考意义。

7.3 鼻腔镜和鼻腔分泌物、皮肤检查结果分析

鼻腔黏膜结构未见明显异常。鼻部脓性分泌物，分泌物检查结果提示炎症伴寄生虫感染（利什曼原虫）。皮肤细胞学检查结果与鼻腔分泌物检查结果类似。

7.4 CT 检查结果

鼻中隔及双侧鼻甲骨纹理清晰，鼻腔内未见明显占位性影像，造影后未见明显异常影像；双侧额窦、鼓泡、外耳道呈空气衰减；双侧下颌淋巴结衰减均匀，厚径约为：1.22 cm（左）、1.16 cm（右）（图 4–1）。

CT 结果提示：鼻腔、额窦、鼓泡、外耳道、牙齿影像未见明显异常；双侧下颌淋巴结增大。结合鼻腔镜检查结果，可排除鼻部肿瘤、异物等。

8. 进一步诊断计划及结果分析

8.1 进一步诊断计划

为明确病原类型，并对疾病进行临床分期。进一步诊断计划为淋巴结细胞学检查、利什曼原虫 PCR 检测与分型、泌尿系统超声、尿液检查和尿蛋白肌酐比（urine protein : creatinine ratio，UPC）。

8.2 结果及分析

8.2.1 淋巴结细胞学检查结果

细胞学结果（图 4–2）提示下颌淋巴结疑反应性淋巴结增大，伴利什曼原虫感染。

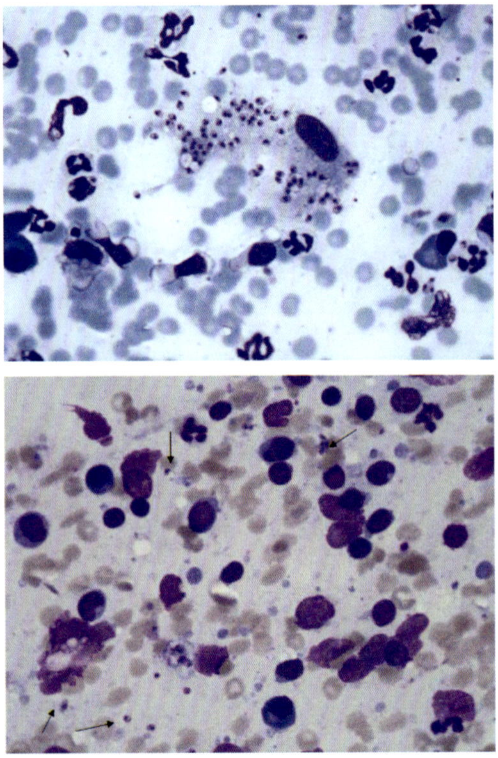

图 4–2

皮肤（上，Diff–Quik 染色，1 000 ×）和淋巴结（下，瑞氏吉姆萨染色，1 000 ×）的细胞学涂片

8.2.2 犬利什曼原虫属 PCR 检测与分型

扩增条件及引物序列参考文献，成功扩增出 280 ～ 330 bp 的目的条带（图 4–3），犬利什曼原虫属 PCR 结果为阳性（+）。阳性产物经测序，序列 Blast 分析后，经 GenBank 比对，与婴儿利什曼原

虫（*Leishmania infantum*）相似度达 99%。

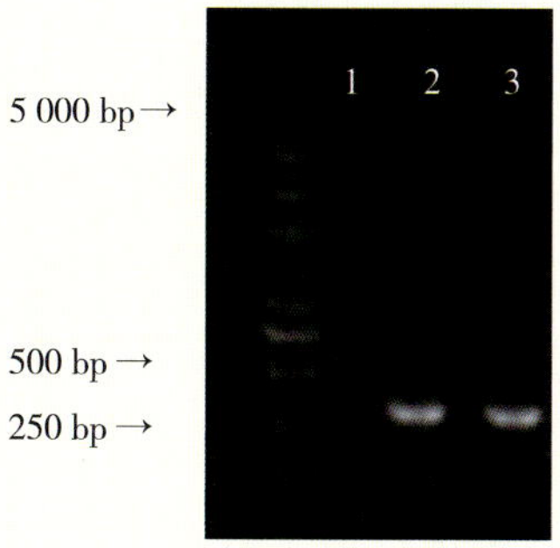

1. 阴性对照；2. 样本；3. 阳性对照

图 4-3

下颌淋巴结 PCR 扩增产物电泳图

8.2.3　超声检查结果

双肾轮廓平滑，实质回声均匀，皮髓分界清晰，肾盂及近端输尿管未见明显扩张，多普勒可探及血流信号，肾长轴约：8.23 cm（左）8.00 cm（右）。

超声提示：双肾形态未见明显异常（图 4-4）。

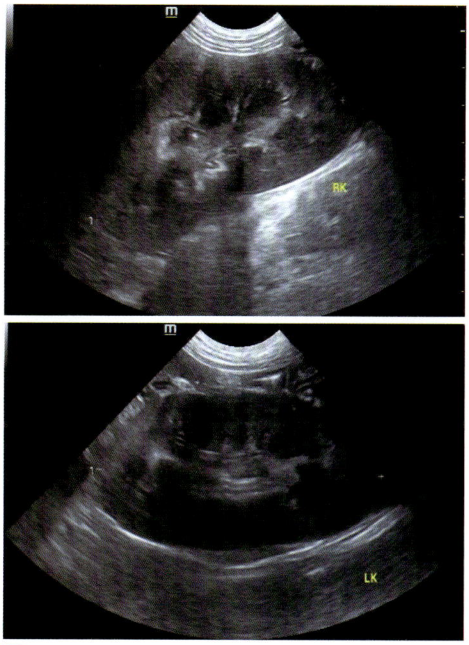

图 4-4

肾脏超声图

8.2.4　尿液检查及 UPC 结果

尿液检查及UPC结果见表4-5、表4-6。

表 4-5　尿液检查结果

物理性质和化学性质		尿沉渣检查	
颜色	黄色	红细胞	未见
透明度	清亮	白细胞	未见
比重	1.032	移行上皮细胞	未见
pH	7.5	鳞状上皮细胞	未见
潜血	阴性	管型	未见
蛋白	阴性	结晶	未见
葡萄糖	阴性	脂滴	未见
酮体	阴性	微生物	未见
尿胆红素	3.2 μmol/L	采样方式	穿刺取尿

表 4-6　UPC 结果

UPC 检查报告单	
尿蛋白（UPO）	12 mg/dL
尿肌酐（UCRE）	74 mg/dL
尿蛋白肌酐比（UPC）	0.16

尿液检查结果未见明显异常；患犬无氮质血症，结合UPC＜0.5，说明无明显蛋白尿。

9. 最终诊断

综合病史、临床检查、实验室诊断、影像学、分子生物学检查结果，确诊该犬为利什曼原虫感染（临床分期为 II 期，亚分期为 a 期）。

10. 治疗及转归

利什曼原虫临床分期为 II 期，使用别嘌呤醇联合米替福新进行治疗。别嘌呤醇 10 mg/kg，2 次 /d，PO，至少 6 ～ 12 月；米替福新 2 mg/kg，1 次 /d，PO，连用 4 周。

建议 2 周后复查血常规和肝肾指标。考虑到公共卫生风险，使用驱虫药定期驱虫。2 周后复查肝肾功能，4 周后回访患犬精神状态良好，并停用米替福新，继续使用别嘌呤醇进行治疗，预后良好。

11. 讨论

犬利什曼原虫病（canine leishmaniosis，CanL）是一种由婴儿利什曼原虫（*L. infantum*）感染导致的人兽共患病。犬是人类感染的主要来源之一，而白蛉是主要的传播媒介。

犬利什曼原虫病是一种慢性系统性疾病，其临床症状多变。主要表现为皮肤和内脏受损。典型的临床症状：皮肤病变、局部或全身淋巴结肿大、体重减轻、嗜睡、脾脏肿大、眼部病变、鼻出血等。本病例患犬主要表现为鼻出血，其原因可能与原发性或继发性凝血异常（如高球蛋白血症诱导的高黏血症、血小板疾病）以及组织溃疡（如脓性肉芽肿性或淋巴浆细胞性鼻炎）等有关。此外，患犬皮肤病变和局部淋巴结增大也与 CanL 症状高度一致。

CanL 的确诊需要综合临床症状、临床病理学检查和特异性诊断分析的结果。临床病理学异常中，高球蛋白血症是该病的典型特征，病程长的病例还可能会出现重度贫血。特异性诊断方法包括血清抗体检测、细胞学或组织学、PCR 以及培养等。细胞学或组织病理学检查的特异性较高，但也有可能由于虫体较少而出现假阴性结果。皮肤细胞学检查敏感性较低，淋巴结抽吸检查常见反应性淋巴结病，浆细胞比例升高；有些病例可在脾脏抽吸和骨髓检查时找到病原。PCR 是特异性和敏感性较高的检测方法，可进行病原体分型，对流行病学有重要意义。

结合该犬鼻出血、皮肤病变等临床表现，同时出现高球蛋白血症和低白蛋白血症，并在细胞学样本的巨噬细胞内观察到利什曼原虫无鞭毛体而确诊感染。为探究病原类型，可进行 PCR 病原分型。由于病原诱导机体产生的免疫复合物会沉积在血管壁，引起肾小球肾炎，大部分犬都能发现蛋白尿和肾脏异常。建议将 UPC 作为评估该病的必要检查项目。根据超声检查、尿液检查和 UPC 检查结果，该患犬并未出现蛋白尿及肾脏形态异常，可能与疾病早期或机体免疫力有关。

利什曼原虫不能通过药物从体内完全清除，犬复发较常见。别嘌呤醇与其他药物（米替福新或葡甲胺锑酸盐等）联用被证明优于单独用药。本病例使用别嘌呤醇联合米替福新进行治疗，加之该犬临床分期处于 IIa 期，预后良好。

考虑到该病的公共卫生学风险，对于有白蛉活动的地区，目前预防利什曼原虫病的最好方法是驱虫，建议使用菊酯类驱虫剂来降低白蛉传播风险。避免动物在白蛉活动高峰时间外出，并使用环境驱虫剂等药物。

◆ 参考文献

1. 白雪飞，官亚宜，伍卫平，等 . 宕昌县人群及家养动物利什曼原虫感染与流行现状调查 [J]. 中国病原生物学杂志，2016, 11(3): 257-261.

2.Baneth G, Koutinas A F, Solano-Gallego L, et al. Canine leishmaniosis–new concepts and insights on an expanding zoonosis: part one[J]. Trends in parasitology, 2008, 24(7): 324-330.

3.Craig E, Amy M, Danielle A. Infectious diseases of the dog and cat[M].4th ed. St. Louis, Missouri: Elsevier health sciences, 2012.

4.Juttner C, Rodriguez Sinchez M, Rollin Landeras E, et al. Evaluation of the potential causes of epistaxis in dogs with natural visceral leishmaniasis[J]. Veterinary Record, 2001, 149(6): 176-179.

5.Roura X，Cortadellas O，Day M J，et al. Canine leishmaniosis and kidney disease: Q&A for an overall management in clinical practice[J]. Journal of Small Animal Practice,2021, 62: E1-E19.

6.Solano-Gallego L, Koutinas A, Miró G, et al. Directions for the diagnosis, clinical staging, treatment and prevention of canine leishmaniosis[J]. Veterinary parasitology, 2009, 165(1-2): 1-18.

CASE 5

案例 5 猫白血病病毒感染

1. 基本信息和病史

英国短毛猫，8 月龄，雄性已去势，体重 3.89 kg，正常进行免疫和驱虫，近期体重下降，精神沉郁，无食欲，饮水量减少，排尿排便未见明显异常，有独自外出活动史。

2. 体格检查

患猫精神沉郁，黏膜极度苍白，BCS：4/9，体温 38.2℃，心率 200 次 /min，呼吸频率 24 次 /min，CRT > 2 s；腹部触诊未见异常，心音及肺音听诊未见明显异常。

3. 问题列表

体重减轻、黏膜极度苍白。

4. 鉴别诊断

贫血、感染性疾病、慢性疾病、营养不良。

5. 初步诊断计划

诊断项目：CBC、生化检查、血清淀粉样蛋白 A（SAA）、感染性病原检查。

6. 初步检查结果

CBC 检查结果见表 5–1，生化检查结果见表 5–2，感染性病原检查结果见表 5–3。

表 5–1　CBC 检查结果

项目	结果	参考范围（猫）
红细胞计数（RBC）	2.29×10^{12}/L	6.54×10^{12} ～ 12.20×10^{12}/L
红细胞比容（HCT）	7.8%	30.3% ～ 52.3 %
血红蛋白浓度（HGB）	1.9 g/dL	9.8 ～ 16.2 g/dL
网织红细胞（RETIC）	48.0×10^{3}/μL	3.0×10^{3} ～ 50.0×10^{3}/μL
平均红细胞体积（MCV）	60.1 fL	35.9 ～ 53.1 fL
平均红细胞血红蛋白浓度（MCHC）	30.4 g/dL	28.1 ～ 35.8 g/dL
红细胞分布宽度（RDW）	26.7%	15.0% ～ 27.0%
白细胞总数（WBC）	16.17×10^{9}/L	2.87×10^{9} ～ 17.02×10^{9}/L
分叶中性粒细胞（SEG）	7.75×10^{9}/L	2.30×10^{9} ～ 10.29×10^{9}/L
杆状中性粒细胞（BAND）	—	—

续表 5–1

项目	结果	参考范围（猫）
淋巴细胞（LYM）	5.13×10^9/L	0.92×10^9 ～ 6.88×10^9/L
单核细胞（MONO）	2.87×10^9/L	0.05×10^9 ～ 0.67×10^9/L
嗜酸性粒细胞（EOS）	0.25×10^9/L	0.17×10^9 ～ 1.57×10^9/L
嗜碱性粒细胞（BASO）	0.16×10^9/L	0.01×10^9 ～ 0.26×10^9/L
血小板（PLT）	703×10^3/μL	148×10^3 ～ 484×10^3/μL

表 5–2　生化检查结果

项目	结果	参考范围（猫）
总胆红素（TBIL）	7.2 μmol/L	0.5 ～ 8.55 μmol/L
总蛋白（TP）	77.6 g/L	54 ～ 78 g/L
白蛋白（ALB）	31.6 g/L	21 ～ 35 g/L
球蛋白（GLOB）	46 g/L	28 ～ 55 g/L
白球比（A/G）	0.7	0.8 ～ 1.5
葡萄糖（GLU）	5.4 mmol/L	3.5 ～ 7.0 mmol/L
丙氨酸氨基转移酶（ALT）	64.8 U/L	25 ～ 110 U/L
天门冬氨酸氨基转移酶（AST）	53.7 U/L	15 ～ 55 U/L
碱性磷酸酶（ALP）	70.8 U/L	20 ～ 200 U/L
γ- 谷氨酰转肽酶（GGT）	0.2 U/L	0 ～ 10 U/L
尿素（UREA）	6.3 mmol/L	3.5 ～ 10 mmol/L
肌酐（CREA）	103 μmol/L	45 ～ 135 μmol/L
磷（P）	1.8 mmol/L	1.2 ～ 2 mmol/L
钙（Ca）	2.5 mmol/L	2.3 ～ 3 mmol/L
总胆固醇（CHOL）	1.83 mmol/L	2 ～ 5.2 mmol/L
肌酸激酶（CK）	308 U/L	0 ～ 190 U/L
胆汁酸（TBA）	9.5 μmol/L	0 ～ 10 μmol/L
猫血清淀粉样蛋白 A（SAA）	4.5 mg/L	0 ～ 2 mg/L

表 5–3　感染性病原检查结果

检查方法	检查项目	结果
ELISA	猫免疫缺陷病毒（FIV）抗体	阴性（–）
	猫白血病病毒（FeLV）p27 抗原	阳性（+）
PCR	FIV	阴性（–）
	FeLV 病毒	阳性（+）
	猫嗜血支原体 – 苏黎世型（*Candidatus Mycoplasma turicensis*）	阴性（–）
	猫嗜血支原体 – 加州型（*Candidatus Mycoplasma haemominutum*）	阴性（–）
	猫嗜血支原体 – 俄亥俄型（*Candidatus Mycoplasma haemominutum*）	阴性（–）

7. 初步检查结果分析

7.1 CBC 结果

红细胞象：红细胞比容为 7.8%，网织红细胞处于参考范围内，为严重的非再生性贫血，而 MCV 升高，MCHC 处于正常范围内，判定为大细胞性正色素性类贫血，此类型的贫血可能与失血或溶血后的再生反应有关，偶尔也见于红细胞生成缺陷相关贫血。

白细胞象：可见单核细胞数量升高，提示可能发生慢性炎症。

血小板象：血小板计数超出参考范围上限，镜检未见明显异常，疑为反应性血小板增多，可能与炎症或感染有关。

7.2 血清生化检查结果

肌酸激酶升高：无特异性，运动、肌肉损伤等情况均可导致该项指标升高。

SAA 是猫主要的急性期反应期蛋白，是机体炎症反应的敏感指标，本病例 SAA 轻度升高，提示机体存在轻度炎症。

7.3 感染性病原检查结果

对导致猫贫血的常见病原进行筛查，FeLV、FIV ELISA 检查结果显示，FeLV 的 p27 抗原呈阳性，FIV 的特异性抗体呈阴性。

8. 诊断

结合病史及实验室检查结果，本病例被诊断为 FeLV 感染。

9. 治疗及转归

输血 40 mL，同时使用苯海拉明（4 mg/kg，SC），预防输血造成的过敏反应。

首次输血后，次日该病例 HCT 略有上升（9.8%），但是随后迅速下降，经多次输血后，其 HCT 始终未能恢复正常，半个月后宠主决定对患猫实施安乐死。

10. 讨论

本病例 CBC 检查提示非再生性贫血，造成猫非再生性贫血的原因很多，主要包括炎症、感染、肝脏疾病、肾脏疾病、营养问题等。但本病例的贫血程度十分严重，腹部 B 超以及生化结果均未见明显异常，可以排除炎症、肝脏和肾脏等问题造成的贫血。排除上述因素后，结合患猫的外出活动史和年龄，需重点排查感染性疾病。猫贫血的常见感染性病原主要包括猫白血病病毒、猫艾滋病病毒、猫嗜血支原体等，经过 ELISA 和 PCR 的排查，发现患猫 FIV、嗜血支原体结果均为阴性，而 FeLV 的血清 p27 抗原和 PCR 检测结果均为阳性，提示患猫感染 FeLV。

该病例贫血严重，原因为 FeLV 造成骨髓抑制导致了贫血的发生。而患猫 MCV 升高的原因是红细胞成熟缺陷，红细胞的 DNA 合成受阻，导致细胞的有丝分裂减少，红细胞被提前释放。一般 FeLV 患猫均表现为非再生性贫血，少数 FeLV 患猫（约 10%）也会发生再生性贫血，可能与溶血有关，比如继发感染了猫嗜血支原体或病毒，从而引起免疫介导性溶血性贫血。

猫暴露于 FeLV 后的结果由许多因素

决定，包括病毒的感染剂量、病毒毒株、宿主的抵抗力，与猫的年龄、免疫力、猫的基因型强烈相关，这些差异会导致三种不同类型的感染：顿挫性感染、退行性感染和进行性感染。如果宿主动物机体抵抗力较好，FeLV 可能只会造成顿挫性感染，此时仅有 PCR 结果为阳性；而退行性感染可能会出现短暂的 p27 抗原 ELISA 结果阳性，血液中的病毒一般会在 2 ~ 8 周后消退（也存在数月才消退的情况）；进行性感染则会表现出 p27 抗原和 PCR 检查结果持续呈阳性，病毒持续存在。本病例中，患猫的 p27 抗原和 PCR 结果为阳性，结合临床症状，判定患猫为进行性感染，而对于未见明显临床症状的患猫，如想鉴别进行性感染和退行性感染，可间隔 6 周（或更长时间）再次监测 p27 抗原。

这三种类型感染的临床表现也不尽相同，顿挫性感染病例不会出现与 FeLV 相关的临床症状，退行性感染病例在使用糖皮质激素或者在免疫抑制时，可能会出现与 FeLV 相关的症状，而如果发生了进行性感染，则会发生与 FeLV 相关的疾病，主要包括恶性肿瘤（白血病、淋巴瘤、骨髓发育不全）、骨髓抑制（贫血、血小板减少和粒细胞减少症）、免疫抑制（淋巴细胞减少症、淋巴细胞功能异常）、繁殖障碍、肾小球肾炎、骨软骨瘤等。病毒亚型不同，也会造成不同的临床症状。一般认为感染 FeLV-B 亚型易发生肿瘤，感染 FeLV-C 亚型则倾向于发生非再生性贫血。

本病例 FeLV 感染的原因可能是幼龄时的野外活动，FeLV 主要通过唾液排毒，病毒在猫之间可以通过互相舔舐、啃咬、厮打传播，所以，对于免疫系统尚未成熟的幼年动物，应尽量避免其独自外出，防止 FeLV 或其他病原的感染。对于感染 FeLV 的患猫，建议严密监控体况，每半年进行一次体检以便及时发现异常，避免食用生肉，家中如有其他猫，建议分开饲养。

◆ 参考文献

1. Craig E, Amy M, Danielle A. Infectious diseases of the dog and cat[M]. 4th ed. St. Louis, Missouri: Elsevier health sciences, 2012.
2. Scott M A, Stockham S L. Fundamentals of veterinary clinical pathology[M]. 2nd ed. Oxford: John Wiley & Sons, 2013.

CASE 6

案例 6 犬钩端螺旋体病

1. 基本信息和病史

贵宾犬，5 岁，雄性未绝育，每年定期免疫狂犬病疫苗。食物主要以犬粮和鸡胸肉为主。一周前动物主人带去公园游玩，2 d 后出现精神不振、呕吐、腹泻、黄疸、嗜睡等症状。外院排查犬冠状病毒（CCV）和犬细小病毒（CPV）均为阴性。

2. 体格检查

患犬精神沉郁，BCS：3/5，体温 39.7℃。听诊心音正常，心率 100 次 /min，呼吸频率 20 次 /min。可视黏膜黄染，脱水约 8%，触诊患犬腹部紧张，CRT < 2 s。

3. 问题列表

呕吐、腹泻、腹部触诊敏感、黄疸。

4. 鉴别诊断

溶血性疾病、急性肝炎、胆结石、急性胰腺炎、急性中毒、钩端螺旋体病。

5. 初步诊断计划

诊断项目：CBC、生化检查、尿液检查、犬胰腺特异性脂肪酶（cPL）检查、腹部超声检查、钩端螺旋体抗体和 PCR 检测。

6. 初步检查结果

CBC 检查结果见表 6–1，生化检查结果见表 6–2，尿液检查结果见表 6–3，钩端螺旋体检测结果见表 6–4。腹部超声检查结果见图 6–1。

表 6–1 CBC 检查结果

项目	结果	参考范围
红细胞总数（RBC）	7.5×10^{12}/L	5.65×10^{12} ～ 8.87×10^{12}/L
红细胞比容（HCT）	40.8%	37.3% ～ 61.7%
血红蛋白浓度（HGB）	15.2 g/dL	13.1 ～ 20.5 g/dL
网织红细胞（RETIC）	15.1×10^{3}/μL	10.0×10^{3} ～ 110.0×10^{3}/μL
平均红细胞体积（MCV）	65.4 fL	61.6 ～ 73.5 fL
平均红细胞血红蛋白浓度（MCHC）	37.3 g/dL	32.0 ～ 37.9 g/dL

续表 6-1

项目	结果	参考范围
红细胞分布宽度（RDW）	21.8%	13.6% ～ 21.7%
白细胞总数（WBC）	47.84×10^9/L	5.05×10^9 ～ 16.76×10^9/L
分叶中性粒细胞（SEG）	42.85×10^9/L	2.95×10^9 ～ 11.64×10^9/L
淋巴细胞（LYM）	2.86×10^9/L	1.05×10^9 ～ 5.10×10^9/L
单核细胞（MONO）	2.23×10^9/L	0.16×10^9 ～ 1.12×10^9/L
嗜酸性粒细胞（EOS）	0.02×10^9/L	0.06×10^9 ～ 1.23×10^9/L
嗜碱性粒细胞（BASO）	0.06×10^9/L	0.00 ～ 0.10×10^9/L
血小板（PLT）	168×10^3/μL	148×10^3 ～ 484×10^3/mL

表 6-2　生化检查结果

项目	结果	参考范围
血糖（GLU）	4.82 mmol/L	4.11 ～ 7.95 mmol/L
肌酐（CREA）	831 μmol/L	44 ～ 159 μmol/L
尿素（UREA）	70.9 mmol/L	2.5 ～ 9.6 mmol/L
磷（P）	5.67 mmol/L	0.81 ～ 2.20 mmol/L
钙（Ca）	2.98 mmol/L	1.98 ～ 3.00 mmol/L
总蛋白（TP）	90 g/L	52 ～ 82 g/L
白蛋白（ALB）	39 g/L	23 ～ 40 g/L
球蛋白（GLOB）	51 g/L	25 ～ 45 g/L
白球比（A/G）	0.8	0.9 ～ 1.5
丙氨酸氨基转移酶（ALT）	118 U/L	12 ～ 125 U/L
天门冬氨酸氨基转移酶（AST）	108 U/L	0 ～ 50 U/L
碱性磷酸酶（ALP）	237 U/L	23 ～ 212 U/L
γ- 谷氨酰转肽酶（GGT）	15 U/L	0 ～ 11 U/L
总胆红素（TBIL）	803 μmol/L	0 ～ 15 μmol/L
胆固醇（CHOL）	4.99 mmol/L	2.84 ～ 8.26 mmol/L
肌酸激酶（CK）	53 U/L	10 ～ 200 U/L
犬 C 反应蛋白（CRP）	28.9 mg/L	0 ～ 10.00 mg/L
犬胰腺特异性脂肪酶（SNAP cPL）	正常	–

表 6-3　尿液检查结果

物理性质和化学性质		尿沉渣检查		物理性质和化学性质		尿沉渣检查	
颜色	深黄色	红细胞	0 ～ 1 个 /hpf	蛋白	+++	结晶	未见
透明度	清亮	白细胞	3 ～ 5 个 /hpf	葡萄糖	阴性	脂滴	未见
比重	1.012	移行上皮细胞	未见	酮体	阴性	微生物	未见
pH	8.0	鳞状上皮细胞	0 ～ 1 个 /hpf	尿胆红素	++	采样方式	穿刺尿液
潜血	微量 – 完整	管型	未见				

表 6-4　钩端螺旋体检测结果

检查项目	检查结果
钩端螺旋体抗体（IgG）	阳性（+）
钩端螺旋体抗体（IgM）	阳性（+）
钩端螺旋体 PCR（血液）	阴性（-）
钩端螺旋体 PCR（尿液）	阳性（+）

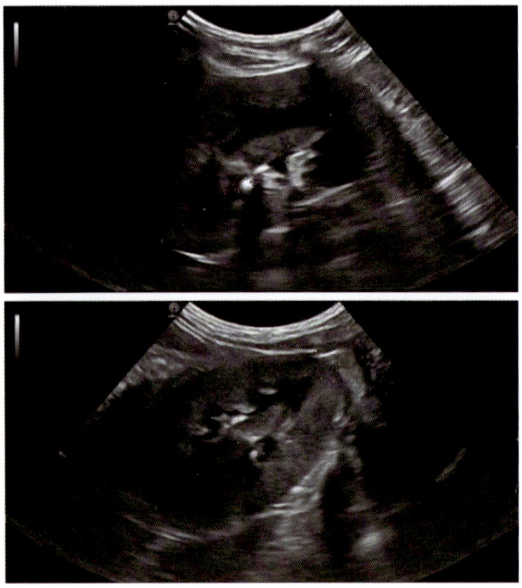

图 6-1
肾脏超声图（上图为左侧肾脏长轴，下图为右侧肾脏长轴）

7. 初步检查结果分析

7.1　CBC 结果

红细胞象：结果未见明显异常。

白细胞象：白细胞计数、中性粒细胞、单核细胞上升，提示炎症白细胞象，CRP 升高也与这一结果相符。

血小板形态及数量未见异常。

7.2　血清生化检查结果

高球蛋白血症：球蛋白升高而白蛋白正常，提示可能与炎症、感染或脱水有关。

重度氮质血症：尿素、肌酐及磷的浓度同时升高，肌酐升高超过 5 倍，提示急性肾损伤 IV 级。

肝酶升高：肝细胞损伤酶（ALT 和 AST）和胆汁淤积酶（GGT 和 ALP）均轻度升高（≤ 2 倍），提示轻微肝细胞损伤。未见其他肝脏合成功能指标下降。

高胆红素血症：重度高胆红素血症，未见明显溶血倾向，排除肝前性因素；血清胆固醇正常，胆汁淤积酶仅轻度升高，排除肝后性因素。结合肝酶升高，以及胆红素尿，提示肝细胞性高胆红素血症。SNAP cPL 结果正常，可排除胰腺炎。CRP 升高程度大于参考范围上限的 2 倍，提示存在炎症。

7.3　尿液检查结果

尿比重 1.012，为等渗尿，结合体格检查，动物存在脱水，提示尿浓缩力下降；同时存在蛋白尿，提示存在肾损伤。其余检查结果未见明显异常。

7.4　钩端螺旋体检测结果

钩端螺旋体抗体检测结果提示该犬处于急性感染期（存在抗体 IgM）。而仅尿液 PCR 结果为阳性，提示患犬感染时间超过 1 周，病原体从肾脏中向外排泄。

7.5　超声检查结果

双肾皮质回声增强，皮髓质分界清晰。肝脏、胰腺右叶、脾脏、膀胱、胃肠道等未见明显异常。

结合生化检查结果，提示为急性肾损伤。

8. 进一步诊断计划及结果分析

8.1 进一步诊断计划

为明确感染血清型，将血清样本送至实验室进行显微凝集试验（microscopic agglutination test，MAT）。

8.2 结果及分析

MAT 结果显示抗体滴度为 1∶3200（＞1∶800），提示处于钩端螺旋体急性感染期，与临床抗体检测结果一致。凝集血清型为澳洲型，考虑感染澳洲型钩端螺旋体。

9. 最终诊断

结合病史、临床检查、实验室诊断、影像学、分子生物学及血清学检查结果，本病例被诊断为钩端螺旋体感染（急性感染期）。

10. 治疗及转归

确诊后立即使用头孢噻呋钠（5 mg/kg，IV）治疗；同时使用马罗匹坦（0.1 mg/kg，SC）和熊去氧胆酸（10 mg/kg，PO SID）；并辅以输液治疗，纠正酸碱紊乱和脱水。

该病例治疗第 4 天精神好转，并主动进食，炎症指标（CRP）逐渐恢复正常；治疗第 7 天肾脏损伤指标明显下降，黏膜黄染度下降；治疗 2 周后复查，患犬基本恢复正常，食欲和精神状态良好。

11. 讨论

犬钩端螺旋体病是多器官损伤性疾病，肾脏和肝脏最易受损。感染后疾病的严重程度取决于病原血清型和宿主免疫力。患犬感染后可表现发热、黄疸、呕吐、腹泻、出血等症状。

本病例临床表现与钩端螺旋体病相符，结合生化检查和影像学结果，提示急性肾损伤和肝性黄疸，与钩端螺旋体病的典型表现一致。最后利用 PCR 和血清学抗体检测确诊为钩端螺旋体感染。因此，结合病史，对于未进行疫苗免疫，且出现急性肝肾功能损伤的患犬，应积极筛查钩端螺旋体病。

钩端螺旋体侵入机体后，可以通过多种机制逃避宿主免疫力，最终在肾脏（肾小管间质）中定植，并由尿液向外排泄病原。由于临床感染时间不确定，建议同时采集血液和尿液进行 PCR 检测。本病例感染时间超过 1 周，仅在尿液中出现病原，若只进行血液 PCR 检测，则可能会漏诊。钩端螺旋体对抗生素极其敏感，使用过抗生素会导致 PCR 结果呈阴性。由于诊断具有挑战性，因此，建议结合分子生物学和血清学结果进行评估。通常 IgM 抗体滴度在钩端螺旋体感染后一周开始上升，而 IgG 抗体在感染后 2～3 周开始上升。此外，MAT 是钩端螺旋体血清学检测的金标准，但血清学检测具有交叉反应，无法准确获取血清型的信息。因此，也无法确定该犬是否感染澳洲型钩端螺旋体。

多西环素和青霉素是治疗钩端螺旋体病的首选抗生素，有胃肠道症状的犬可以选用青霉素衍生物，治疗 2 周可有效清除病原。若发现感染后及时进行治疗，患犬一般预后良好。此外，该病属于人兽共患病，疫苗免疫具有较好的保护力，每年进行定期免疫可降低该病的人兽共患传播风险。

◆ 参考文献

1.Lizer J, Velineni S, Weber A, et al. Evaluation of 3 serological tests for early detection of leptospira-specific antibodies in experimentally infected dogs[J]. Journal of veterinary internal medicine, 2018, 32(1): 201-207.

2.Reagan K L, Sykes J E. Diagnosis of canine leptospirosis[J]. Veterinary Clinics: Small Animal Practice, 2019, 49(4): 719-731.

3.Schuller S, Francey T, Hartmann K, et al. European consensus statement on leptospirosis in dogs and cats[J]. Journal of Small Animal Practice, 2015, 56(3): 159-179.

4.Sykes J E, Hartmann K, Lunn K F, et al. 2010 ACVIM small animal consensus statement on leptospirosis: diagnosis, epidemiology, treatment, and prevention[J]. Journal of Veterinary Internal Medicine, 2011, 25(1): 1-13.

CASE 7

案例 7

猫传染性腹膜炎

1. 基本信息和病史

家养短毛猫，6 个月，雄性未去势。室内饲养，家中有另一只成年英国短毛猫，日常饲喂干粮与清洁水，且近 3 个月无换粮史。定期免疫和驱虫，就诊前段时间无旅行史，既往身体健康。

约 3 周前发现患猫左眼出现病变，他院检查后诊断为左眼葡萄膜炎。外用洗眼液、氧氟沙星滴眼液、自体血清，口服阿莫西林 – 克拉维酸钾、泼尼松龙。用药 2 周后眼部症状未见明显改善，主人自行减量至停药。发病期间患猫精神较差，饮食欲一般，大小便未见明显异常。家中另一只成年英国短毛猫未见明显异常。

2. 体格检查

患猫精神稍沉郁，BCS：4/9，体重 2.5 kg，体温 39.8℃，心率 180 次 /min，呼吸频率 30 次 /min。水合状态尚可，黏膜颜色轻度苍白，CRT ＜ 2 s。双眼结膜水肿，左眼虹膜颜色异常（图 7–1），疑有积脓或沉积物。心音及肺音听诊未见明显异常，腹部触诊不敏感，体表淋巴结未见明显增大。由于患猫较紧张，未进行口腔检查。

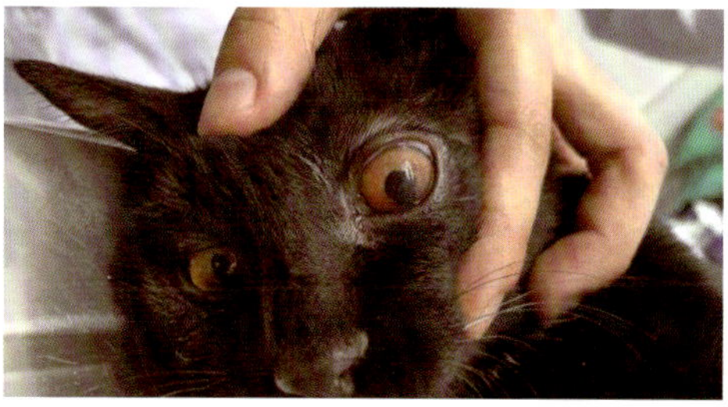

图 7–1

左眼病变情况

3. 问题列表

发热、结膜水肿、虹膜颜色异常（疑有沉积物）。

4. 鉴别诊断

葡萄膜炎、猫传染性腹膜炎、猫白血病病毒感染、淋巴瘤。

5. 初步诊断计划

诊断项目：CBC、生化检查、尿液检查、眼科检查、腹部超声检查。

6. 初步检查结果

CBC 检查结果见表 7–1，生化检查结果见表 7–2，尿液检查结果见表 7–3，眼科检查结果见表 7–4。腹部超声检查结果见图 7–2、图 7–3。

表 7-1 CBC 检查结果

项目	结果	参考范围
红细胞总数（RBC）	5.88×10^{12}/L	6.54×10^{12} ～ 12.20×10^{12}/L
红细胞比容（HCT）	19.0%	30.3% ～ 52.3%
血红蛋白浓度（HGB）	6.8 g/dL	9.8 ～ 16.2 g/dL
网织红细胞（RETIC）	7.1×10^{3}/μL	3.0×10^{3} ～ 50.0×10^{3}/μL
平均红细胞体积（MCV）	32.3 fL	35.9 ～ 53.1 fL
平均红细胞血红蛋白浓度（MCHC）	35.8 g/dL	28.1 ～ 35.8 g/dL
红细胞分布宽度（RDW）	28.2%	15.0 % ～ 27.0%
白细胞总数（WBC）	11.81×10^{9}/L	2.87×10^{9} ～ 17.02×10^{9}/L
分叶中性粒细胞（SEG）	8.50×10^{9}/L	2.30×10^{9} ～ 10.29×10^{9}/L
淋巴细胞（LYM）	2.98×10^{9}/L	0.92×10^{9} ～ 6.88×10^{9}/L
单核细胞（MONO）	0.63×10^{9}/L	0.05×10^{9} ～ 0.67×10^{9}/L
嗜酸性粒细胞（EOS）	0.01×10^{9}/L	0.17×10^{9} ～ 1.57×10^{9}/L
嗜碱性粒细胞（BASO）	0.00×10^{9}/L	0.01×10^{9} ～ 0.26×10^{9}/L
血小板（PLT）	119×10^{3}/μL	151×10^{3} ～ 600×10^{3}/μL
镜检：片尾可见血小板凝集簇。		

表 7-2 生化检查结果

项目	结果	参考范围
总胆红素（TBIL）	0.6 mg/dL	0 ～ 0.8 mg/dL
总蛋白（TP）	10.9 g/dL	6.6 ～ 8.4 g/dL
白蛋白（ALB）	2.6 g/dL	3.2 ～ 4.3 g/dL
球蛋白（GLOB）	8.3 g/dL	2.9 ～ 4.7 g/dL
白球比（A/G）	0.3	0.8 ～ 1.5
葡萄糖（GLU）	111 mg/dL	71 ～ 182 mg/dL
丙氨酸氨基转移酶（ALT）	60 U/L	28 ～ 109 U/L
天门冬氨酸氨基转移酶（AST）	45 U/L	10 ～ 48 U/L
碱性磷酸酶（ALP）	22 U/L	11 ～ 49 U/L
γ- 谷氨酰转肽酶（GGT）	3 U/L	0 ～ 4 U/L
胆汁酸（TBA）	15.8 μmol/L	0 ～ 10 μmol/L
尿素（UREA）	31 mg/dL	36 ～ 75 mg/dL
肌酐（CREA）	1.0 mg/dL	0.8 ～ 2.1 mg/dL
磷（P）	6.4 mg/dL	2.6 ～ 5.5 mg/dL
钙（Ca）	9.7 mg/dL	9.0 ～ 12 mg/dL
总胆固醇（CHOL）	167 mg/dL	101 ～ 323 mg/dL
甘油三酯（TG）	44 mg/dL	30 ～ 106 mg/dL
肌酸激酶（CK）	127 U/L	0 ～ 386 U/L

表 7–3　尿液检查结果

物理性质和化学性质		尿沉渣检查	
颜色	棕黄	红细胞	未见
透明度	清亮	白细胞	未见
比重	1.035	移行上皮细胞	0 ～ 2 个 /hpf
pH	6.0	鳞状上皮细胞	未见
潜血	阴性	管型	未见
蛋白	+	结晶	未见
葡萄糖	阴性	脂滴	未见
酮体	阴性	微生物	未见
尿胆红素	++	采样方式	接尿

表 7–4　眼科检查结果

STT 泪液测试	OD：－	OS：－
眼压（Tono VET）	OD：8 mmHg	OS：33 mmHg
瞳孔直接对光反射	OD：+	OS：+
瞳孔间接对光反射	OD：+	OS：+
惊吓反应	OD：+	OS：－
房水闪辉	OD：++	OD：+++
角膜荧光素染色	OD：－	OD：－
其他：双眼结膜水肿，左眼虹膜颜色异常，前房浑浊，角膜内皮大量棕色沉积物。		

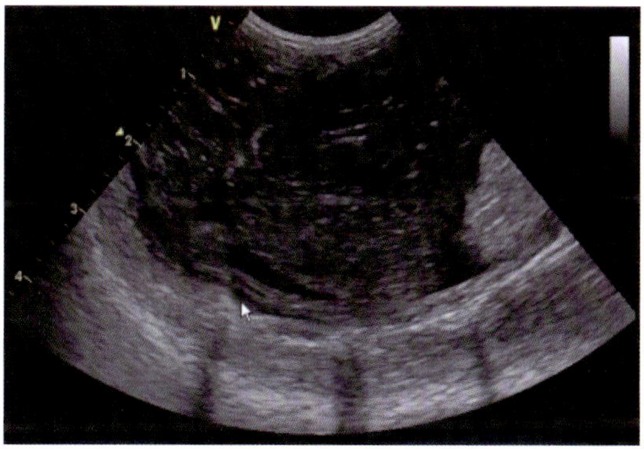

图 7–2

腹膜腔积液超声图

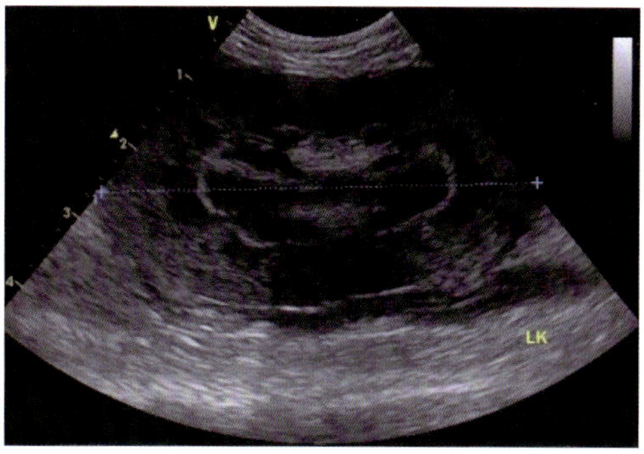

图 7–3

左肾超声图

7. 初步检查结果分析

7.1　CBC 结果

红细胞象：中度小红细胞性非再生性贫血，疑与慢性疾病有关，需进一步检查。

白细胞象：未见明显异常。

血小板象：血小板计数减少，但显微镜下可见血小板于片尾聚集成簇，因此血小板数量减少可能为假性降低。

7.2　血清生化检查结果

低白蛋白血症伴高球蛋白血症：结合该患猫临床表现和其他检查结果，提示可能存在感染、免疫介导性疾病或 B 淋巴细胞肿瘤（淋巴瘤、浆细胞瘤等）。白球比为 0.3，结合患病年龄需筛查猫传染性腹膜炎（FIP）等感染性病因。

高胆汁酸血症：轻度高胆汁酸血症可能与检查前未充分禁食，或潜在的肝病、胆汁淤积相关。

高磷血症：由于患猫仅 6 月龄，仍处于生长期，考虑是幼龄动物生理性高磷血症。

7.3　尿液检查结果

胆红素尿：造成胆红素尿的原因有溶血、肝病、胆道梗阻或胆汁淤积。由于 CBC

与血涂片检查未发现溶血证据，推测胆红素尿是由于潜在的肝病或胆汁淤积引起。

7.4 眼科检查结果

眼科检查发现左眼前房浑浊，角膜内皮大量棕色沉积物，双眼中度至重度房水闪辉；左眼眼压 33 mmHg，右眼眼压 8 mmHg。提示双眼葡萄膜炎；左眼眼压偏高，有青光眼风险。

7.5 超声检查结果

腹膜腔可探及微量游离性无回声楔形暗区；双肾轮廓不平滑，皮质回声不均，皮髓分界清晰，可见髓质轮圈征，双肾长轴分别为 4.96 cm（左肾）、5.16 cm（右肾）。

超声提示：微量腹膜腔积液；双肾肿大，疑似肾损伤。

8. 进一步诊断计划及结果分析

结合动物的病史、体格检查、实验室检查和眼科检查结果，可知患猫发热、葡萄膜炎极有可能与系统性疾病相关。结合腹部超声扫查结果，高度怀疑猫传染性腹膜炎。

8.1 进一步诊断计划

诊断项目：细胞学检查、猫冠状病毒（FCoV）PCR 检测。

8.2 结果及分析

患猫镇静后进行左眼前房抽吸与超声引导下肾脏穿刺，对前房液与肾脏穿刺物进行细胞学检查。前房液比重 1.038，蛋白含量 6.9 g/dL，镜下可见少量中性粒细胞和巨噬细胞，偶见红细胞，未见病原微生物；肾脏穿刺物镜下可见少量肾上皮细胞和小淋巴细胞，偶见中性粒细胞，背景中大量红细胞，未见病原微生物。建议结合 FCoV-PCR 综合诊断。

对前房液与肾脏穿刺物进行 FCoV-PCR 检测，两份样本均为猫冠状病毒阳性。

9. 最终诊断

结合病史和各项检查结果，本病例最终诊断为猫传染性腹膜炎。

10. 治疗及转归

皮下注射小分子核苷类靶向抗病毒药 GS-441524，干扰病毒复制。氟米龙与噻吗洛尔滴眼液点眼，缓解葡萄膜炎，预防青光眼。佩戴伊丽莎白圈，防自损。

用药 3 周后，患猫双眼病变明显好转（图 7-4 和图 7-5）；小红细胞性非再生性贫血、高球蛋白血症、低白蛋白血症明显改善；腹膜腔未见明显积液，且双肾肿大程度有所缓解，但仍可见髓质轮圈征，且肾周软组织回声增强，疑与损伤相关（图 7-6）。

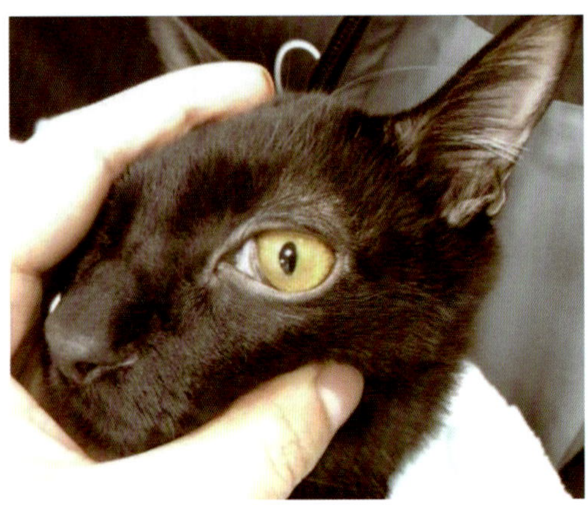

图 7-4
左眼（用药后 1 周）

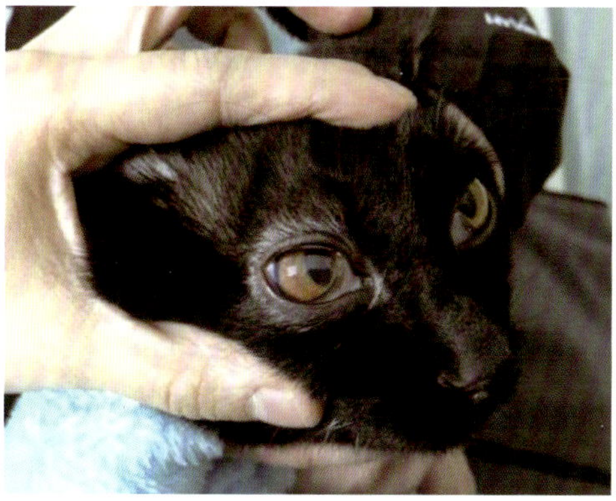

图 7-5

右眼，用药后 3 周

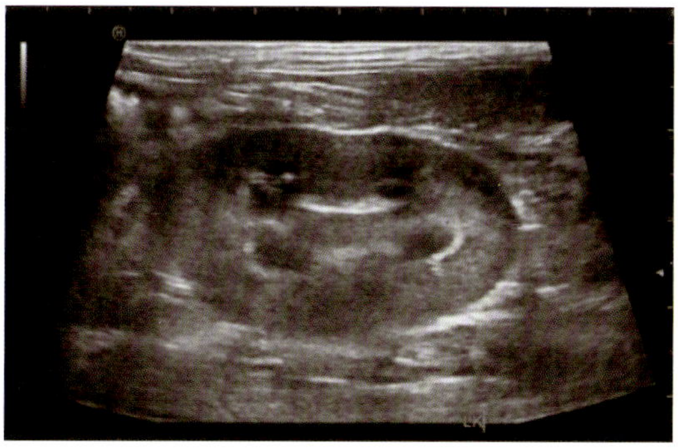

图 7-6

左肾超声图，用药后 3 周

11. 讨论

猫传染性腹膜炎（feline infectious peritonitis，FIP）是一种由猫冠状病毒（FCoV）引起的致死性疾病。根据致病力，FCoV 可分为两种生物型：只引起肠道症状的“猫肠道冠状病毒”（FECV），及能导致 FIP 的“猫传染性腹膜炎病毒”（FIPV）。目前认为 FIP 的发病机制是冠状病毒突变，但同时也受多种因素影响，如高压力环境诱发，因此多猫环境更常见 FIPV 感染。任何年龄、性别和品种的猫都可发生 FIP，但 2 岁以下的公猫更易感。本病例雄性，6 月龄，且与另一只猫共同生活，隶属于 FIP 高发群体。

FIP 的主要病理学变化为全身性血管炎和 / 或脓性肉芽肿，临床上根据是否产生体腔积液，将其分为渗出型（湿性）和非渗出型（干性）。两种类型 FIP 都可致命，渗出型比非渗出型更常见。渗出型以浆膜炎症与体腔积液为特点，患猫常表现出呼吸困难、腹围增大等临床症状，且进展较快；非渗出型多以眼部病变或神经症状为主，如葡萄膜炎、角膜后沉积物、共济失调、眼球震颤等。另外，患猫还可出现持续性发热、嗜睡、厌食等非特异性表现。两种类型 FIP 可同时发生，且临床症状会随着时间的推移而改变。本病例初诊时主要为眼部病变，伴有腹膜腔积液，推测为干 - 湿混合型 FIP。

研究表明，在 1/3 以上的 FIP 患猫可观察到小红细胞性贫血。无论是否有积液，高球蛋白血症是 FIP 的敏感指标之一。85% FIP 患猫白球比＜ 0.8，其诊断 FIP 的特异性为 79%。综合本病例发热、眼部病变、小红细胞性非再生性贫血、高球蛋白血症、白球比＜ 0.8 等实验室检查结果异常，及肾脏髓质轮圈征超声征象，极具 FIP 提示意义。

对于渗出型 FIP，可抽取积液分析。典型的积液黄色、黏稠、蛋白含量高，若积液白球比小于 0.4，则高度提示 FIP。利用免疫荧光染色检查积液中巨噬细胞内的 FCoV 抗原具有高度特异性，但巨噬细胞数量往往较低，诊断意义通常受限。本病例患猫仅有微量腹水，抽吸难度与风险较大，因此未进行积液分析。但左眼前房液与肾脏穿刺物 PCR 检测均 FCoV 阳性，为 FIP 诊断提供了重要依据。

关于 FIP 治疗药物的研究很多，主要包括免疫抑制剂、抗病毒药物和免疫调节药物等。目前，最新的研究热点是 3c 类蛋白酶抑制剂和小分子核苷类似物抗病毒药。国内外有关 GC–376 与 GS–441524 治疗 FIP 的临床有效性的报道较少，但可尝试类似的治疗。本病例使用 GS–441524 治疗 4 周后，眼部病变恢复，实验室指标回归正常，肾脏超声征象亦明显改善，提示其疗效显著，但需进一步跟踪治疗。

FIP 的有效治疗方案仍在研究阶段，且治疗费用昂贵，因此预防 FIP 的发生较为重要。对于多猫家庭，注意环境管理，避免高压、应激等诱发因素，或利于降低 FIP 发生风险。

◆ 参考文献

1.Drechsler Y, Alcaraz A, Bossong F J, et al. Feline coronavirus in multicat environments[J]. Veterinary Clinics: Small Animal Practice, 2011, 41(6): 1133-1169.

2.Felten S, Hartmann K. Diagnosis of feline infectious peritonitis: a review of the current literature[J]. Viruses, 2019, 11(11): 1068.

3.Pedersen N C, Kim Y, Liu H, et al. Efficacy of a 3C-like protease inhibitor in treating various forms of acquired feline infectious peritonitis[J]. Journal of feline medicine and surgery, 2018, 20(4): 378-392.

4.Pedersen N C, Perron M, Bannasch M, et al. Efficacy and safety of the nucleoside analog GS-441524 for treatment of cats with naturally occurring feline infectious peritonitis[J]. Journal of feline medicine and surgery, 2019, 21(4): 271-281.

5.Riemer F, Kuehner K A, Ritz S, et al. Clinical and laboratory features of cats with feline infectious peritonitis–a retrospective study of 231 confirmed cases (2000–2010)[J]. Journal of feline medicine and surgery, 2016, 18(4): 348-356.

CASE 8

案例 8 猫病毒性口炎

1. 基本信息和病史

家养短毛猫，8 岁，雄性已去势，体重 4 kg，定期常规免疫驱虫。日常仅饲喂干粮或罐头。患猫近 1 个月精神不佳，食欲下降并伴有口臭、流涎和吞咽困难，排便、排尿未见异常。

2. 体格检查

患猫精神沉郁，被毛粗乱，BCS：4/9，体温 39.0℃，心率 200 次 /min，呼吸频率 25 次 /min，黏膜粉红湿润，CRT > 2 s，皮肤弹性良好；口腔检查可见严重的牙龈炎和口炎，舌面有溃疡，牙龈肿大、牙结石严重。心音及肺音听诊未见异常，腹部触诊未见异常。

3. 问题列表

牙结石、牙龈炎、口炎。

4. 鉴别诊断

牙周病、感染性疾病。

5. 初步诊断计划

诊断项目：CBC、生化检查、感染性病原筛查（FIV、FeLV、猫疱疹病毒 FHV、猫杯状病毒 FCV）。

6. 初步检查结果

CBC 检查结果见表 8-1，生化检查结果见表 8-2，感染性病原检查结果见表 8-3。

表 8-1 CBC 检查结果

项目	结果	参考范围（猫）
红细胞计数（RBC）	7.99×10^{12}/L	6.54×10^{12} ～ 12.20×10^{12}/L
红细胞比容（HCT）	29.5%	30.3% ～ 52.3%
血红蛋白浓度（HGB）	10.2 g/dL	9.8 ～ 16.2 g/dL
网织红细胞（RETIC）	36.0×10^{3}/μL	3.0×10^{3} ～ 50.0×10^{3}/μL
平均红细胞体积（MCV）	36.7 fL	35.9 ～ 53.1 fL
平均红细胞血红蛋白浓度（MCHC）	34.8 g/dL	28.1 ～ 35.8 g/dL
红细胞分布宽度（RDW）	29.3%	15.0% ～ 27.0%
白细胞计数（WBC）	45.17×10^{9}/L	2.87×10^{9} ～ 17.02×10^{9}/μL

续表 8-1

项目	结果	参考范围（猫）
分叶中性粒细胞（SEG）	25.16×10^9/L	$2.30 \times 10^9 \sim 10.29 \times 10^9$/μL
淋巴细胞（LYM）	15.23×10^9/L	$0.92 \times 10^9 \sim 6.88 \times 10^9$/μL
单核细胞（MONO）	3.31×10^9/L	$0.05 \times 10^9 \sim 0.67 \times 10^9$/μL
嗜酸性粒细胞（EOS）	0.93×10^9/L	$0.17 \times 10^9 \sim 1.57 \times 10^9$/μL
嗜碱性粒细胞（BASO）	0.08×10^9/L	$0.01 \times 10^9 \sim 0.26 \times 10^9$/μL
血小板（PLT）	813×10^3/μL	$148 \times 10^3 \sim 484 \times 10^3$/μL

表 8-2　生化检查结果

项目	结果	参考范围（猫）
总胆红素（TBIL）	15 μmol/L	0 ～ 15 μmol/L
总蛋白（TP）	96 g/L	57 ～ 89 g/L
白蛋白（ALB）	27 g/L	22 ～ 40 g/L
球蛋白（GLOB）	69 g/L	28 ～ 51 g/L
白球比（A/G）	0.4	0.8 ～ 1.5
葡萄糖（GLU）	6.92 mmol/L	4.11 ～ 8.84 mmol/L
丙氨酸氨基转移酶（ALT）	25 U/L	12 ～ 130 U/L
天门冬氨酸氨基转移酶（AST）	25 U/L	0 ～ 48 U/L
碱性磷酸酶（ALP）	33 U/L	14 ～ 111 U/L
γ- 谷氨酰转肽酶（GGT）	1 U/L	0 ～ 4 U/L
尿素（UREA）	4.5 mmol/L	5.7 ～ 12.9 mmol/L
肌酐（CREA）	78 μmol/L	71 ～ 212 μmol/L
磷（P）	2.05 mmol/L	1.00 ～ 2.42mmol/L
钙（Ca）	2.68 mmol/L	1.95 ～ 2.83 mmol/L
总胆固醇（CHOL）	3.46 mmol/L	1.68 ～ 5.81mmol/L
肌酸激酶（CK）	33 U/L	0 ～ 314 U/L

表 8-3　感染性病原检查结果

检查方法	检查项目	检查结果
ELISA	FeLV p27 抗原检查	阴性（–）
	FIV 抗体检查	阴性（–）
PCR	FCV	阳性（+）
	FHV	阴性（–）
	FeLV	阴性（–）
	FIV	阴性（–）

7. 检查结果分析

7.1　CBC 结果

红细胞象：存在轻度非再生性贫血，可能由慢性炎症或感染引起。

白细胞象：白细胞、中性粒细胞、单核细胞和淋巴细胞计数均高于参考范围上限，镜检可见反应性淋巴细胞，提示机体存在炎症或感染。

血小板象：超出参考范围上限，镜检

无异常，疑为反应性血小板增多，可能与炎症有关。

7.2 血清生化检查结果

高球蛋白血症：感染、炎症、肿瘤等因素都会引起高球蛋白血症。

尿素：尿素降低可能与食物摄取减少有关，单一指标下降可能无临床提示意义。

7.3 感染性病原检查结果

FCV 的 PCR 结果为阳性，其他结果均为阴性。

8. 诊断

结合临床症状及实验室检查结果，本病例被诊断为 FCV 引起的严重口炎。

9. 治疗及转归

对患猫进行全口拔牙，使用阿莫西林－克拉维酸钾（12.5 mg/kg，每日两次，PO，连用 7 d），控制细菌感染；使用猫 ω 干扰素［3×10^6 IU/（kg · d）SC、连用 5 d］，进行抗病毒治疗，使用泼尼松龙（1 mg/kg、每日 2 次、PO、连用 7 d），同时每日进行口腔护理，保持口腔卫生。患猫术后 14 d 饲喂湿粮，之后可正常自主进食。

10. 讨论

猫口炎是常见的口腔疾病，常见症状包括口腔疼痛、口臭、吞咽困难、食欲不振和体重下降等，病症可持续数月甚至数年。猫口炎常由多因素共同导致，常见病原包括猫杯状病毒、猫疱疹病毒 I 型、猫艾滋病病毒、猫白血病病毒和革兰阴性厌氧菌（如放线菌、拟杆菌）等，部分内科疾病（如糖尿病、库兴氏综合征）也有可能引起口炎。

在各类感染性因素中，口炎患猫 FCV 的检出率最高，口腔溃疡是 FCV 感染最典型的特征，常在舌面上形成溃疡，或蔓延到口腔和唇部，最开始的表现形式为水泡，破裂后表皮发生坏死，并在坏死的边缘和基部出现中性粒细胞浸润，愈合需要 2～3 周。本病例为 FCV 感染引起的口炎，但未见呼吸道症状，有研究表明在免疫抑制或者压力状态下，FCV 感染会单独表现口腔溃疡，而不出现呼吸道症状，机理暂不明确。FCV 是一种 RNA 病毒，有诸多亚型，无法保证接受完整免疫的猫不被变异株 FCV 感染，因此所有年龄阶段的猫对 FCV 都易感，根据感染毒株的不同，临床症状严重程度不一。

猫口炎包括手术治疗及非手术治疗，口炎患猫拔牙后的临床治愈率为 50%～60%。建议对于严重口腔溃疡、吞咽困难的猫进行全口拔牙，因为牙菌斑和牙结石会加重口腔炎症。如果症状较轻，可以采取非手术治疗（使用抗生素、皮质类固醇和干扰素），但是需要严格控制类固醇的剂量，且不能长期使用，治疗效果也可能随着使用时长而降低。口炎易复发，建议宠主定期为猫进行口腔检查，并及时清除牙垢，减少细菌增殖。

◆ 参考文献

1.Craig E, Amy M, Danielle A. Infectious diseases of the dog and cat[M]. 4th ed. St. Louis, Missouri: Elsevier health sciences, 2012.

2.da SILVA A S, Hertel F C, Lotério M P, et al. Feline chronic gingivostomatitis with calicivirus infection: case report[J]. Brazilian Journal of Veterinary Research and Animal Science, 2018, 55(3): 1-5.

3.Richard W. Nelson, C Guillermo Couto. 小动物内科学 [M]. 5 版 . 夏兆飞，陈艳云，王姜维，主译 . 北京：中国农业大学出版社，2019.

4.Winer J N, Arzi B, Verstraete F J M. Therapeutic management of feline chronic gingivostomatitis: a systematic review of the literature [J]. Frontiers in veterinary science, 2016, 3: 54.

CASE 9

案例 9

犬烟曲霉菌感染

1. 基本信息和病史

金毛猎犬，1.9 岁，雄性。平时散养，就诊前近 2 个月笼养，定期免疫和驱虫，无旅行史，近 3 个月发现该犬断断续续流鼻涕，出现流脓鼻涕近 1 个月，偶有出血，且近期食欲不振，精神沉郁，体重减轻。多次治疗均无效，遂前来就诊。

2. 体格检查

患犬精神尚可，体温 39℃，BCS：4/9，心率 110 次 /min，呼吸 25 次 /min，可视黏膜充血，鼻镜有小范围溃疡面，触诊敏感，右侧鼻腔有脓性鼻液流出，鼻内稍肿胀。

3. 问题列表

右侧鼻腔流脓鼻涕，鼻镜有溃疡面。

4. 鉴别诊断

鼻腔感染、鼻腔真菌感染、鼻咽肿瘤、口鼻瘘、鼻腔内异物、鼻腔内寄生虫。

5. 初步诊断计划

诊断项目：鼻部 X 线检查、内窥镜检查以及实验室检查（血常规、血清生化、IgE 检查、鼻腔分泌物检查，鼻腔分泌物真菌培养）。

6. 初步检查结果

血常规检查结果见表 9–1，生化检查结果见表 9–2。X 线检查结果见图 9–1、图 9–2。

鼻腔镜结果见图 9–3、图 9–4。鼻腔分泌物检查结果见图 9–5、图 9–6。

表 9–1　CBC 检查结果

检查项目	结果	参考范围
红细胞总数（RBC）	6.78×10^{12}/L	6.54×10^{12} ~ 12.20×10^{12}/L
红细胞比容（HCT）	44.9%	30.3% ~ 52.3%
血红蛋白 (HGB)	15.0 g/dL	9.8 ~ 16.2 g/dL
平均红细胞体积 (MCV)	71.8 fL	35.9 ~ 53.1 fL
白细胞总数 (WBC)	17.95×10^9/L	2.87×10^9 ~ 17.02×10^9/L
中性粒细胞 (NEU)	14.62×10^9/L	2.30×10^9 ~ 10.29×10^9/L
血小板（PLT）	375×10^3/μL	151×10^3 ~ 600×10^3/μL
镜检	红细胞形态和白细胞形态未见明显异常	

表 9-2　生化检查结果

检查项目	结果	参考范围
血糖（GLU）	6.39 mmol/L	3.5 ～ 6 mmol/L
肌酐（CREA）	53.76 μmol/L	45 ～ 110 μmol/L
尿素（UREA）	10.0 mmol/L	5.7 ～ 12.9 mmol/L
总蛋白（TP）	65.32 g/L	54 ～ 71 g/L
白蛋白（ALB）	33.48 g/L	25 ～ 35 g/L
球蛋白（GLOB）	31.84 g/L	25 ～ 45 g/L
丙氨酸氨基转移酶（ALT）	531 U/L	10 ～ 100 U/L
碱性磷酸酶（ALP）	1595.8 U/L	20 ～ 160 U/L

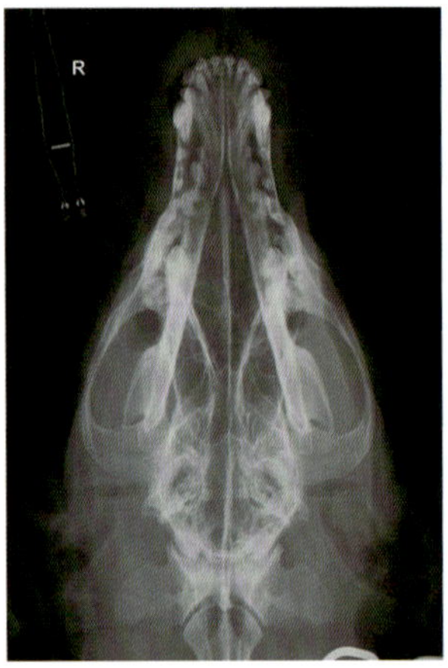

图 9-1

头部背腹位 X 线片

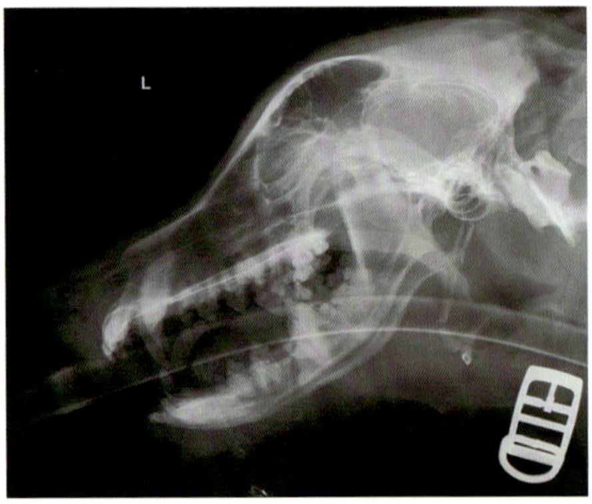

图 9-2

头部左侧位 X 线片

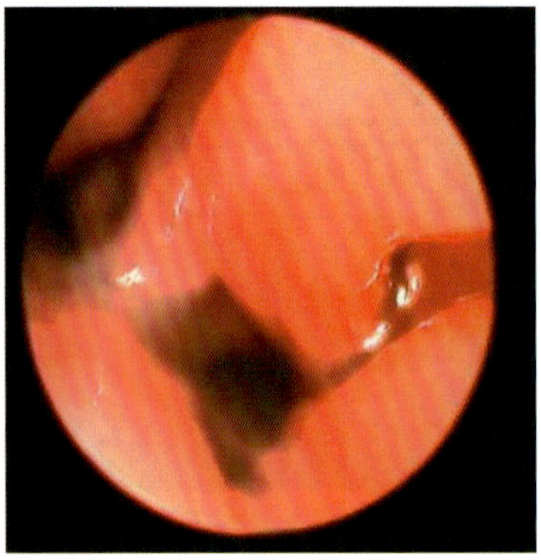

图 9-3

鼻腔镜（左侧鼻腔黏膜红肿）

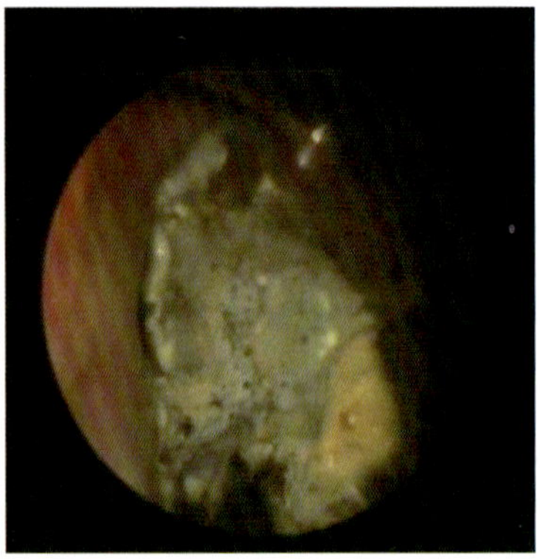

图 9-4

鼻腔镜（右侧鼻腔内干酪样物）

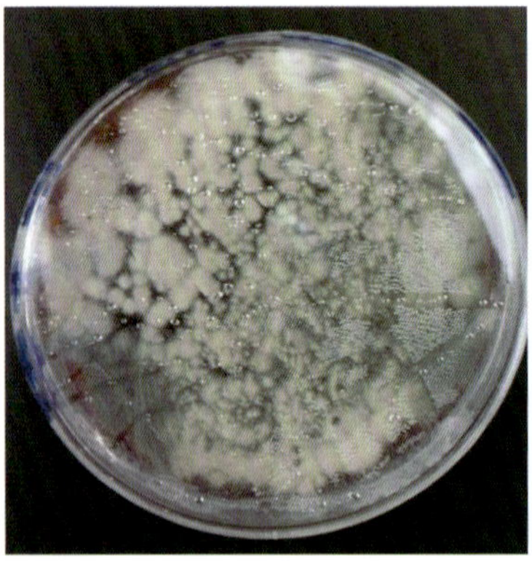

图 9-5

鼻腔分泌物培养第 3 天

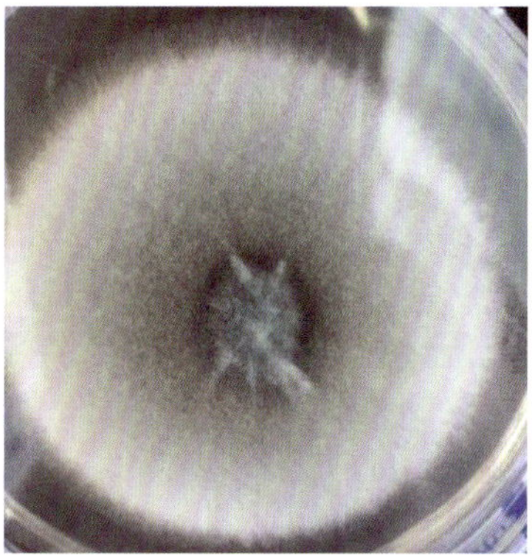

图 9-6

纯培养第 4 天

7. 初步检查结果分析

7.1　CBC 结果

血常规检查结果显示各项均在正常参考范围内。红细胞及白细胞象均未见明显异常。

7.2　血清生化检查结果

血清生化结果显示：血糖、丙氨酸氨基转移酶、碱性磷酸酶均不同程度升高。

在应激情况下，血糖会出现轻度升高。没有相关用药史的情况下，ALT 升高提示肝脏损伤，但需结合其他肝酶指标共同判读，本次检查只进行了初步筛查。ALP 存在于肝脏、骨骼等组织，一些肝外因素也会引起该指标升高，需进一步检查确定 ALP 升高的原因。

7.3　鼻腔分泌物检查结果

左鼻腔可见角化上皮与中性粒细胞，偶见球菌。

右鼻腔可见大量中性粒细胞，偶见巨噬细胞，少量杆菌。

7.4　鼻部 X 线检查结果

右侧鼻腔密度不均匀升高，部分鼻甲骨纹理消失（图 9-1、图 9-2）。

X 线提示：右侧鼻腔细菌或真菌感染，鼻部肿瘤等。

7.5　鼻腔内窥镜检查结果

左侧鼻腔黏膜红肿（图 9-3），鼻腔内大量脓性分泌物，未发现明显结构异常。右侧鼻腔黏膜红肿，大量脓性分泌物，鼻腔内（距鼻孔约 10 cm）可见一团干酪样物（图 9-4），使用异物钳钳夹，无法完全取出。经鼻咽检查后鼻腔，可见到苍白的结节突起。内窥镜检查怀疑干酪样物为真菌斑、异物或者肿瘤。

7.6　真菌培养结果

分泌物 27 ℃培养 1 周，真菌培养基（SDA、DTM）上均长出大量真菌菌落（图 9-5）。菌落生长迅速，SDA 培养基上菌落开始为白色，经 2 ～ 3 d 后转为蓝绿色，边缘为白色，质地为绒毛状，逐渐变为粉末状，边缘部分也出现颜色（图 9-6），背面为苍白色；显微镜下可见分生孢子头短柱状，分生孢子梗壁光滑，顶端膨大呈倒立烧瓶状顶囊，上有单层小梗，较长，密集排列呈栅状（图 9-7）。经菌落形态与显微

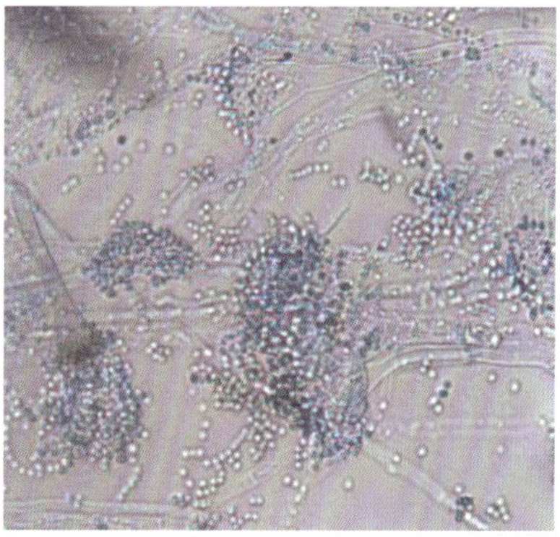

图 9-7

烟曲霉分生孢子头与菌丝（1 000×）

镜下形态辨别，可初步怀疑为烟曲霉。

8. 诊断

结合病史、临床症状及各种检查，本病例诊断为鼻腔烟曲霉感染。

9. 治疗及转归

建议立即手术，主人要求考虑一段时间，两周后电话回访，该犬已不幸死亡。

10. 讨论

烟曲霉普遍存在于空气、土壤、木制家具、鸟笼等处，是一种条件致病菌，一旦机体抵抗力下降，或者暴露在含有大量孢子的空气中，则很容易导致人和动物感染。近年来，随着广谱抗生素、糖皮质激素和免疫抑制剂等在宠物临床的应用，犬猫真菌感染率也逐渐在上升，尤其是在青壮年长鼻犬，如金毛猎犬、哈士奇犬等品种。本病例为年轻的金毛猎犬，其典型的慢性间歇性、脓性、出血性鼻腔分泌物、鼻镜、出现溃疡面等特征，都是诊断烟曲霉感染的临床线索，虽然最终未能进行病理组织学检查，但根据X线、鼻腔内窥镜、分泌物细胞学检查、真菌培养等检查，仍可进行最终确诊。其中细胞学检查和真菌培养最为直观，但真菌培养在操作时有一定风险，需要在具备一定安全防护措施的专业实验室里进行。

烟曲霉在SDA培养基上生长速度较快，生长初期，菌落呈白色，逐渐转为蓝灰色绒状或者颗粒状，时间久了则变为烟熏状，故得名烟曲霉。在显微镜下可见圆形、烧瓶样顶囊，单层瓶梗分布在顶囊的上1/2～2/3，无梗基，可见绿色球形的分生孢子。

烟曲霉感染是鼻腔问题常见的鉴别诊断之一，在患犬出现相关临床症状时，应及时进行全面检查，诊断后积极治疗。

对于已出现真菌斑块的鼻腔烟曲霉感染，有以下几种治疗方案：采用手术方法，从鼻腔和鼻旁窦的背侧径路，暴露术野，小心清除曲霉团块，并用大量生理盐水冲洗鼻腔，配合应用局部与全身抗真菌药物；通过环踞小孔对额窦以及鼻腔进行冲洗，有报道称用10%的恩康唑经鼻腔给药，每天2次，连续两周，有一定效果。

只要采取积极治疗，大部分患犬预后良好。

◆ 参考文献

1. 王端礼 . 医学真菌学 [M]. 北京：人民卫生出版社 , 2005.
2. Ettinger S J, Feldman E C, Cote E. Textbook of Veterinary Internal Medicine[M]. 8th ed. St. Louis, Missouri: Elsevier health sciences, 2016.
3. Markey B, Leonard F, Archambault M, et al. Clinical veterinary microbiology[M]. 2nd ed. St. Louis, Missouri: Elsevier Health Sciences, 2013.
4. Pomrantz J S, Johnson L R. Repeated rhinoscopic and serologic assessment of the effectiveness of intranasally administered clotrimazole for the treatment of nasal aspergillosis in dogs[J]. Journal of the American Veterinary Medical Association, 2010, 236(7): 757-762.

CASE 10

案例10 猫肝脏脂质沉积综合征

1. 基本信息和病史

美国短毛猫，3 岁，雌性已绝育。平时室内独养，日常饮食以干粮为主，常规免疫驱虫。

就诊前 1 月开始逐渐消瘦。就诊前 3 d 排带血稀便，其后开始呕吐（食糜及黄色黏液），精神逐渐沉郁。

2. 体格检查

精神沉郁，BCS：2/5，体温 37.9 ℃，心率 168 次 /min，呼吸 24 次 /min，可视黏膜呈黄白色，全身皮肤未见出血点 / 斑。脱水程度 6% ～ 8%。

3. 问题列表

黄疸、呕吐、腹泻、体重减轻。

4. 鉴别诊断

肝脏脂质沉积、溶血性贫血、胆管炎、胰腺炎、胃肠炎。

5. 初步诊断计划

诊断项目：CBC、生化检查、尿液检查、猫胰腺特异性脂肪酶（SNAP fPL）、腹部超声检查。

6. 初步检查结果

CBC 检查结果见表 10–1，生化检查结果见表 10–2，尿液检查结果见表 10–3。

表 10–1　CBC 检查结果

项目	结果	参考范围（猫）
红细胞总数（RBC）	5.85×10^{12}/L	6.54×10^{12} ～ 12.20×10^{12}/L
红细胞比容（HCT）	19.2%	30.3% ～ 52.3%
血红蛋白浓度（HGB）	7.3 g/dL	9.8 ～ 16.2 g/dL
网织红细胞（RETIC）	49.6×10^{3}/μL	3.0×10^{3} ～ 50.0×10^{3}/μL
平均红细胞体积（MCV）	32.8 fL	35.9 ～ 53.1 fL
平均红细胞血红蛋白浓度（MCHC）	38.0 g/dL	28.1 ～ 35.8 g/dL
红细胞分布宽度（RDW）	25.9%	15.0% ～ 27.0%
白细胞总数（WBC）	39.37×10^{9}/L	2.87×10^{9} ～ 17.02×10^{9}/L

续表 10-1

项目	结果	参考范围（猫）
分叶中性粒细胞（SEG）	13.5×10^9/L	2.30×10^9 ～ 10.29×10^9/L
杆状中性粒细胞（BAND）	疑似	/
淋巴细胞（LYM）	16.93×10^9/L	0.92×10^9 ～ 6.88×10^9/L
单核细胞（MONO）	7.18×10^9/L	0.05×10^9 ～ 0.67×10^9/L
嗜酸性粒细胞（EOS）	1.72×10^9/L	0.17×10^9 ～ 1.57×10^9/L
嗜碱性粒细胞（BASO）	0.04×10^9/L	0.01×10^9 ～ 0.26×10^9/L
血小板（PLT）	182×10^3/μL	148×10^3 ～ 484×10^3/μL
镜检	NEU 中可见中毒性变化	

表 10-2　生化检查结果

项目	结果	参考范围（猫）
总胆红素（TBIL）	3.28 mg/dL	0 ～ 0.8 mg/dL
总蛋白（TP）	4.81 g/dL	6.6 ～ 8.4 g/dL
白蛋白（ALB）	2.32 g/dL	3.2 ～ 4.3 g/dL
球蛋白（GLOB）	2.48 g/dL	2.5 ～ 4.7 g/dL
白球比（A/G）	0.9	0.8 ～ 1.5
葡萄糖（GLU）	129.7 mg/dL	71 ～ 182 mg/dL
丙氨酸氨基转移酶（ALT）	345.7 U/L	28 ～ 109 U/L
天门冬氨酸氨基转移酶（AST）	100.1 U/L	10 ～ 48 U/L
碱性磷酸酶（ALP）	80 U/L	11 ～ 49 U/L
γ- 谷氨酰转肽酶（GGT）	2 U/L	0 ～ 4 U/L
胆汁酸（TBA）	8 μmol/L	0 ～ 10 μmol/L
尿素（UREA）	33 mg/dL	36 ～ 75 mg/dL
肌酐（CREA）	0.9 mg/dL	0.8 ～ 2.1 mg/dL
磷（P）	2.8 mg/dL	2.6 ～ 5.5 mg/dL
钙（Ca）	10 mg/dL	9.0 ～ 12 mg/dL
总胆固醇（CHOL）	23.6 mg/dL	101 ～ 323 mg/dL
甘油三酯（TG）	58 mg/dL	30 ～ 106 mg/dL
肌酸激酶（CK）	604.8 U/L	0 ～ 186 U/L
钾（K）	3.5 mmol/L	3.8 ～ 5.5 mmol/L
钠（Na）	152 mmol/L	149 ～ 158 mmol/L
氯（Cl）	118 mmol/L	111 ～ 124 mmol/L

表 10-3　尿液检查结果

物理性质和化学性质		尿沉渣检查		物理性质和化学性质		尿沉渣检查	
颜色	淡黄	红细胞	0 ～ 1 个 /hpf	蛋白	—	结晶	—
透明度	清亮	白细胞	3 ～ 5 个 /hpf	葡萄糖	—	脂滴	—
比重	1.036	移行上皮细胞	—	酮体	—	微生物	—
pH	5.5	鳞状上皮细胞	—	尿胆红素	+	采样方式	穿刺取尿
潜血	—	管型	—				

猫胰腺特异性脂肪酶（SNAP fPL）检查结果正常。肝脏超声检查结果见图 10-1。

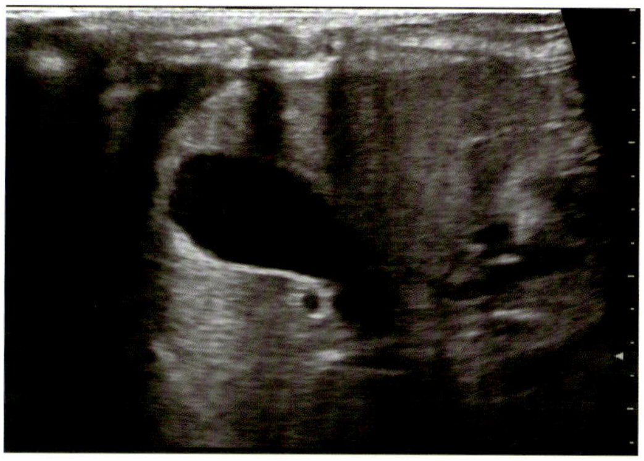

图 10-1

肝脏超声图

7. 初步检查结果分析

7.1　CBC 检查结果

红细胞象：提示中度非再生性贫血。

白细胞：白细胞总数与中性粒细胞数量升高，且中性粒细胞存在中毒性变化，同时单核、淋巴细胞升高，提示有炎症存在。

血小板：未见异常。

7.2　血清生化检查结果

高胆红素血症：结合患猫 ALT、AST、ALP 轻度升高，提示存在肝脏损伤。

高血糖：怀疑为应激性高血糖（在猫很容易发生）。

肌酸激酶升高：提示存在肌肉损伤。

蛋白（白蛋白、球蛋白）降低：两者同时降低，结合病史可能与长期未进食相关。

低胆固醇血症：ALT 与 AST 轻度升高，肝脏合成功能指标未见异常，肝脏功能下降可能性较低。结合病史可能与长期厌食有关。

7.3　尿液检查结果

尿胆红素阳性，由高胆红素血症引起。

7.4　超声检查结果

肝脏肝尖钝圆，弥漫性实质回声增强。

超声提示：肝脏轻度增大伴脂质沉积。其余脏器未见明显异常。

8. 诊断

根据患猫病史、体格检查（黄疸）、实验室及影像学结果，该猫被初步诊断为原发性肝脏脂质沉积综合征。

9. 治疗及转归

①液体治疗：纠正脱水及电解质紊乱，改善低钾血症和低磷血症。②营养支持：留置鼻饲管，尽快恢复营养支持。③肝脏保护：使用抗氧化剂，降低肝脏的氧化损伤风险。④胃肠道保护：止吐、抑酸、抗恶心、促进胃动力。⑤其他支持治疗：抗生素、维生素 K、维生素 B_{12}；减少猫的应激，鼓励猫多活动。

患猫住院期间较为应激。用药后胃肠道症状改善，但无自主饮食欲，依靠鼻饲管饲喂流食至每日需求量。5 天后复查肝酶及胆红素呈下降趋势，出院回家护理。一周后复诊时可自主少量进食。

10. 讨论

猫肝脏脂质沉积综合征又称猫脂肪肝，是猫最常见的肝胆疾病之一。主要特征是脂肪以甘油三酯形式聚集在猫肝脏细胞中，导致肝功能障碍。该病的致病因素较为复杂、多元，常见风险因素包括应激（如变更日粮、生活环境改变以及惊吓）、肥胖、长期处于厌食状态、其他疾病等。临床早期可见患猫精神沉郁、嗜睡、全身无力、行动迟缓、食欲下降或突然废绝、体重减轻（通常会超过体重的 25%）、呕吐、腹泻、流涎、脱水等。后期可见皮肤黏膜黄染。在少数情况下，部分患猫会出现肝性脑病，表现出神经症状。脂肪肝患猫经常伴发胆管炎、胰腺炎、糖尿病、甲状腺机能亢进、心脏疾病、慢性肾病、下泌尿道疾病以及肿瘤。

血常规检查常表现为非再生性贫血，血涂片中可见海因茨小体。生化可见高胆红素血症，ALT、AST、ALP 升高，GGT 正常或轻度升高；电解质改变通常包括低钾血症和低磷血症。临床上 45% ～ 73% 的 FHL 患猫出现凝血异常，在静脉穿刺、置入导管或进行侵入性操作（如放置食道饲管和肝脏活检）时，需格外注意。患猫凝血异常主要表现为凝血因子异常，不常见血小板减少及临床出血倾向。

FHL 确诊的“金标准”是肝脏样本的组织病理学检查。然而由于肝组织活检需要麻醉，且术中存在出血倾向，而在初诊时大部分患猫体况不佳，进行相关操作风险较大，因此临床上很少采用此种方法进行确诊。肝脏细胞学检查是“第二选择”的诊断手段，与肝组织活检相比，不需要麻醉，且并发症少。但细针抽吸采集的样本量小，采样随机性大，而只有当超过 80% 的肝细胞受到影响时，才能对 FHL 作出明确诊断。因此临床上该检查只作为辅助检查；在某些情况下，也可用于排查其他肝脏疾病，如肝脏淋巴瘤。在临床诊疗中，FHL 的诊断需要结合病史、典型的临床病理学变化以及影像学发现等综合诊断。诊断过程中，务必排查可能引起脂肪肝的原发疾病（如胆管炎、胰腺炎等）。当动物不存在其他原发疾病的情况下，才能诊断为原发性脂肪肝。

营养管理是治疗和预防 FHL 中最重要的内容，针对患猫厌食的情况，必须进行肠内营养管理。但不应采用经口强饲的方式，因为经口强饲可能会导致厌食加重，大部分情况下进食量不能满足患猫的能量需求。可采用留置鼻饲管或者食道饲管的方式来进行营养支持。应根据动物的体况，在 3 ～ 5 d 甚至更长时间内缓慢恢复饮食，降低再饲喂综合征和胃肠道症状发生的风险。尽可能采用高蛋白、高热量饮食，每天分多餐进行饲喂，每次喂食前先鼓励自主进食，如无自主饮食欲，再通过饲管缓慢喂食。

保证营养供给和体液疗法可使疾病预后良好，如果没有严重的潜在疾病，FHL 患猫的治愈率为 80% ～ 85%。血液中胆红素浓度的改变可以反映肝脏合成、排泄功能受损的程度，胆红素逐渐下降是 FHL 好转的一个重要指标，治疗后 7 ～ 10 d 总胆红素下降 50% 的猫预后良好。伴发胰腺炎或出现肝性脑病的患病猫预后谨慎至不良。

◆ 参考文献

1. 张海霞，袁占奎，夏兆飞. 猫肝脂沉积症 [J]. 中国兽医杂志，2010, 46(8):70-72.
2. Armstrong P J, Blanchard G. Hepatic lipidosis in cats[J]. Veterinary Clinics: Small Animal Practice, 2009, 39(3): 599-616.
3. Center S A. Feline hepatic lipidosis[J]. Veterinary Clinics: Small Animal Practice, 2005, 35(1): 225-269.
4. Larson M M. Ultrasound imaging of the hepatobiliary system and pancreas[J]. Veterinary Clinics: Small Animal Practice, 2016, 46(3): 453-480.
5. Valtolina C, Favier R P. Feline hepatic lipidosis[J]. Veterinary Clinics: Small Animal Practice, 2017, 47(3): 683-702.

CASE 11

案例11 猫肝吸虫病

1. 基本信息和病史

美国短毛猫，7 月龄，雌性未绝育。平时单独饲养于室内，日常主要饲喂干粮，偶尔饲喂生鱼。正常免疫，未定期体内外驱虫，近期无旅行史，既往身体健康。

就诊前近半个月患猫食欲不振，呕吐，频率为每日 1 ～ 2 次。

2. 体格检查

患猫精神较沉郁，体重 3 kg，BCS：2/5，体温 37.5℃。心率 160 次 /min，呼吸频率 24 次 /min。黏膜颜色是粉色，CRT ＜ 2 s。心音及肺音听诊无明显异常，触诊前腹部敏感、肿胀。

3. 问题列表

呕吐、腹部触诊敏感及肿胀。

4. 鉴别诊断

肝胆疾病、胃肠道疾病、腹膜炎、胰腺炎、传染性疾病（如猫瘟等）。

5. 初步诊断计划

诊断项目：CBC、生化检查、腹部超声检查。

6. 初步检查结果

CBC 检查结果见表 11-1，生化检查结果见表 11-2，腹部超声检查见图 11-1。

表 11-1　CBC 检查结果

检查项目	结果	参考范围
红细胞总数（RBC）	6.68×10^{12}/L	6.54×10^{12} ～ 12.20×10^{12}/L
红细胞比容（HCT）	22.7%	30.3% ～ 52.3%
血红蛋白（HGB）	8.4 g/dL	9.8 ～ 16.2 g/dL
平均红细胞体积（MCV）	34.0 fL	35.9 ～ 53.1 fL
平均红细胞血红蛋白浓度（MCHC）	37.0 g/dL	28.1 ～ 35.8 g/dL
网织红细胞（RETIC）	171.7×10^3/μL	3.0×10^3 ～ 50.0×10^3/μL
网织红细胞血红蛋白含量（RETIC-HGB）	13.0 pg	13.2 ～ 20.8 pg
白细胞总数（WBC）	7.10×10^9/L	2.87×10^9 ～ 17.02×10^9/L
中性粒细胞（NEU）	4.63×10^9/L	2.30×10^9 ～ 10.29×10^9/L
淋巴细胞（LYM）	2.00×10^9/L	0.92×10^9 ～ 6.88×10^9/L

续表 11-1

检查项目	结果	参考范围
单核细胞（MONO）	0.16×10^9/L	0.05×10^9 ～ 0.57×10^9/L
嗜酸性粒细胞（EOS）	0.17×10^9/L	0.17×10^9 ～ 1.57×10^9/L
嗜碱性粒细胞（BASO）	0×10^9/L	0.01×10^9 ～ 0.26×10^9/L
血小板（PLT）	321×10^3/μL	151×10^3 ～ 600×10^3/μL

表 11-2　生化检查结果

检查项目	结果	参考范围
总蛋白（TP）	43 g/L	57 ～ 89 g/L
白蛋白（ALB）	15 g/L	22 ～ 40 g/L
球蛋白（GLOB）	28 g/L	28 ～ 51 g/L
丙氨酸氨基转移酶（ALT）	106 U/L	12 ～ 130 U/L
天门冬氨酸氨基转移酶（AST）	75 U/L	0 ～ 48 U/L
碱性磷酸酶（ALP）	152 U/L	14 ～ 111 U/L
γ- 谷酰胺转肽酶（GGT）	14 U/L	0 ～ 4 U/L
总胆红素（TBIL）	＜ 2 μmol/L	0 ～ 15 μmol/L
胆固醇（CHOL）	3.93 mmol/L	1.68 ～ 5.81 mmol/L

7. 初步检查结果分析

7.1　CBC 结果

红细胞象：呈再生性贫血，且网织红细胞（RETIC）上升 3 倍，再生反应明显。再生性贫血的原因可进一步分为失血及溶血，结合病史、胆红素正常及无尿色异常，因此更可能为出血导致的再生性贫血。

白细胞象：无明显异常。

血小板象：无明显异常。

7.2　血清生化检查结果

低蛋白血症：低白蛋白血症可能是由机体生成减少和 / 或丢失增加导致的。低白蛋白血症的常见鉴别诊断包括：蛋白丢失性肠病、出血、皮肤损伤、血液稀释、蛋白丢失性肾病、肝脏合成减少、第三间隙丢失，以及炎症急性期反应。而蛋白丢失性肠病、出血、皮肤损伤、血液稀释通常同时存在球蛋白下降，炎症时通常存在球蛋白升高，而在本病例中，未做血氨以及血清胆汁酸检查，但胆固醇以及总胆红素水平在正常范围内，白蛋白血症的主要考虑蛋白丢失性肾病、第三间隙丢失，但不排除肝脏合成功能障碍的可能，可在治疗后复查。

AST 广泛存在于骨骼肌、大脑、肝脏、肾脏、红细胞以及心肌细胞中。肌肉损伤、肝脏疾病、溶血时都会导致 AST 升高。

ALP 和 GGT 是胆汁淤积酶，ALP 升高对猫胆汁淤积的特异性较犬更高，且 GGT 高于参考范围上限的 3 倍，因此更倾向 ALP 及 GGT 的升高是由胆汁淤积造成的。

7.3　超声检查结果

肝实质内管腔样结构增多，多普勒无血流信号，呈“多管征”（图 11-1A）。

胆囊内可见大量中等回声内容物，内可见疑似虫体影像（图 11-1B）。

胆总管严重扩张，腔内可见大量中等回声内容物，直径约 2.85 cm（图 11-1C）。

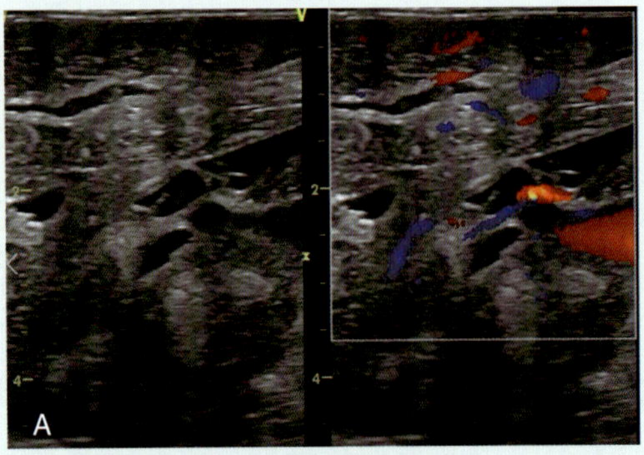

A. 肝脏二维及多普勒信号对比图

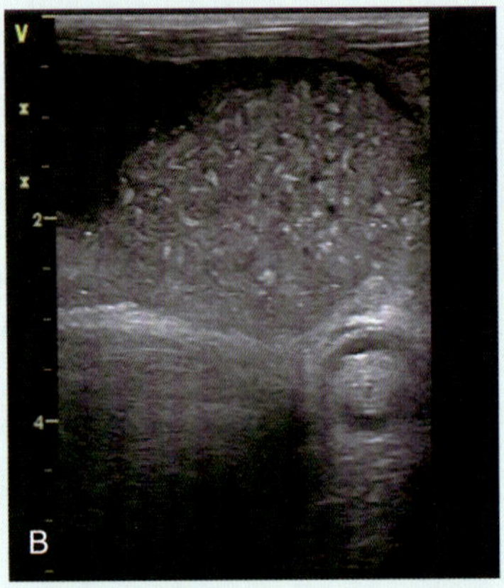

B. 胆囊

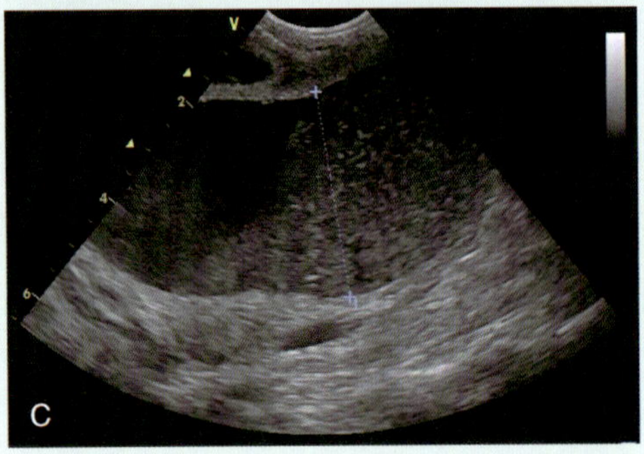

C. 胆总管

图 11–1

腹部超声图

超声提示：肝脏肿大，肝内及肝外胆管扩张，肝内及肝外胆管梗阻，考虑梗阻物为大量肝吸虫虫体及虫卵，结合粪便检查评估。

8. 进一步诊断计划及结果

8.1 进一步诊断计划

粪便寄生虫筛查。

8.2 结果及分析

经粪便沉淀检查发现大量淡黄褐色、大小约 30 μm × 20 μm 的寄生虫卵，一端较窄且有卵盖，符合吸虫卵特征（图 11–2）。

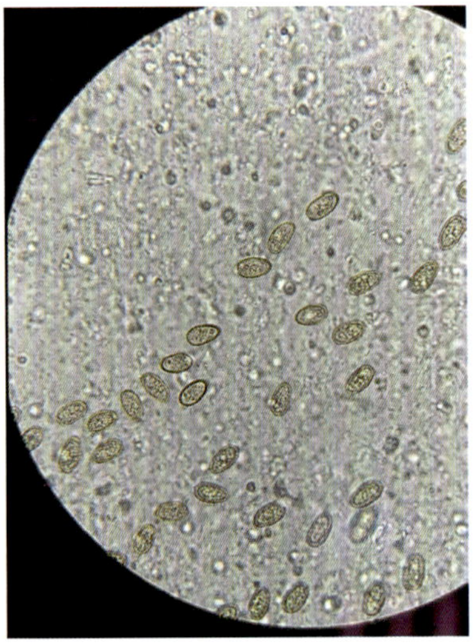

图 11–2

粪便寄生虫筛查（×400）

9. 最终诊断

根据病史（饲喂生鱼且未定期驱虫），实验室检查（粪便吸虫卵阳性、胆汁淤积酶升高）以及超声检查（肝内、肝外胆管扩张，腔内可见中等回声内容物）等结果，本病例诊断为肝吸虫导致的胆管扩张、堵塞。

10. 治疗及转归

吡喹酮 20 mg/（kg · d），口服，连用 3 d。血常规检查以及生化检查指标在用药 20 d 后恢复正常，但治疗后肝内及肝外胆管扩张程度未见缓解，猫食欲逐渐废绝，患猫在确诊后 5 个月死亡。

11. 讨论

猫肝吸虫通常源自双腔科（扁体吸虫属）和后睾科（后睾吸虫属、支睾吸虫属、微口吸虫属和对体吸虫属），而国内的犬和猫通常因食用未经煮熟的、含有后睾科吸虫囊蚴的淡水鱼或虾而被感染，如耳熟能详的华支睾吸虫感染。在终末宿主十二指肠肠腔内，囊蚴在消化液的作用下破囊而出，经胆总管迁移至胆囊和胆管，有时也会进入胰管。大约在感染终末宿主 6 周后可在粪便中发现吸虫卵。临床症状取决于肝脏损伤和胆道梗阻的严重程度，常见临床症状包括：消瘦、食欲减退、呕吐、腹泻、黄疸、腹围增大和体温升高等。据文献报道，广东地区猫华支睾吸虫感染率高达 41.8%。

通过病史、临床症状、实验室检查以及超声检查可以作出肝吸虫感染的初步诊断。血常规检查通常是非特异性的，嗜酸性粒细胞增多常提示寄生虫感染。生化检查可能出现肝酶和总胆红素升高。粪便中发现吸虫卵是确诊的可靠方法，虽然本病例粪检中发现大量虫卵，但遗憾的是，临床其他病例每克粪便中的吸虫卵通常很少，且在胆道梗阻的情况下，粪便中可能不会存在吸虫卵，进而会出现漏诊。如果粪便检测为阴性，胆汁抽吸或肝活检发现虫卵 / 成虫，有助于确诊。在正常猫中，超声可以识别胆囊、胆囊管以及胆总管。胆道树的其余部分（肝内结构，包括小叶间胆管、肝叶胆管和肝内左、右肝管）在超声上不可见，除非存在病理性扩张。猫胆总管的异常扩张通常是由于梗阻性疾病导致的。肝外胆管梗阻可能继发于多种原因，胰腺炎、十二指肠肠炎、肿瘤、胆结石、黏液堵塞、纤维化、异物、肝吸虫是猫胆总管扩张最常见的原因。研究表明，胆总管直径 ≥ 5 mm 高度提示梗阻。

吡喹酮是治疗猫肝吸虫的首选用药，吡喹酮［20 mg/（kg · d），口服，连续 3 ～ 5 d］对肝吸虫有较好的治疗作用。熊去氧胆酸对利胆和抗炎可能有帮助，但缺乏显效的对照研究。大量吸虫急性死亡可能会引起严重的炎症反应，在治疗开始前使用类固醇和抗组胺药物，可能有助于限制炎症级联反应。只要治疗得当，一般预后良好。本病例中患猫胆管扩张程度未见缓解，是因为胆道树的变化（如胆管扩张）通常持续存在，并将加重肠道细菌逆行性感染的风险。出现肝外胆道梗阻的病患，通常需要手术治疗，但并发肝内胆道梗阻的肝吸虫患猫预后较差，其肝内胆道梗阻不能通过手术解决。

◆ 参考文献

1.Choe S, Jeong D H, Yang J J, et al. A clonorchiasis case of a leopard cat, Prionailurus bengalensis euptilurus, diagnosed by ultrasonography and egg detection in Republic of Korea[J]. The Korean Journal of Parasitology, 2019, 57(3): 299.

2.Lin R Q, Tang J D, Zhou D H, et al. Prevalence

of Clonorchis sinensis infection in dogs and cats in subtropical southern China[J]. Parasites & Vectors, 2011, 4: 1-6.

3.Otte C M A, Penning L C, Rothuizen J. Feline biliary tree and gallbladder disease: aetiology, diagnosis and treatment[J]. Journal of feline medicine and surgery, 2017, 19(5): 514-528.

4.Spain H N, Penninck D G, Webster C R L, et al. Ultrasonographic and clinicopathologic features of segmental dilatations of the common bile duct in four cats[J]. Journal of Feline Medicine and Surgery Open Reports, 2017, 3(1): 2055116917716881.

CASE 12

案例12 犬肝外门静脉短路

1. 基本信息和病史

金毛猎犬，9 月龄，雌性未绝育。平时单独饲养于室内，每日牵遛 2 次。定期免疫和驱虫，近期无旅行史。日常饲喂干粮。

长期呕吐病史，呕吐物为未消化的犬粮，就诊前 4 ～ 5 d 出现流涎，排便长期不成形。

2. 体格检查

患犬精神状态良好，BCS：3/9。体温 37.5 ℃，心率 100 次 /min，呼吸频率 20 次 /min。黏膜颜色粉，脱水程度约 5%。触诊体表淋巴结未见明显异常，口腔检查未见明显异常。

3. 问题列表

流涎、呕吐、排便不成形。

4. 鉴别诊断

胃肠炎、胃肠道异物、系统性或神经性疾病。

5. 初步诊断计划

诊断项目：CBC、生化检查、尿液检查、腹部超声检查。

6. 初步检查结果

CBC 检查结果见表 12–1，生化检查结果见表 12–2，尿液检查结果见表 12–3，超声检查结果见图 12–1。

表 12–1　CBC 检查结果

项目	结果	参考范围（犬）
红细胞总数（RBC）	6.66×10^{12}/L	5.65×10^{12} ～ 8.87×10^{12}/L
红细胞比容（HCT）	38.2%	37.3% ～ 61.7%
血红蛋白浓度（HGB）	13.1 g/dL	13.1 ～ 20.5 g/dL
网织红细胞（RETIC）	22.6×10^{3}/μL	10.0×10^{3} ～ 110.0×10^{3}/μL
平均红细胞体积（MCV）	57.4 fL	61.6 ～ 73.5 fL
平均红细胞血红蛋白浓度（MCHC）	34.3 g/dL	32.0 ～ 37.9 g/dL
红细胞分布宽度（RDW）	15.6%	13.6% ～ 21.7%
白细胞总数（WBC）	12.70×10^{9}/L	5.05×10^{9} ～ 16.76×10^{9}/L

续表 12-1

项目	结果	参考范围（犬）
分叶中性粒细胞（SEG）	$7.36 \times 10^9/L$	2.95×10^9 ～ $11.64 \times 10^9/L$
淋巴细胞（LYM）	$1.97 \times 10^9/L$	1.05×10^9 ～ $5.10 \times 10^9/L$
单核细胞（MONO）	$2.11 \times 10^9/L$	0.16×10^9 ～ $1.12 \times 10^9/L$
嗜酸性粒细胞（EOS）	$1.18 \times 10^9/L$	0.06×10^9 ～ $1.23 \times 10^9/L$
嗜碱性粒细胞（BASO）	$0.08 \times 10^9/L$	0.00 ～ $0.10 \times 10^9/L$
血小板（PLT）	$231 \times 10^3/\mu L$	148×10^3 ～ $484 \times 10^3/\mu L$

表 12-2 生化检查结果

项目	结果	参考范围（犬）
总胆红素（TBIL）	5.8 μmol/L	0.5 ～ 8.55 μmol/L
总蛋白（TP）	58.5 g/L	54 ～ 71 g/L
白蛋白（ALB）	25.8 g/L	25 ～ 35 g/L
球蛋白（GLOB）	32.7 g/L	25 ～ 45 g/L
葡萄糖（GLU）	6.6 mmol/L	3.5 ～ 6 mmol/L
丙氨酸氨基转移酶（ALT）	191.4 U/L	10 ～ 100 U/L
天门冬氨酸氨基转移酶（AST）	66.6 U/L	10 ～ 66 U/L
碱性磷酸酶（ALP）	198.9 U/L	20 ～ 200 U/L
γ- 谷氨酰转肽酶（GGT）	1 U/L	0 ～ 10 U/L
胆汁酸（TBA）	335.6 μmol/L	0 ～ 100 μmol/L
尿素（UREA）	4 mmol/L	3 ～ 9 mmol/L
肌酐（CREA）	47 μmol/L	45 ～ 110 μmol/L
磷（P）	1.4 mmol/L	0.8 ～ 2 mmol/L
钙（Ca）	2.5 mmol/L	2.3 ～ 3 mmol/L
总胆固醇（CHOL）	3.51 mmol/L	3 ～ 7 mmol/L
甘油三酯（TG）	0.5 mmol/L	0.2 ～ 1.7 mmol/L

表 12-3 尿液检查结果（穿刺采尿）

物理性质和化学性质		尿沉渣检查	
颜色	黄色	红细胞	未见
透明度	浑浊	白细胞	未见
比重	1.035	移行上皮细胞	未见
pH	≥ 9.0	鳞状上皮细胞	未见
潜血	+++	管型	未见
蛋白	++	结晶	重尿酸铵结晶：30 ～ 40 个 /hpf 磷酸铵镁结晶：10 ～ 15 个 /hpf
葡萄糖	微量	脂滴	8 ～ 10 个 /hpf
酮体	阴性	微生物	杆菌：++
尿胆红素	++		

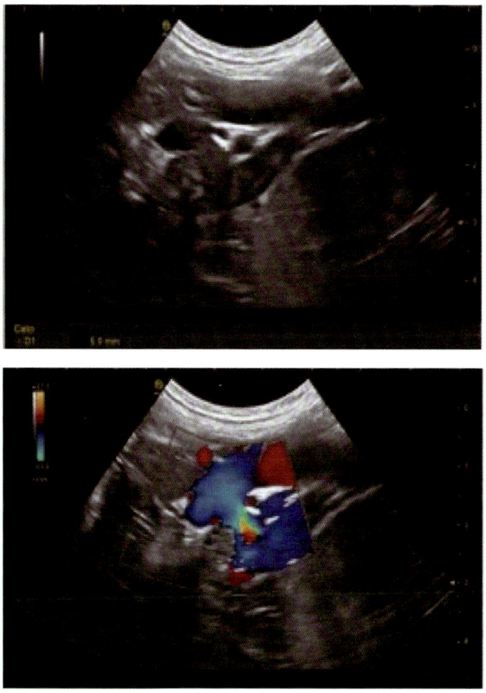

图 12–1
门静脉分支 – 后腔静脉的短路支（上图，二维图像；下图，彩色多普勒图像）

7. 初步检查结果分析

7.1　CBC 结果

红细胞象：MCV 轻度下降，提示可能存在铁缺乏、肝脏疾病（门静脉短路、肝功能下降）。

白细胞象：单核细胞轻度升高，提示可能存在轻度感染或者炎症。

血小板象：未见明显异常。

7.2　血清生化检查结果

血糖轻度升高：可能是应激或者餐后引起。

ALT、AST 轻度升高：提示存在一定程度的肝细胞损伤。

总胆汁酸显著升高：提示门静脉短路、肝功能下降、胆汁淤积，需结合其他检查进一步评估。

7.3　尿液检查结果

胆红素尿：提示存在溶血、肝病、胆汁淤积或胆道梗阻等情况。由于 CBC 与血涂片检查未发现溶血证据，推测胆红素尿更可能是因潜在的肝病或胆汁淤积引起的。

结晶尿：重尿酸铵结晶可能提示存在肝脏衰竭、门静脉短路；磷酸铵镁结晶可能与泌尿道感染有关。

潜血 +++、蛋白 ++：怀疑是膀胱中结晶刺激所致的膀胱炎。

7.4　超声检查结果

肝脏轮廓平滑，主观评估肝脏偏小，实质回声均匀，脉管纹理清晰，肝尖锐利。可见门静脉一分支连接至后腔静脉，短路支直径约 0.59 cm，短路处头侧门静脉主干明显变细，且血流方向反向。胆囊、胰腺、胃、胃流出道、小肠、结肠等未见明显异常征象。

超声提示：肝脏体积缩小，肝外门静脉短路。

8. 进一步诊断计划及结果分析

8.1　进一步诊断计划

CT 扫描，明确短路支分类。

8.2　结果及分析

图 12–2 示 CT 血管造影后图像。①平扫：肝脏体积减小，密度均匀；双肾轮廓轻度不规则，左肾长轴约 8.24 cm，右肾长轴约 8.41 cm。②静脉相，T13 ～ L1 水平位置可见脾静脉分出一短路支，与后

腔静脉相连；短路支直径约 0.75 cm，短路支长约 0.96 cm；门静脉主干直径约 0.55 cm。③延迟相，肝脏、脾脏、肾脏均匀增强。

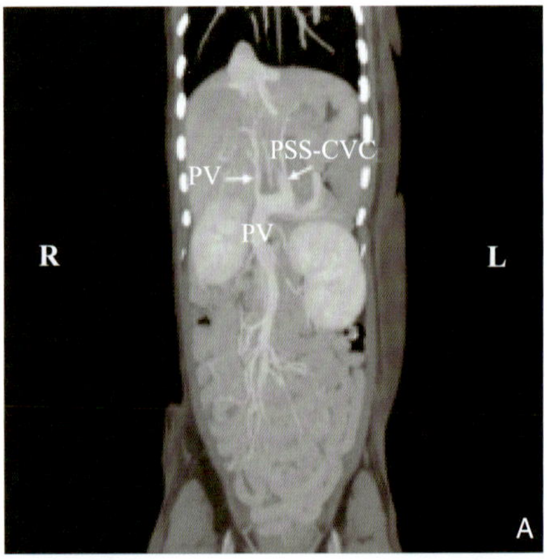

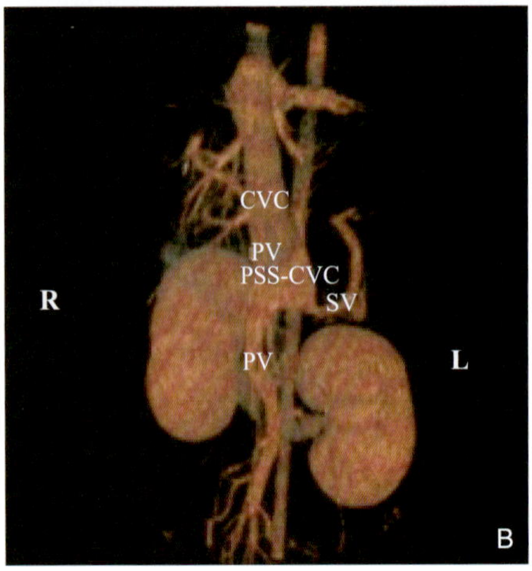

A. 最大密度投影，冠状面；B. 三维重建立体图，冠状面

图 12-2

CT 血管造影后图像

CT 提示：肝外门静脉短路（脾静脉－后腔静脉）；肝脏体积减小，双肾肿大。

9. 最终诊断

结合病史、实验室检查和影像学检查结果，本病例最终诊断为肝外门静脉短路，继发肝性脑病，同时伴发泌尿道感染。

10. 治疗及转归

对症治疗调整体况之后，患犬接受肝外门静脉短路矫正术（玻璃纸结扎肝外分流支）。开腹后分离血管短路支（图 12-3），用玻璃纸将血管短路支进行结扎（图 12-4）。术后使用乳果糖、癫安舒、保肝加强锭等药物支持治疗。

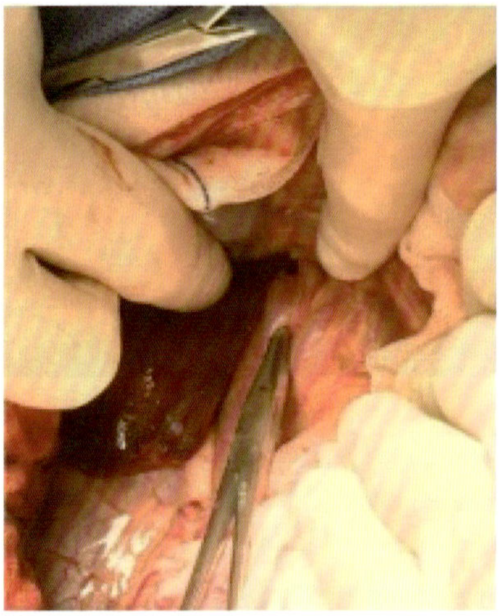

图 12-3

分离血管短路支

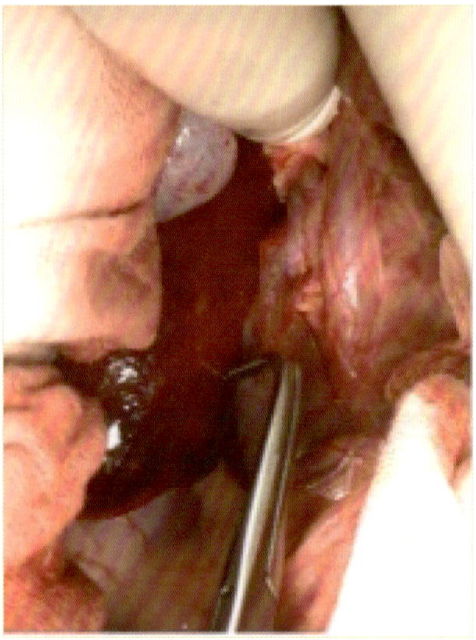

图 12-4

玻璃纸结扎血管

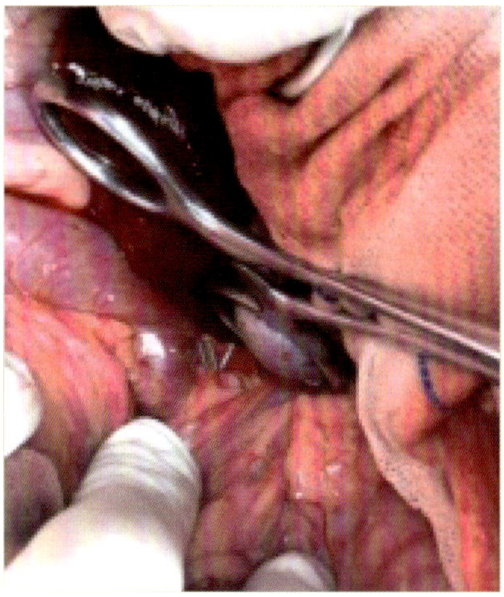

续图 12-4

由血氨水平可以看出，患犬在手术治疗后，病情得到控制，血氨恢复到正常水平（表 12-4）。术后 42 d 超声显示门脉主干流速增高，短路支仍可见。尿液检查指标在术后两个月时已基本恢复正常，提示治疗效果良好。

表 12-4　血氨浓度变化

时间	术前 2 d	术后 1 d	术后 42 d
血氨浓度 / (μmol/L)	172	12	23

11. 讨论

门静脉短路（portosystemic shunt, PSS）是指连接门静脉和体循环的血管异常，血液绕过肝血窦以及肝实质直接进入循环。实质上就是肝脏血管异常。消化道、脾脏、胰腺的血液汇集于门静脉，进入肝脏，供应各肝叶，为肝脏提供 70% 的血液和 50% 的氧气。当有异常血管生成时，血液将沿阻力最小的路径，不经肝脏循环而进入全身循环。肝脏血管异常分类如图 12-5。

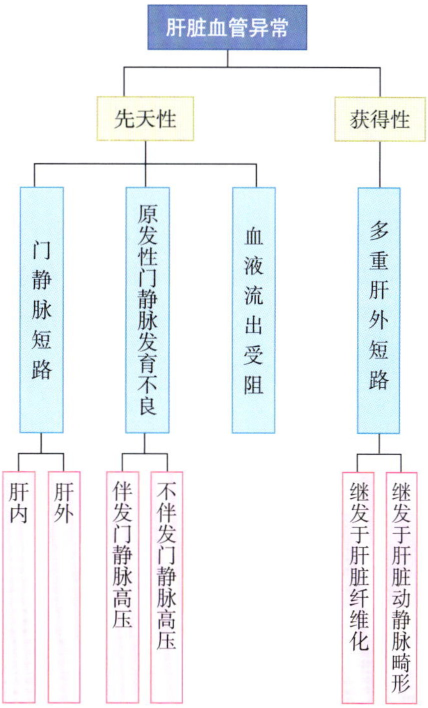

图 12-5
肝脏血管异常分类

PSS 一般会影响中枢神经系统、消化系统和泌尿系统，临床症状包括肝性脑病、慢性胃肠道症状、下泌尿道症状、凝血障碍和生长迟缓，这些症状是由于机体不能有效清除外源性和内源性毒素导致的。患 PSS 的动物血液学改变包括小细胞性、正色素性轻度或中度非再生性贫血。生化指标异常表现在肝脏合成功能降低，包括低白蛋白、低 BUN、低胆固醇和低血糖，分别测定空腹（12 h）和餐后 2 h 的血清胆汁酸是评估疑似 PSS 的动物肝功能的首选试验。尿液检查异常包括尿比重降低和重尿酸盐结晶。PSS 的确诊主要依靠影像学检查，CT 是诊断 PSS 的金标准。

治疗方法包括对症管理和手术治疗。对于肝内门静脉短路或者其他无法进行手术的病例，要积极通过药物控制与其相关的临床症状，如癫痫发作通常使用低剂量的咪达唑仑控制；使用乳果糖促进结肠内容物的酸化，减少氨的吸收；使用低蛋白及优质蛋白饮食控制氨的形成。这些管理措施可以缓解临床症状，但不能恢复肝脏灌注。对于可以进行手术矫正的病例，由于患病动物通常体况不佳，需要在术前纠正其由于肝脏功能下降而导致的机体异常。PSS 手术的目的是使异常血管变细，以恢复肝实质的血流量，由于大部分患病动物都并存门静脉发育不良，所以不能在术中完成急性分流结扎，以免造成门静脉高压。本病例使用玻璃纸的方式进行结扎，与 Ameroid 收缩环相比，玻璃纸结扎的血管收缩更慢，且不完全，因此动物在术后 42 d 仍可见到短路支。但通常动物的临床症状可以大幅度缓解或消失。

预后则取决于疾病本身的严重程度以及治疗方式，手术治疗比单用内科管理预后更好，肝外 PSS 比肝内 PSS 预后更好。

◆ 参考文献

1.Ettinger S J, Feldman E C, Cote E. Textbook of Veterinary Internal Medicine[M].8th ed. St. Louis, Missouri: Elsevier health sciences, 2016.

2.Richard W. Nelson, C Guillermo Couto. 小动物内科学 [M]. 5 版 . 夏兆飞，陈艳云，王姜维，主译 . 北京：中国农业大学出版社，2019.

3.Tivers M S, Handel I, Gow A G, et al. Attenuation of congenital portosystemic shunt reduces inflammation in dogs[J]. PLoS One, 2015, 10(2): e0117557.

4.van Straten G, van Steenbeek F G, Grinwis G C M, et al. Aberrant expression and distribution of enzymes of the urea cycle and other ammonia metabolizing pathways in dogs with congenital portosystemic shunts[J]. PLoS One, 2014, 9(6): e100077.

CASE 13

案例13 犬胆囊黏液囊肿

1. 基本信息和病史

比熊犬，12 岁，雄性未去势。平时单独饲养于室内，室外排泄。日常主要饲喂干粮，偶尔饲喂罐头。定期免疫、驱虫。近期无旅行史，既往身体健康。

半月前开始出现呕吐，外院对症治疗后呕吐情况稍有好转。于就诊前日再次出现呕吐，呕吐物为黄色黏液；近几日食欲、饮欲尚可。

2. 体格检查

患犬精神轻度沉郁，BCS：3.5/5。心率 90 次 /min，呼吸频率 24 次 /min。黏膜淡粉色，CRT < 2 s，脱水程度 < 5%。心肺听诊无明显异常，前腹部触诊疼痛明显。

3. 问题列表

呕吐、腹部触诊敏感。

4. 鉴别诊断

胰腺炎、机械性肠梗阻、胆道疾病、腹部肿瘤性疾病。

5. 初步诊断计划

诊断项目：CBC、生化检查、cPL、血气检查、尿液检查、腹部超声检查。

6. 初步检查结果

CBC 检查结果见表 13–1，生化检查结果见表 13–2，尿液检查结果见表 13–3，静脉血气检查结果见表 13–4。腹部超声扫查结果见图 13–1、图 13–2。

表 13–1　CBC 检查结果

项目	结果	参考范围
红细胞总数（RBC）	6.65×10^{12}/L	5.65×10^{12} ～ 8.87×10^{12}/L
红细胞比容（HCT）	43%	37.3% ～ 61.7%
血红蛋白浓度（HGB）	14.4 g/dL	13.1 ～ 20.5 g/dL
网织红细胞（RETIC）	27.3×10^3/μL	10.0×10^3 ～ 110.0×10^3/μL
平均红细胞体积（MCV）	64.7 fL	61.6 ～ 73.5 fL
平均红细胞血红蛋白浓度（MCHC）	33.5 g/dL	32.0 ～ 37.9 g/dL
红细胞分布宽度（RDW）	18.6%	13.6% ～ 21.7%

续表 13-1

项目	结果	参考范围
白细胞总数（WBC）	8.67×10^{9}/L	5.05×10^{9} ～ 16.76×10^{9}/L
分叶中性粒细胞（SEG）	4.7×10^{9}/L	2.95×10^{9} ～ 11.64×10^{9}/L
淋巴细胞（LYM）	1.66×10^{9}/L	1.05×10^{9} ～ 5.10×10^{9}/L
单核细胞（MONO）	1.88×10^{9}/L	0.16×10^{9} ～ 1.12×10^{9}/L
嗜酸性粒细胞（EOS）	0.42×10^{9}/L	0.06×10^{9} ～ 1.23×10^{9}/L
嗜碱性粒细胞（BASO）	0.01×10^{9}/L	0×10^{9} ～ 0.10×10^{9}/L
血小板（PLT）	483×10^{3}/μL	148×10^{3} ～ 484×10^{3}/μL

表 13-2　生化检查结果

项目	结果	参考范围
总胆红素（TBIL）	0.4 mg/dL	0 ～ 0.8 mg/dL
总蛋白（TP）	68 g/L	54 ～ 71 g/L
白蛋白（ALB）	34 g/L	23 ～ 40 g/L
球蛋白（GLOB）	34 g/L	25 ～ 45 g/L
葡萄糖（GLU）	5.0 mmol/L	3.5 ～ 6 mmol/L
丙氨酸氨基转移酶（ALT）	466 U/L	10 ～ 100 U/L
天门冬氨酸氨基转移酶（AST）	23 U/L	10 ～ 66 U/L
碱性磷酸酶（ALP）	1133 U/L	20 ～ 200 U/L
γ- 谷氨酰转肽酶（GGT）	49 U/L	0 ～ 10 U/L
胆汁酸（TBA）	5.5 μmol/L	0 ～ 100 μmol/L
尿素（UREA）	78 mg/dL	19 ～ 55.7 mg/dL
肌酐（CREA）	1.3 mg/dL	0.6 ～ 1.4 mg/dL
磷（P）	4.7 mg/dL	2.7 ～ 5.4 mg/dL
钙（Ca）	11.2 mg/dL	9.4 ～ 12 mg/dL
总胆固醇（CHOL）	194 mg/dL	139 ～ 392 mg/dL
甘油三酯（TG）	55 mg/dL	23 ～ 102 mg/dL
肌酸激酶（CK）	146 U/L	0 ～ 150 U/L
钾（K）	5.5 mmol/L	3.5 ～ 5.5 mmol/L
钠（Na）	148 mmol/L	136 ～ 156 mmol/L
氯（Cl）	115.7 mmol/L	104 ～ 116 mmol/L
犬 C 反应蛋白（CRP）	23.37 mg/L	0 ～ 10 mg/L
犬胰腺特异性脂肪酶定量（cPL）	＜ 50 ng/mL	＜ 200 ng/mL

表 13-3　尿液检查结果

物理性质和化学性质		尿沉渣检查		物理性质和化学性质		尿沉渣检查	
颜色	黄色	红细胞	未见	蛋白	++	结晶	未见
透明度	清亮	白细胞	0 ～ 1 个 /hpf	葡萄糖	阴性	脂滴	2 ～ 3 个 /hpf
比重	1.015	移行上皮细胞	未见	酮体	阴性	微生物	未见
pH	5.5	鳞状上皮细胞	未见	尿胆红素	阴性	采样方式	接尿
潜血	阴性	管型	未见				

表 13-4　静脉血气检查结果

项目	结果	参考范围
酸碱度（pH）	7.404	7.35 ～ 7.45
二氧化碳总量（TCO_2）	31 mmol/L	17 ～ 25 mmol/L
二氧化碳分压（pCO_2）	47.5 mmHg	35 ～ 38 mmHg
碳酸氢根（HCO_3^-）	29.7 mmol/L	15 ～ 23 mmol/L
细胞外碱剩余（BE）	5	（0）～（+6）
阴离子间隙（AG）	12 mmol/L	8 ～ 25 mmol/L

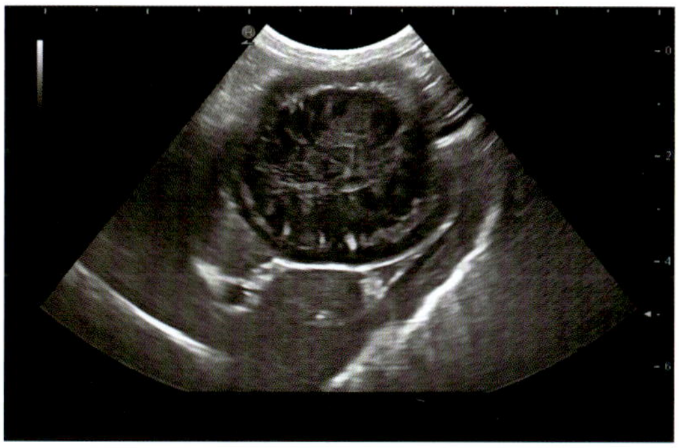

图 13-1

胆囊超声图

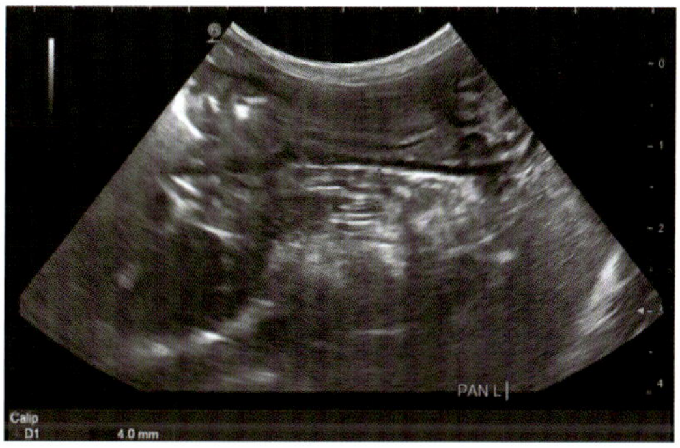

图 13-2

胰腺超声图

7. 初步检查结果分析

7.1　CBC 结果

红细胞象：未见明显异常。

白细胞象：单核细胞计数轻度升高，提示机体可能存在炎症反应。

血小板象：未见明显异常。

7.2　血清生化检查结果

ALT 显著升高，提示存在肝细胞损伤，需结合其他生化指标、超声检查结果或持续监测以排除肝外疾病。

ALP、GGT 为胆汁淤积酶，同时显著升高提示存在胆道疾病（胆道肿瘤、胆囊炎和胆囊黏液囊肿等）或肝脏疾病。

BUN 升高，肌酐正常，提示存在肾前性氮质血症，多为脱水导致。

CRP 升高，提示机体存在炎症。

7.3　尿液检查结果

蛋白尿（++）：蛋白尿可分为肾前性、肾性和肾后性。建议进行 UPC 检查，并复查监测。

7.4　静脉血气检查结果

pH 正常，通常是酸碱平衡或混合性酸碱紊乱的结果，根据碳酸氢根升高，二氧化碳分压下降，结合长期呕吐病史，判断机体存在代谢性碱中毒与呼吸性代偿。根据呼吸代偿计算结果，不能排除机体存在原发性呼吸性酸中毒。

7.5　超声检查结果

肝脏轮廓平滑，实质回声均匀，脉管纹理清晰，肝尖锐利；胆囊充盈，腔内可见产回声内容物呈放射状，周围不规则低回声带，胆囊周围软组织回声增强；胰腺轮廓平滑，实质回声不均匀增强；胃及小肠空虚，壁层结构分层清晰。

超声提示：胆囊黏液囊肿伴周围局灶性腹膜炎；慢性胰腺炎 / 胰腺纤维化；胃肠道形态未见明显异常。

8. 进一步诊断计划及结果分析

8.1 进一步诊断计划

拟进行术前检查（凝血检查、心电图检查、血压检查）及开腹探查。

8.2 结果及分析

凝血检查结果见表 13–5，心电图检查结果见表 13–6。

表 13–5 凝血检查 s

检查项目	结果	参考范围
凝血酶原时间（PT）	11	11 ～ 14
活化部分凝血活酶时间（aPTT）	82	60 ～ 93

表 13–6 心电图检查结果

心电图印象	心电图提示
R–R 间期不等	窦性节律不齐

患犬紧张，左前肢 SBP 200 mmHg。

综合血常规、生化、B 超、心电图和血压检查结果，患犬可以进行全身麻醉并实施开腹探查。

开腹探查结果：胆囊充盈，质地坚实。胆囊与小网膜粘连。胆囊管、肝外胆管、胆总管扩张，直径约 0.5 cm。其他未见明显异常。

9. 治疗及转归

根据病史、生化检查、影像学检查以及开腹探查结果等，初步诊断为胆囊黏液囊肿。随后进行手术治疗，包括十二指肠切开、胆囊摘除、腹腔冲洗、腹腔引流放置。对术中摘除的胆囊进行组织病理学检查（内容物见图 13–3）；对术中抽取的胆汁进行微生物培养。

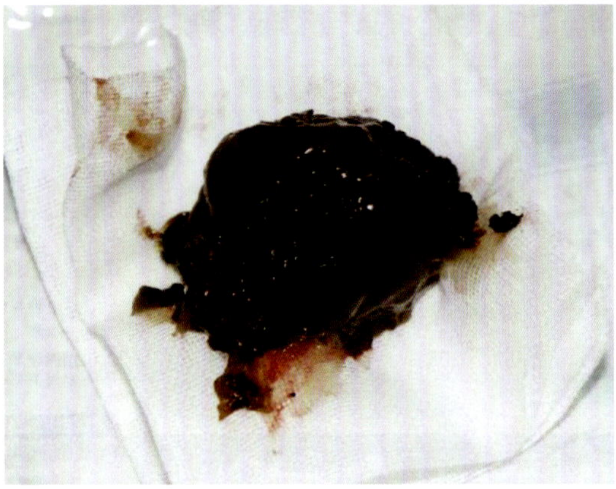

图 13–3
取出的胆囊内容物

术后半月复诊：患犬精神良好、大小便正常；未见呕吐。

10. 最终诊断

胆囊组织病理学检查结果显示胆囊扩张，囊壁内衬单层柱状上皮细胞呈柱状至立方形。细胞核呈圆形，细胞含有大量胞质，连接紧密，边界清楚。部分视野可见上皮细胞增生，向腔内伸出乳头状突起，中央存在纤维基质支持。囊内充满黏液样分泌物，呈嗜碱性染色。病理诊断为胆囊黏液囊肿。

37℃需氧、厌氧各培养 72 h，培养基上均未见可视菌落生长，排除细菌感染。

11. 讨论

犬胆囊黏液囊肿（gallbladder mucocele，GBM）是指胆囊扩张，伴有黏稠无定型黏液的异常积聚，且组织学显示黏膜肥大、充满黏液的囊肿形成，以及分化良好的胆囊上皮细胞。GBM 是犬主要的胆道疾病之一，病因复杂，发病机制暂不明确。原发性因素有胆囊运动障碍、胆汁排出受阻和胆囊上皮细胞分泌腺的异常增生；易继发肝外胆管阻塞、胆囊炎、坏死性胆囊炎、胆汁性腹膜炎以及胰腺炎。据报道接触高浓度的类固醇和甲状腺机能减退会增加罹患黏液囊肿的风险。也有研究表明三磷酸腺苷结合盒转运蛋白 B 亚家族 4（ABCB4）突变会导致胆管上皮卵磷脂的转运障碍，胆盐的细胞毒性加剧，慢性损伤诱发黏液囊肿。

GBM 的好发品种为喜乐蒂牧羊犬、可卡犬和迷你雪纳瑞犬，平均发病年龄在 9.1 岁，无性别差异。疾病发展缓慢，临床表现差异很大，可能是在腹部超声扫查时偶然发现。常见的临床症状包括呕吐、厌食、虚弱和腹痛等；如果出现细菌性胆囊炎或胆汁性腹膜炎，还会表现发热。临床病理学异常很难与其他肝胆疾病区分，以 ALP 升高为主，常见 ALT、GGT 和 TBIL 升高；腹部 X 线片有助于排除其他肝胆疾病。腹部超声是诊断 GBM 的金标准，有文献把 GBM 的超声征象分为 6 种类型，包括胆囊内出现固定的产回声内容物、不完全的"星芒征"、典型的"星芒征"、花纹加星芒征组成的"猕猴桃征"、中央有残留的胆汁回声的"猕猴桃征"。需要注意的是黏液囊肿的外观可能差异很大，超声征象并不总是与疾病的严重程度相关。

GBM 的首选治疗方案为手术切除胆囊，内科治疗仅在一定阶段可能有效，且往往是用来纠正体况，以便更好地支持手术治疗。在未出现临床症状时可以使用药物保守治疗，最常见的是利胆药，如熊去氧胆酸和 S–腺苷甲硫氨酸，但临床检查提示存在肝外胆管完全阻塞时禁止使用；抗生素的选择则需要基于药敏培养的结果。保守治疗期间对患病动物进行密切监测，每隔 6 周进行一次生化检查和超声扫查。胆囊全切术是最终的必然选择，围手术期死亡率为 22%～40%，没有出现胆汁泄露的病例预后良好，术后推荐低脂饮食。

◆ 参考文献

1. Choi J, Kim A, Keh S, et al. Comparison between ultrasonographic and clinical findings in 43 dogs with gallbladder mucoceles[J]. Veterinary Radiology & Ultrasound, 2014, 55(2): 202-207.
2. Jaffey J A, Pavlick M, Webster C R, et al. Effect of clinical signs, endocrinopathies, timing of surgery, hyperlipidemia, and hyperbilirubinemia on outcome in dogs with gallbladder mucocele[J]. The Veterinary Journal, 2019, 251: 105350.
3. Kutsunai M, Kanemoto H, Fukushima K, et al. The association between gall bladder mucoceles and hyperlipidaemia in dogs: a retrospective case control study[J]. The Veterinary Journal, 2014, 199(1): 76-79.
4. Mesich M L L, Mayhew P D, Paek M, et al. Gall bladder mucoceles and their association with endocrinopathies in dogs: a retrospective case-control study[J]. Journal of Small Animal

Practice, 2009, 50(12): 630-635.

5. Saunders H, Thornton L A, Burchell R. Medical and surgical management of gallbladder sludge and mucocoele development in a Miniature Schnauzer[J]. International Journal of Veterinary Science and Medicine, 2017, 5(1): 75-80.

CASE 14

案例14 犬急性胰腺炎

1. 基本信息和病史

博美犬，9月龄，雄性未去势。室内单独饲养，每日外出牵遛。日常饲喂干粮及餐桌食物（鸡爪、鸡蛋、其他肉类、蔬菜等）。定期免疫和驱虫，近期无旅行史。有肠炎病史，曾翻垃圾桶及捡食异物。

就诊前近半月发现犬稀便，曾出现一次粪便带血。就诊前3 d均有呕吐，频率逐渐增加。精神、饮食欲下降，仍能少量进食干粮。

2. 体格检查

犬精神沉郁，BCS：4/9。体温38.5℃，心率92次/min，呼吸20次/min。黏膜颜色粉，CRT < 2 s，脱水程度约5%。心音及肺音听诊未见异常，腹部触诊敏感，笼内可见祈祷式姿势。

3. 问题列表

呕吐、腹泻、腹部触诊敏感。

4. 鉴别诊断

传染病、胃肠道异物、胰腺炎、胃肠炎、肠道寄生虫。

5. 初步诊断计划

诊断项目：CBC、CRP、传染病筛查、cPL、胰腺及胃肠道超声检查。

6. 初步检查结果

CBC检查结果见表14-1，CRP、cPL检查结果见表14-2，粪便检查结果见表14-3，传染病筛查结果见表14-4。超声检查结果见图14-1、图14-2和图14-3。

表14-1 CBC检查结果

检查项目	结果	参考范围
红细胞总数（RBC）	7.45×10^{12}/L	$5.65 \times 10^{12} \sim 8.87 \times 10^{12}$/L
红细胞比容（HCT）	48.6%	37.3% ～ 61.7%
血红蛋白（HGB）	17.1 g/dL	13.1 ～ 20.5 g/dL
平均红细胞体积（MCV）	65.2 fL	10.0 ～ 110.0 fL
平均红细胞血红蛋白浓度（MCHC）	65.2 g/dL	61.6 ～ 73.5 g/dL
网织红细胞（RETIC）	15.6×10^3/μL	$50.0 \times 10^3 \sim 110.0 \times 10^3$/μL

续表 14-1

检查项目	结果	参考范围
网织红细胞血红蛋白含量（RETIC-HGB）	21.5 pg	13.2 ～ 20.8 pg
白细胞总数（WBC）	7.32×10^9/L	5.05×10^9 ～ 16.76×10^9/L
分叶中性粒细胞（SEG）	5.61×10^9/L	2.95×10^9 ～ 11.64×10^9/L
杆状中性粒细胞（BAND）	—	—
淋巴细胞（LYM）	3.48×10^9/L	1.05×10^9 ～ 5.10×10^9/L
单核细胞（MONO）	0.57×10^9/L	0.16×10^9 ～ 1.12×10^9/L
嗜酸性粒细胞（EOS）	0.28×10^9/L	0.06×10^9 ～ 1.23×10^9/L
嗜碱性粒细胞（BASO）	0.12×10^9/L	0.00 ～ 0.10×10^9/L
血小板（PLT）	165×10^3/μL	148×10^3 ～ 484×10^3/μL

表 14-2　CRP、cPL 检查结果

检查项目	结果	参考范围
C 反应蛋白（CRP）	62.04 mtg/L	＜ 10 mg/L
犬胰腺特异性脂肪酶（cPL）	743 ng/mL	＜ 200 ng/mL，正常； 200 ～ 399 ng/mL，疑似； ≥ 400 ng/mL，提示胰腺炎

表 14-3　粪便检查结果

检查项目	结果
颜色（Color）	黄色
性状（Texture）	稀
寄生虫（Parasite）	未见
红细胞总数（RBC）	未见
白细胞（WBC）	未见
中性脂肪（Neutral fats）	未见
淀粉颗粒（Starch granules）	未见
肌纤维（Muscle fibers）	6 ～ 8 个 /hpf
真菌（Fungi）	酵母菌：8 ～ 10 个 /hpf
上皮细胞（Epithelial）	未见

表 14-4　传染病筛查结果

检查项目	结果
犬细小病毒（CPV）	阴性（-）
犬冠状病毒（CCV）	阴性（-）
犬瘟热病毒（CDV）	阴性（-）

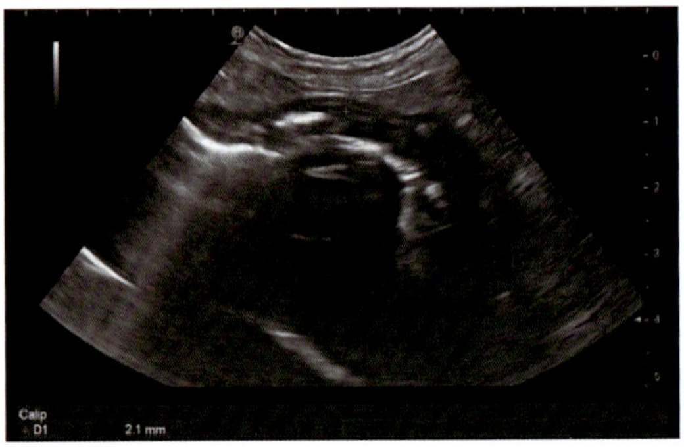

图 14-1

胃超声图

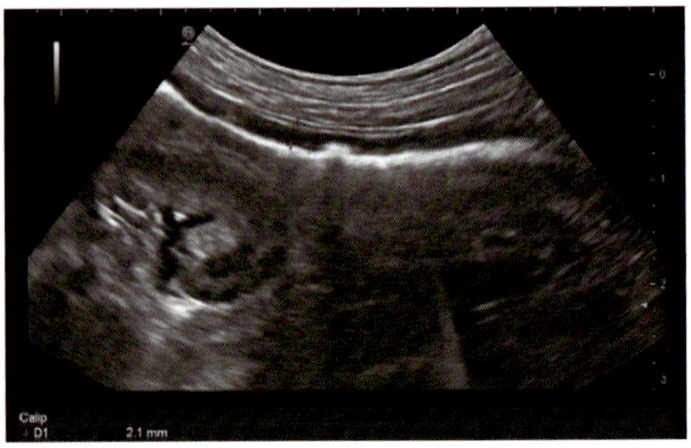

图 14-2

小肠超声图

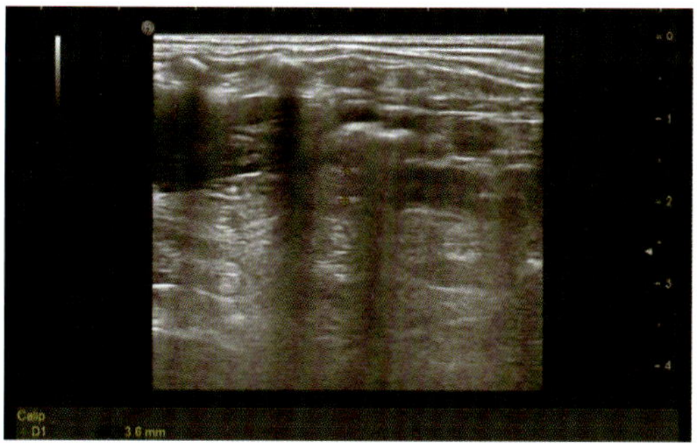

图 14–3

胰腺超声图

7. 初步检查结果分析

7.1　CBC 结果

CBC 结果未见明显异常。

7.2　CRP 及 cPL 结果

CRP：cRP 升高，提示存在急性炎性反应。

cPL：cPL ≥ 400 ng/mL，结合胰腺超声结果，提示胰腺炎。

7.3　粪便检查结果

粪便检查未见消化道寄生虫感染。

7.4　传染病筛查结果

传染病筛查显示 CDV、CPV 及 CCV 阴性。

7.5　超声检查结果

胃内空虚，壁层结构清晰，胃流出道未见明显梗阻征象；小肠内可见气体影像，可探及部分壁层结构清晰；结肠可见强回声界面，壁层结构清晰；胰腺右叶轮廓平滑，实质回声均匀，胰体周围软组织回声增强。

超声提示：胃肠道形态未见明显异常，未见梗阻 / 异物征象；胰体周围局灶性腹膜炎，胰腺炎可疑。

8. 诊断

结合该病例的病史、体格检查和实验室检查结果，初步诊断患犬存在急性胰腺炎。

9. 治疗及转归

对患犬进行支持治疗包括：①采用积极的液体治疗维持胰腺灌注；②使用止痛药物改善患犬疼痛（布托啡诺 0.2 mg/kg，q6h，Ⅳ）；③对症给予止吐（马罗匹坦 5 mg/kg，q24h，Ⅳ）及抑酸药物（奥美拉唑 1 mg/kg，q12h，Ⅳ），改善呕吐症状，保护消化道黏膜；④营养管理，逐步恢复肠内营养，给予低脂饮食，少食多餐。

患犬入院后未见呕吐，逐步恢复食欲。治疗 5 d 后出院。后回访，患犬回家后恢复良好。

10. 讨论

急性胰腺炎是一种犬的常见疾病，组织学检查可见胰腺水肿、中性粒细胞浸润以及坏死。患病动物主要表现出非特异性临床症状，如呕吐、腹泻、腹痛、精神沉郁等。这种疾病可能只影响局部组织，但也可能恶化为全身炎症反应综合征，甚至导致致命的多器官衰竭。肥胖、高脂血症以及饲喂人类餐桌食物都是导致犬患急性胰腺炎的风险因素，但绝大多数犬急性胰腺炎被认为是特发性疾病。

组织病理学检查是急性胰腺炎诊断的金标准，但由于其需要在动物麻醉状态下进行活检采样，因此在临床上有一定的局限性。临床上需要根据患犬的病史、临床症状、相关检查结果，综合诊断犬急性胰腺炎，其中胰腺特异性脂肪酶具有胰腺特异性，但其敏感性、特异性取决于疾病的急慢性病程和严重程度。

犬急性胰腺炎的治疗主要包括对因治疗以及对症支持治疗。但由于大多数犬急性胰腺炎都是特发性的，因此对因治疗通常很难实现。

支持性治疗中，积极的液体治疗是治疗犬急性胰腺炎的主要手段之一，治疗期间需要尽早评估并纠正患病动物的液体、电解质和酸碱失衡，并维持胰腺灌注。对患急性胰腺炎的动物，应尽早恢复喂食，并且应选用低脂饮食。营养对于平衡疾病的分解代谢作用至关重要，一些研究表明肠内营养优于肠外营养，但如果患犬持续厌食，或者反复呕吐，也可选择全部肠外营养的方式，完成对患病动物的营养供给。

在过往的研究中发现，胰腺炎患犬的腹部疼痛常常被忽视，仅有 58% 的患犬被认为存在疼痛。因此应该默认胰腺炎患犬存在腹痛，并给所有胰腺炎的患犬使用止疼药物。

与人类相比，患有急性胰腺炎的犬很少并发细菌感染，因此在治疗急性胰腺炎患犬时，对有明显细菌感染导致并发症的患犬使用抗生素是合理的。

◆ 参考文献

1.Ettinger S J, Feldman E C, Cote E. Textbook of Veterinary Internal Medicine[M].8th ed. St. Louis, Missouri: Elsevier health sciences, 2016.

2.Jensen K B, Chan D L. Nutritional management of acute pancreatitis in dogs and cats[J]. Journal of veterinary emergency and critical care, 2014, 24(3): 240-250.

3.Lem K Y, Fosgate G T, Norby B, et al. Associations between dietary factors and pancreatitis in dogs[J]. Journal of the American Veterinary Medical Association, 2008, 233(9): 1425-1431.

4.Mansfield C. Acute pancreatitis in dogs: advances in understanding, diagnostics, and treatment[J]. Topics in companion animal medicine, 2012, 27(3): 123-132.

5.Newman S, Steiner J, Woosley K, et al. Localization of pancreatic inflammation and necrosis in dogs[J]. Journal of veterinary internal medicine, 2004, 18(4): 488-493.

6.Pratschke K M, Ryan J, McAlinden A, et al. Pancreatic surgical biopsy in 24 dogs and 19 cats: postoperative complications and clinical relevance of histological findings[J]. Journal of small animal practice, 2015, 56(1): 60-66.

7.Shukla A. Acute pancreatitis attributed to dietary indiscretion in a female mixed breed canine[J]. The Canadian Veterinary Journal, 2010, 51(2): 201.

CASE 15

案例15 犬胃扩张扭转

1. 基本信息和病史

藏獒犬，11 岁，雌性未绝育。平时饲养于院中，日常主要饲喂犬粮为主，偶尔饲喂自制食物。常规免疫及驱虫，就诊近期无旅行史。

主诉就诊一周前吃鸭架后食欲下降，干呕，吐过 2 次，大便减少，小便未见异常，就诊 18 h 前发现腹围突然增大。

2. 体格检查

患犬最初呈休克状态，心率 180 次 /min，呼吸急促，脉搏弱、意识不清，腹围大。黏膜颜色粉白，CRT 约 2 s，心音及肺音听诊未见异常。腹部膨大处叩诊呈鼓音。

3. 问题列表

腹围增大、腹部积气、休克。

4. 鉴别诊断

胃扩张扭转综合征、胃臌气。

5. 紧急处置

结合病史及动物的状态，高度怀疑胃扩张扭转（gastric dilation-volvulus，GDV）。首先调整体况，做胃部穿刺放气，同时进行液体复苏，快速输注约 40 mL/kg 乳酸林格溶液后，心率降至 120 次 /min，血压 170 mmHg，呼吸频率 24 次 /min。黏膜颜色粉白，CRT < 2 s，患犬意识仍然较差。

6. 诊断项目

CBC、生化检查、血气检查、X 线检查。

7. 检查结果

CBC 检查结果见表 15-1，生化检查结果见表 15-2，血气检查结果见表 15-3，X 线检查结果见图 15-1、图 15-2。

表 15-1　CBC 检查结果

项目	结果	参考范围（犬）
红细胞总数（RBC）	6.48×10^{12}/L	$5.65 \times 10^{12} \sim 8.87 \times 10^{12}$/L
红细胞比容（HCT）	36.1%	37.3% ～ 61.7%

续表 15-1

项目	结果	参考范围（犬）
血红蛋白浓度（HGB）	13.2 g/dL	13.1 ～ 20.5 g/dL
网织红细胞（RETIC）	39.5 × 10^3/μL	10.0 × 10^3 ～ 110.0 × 10^3/μL
平均红细胞体积（MCV）	55.7 fL	61.6 ～ 73.5 fL
平均红细胞血红蛋白浓度（MCHC）	36.6 g/dL	32.0 ～ 37.9 g/dL
红细胞分布宽度（RDW）	20.3%	13.6% ～ 21.7%
白细胞总数（WBC）	35.74 × 10^9/L	5.05 × 10^9 ～ 16.76 × 10^9/L
分叶中性粒细胞（SEG）	32.32 × 10^9/L	2.95 × 10^9 ～ 11.64 × 10^9/L
淋巴细胞（LYM）	2.12 × 10^9/L	1.05 × 10^9 ～ 5.10 × 10^9/L
单核细胞（MONO）	1.27 × 10^9/L	0.16 × 10^9 ～ 1.12 × 10^9/L
嗜酸性粒细胞（EOS）	0 × 10^9/L	0.06 × 10^9 ～ 1.23 × 10^9/L
嗜碱性粒细胞（BASO）	0.03 × 10^9/L	0.00 ～ 0.10 × 10^9/L
血小板（PLT）	226 × 10^3/μL	148 × 10^3 ～ 484 × 10^3/μL

表 15-2　生化检查结果

项目	结果	参考范围（犬）
总胆红素（TBIL）	0.13 mg/dL	0 ～ 0.8 mg/dL
总蛋白（TP）	6.24 g/dL	5.5 ～ 7.2 g/dL
白蛋白（ALB）	2.8 g/dL	3.2 ～ 4.1 g/dL
球蛋白（GLOB）	3.4 g/dL	1.9 ～ 3.7 g/dL
葡萄糖（GLU）	149 mg/dL	68 ～ 104 mg/dL
丙氨酸氨基转移酶（ALT）	145 U/L	17 ～ 95 U/L
天门冬氨酸氨基转移酶（AST）	58 U/L	10 ～ 56 U/L
碱性磷酸酶（ALP）	25 U/L	7 ～ 115 U/L
γ- 谷氨酰转肽酶（GGT）	0.6 U/L	0 ～ 8 U/L
胆汁酸（TBA）	4.26 μmol/L	0 ～ 25μmol/L
尿素（UREA）	18.7 mg/dL	19 ～ 55.7 mg/dL
肌酐（CREA）	0.51 mg/dL	0.6 ～ 1.4 mg/dL
磷（P）	7.6 mg/dL	2.7 ～ 5.4 mg/dL
钙（Ca）	8.6 mg/dL	9.4 ～ 12 mg/dL
总胆固醇（CHOL）	166.3 mg/dL	139 ～ 392 mg/dL
甘油三酯（TG）	70.8 mg/dL	23 ～ 102 mg/dL
肌酸激酶（CK）	10 U/L	0 ～ 314 U/L
钾（K）	3.27 mmol/L	4.1 ～ 5.4 mmol/L
钠（Na）	132.93 mmol/L	143 ～ 150 mmol/L
氯（Cl）	108.78 mmol/L	106 ～ 114 mmol/L

表 15-3　血气检查结果

项目	结果	参考范围（犬）	项目	结果	参考范围（犬）
酸碱度（pH）	7.321	7.35 ～ 7.45	细胞外碱剩余（BE）	-8	（0）～（+6）
二氧化碳总量（TCO_2）	19 mmol/L	17 ～ 25 mmol/L	阴离子间隙（AG）	15 mmol/L	8 ～ 25 mmol/L
二氧化碳分压（pCO_2）	35.2 mmHg	35 ～ 38 mmHg	氧分压（pO_2）	48 mmHg	24 ～ 48 mmHg
碳酸氢根（HCO_3^-）	18.2 mmol/L	15 ～ 23 mmol/L	乳酸（Lac）	3.76 mmol/L	0.3 ～ 2.5 mmol/L

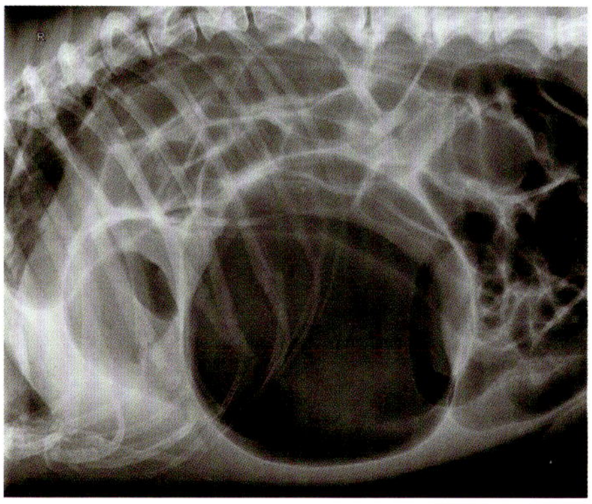

图 15–1

腹部右侧位 X 线片

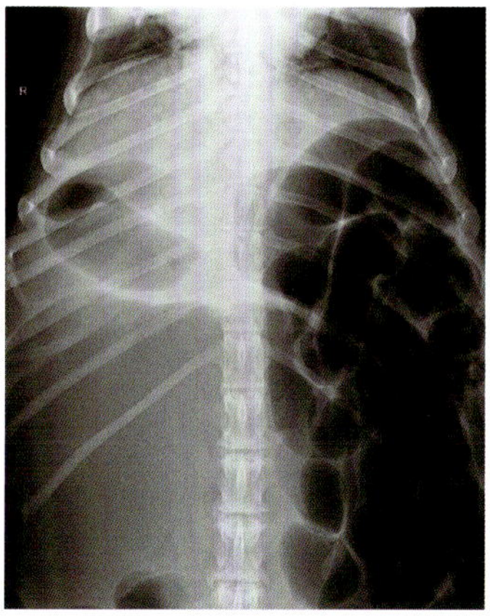

图 15–2

腹部腹背位 X 线片

8. 检查结果分析

8.1　CBC 结果

红细胞象：RBC 正常，HCT 36.1%，略低于参考范围，但 MCV 低于参考范围，不排除小红细胞性贫血，但也可能是品种特异性表现，需进一步监测。

白细胞象：白细胞总数和中性粒细胞显著升高，提示全身性炎症反应。

8.2　血清生化及血气结果

白蛋白下降与营养不良相关，Na^+ 和 K^+ 浓度偏低，与近一周呕吐和食欲下降导致的营养不良有关。此外，K^+ 下降还与胃内钾的吸收、高氯酸代谢的代谢物转移以及儿茶酚胺引起的细胞内钾转移相关。

血气检查呈代谢性酸中毒，动脉血气可见氧分压低，乳酸水平高，可能存在组织缺氧，提示预后不良。

8.3　X 线检查结果

腹部侧位片可见胃内大量积气，幽门及小肠位于偏背侧。

X 线提示：胃扩张扭转。

9. 诊断

结合病史及各种检查结果，本病例诊断为胃扩张扭转。

10. 治疗及转归

紧急调整体况后开腹探查。开腹探查可见血性积液，胃轻度扭转，胃底和胃体未见明显坏死；空肠全段大量积气，肠管轻度扭转，肠管浆膜颜色粉红，肠系膜血供良好。脾脏未见梗死征象。行胃扭转整复固定。

术中和术后均出现低血压、低血氧、通气过度等并发症，扩容并使用羟乙基淀粉、多巴胺、去甲肾上腺素等升压药；术中 $EtCO_2$ 低且出现低血氧（SpO_2 88%），使用呼吸机调整，术后继续进行支持治疗，治疗方案主要包括：①吸氧，改善呼吸状态；②输液调整纠正酸碱平衡和维持灌注；③镇痛。

术后 3 d，动物可少量自主进食。术后 7 d 出院。

11. 讨论

急性腹围增大的原因可能包括胃肠扩张积气、胃扭转、肠扭转、腹水。结合患犬体型及休克的状态，首先排查是否出现胃扩张扭转。胃扩张扭转是指胃扩张，并伴有以肠系膜为轴的扭转，在大型犬中发病率和死亡率较高。发病原因不明，发生后会出现腹胀、虚弱和呼吸困难等症状，严重时呈休克状态。胃扩张扭转是一种危及生命的急症，需要按急诊流程处理，首先进行胃减压和稳定心血管系统。

胃减压可以通过经皮插入几个大孔径的静脉内导管或小的套管针，也可插入胃导管。插胃管的放气速度更快，在放气结束后向胃内注入温水，若胃流出液中含有血液，则提示发生胃坏死。患犬在非麻醉状态下，插入胃管存在一定风险，包括动物咀嚼胃管及胃内液体反流被误吸造成异物性肺炎等，在小动物临床中并不常用。如果无法插入胃管或经皮减压效果不理想，或不能马上手术整复，可以通过暂时性胃造口术进行减压，但其缺点在于发生腹膜炎的风险更大，需引起注意。

心血管障碍是 GDV 发病早期和造成死亡的主要不良反应，它会导致组织氧供减少，主要表为低血容性休克。出现低血容量性休克需要立刻进行液体复苏，建议在数分钟至 1 h 内纠正，在 15 ~ 20 min 内，以 30 ~ 40 mL/kg 输完起始液量之后适当降低输液速度，总输液量最高可达 60 ~ 90 mL/kg，复苏液体种类可以选择乳酸林格液或生理盐水等平衡液，或羟乙基淀粉等胶体液。此外，GDV 病例在胃减压及液体复苏后，缺血器官重新恢复血供时，会出现缺血后再灌注损伤，且由于心肌缺血、冠状动脉血流减少，40% 的患犬会出现室性心律失常，应尽早输注利多卡因，预防再灌注损伤和心律失常。在液体复苏期间，随时监测灌注参数（如心率、血压、脉搏质量）和黏膜颜色等，同时监测呼吸状态，并听诊肺音，避免输液过量或输液速度过快引起肺水肿。

GDV 的诊治方法相对简单，若怀疑 GDV 先按上述讨论稳定体况，待体况相对稳定之后，再去做诊断性检查及相关的实验室检查，等待手术整复。诊断主要依靠影像学，诊断要点是确认幽门位置，扭转时可见幽门向左侧和背侧移位，胃体向右侧移位，胃扩张积气和积液，由于脾胃韧带的牵拉，可能还可以观察到脾脏随胃大弯向右侧移位。手术方案包括胃扭转整复术，若发现脾脏坏死，需同时摘除。

良好的围手术期管理对于 GDV 患犬的预后及存活率至关重要。与 GDV 相关的术前死亡主要是由于休克和心血管系统不稳定引起的，它会导致组织氧供减少、无氧代谢增加，引起乳酸水平升高，乳酸严重升高时提示预后不良；也常见呼吸系统代偿，由于胃扩张和腹压增高，胸腹总容积减少，可能导致部分肺叶塌陷，同时心输出量减少，导致与 GDV 患犬的血流量也会减少，最终引起潮气量减少和通气灌注（V/Q）不匹配，患犬会通过呼吸频率增加以及增加呼吸做功来代偿，代偿不充分则可能导致高碳酸血症和低氧血症，因此需要保证充足的氧气供应和足量的液体，以维持组织灌注，麻醉后可以使用呼吸机帮助改善通气。除了对灌注参数的监测，还须注意监测乳酸水平及血气变化，并根据其变化随时调整。胃扩张扭转的术后治疗核心是维持组织灌注和强化监测，以预防和早期识别缺血 – 再灌注损伤和潜在的并发症，如低血压、心律失常、急性肾损伤、胃溃疡、电解质失衡和疼痛。同时由于腹腔和胃肠道大量液体流失，需要大量补液，同时监测灌注参数。良好的疼痛管理有利于术后恢复，可使用阿片类镇痛药，由于胃黏膜损害的发生率较高，应避免使用非甾体类抗炎镇痛药。此外当出现凝血时间延长或血小板减少时，要考虑是否存在弥散性血管内凝血（DIC），DIC 也可能提示预后不良。

◆ 参考文献

1.Bruchim Y, Kelmer E. Postoperative management of dogs with gastric dilatation and volvulus[J]. Topics in companion animal medicine, 2014, 29(3): 81-85.

2.Sharp C R, Rozanski E A. Cardiovascular and systemic effects of gastric dilatation and volvulus in dogs[J]. Topics in companion animal medicine, 2014, 29(3): 67-70.

3.Silverstein D, Hopper K. Small animal critical care medicine[M]. 2nd ed. St. Louis, Missouri:Elsevier Health Sciences, 2014.

CASE 16

案例16 犬肠梗阻

1. 基本信息和病史

迷你贵宾犬，10 岁，雌性绝育。患犬于就诊半年前在外院做过义眼植入手术，4 个月后出现睑板腺炎，使用泼尼松龙治疗，两周后出现水样大便，因此转来本院治疗。

2. 体格检查

精神状态良好，体温 38.5℃、心率 120 次 /min；CRT < 2 s，BCS：4/9。腹围增大，触诊腹腔柔软，无明显团块。

3. 问题列表

腹围增大、水样腹泻、睑板腺炎。

4. 鉴别诊断

蛋白丢失性肠病、肠道寄生虫感染、细菌性肠炎、医源性库兴氏综合征。

5. 初步诊断计划

诊断项目：CBC、生化检查、血气检查、腹部 X 线检查、腹部超声检查。

6. 初步检查结果

CBC 检查结果见表 16–1，生化检查结果见表 16–2，血气检查结果见表 16–3，X 线检查结果见图 16–1、图 16–2，超声检查结果见图 16–3。

表 16–1 CBC 检查结果

检查项目	结果	参考范围
红细胞总数（RBC）	6.37×10^{12}/L	5.65×10^{12} ～ 8.87×10^{12}/L
红细胞比容（HCT）	36.2%	37.3% ～ 61.7%
血红蛋白（HGB）	13.9 g/dL	13.1 ～ 20.5 g/dL
平均红细胞体积（MCV）	56.8 fL	61.6 ～ 73.5 fL
平均红细胞血红蛋白浓度（MCHC）	38.4 g/dL	32.0 ～ 37.9 g/dL
网织红细胞（RETIC）	38.2×10^3/μL	10.0×10^3 ～ 110.0×10^3/μL
白细胞总数（WBC）	13.16×10^9/L	5.05×10^9 ～ 16.76×10^9/L
中性粒细胞（NEU）	9.63×10^9/L	2.95×10^9 ～ 11.64×10^9/L
淋巴细胞（LYM）	2.28×10^9/L	1.05×10^9 ～ 5.10×10^9/L

续表 16-1

检查项目	结果	参考范围
单核细胞（MONO）	1.23×10^9/L	0.06×10^9 ～ 1.12×10^9/L
血小板（PLT）	90×10^3/μL	148×10^3 ～ 484×10^3/μL
镜检	RBC 形态未见明显异常，片尾可见血小板凝集簇	

表 16-2　生化检查结果

检查项目	结果	参考范围
血糖（GLU）	4.80 mmol/L	4.11 ～ 7.95 mmol/L
肌酐（CREA）	64 μmol/L	44 ～ 159 μmol/L
尿素（UREA）	8.6 mmol/L	2.5 ～ 9.6 mmol/L
磷（P）	1.53 mmol/L	0.81 ～ 2.20 mmol/L
钙（Ca）	2.11 mmol/L	1.98 ～ 3.00 mmol/L
总蛋白（TP）	62 g/L	52 ～ 82 g/L
白蛋白（ALB）	23 g/L	23 ～ 40 g/L
球蛋白（GLOB）	39 g/L	25 ～ 45 g/L
白球比（A/G）	0.6	0.9 ～ 1.9
丙氨酸氨基转移酶（ALT）	45 U/L	12 ～ 130 U/L
碱性磷酸酶（ALP）	104 U/L	14 ～ 111 U/L
γ- 谷氨酰转肽酶（GGT）	18 U/L	0 ～ 11 U/L
总胆红素（TBIL）	6 μmol/L	0 ～ 15 μmol/L

表 16-3　血气检查结果

检查项目	结果	参考范围
钠离子（Na^+）	141 mmol/L	139 ～ 150 mmol/L
钾离子（K^+）	5.3 μmol/L	2.9 ～ 4.2 μmol/L
氯离子（Cl^-）	112 mmol/L	112 ～ 129 mmol/L
pH	7.438	7.250 ～ 7.40
二氧化碳总量（TCO_2）	27 mmol/L	16 ～ 25 mmol/L
二氧化碳分压（PCO_2）	38 mmHg	33 ～ 51 mmHg
碳酸氢根（HCO_3^-）	25.7 mmol/L	13 ～ 25 mmol/L
细胞外碱剩余（BE）	2 mmol/L	（-5）～（+2）mmol/L
阴离子间隙（Anion Gap）	8 mmol/L	10 ～ 27 mmol/L

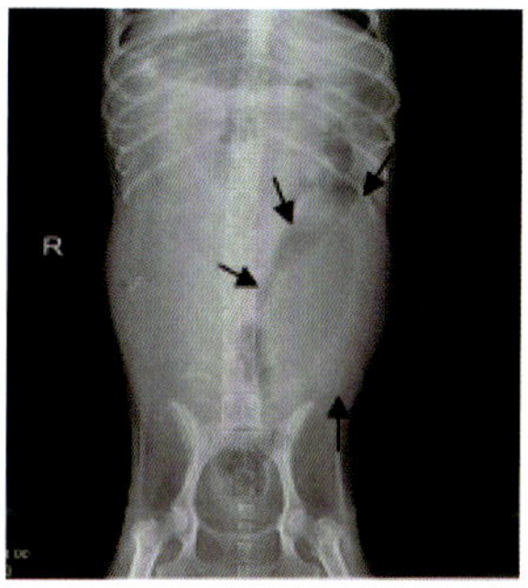

图 16-2

腹部腹背位 X 线片（黑色箭头所指为扩张积液的肠腔）

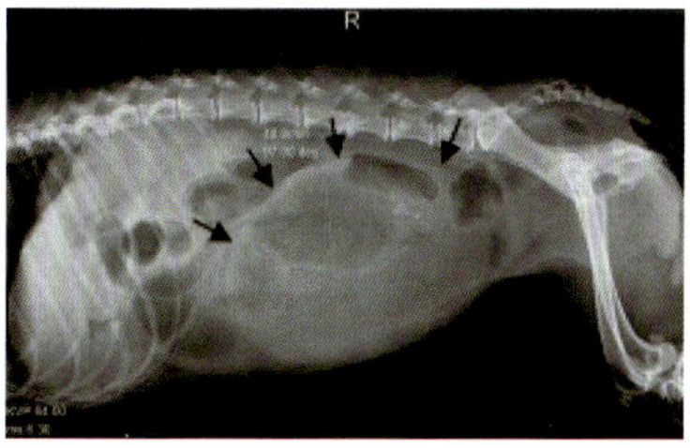

图 16-1

腹部右侧位 X 线片（黑色箭头所指为扩张积液的肠腔）

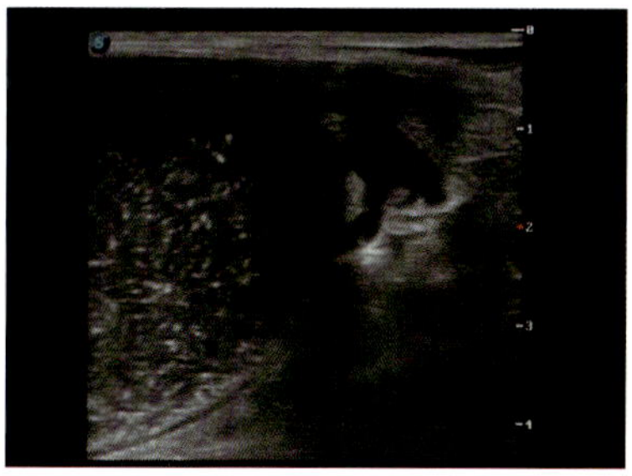

图 16-3

腹部超声图（图片所示为积液扩张的肠管）

7. 初步检查结果分析

7.1 CBC 结果

红细胞象：HCT 轻微下降，MCV 显著下降，RETI 未升高，提示小红细胞性非再生性贫血。

白细胞象：未见明显异常，血涂片中白细胞形态亦未见明显异常。

血小板象：血小板计数下降，但血涂片中可见血小板凝集簇，提示计数假性下降。

7.2 血清生化检查结果

γ- 谷氨酰转肽酶升高：GGT 位于肝脏、胆管、肾脏等部位，但犬 GGT 升高主要和肝胆系统疾病有关。该病例其他肝酶正常，GGT 升高原因待查。

低白蛋白血症：该病例白蛋白检查处于参考范围下限，白蛋白下降的原因包括合成不足、丢失增加（肠道丢失、肾脏丢失、出血丢失）等，该病例肝脏指标正常，无明显出血表现，肾指标也在参考范围内，主要怀疑肠道丢失增加。

7.3 血气分析结果

高钾血症：高钾血症的原因包括钾离子摄入过多、排泄减少，跨膜转移等，该病例除了高钾血症，钠离子也处于最低限。

7.4 影像学检查结果

X 线检查：腹部浆膜细节下降，多处小肠明显扩张（侧位 L3–6 椎体腹侧水平及膀胱头侧局部肠段，正位 L2–7 椎体左侧），直径＞ L5 高度的 2 倍；多处肠管内广泛性气体密度影像，腹部有“团块”效应。

超声检查显示“团块”样结构为充满浑浊积液的肠道（图 16–4）。

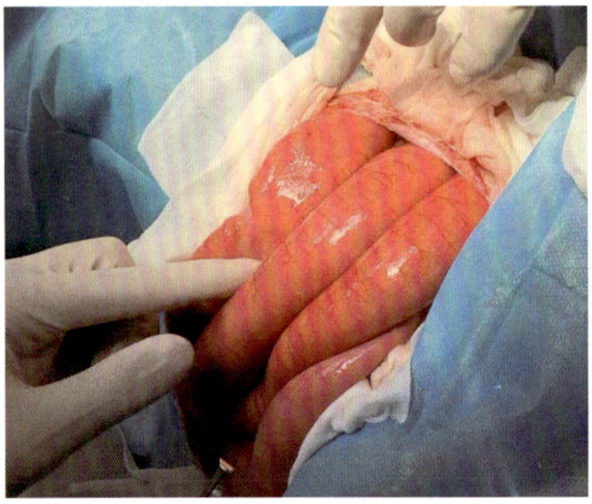

图 16–4

扩张的空肠，内含大量积液

8. 诊断

影像学检查提示肠梗阻，腹部超声检查未发现胃肠道异物、肿物等征象，因此考虑开腹探查进一步诊断。

9. 进一步诊断计划及结果分析

开腹探查发现绝育后的子宫残端与空肠、结肠、大网膜粘连，粘连处瘢痕组织增生，空肠病变处前段明显增粗，病变后段小肠无明显异常。

本病例最终考虑为子宫残端与肠管粘连后造成粘连处肠管肠腔狭窄及不完全梗阻（图 16–5）。

10. 治疗

手术剥离粘连组织，切除部分扩张肠管，常规吻合，并进行腹腔冲洗。术中、术后进行疼痛管理，并给予肠道处方粮，密切复查。

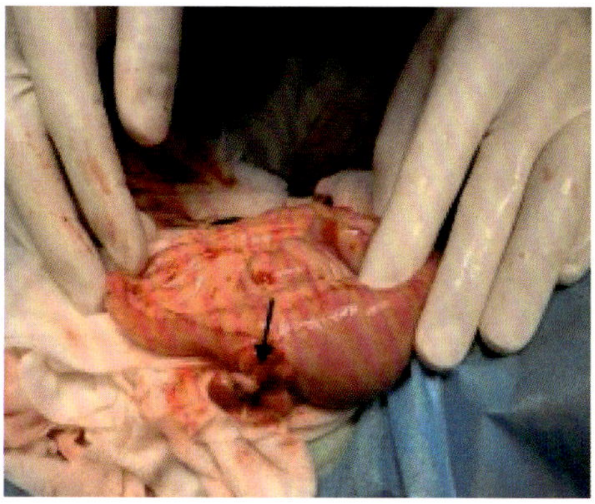

图 16-5

空肠与子宫残端连接处（黑色箭头所指）

11. 讨论

肠梗阻分为机械性梗阻与功能性梗阻。机械性梗阻包括单纯性肠梗阻、嵌顿性肠梗阻、肠系膜扭转/肠扭转性肠梗阻。功能性肠梗阻则主要为无动力性肠梗阻，原因包括败血症、系统性炎症反应综合征、腹膜炎、代谢异常等，危重病例也常出现胃肠动力下降。良性肠狭窄是一种由于炎症、粘连或瘢痕挛缩引起的罕见的肠腔狭窄，在犬上曾报道于肠吻合术后、自发性网膜疝等病例。良性肠狭窄起初通常造成不完全梗阻，随着狭窄程度的慢性加重，可能进一步发展为完全梗阻，并且由于梗阻的持续性存在，该类病例还可能出现严重的胃肠蠕动下降。本病例在绝育后发生子宫残端与空肠粘连，粘连处肠管的慢性炎性变化和瘢痕挛缩引起肠腔狭窄并造成不完全梗阻，长期梗阻进一步导致肠道蠕动障碍，最后表现为粘连前端肠管严重扩张积液以及内容物无法正常排泄。

肠梗阻的诊断有时很困难，尤其是不完全梗阻。可通过临床症状、实验室检查、影像学检查等手段进行诊断，其中，X 线平片、钡餐造影、超声检查、内窥镜检查、高级影像学检查可能是诊断的关键。该病例病程较长，子宫残端与肠道粘连数年来，一直未造成完全梗阻，因此无呕吐表现，也可正常排泄大便，一直未被诊断出来。随着病情发展，近期出现连续腹泻症状，临床还表现为腹围增大，因此怀疑有胃肠道问题；实验室检查可见血清白蛋白处于参考范围下限，且肝脏和肾脏生化指标正常，进一步佐证蛋白经胃肠道丢失；影像学检查可见扩张积液的肠管，由于扩张程度非常高，提示发生梗阻。开腹探查证实了这一推测。仅从临床表现分析，可怀疑的疾病种类很多，但实验室检查和影像学检查显著缩小了诊断范围，有助于我们作出明确的分析。

手术是机械性肠梗阻的治疗措施，功能性肠梗阻则需根据病因积极治疗。由于本病例怀疑是子宫残端与肠管粘连后造成了肠腔狭窄，因此手术时选择剥离粘连组织并切除部分空肠，术前术后分别给予抗生素和镇痛药物，术后饲喂肠道处方粮，密切观察是否出现持续腹泻症状，以免发生短肠综合征。该病例术后未给予全肠外营养，未发生持续腹泻等症状，体重也逐渐恢复。后因骨关节疾病复诊，半年内未出现消化系统问题。

◆ 参考文献

1.Holloway A, Pivetta M, Rasotto R. Ultrasonographic and histopathological features in 8 cats with fibrotic small intestinal stricture[J]. Veterinary Radiology & Ultrasound, 2019, 60(4): 423-431.

2.Johnston S A, Tobias K M. Veterinary surgery: small animal[M]. 2nd ed. St. Louis, Missouri: Elsevier Health Sciences, 2017.

3.Richard W. Nelson, C Guillermo Couto. 小动物内科学 [M]. 5 版．夏兆飞，陈艳云，王姜维，主译．北京：中国农业大学出版社，2019.

4.Thrall D E. Textbook of Veterinary Diagnostic Radiology[M]. 7th ed. St. Louis, Missouri: Elsevier Health Sciences, 2017.

5.Thrall M A, Allison R, Campbell T W. Veterinary hematology and clinical chemistry M].2nd ed. Oxford: John Wiley & Sons, 2012.

6.Whitehead K M, Cortes Y, Eirmann L. Gastrointestinal dysmotility disorders in critically ill dogs and cats[J]. Journal of veterinary emergency and critical care, 2016, 26(2): 234-253.

CASE 17

案例17 猫消化道线性异物

1. 基本信息和病史

家养短毛猫，2 岁，雄性已去势。平时单独饲养于室内，日常主要饲喂干粮，偶尔喂食罐头，且就诊前近 3 个月无换粮史。定期免疫和驱虫，近期无旅行史，既往身体健康。

近半个月发现猫呕吐，频率为每日 2 ～ 3 次，精神及食欲逐渐变差，近日仅可偶尔进食少量牛奶。

2. 体格检查

患猫精神状态较沉郁，BCS：4/9，体温 39.1 ℃。心率 210 次 /min，呼吸频率 20 次 /min。黏膜呈粉色，CRT ＞ 2 s，脱水程度约 8%。心音及肺音听诊未见异常，腹部触诊敏感。由于患猫极度紧张，未进行口腔检查。

3. 问题列表

呕吐、腹部触诊敏感。

4. 鉴别诊断

胃肠道异物、腹膜炎、胰腺炎、胃肠炎、猫瘟。

5. 初步诊断计划

诊断项目：CBC、生化检查、FPV、fPL、腹部 X 线检查、腹部超声检查。

6. 初步检查结果

CBC 检查结果见表 17–1、生化检查结果见表 17–2。

表 17–1　CBC 检查结果

检查项目	结果	参考范围
红细胞总数（RBC）	9.41×10^{12}/L	6.54×10^{12} ～ 12.20×10^{12}/L
红细胞比容（HCT）	44.7%	30.3% ～ 52.3%
血红蛋白（HGB）	14.5 g/dL	9.8 ～ 16.2 g/dL
平均红细胞体积（MCV）	47.5 fL	35.9 ～ 53.1 fL
平均红细胞血红蛋白浓度（MCHC）	32.4 g/dL	28.1 ～ 35.8 g/dL
网织红细胞（RETIC）	5.4×10^{3}/μL	3.0×10^{3} ～ 50.0×10^{3}/μL
网织红细胞血红蛋白含量（RETIC–HGB）	15.9 pg	13.2 ～ 20.8 pg
白细胞总数（WBC）	17.95×10^{9}/L	2.87×10^{9} ～ 17.02×10^{9}/L

续表 17-1

检查项目	结果	参考范围
中性粒细胞（NEU）	14.62 × 10^9/L	2.30 × 10^9 ～ 10.29 × 10^9/L
血小板（PLT）	106 × 10^3/μL	151 × 10^3 ～ 600 × 10^3/μL
镜检	片尾可见血小板凝集簇	

表 17-2　生化检查结果

检查项目	结果	参考范围
血糖（GLU）	8.68 mmol/L	4.11 ～ 8.84 mmol/L
肌酐（CREA）	114 μmol/L	71 ～ 212 μmol/L
尿素（UREA）	10.0 mmol/L	5.7 ～ 12.9 mmol/L
磷（P）	1.41 mmol/L	1.00 ～ 2.42 mmol/L
钙（Ca）	2.57 mmol/L	1.95 ～ 2.83 mmol/L
总蛋白（TP）	68 g/L	57 ～ 89 g/L
白蛋白（ALB）	28 g/L	22 ～ 40 g/L
球蛋白（GLOB）	40 g/L	28 ～ 51 g/L
白球比（A/G）	0.7	0.8 ～ 1.5
丙氨酸氨基转移酶（ALT）	37 U/L	12 ～ 130 U/L
天门冬氨酸氨基转移酶（AST）	39 U/L	0 ～ 46 U/L
碱性磷酸酶（ALP）	63 U/L	14 ～ 111 U/L
γ- 谷氨酰转肽酶（GGT）	0 U/L	0 ～ 4 U/L
总胆红素（TBIL）	7μmol/L	0 ～ 15μmol/L
胆固醇（CHOL）	＜ 0.15 mmol/L	1.68 ～ 5.81 mmol/L
胰淀粉酶（AMYL）	910 U/L	500 ～ 1500 U/L
脂肪酶（LIPA）	418 U/L	100 ～ 1400 U/L
肌酸激酶（CK）	492.00 U/L	0 ～ 314 U/L
钠（Na）	4.44 mmol/L	3.8 ～ 4.6 mmol/L
钾（K）	149.4 mmol/L	140.7 ～ 156 mmol/L
氯（Cl）	112.1 mmol/L	110 ～ 123 mmol/L

FPV 为阴性；fPL 为阴性。

X 线检查结果见图 17-1、图 17-2。超声检查结果见图 17-3。

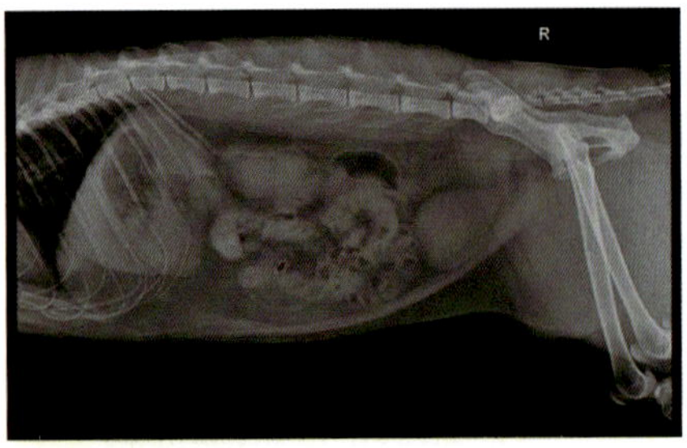

图 17-1

腹部右侧位 X 线片

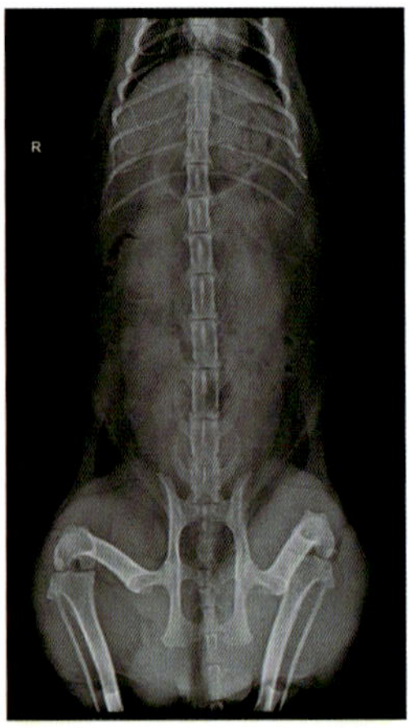

图 17-2

腹部腹背位 X 线片

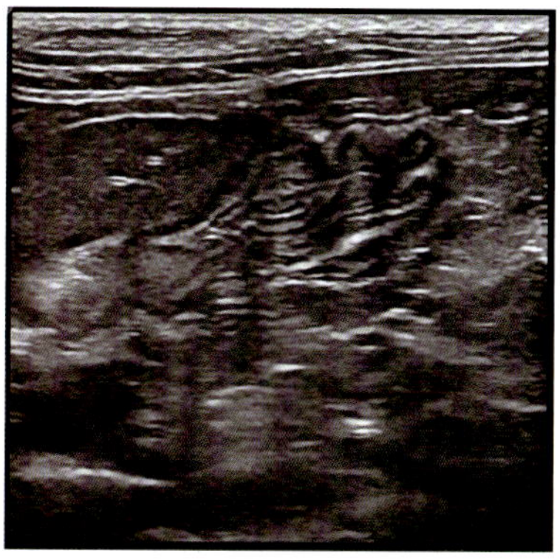

图 17–3

肠道超声图

7. 初步检查结果分析

7.1　CBC 结果

红细胞象：未见明显异常。

白细胞象：白细胞总数与中性粒细胞数量增高，提示存在全身性炎性反应。

血小板象：由于镜下可见血小板在片尾聚集成簇，因此血小板数量减少可能为假性降低。

7.2　血清生化检查结果

低胆固醇血症：由于血糖、白蛋白、尿素等肝功指标未见明显异常，因此主要怀疑是由于近半个月食物中胆固醇摄入不足引起的低胆固醇血症。

高肌酸激酶血症：肌酸激酶是肌肉损伤的一个敏感性很强的指标，但肠道、子宫、肾脏和膀胱内也含有少量肌酸激酶。该指标升高提示肌肉或腹腔内组织损伤。

7.3　X 线检查结果

中腹部小肠皱缩，呈“手风琴”样外观，肠管间浆膜细节下降；肠腔内可见三角形及泪滴样气体影像。

X 线提示：小肠线性异物伴局灶性腹膜炎。

7.4　超声检查结果

胃空虚皱缩，小肠空虚，大部分肠管皱缩，腔内可见高回声细线样结构，累及范围较广（胃内、小肠至结肠均可见），周围软组织回声增强，部分回肠壁分层不清。

超声提示：胃肠道线性异物；肠道周围局灶性腹膜炎。

8. 诊断

结合该病例的病史、体格检查和实验室诊断结果，患猫处于脱水状态，并呈全身性炎性表现，存在组织损伤。根据影像学诊断，可以确诊为消化道线性异物，且异物累及肠道的范围较广，肠道周围局灶性腹膜炎。

9. 治疗

对症治疗，调整体况后进行麻醉后检查。舌下可见线状异物末端，线延伸入食道，舌系带破溃（图 17–4）。开腹探查后可见腹腔内少量积液。小肠皱缩，多个褶皱处可见穿透肠壁的绿色线性异物，肠系膜侧肠壁多处可见穿透伤及破溃，异物移行出肠管，部分异物嵌入愈合的肠壁，牵拉困难。根据探查情况制定手术方案，即多点剪断并分段取出异物，缝合破裂的肠壁达 17 处（图 17–5），并进行腹腔冲洗，常规放置食道饲管。

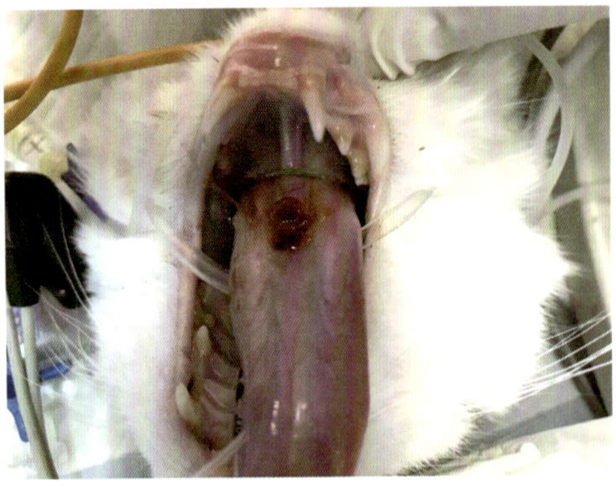

图 17-4

舌下线性异物末端及舌系带损伤

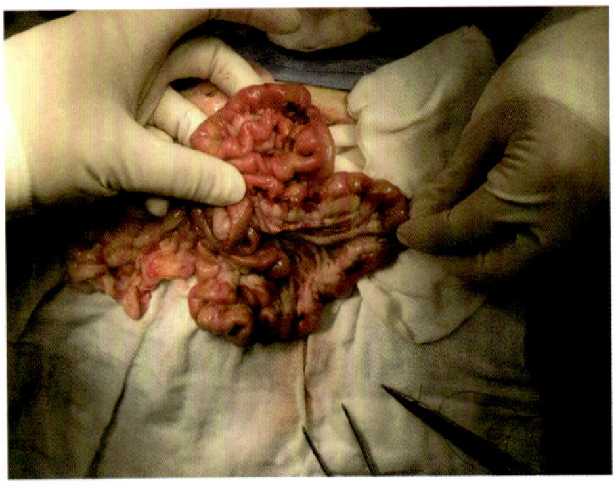

图 17-5

修补后的肠管

术后继续进行支持治疗，治疗方案主要包括：①输液纠正酸碱平衡，维持灌注；②抗菌治疗；③通过食道饲管饲喂食物，进行营养支持；④镇痛；⑤止吐。

10. 讨论

猫的消化道线性异物是一种临床常见的外科急症，可引发胃肠道的部分或完全梗阻。患猫可能会表现出无特异性轻度慢性症状，可能出现急性或严重的呕吐和腹泻，也可能出现低血容量或败血性休克，但具体的临床症状与梗阻的位置、梗阻程度、患病持续时间等因素有关。大部分情况下异物可顺利通过胃肠道，但是当线的一端（于舌下或幽门处）被卡住时，异物的其余部分会因胃肠道蠕动而向后运动，导致线被拉紧及肠管皱缩，异物可能会穿透肠壁导致多处肠道穿孔（通常位于肠系膜侧），从而继发腹膜炎和败血性休克。患有慢性线性异物的动物可能出现体重下降、营养不良、脱水、严重的电解质紊乱及酸碱失衡，这些问题需要较长的手术时间，可导致死亡率升高。

影像学检查对线性异物的诊断意义重大，典型的 X 线检查结果可见：①病变处肠道内存在局灶性、不规则的气泡；②病变肠道节段在中腹部紧密聚集，呈褶皱状或手风琴状；③腹部浆膜细节可能因腹膜炎或腹腔积液而下降；④肠道穿孔时腹膜腔内可能可见游离的气体和/或液体征象。由于线性异物可能导致肠道穿孔，因此胃肠道造影存在造影剂泄漏的风险，应结合具体病例谨慎考虑。超声检查时，线性异物可呈现明亮的线性回声界面，常伴有声影，阻塞的肠段一般有褶皱。褶皱程度随阻塞的持续时间和严重程度而异。与较大阻塞性异物相比，线性异物时的肠管扩张通常较不明显。

对于需要手术治疗的动物，应调整动物至体况稳定后，再进行开腹探查，充分评估腹腔内和胃肠道情况，并制定适当的手术方案。此外，术后应积极对症治疗。

◆ 参考文献

1.Bebchuk T N. Feline gastrointestinal foreign bodies[J]. Veterinary Clinics: Small Animal

Practice, 2002, 32(4): 861-880.

2.Muhlbauer M C, Kneller S K. Radiography of the dog and cat: guide to making and interpreting radiographs [M].Iowa: John Wiley & Sons, 2013.

3.Penninck D, d'Anjou M A. Atlas of small animal ultrasonography[M].2nd ed. Iowa: John Wiley & Sons, 2015.

CASE 18

案例18 猫肠套叠

1. 基本信息及病史

家养苏格兰折耳猫，5 岁，雌性，2 kg，室内饲养，平常以干粮为主食，饲喂少量零食。定期免疫驱虫，就诊前近 2 个月换过猫粮品牌，换粮后未见相关异常。3 个月前家里引进过新猫，之后该患猫出现食欲废绝，送走新猫后患猫痊愈，后未见异常。无传染病史。

5 d 前发现患猫出现呕吐、被毛脏乱、脱毛、大便带血、体重减轻，外院诊断为胰腺炎，使用抗生素和胰宝（胰酶）进行治疗。治疗期间大便中脓血逐渐好转，但转院前再次出现血便，未见呕吐，食欲废绝，转至我院诊治。

2. 体格检查

患猫精神沉郁，BCS：3/9，肌肉轻度丢失，体温 39.2℃。心率 150 次 /min，呼吸 36 次 /min，心音及肺音未见明显异常，黏膜颜色淡粉，CRT 约 2 s，脱水程度约 6%。腹腔触诊敏感，腹部可触及质地坚实、长度为 5 ～ 6 cm、游离性较大的肠管。

3. 问题列表

呕吐、食欲废绝、腹部触诊异常。

4. 鉴别诊断

胃肠道异物、肠套叠、腹腔内肿物（胃肠道肿物）、胰腺炎、腹膜炎。

5. 初步诊断计划

诊断项目：CBC、血清生化检查、FPV、fPL、腹部超声检查。

6. 初步检查结果

CBC 检查结果见表 18–1，血清生化检查结果见表 18–2，血气检查结果见表 18–3。腹部超声检查结果见图 18–1。

表 18–1　CBC 检查结果

检查项目	结果	参考范围
红细胞总数（RBC）	6.14×10^{12}/L	6.54×10^{12} ～ 12.20×10^{12}/L
红细胞比容（HCT）	22.3%	30.3% ～ 52.3%
血红蛋白（HGB）	9.0 g/dL	9.8 ～ 16.2 g/dL

续表 18-1

检查项目	结果	参考范围
平均红细胞体积（MCV）	36.4 fL	35.9 ～ 53.1 fL
平均红细胞血红蛋白浓度（MCHC）	34.4 g/dL	28.1 ～ 35.8 g/dL
网织红细胞（RETIC）	$103.5 \times 10^3/\mu L$	$3.0 \times 10^3/$ ～ $50.0 \times 10^3/\mu L$
网织红细胞血红蛋白含量（RETIC-HGB）	15.4 pg	13.2 ～ 20.8 pg
白细胞总数（WBC）	$21.23 \times 10^9/L$	2.87×10^9 ～ $17.02 \times 10^9/L$
中性粒细胞（NEU）	$18.43 \times 10^9/L$	2.30×10^9 ～ $10.29 \times 10^9/L$
淋巴细胞数量（LYM）	$1.67 \times 10^9/L$	0.9×10^9 ～ $6.8 \times 10^9/L$
单核细胞数量（MONO）	$1.04 \times 10^9/L$	0.1×10^9 ～ $11 \times 10^9/L$
嗜酸性细胞数量（EOS）	$0.06 \times 10^9/L$	0.1×10^9 ～ $2.2 \times 10^9/L$
嗜碱性细胞数量（BASO）	$0.03 \times 10^9/L$	0.0 ～ $0.26 \times 10^9/L$
血小板（PLT）	$375 \times 10^3/\mu L$	151×10^3 ～ $600 \times 10^3/\mu L$
叶状中性粒细胞（人工计数）	92%	
杆状中性粒细胞（人工计数）	0%	
单核细胞（人工计数）	2%	
淋巴细胞（人工计数）	5%	
嗜酸性粒细胞（人工计数）	0%	
嗜碱性粒细胞（人工计数）	0%	
镜检	RBC 未见明显异常，中性粒细胞轻度中毒性变化	

表 18-2 血清生化检查结果

检查项目	结果	参考范围
总胆红素	0.2 mg/dL	0 ～ 0.8 mg/dL
总蛋白（TP）	5.6 g/dL	6.6 ～ 8.4 g/dL
白蛋白（ALB）	1.9 g/dL	3.2 ～ 4.3 g/dL
球蛋白（GLOB）	3.7 g/dL	2.5 ～ 4.7 g/dL
白球比（A/G）	0.5	0.8 ～ 1.5
葡萄糖（GLU）	123 mg/dL	71 ～ 182 mg/dL
丙氨酸氨基转移酶（ALT）	17 U/L	28 ～ 109 U/L
天门冬氨酸氨基转移酶（AST）	22 U/L	10 ～ 48 U/L
碱性磷酸酶（ALP）	11 U/L	11 ～ 49 U/L
γ- 谷氨酰转肽酶（GGT）	3 U/L	0 ～ 4 U/L
胆汁酸	0.8 μmol/L	0 ～ 10μmol/L
尿素（UREA）	48 mg/dL	36 ～ 75 mg/dL
肌酐（CREA）	1.1 mg/dL	0.8 ～ 2.1 mg/dL
磷（P）	3.4 mg/dL	2.6 ～ 5.5 mg/dL
钙（Ca）	8.1 mg/dL	9.0 ～ 12 mg/dL
总胆固醇（CHOL）	97 mg/dL	101 ～ 323 mg/dL
甘油三酯	36 mg/dL	30 ～ 106 mg/dL
肌酸激酶（CK）	225 U/L	0 ～ 386 U/L

表 18–3　血气检查结果

项目	结果	参考范围（猫）
钠（Na）	143 mmol/L	147 ～ 162 mmol/L
钾（K）	3.2 mmol/L	2.9 ～ 4.2 mmol/L
氯（Cl）	106 mmol/L	112 ～ 129 mmol/L
尿素氮（BUN）	16 mg/dL	15 ～ 34 mg/dL
葡萄糖（GLU）	135 mg/dL	60 ～ 130 mg/dL
红细胞比容（HCT）	15%	24% ～ 40%
血红蛋白（HGB）	5.1 g/dL	8 ～ 13 g/dL
酸碱度（pH）	7.348	7.25 ～ 7.40
二氧化碳总量（TCO_2）	28 mmol/L	16 ～ 25 mmol/L
二氧化碳分压（pCO_2）	47.8 mmHg	33 ～ 51 mmHg
碳酸氢根（HCO_3^-）	26.2 mmol/L	13 ～ 25 mmol/L
细胞外碱剩余（BE）	1	（–5）～（+2）
阴离子间隙（AG）	14 mmol/L	10 ～ 27 mmol/L

FPV 为阴性；fPL 为阴性。

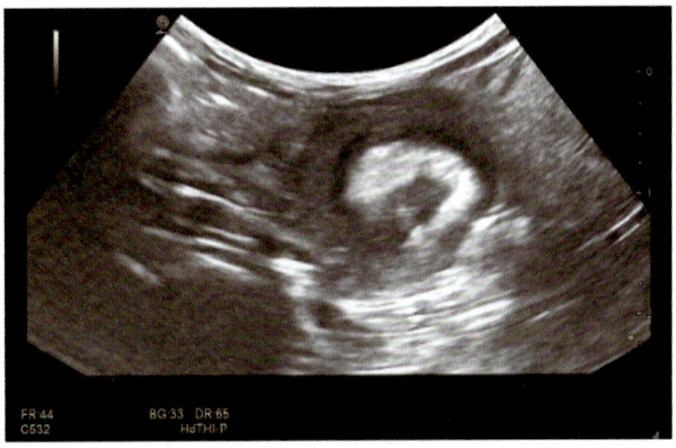

a. 肠道横断面；

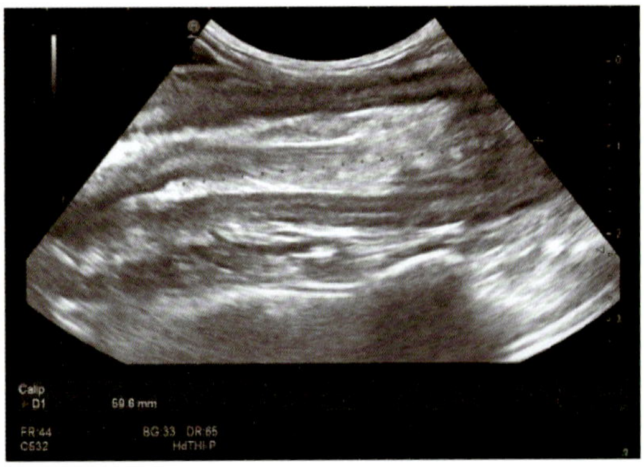

b. 肠道纵切面

图 18–1

腹部超声检查

7. 检查结果分析

7.1　CBC 检查结果

红细胞象：红细胞数及比容下降，同时网织红细胞数量增加，提示存在再生性贫血。

白细胞象：中性粒细胞计数升高，且镜检呈现轻度中毒性变化，提示存在全身性炎症反应。

7.2　血清生化检查结果

低白蛋白血症：血清总蛋白及白蛋白下降，结合病史，考虑与较长时间进食减少、胃肠道丢失（腹泻、出血）以及腹膜炎相关。

低胆固醇血症：肝功能指标未见明显异常，因此考虑低胆固醇血症与食欲严重下降相关。

7.3　血气检查结果

血清钠离子、钾离子、氯离子降低：可能与呕吐、腹泻、进食减少以及胃肠道出血相关。

7.4　超声检查结果

后腹部有一段大于 6 cm 的肠管，有同心圆征，外层肠壁分层不清，向后延伸至骨盆内，肠壁增厚；同心圆内可见淋巴结、肠系膜影像，可探及血供及肠壁影像。其前段小肠内大量食糜，肠腔扩张积气。异常肠道周围软组织回声增强。

超声提示：肠套叠，外层肠壁水肿，套叠处肠管造成梗阻，伴有局灶性腹膜炎。

8. 诊断

结合病史及各种检查，本病例诊断为肠套叠，疑空肠末段、盲肠及部分肠系膜套入结肠，并导致完全梗阻。

9. 治疗及转归

患病动物存在轻度脱水及离子异常，所以先进行支持治疗，然后进行手术。

诱导麻醉后进行吸入式全身麻醉。开腹后进行全腹探查，腹腔无明显积液，胃、十二指肠、空肠空虚并广泛积气，肠蠕动非常缓慢。空肠末端、盲肠及部分肠系膜套叠进入升结肠，套叠处肠壁增厚水肿，质感较脆。其他器官眼观未见明显异常。

因套叠处肠壁水肿严重，无法复原，在近套叠处的健康结肠上切开（图 18–2），套入的空肠肠壁部分呈黑色，质脆，环形切除部分空肠后将套叠处肠道解开。评估肠道壁活力，在距离回盲口约 1 cm 处切除回肠及近端部分空肠，肠道断端有新鲜血液流出。常规吻合空肠及回盲口，闭合结肠切口。使用约 500 mL 无菌生理盐水冲洗腹腔，并对空肠浆肌层缝合，进行肠袢固定。常规放置食道饲管。

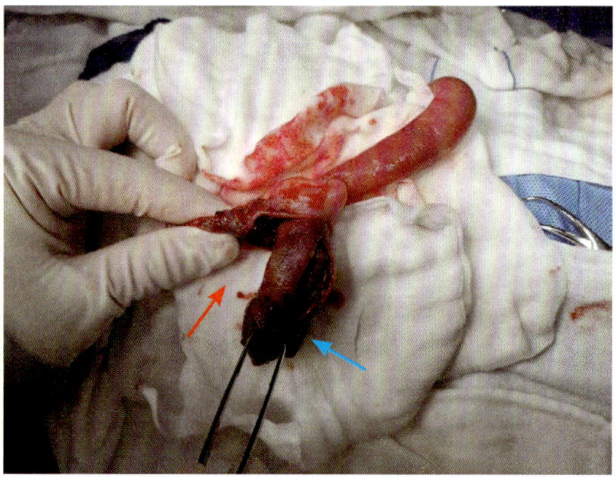

图 18–2

切开的结肠（红色箭头）及套入结肠的近端肠道（蓝色箭头），包括了盲肠、回肠及部分空肠末段。

术后继续支持治疗，输液、抗菌治疗、镇痛、恢复胃肠道蠕动；通过饲管尽早进行肠内营养支持。

该病例术后恢复良好，两周后拆除食道饲管，体重增长至 2.2 kg。至回访时未再出现胃肠道症状。

10. 讨论

肠套叠是指某段肠道套入其相邻的肠道内。常见于幼龄动物，可发生于消化道任何部位，但是回肠、结肠套叠最常见。发生原因可能与寄生虫、病毒、异物以及胃肠道术后等引起的肠炎相关，此外，老年动物可能与肠道肿瘤相关，也可能是特发性的。

肠套叠可引起肠腔梗阻，肠黏膜充血，临床常见呕吐、食欲废绝、粪便带血、腹痛。体格检查时，可触诊到腹腔团块。继而可能出现脱水、酸碱及离子紊乱、低蛋白血症等代谢异常。随后因局部缺血可造成肠道坏死、局灶性腹膜炎。如果肠道发生泄漏，还可能引发败血性腹膜炎，最终导致死亡。

超声对于肠套叠的诊断具有重要意义，具有非常高的敏感性和特异性，在肠套叠的诊断中已完全取代了传统的放射学。超声征象的类型取决于扫查平面、套叠的长度和时间。套入肠道常水肿，表现为低回声边缘。横截面的典型征象是并列形成5个以上的高回声和低回声的完整同心环，通常有一个高回声中心。在纵切面，套叠处显示为一系列平行的线性强回声和低回声条纹。同时，前段肠道可能积液积气，腹膜腔回声增强，急性病例可能表现肠蠕动亢进等。同时要寻找是否有其他并发的疾病，以及诱发肠套叠的病因。

本病例就诊时表现为再生性贫血及白细胞升高，这可能与食欲废绝、便血以及腹膜炎有关。尽管该病例有持续呕吐及腹泻的情况，但在来本院就诊前在外院持续输液治疗，并未发生严重的酸碱及离子紊乱，仅有轻度到中度脱水。

肠套叠属于外科急诊，需立即稳定动物体况，尽快手术，对套叠处进行复位或切除，同时应该探查是否存在多发性套叠、异物及肿物。切除后判断断端活力，是否有新鲜血液流出、肠道颜色及蠕动情况，对减少术后并发症具有重要意义。肠切开及肠切除吻合术后可能会出现腹膜炎、肠粘连、肠道泄漏、肠坏死、肠套叠复发等并发症。腹膜炎、低蛋白血症等原因会增加肠道创口开裂的风险，术后需密切监测。肠袢（肠道折叠）固定术，即人为制造可预期的肠道粘连，可预防肠套叠复发。有研究表明，固定术可减少呕吐、腹泻、食欲下降及便秘，但也可能引发阻塞、穿孔、肠扭转、腹膜炎等。腹腔冲洗可减少肠道细菌及炎性介质的泄漏量，降低感染和炎症的风险，但过度冲洗可导致低蛋白血症和离子紊乱。

术后早期肠内营养管理，对胃肠道结构及功能的恢复，以及胃肠道愈合，具有重要意义，也能减少胃肠道手术的相关并发症。肠内营养管理方法很多，食道饲管放置简单、护理方便、动物接受度高，并可长期放置，对动物整体体况的恢复具有不可替代的作用。该患病动物在确诊肠套叠后立即进行了开腹术，探查发现回肠及盲肠处套叠，对坏死肠壁进行切除吻合，同时进行了肠道折叠固定术及大网膜包裹术部，以减少手术并发症，促进肠道愈合。因该病例病程较长，术中发现肠道广泛积气、蠕动缓慢，同时患猫食欲废绝，所以放置食道饲管进行肠内营养管理。

术后需要积极对症治疗，监测CBC及全身炎症反应的变化过程，严重的炎症反应可能会诱发骨髓抑制，出现非再生性贫血。同时需监测血浆白蛋白、酸碱平衡及离子平衡。

◆ 参考文献

1.Ellison G W, Case J B, Regier P J. Intestinal surgery in small animals: historical foundations, current thinking, and future horizons[J]. Veterinary Surgery, 2019, 48(7): 1171-1180.

2.Ettinger S J, Feldman E C, Cote E. Textbook of Veterinary Internal Medicine[M].8th ed. St. Louis, Missouri: Elsevier health sciences, 2016.

3.Herbert G, Perry R, Andersen H K, et al. Early enteral nutrition within 24 hours of lower gastrointestinal surgery versus later commencement for length of hospital stay and postoperative complications[J]. Cochrane Database of Systematic Reviews, 2019 (7).

4.Patsikas M N, Papazoglou L G, Paraskevas G K. Current views in the diagnosis and treatment of intestinal intussusception[J]. Topics in companion animal medicine, 2019, 37: 100360.

CASE 19

案例19 猫慢性肾病

1. 基本信息和病史

家养短毛猫，16 岁，雌性已绝育。室内独养，主要饲喂商品化猫粮。未进行驱虫和免疫，无既往病史。

在朋友家寄养约一个月后接回家时发现，患猫虚弱无力，体重由 6 kg 降至 2.7 kg，寄养期间患猫饮水及排尿较多，食欲逐渐下降至废绝，就诊前呕吐过一次黏液。

2. 体格检查

患猫精神沉郁，BCS：2/9，肛温 38.3℃，心率 180 次 /min，左侧心尖部收缩期 2/6 级杂音，呼吸频率 24 次 /min。黏膜颜色粉红，CRT 约 3 s，脱水程度为 8% ～ 10%，收缩压 130 mmHg。舌尖边缘坏死，尿毒素性口气，触诊腹部双肾轮廓不平滑、双肾缩小。

3. 问题列表

多饮多尿、体重下降、呕吐、双肾轮廓不平滑且有萎缩。

4. 鉴别诊断

慢性肾病、肿瘤、胰腺炎、糖尿病。

5. 初步诊断计划

诊断项目：CBC、血清生化、尿液检查、静脉血气、fPL、腹部超声检查。

6. 初步检查结果

CBC 检查结果见表 19–1，生化检查结果见表 19–2，尿液检查结果见表 19–3，静脉血气检查结果见表 19–4。腹部超声检查见图 19–1。

表 19–1　CBC 检查结果

项目	结果	参考范围（猫）
红细胞总数（RBC）	6.55×10^{12}/L	6.54×10^{12} ～ 12.20×10^{12}/L
红细胞比容（HCT）	31.0%	30.3% ～ 52.3%
血红蛋白浓度（HGB）	10.6 g/dL	9.8 ～ 16.2 g/dL
网织红细胞（RETIC）	48.9×10^{3}/μL	3.0×10^{3} ～ 50.0×10^{3}/μL
平均红细胞体积（MCV）	34.2 fL	35.9 ～ 53.1 fL
平均红细胞血红蛋白浓度（MCHC）	12.4 g/dL	28.1 ～ 35.8 g/dL
红细胞分布宽度（RDW）	18.8%	15.0% ～ 27.0%

续表 19-1

项目	结果	参考范围（猫）
白细胞总数（WBC）	11.86×10^9/L	2.87×10^9 ～ 17.02×10^9/L
分叶中性粒细胞（SEG）	9.76×10^9/L	2.30×10^9 ～ $10.2^9 \times 10^9$/L
杆状中性粒细胞（BAND）	0	/
淋巴细胞（LYM）	1.48×10^9/L	0.92×10^9 ～ 6.88×10^9/L
单核细胞（MONO）	0.36×10^9/L	0.05×10^9 ～ 0.67×10^9/L
嗜酸性粒细胞（EOS）	0.25×10^9/L	0.17×10^9 ～ 1.57×10^9/L
嗜碱性粒细胞（BASO）	0.01×10^9/L	0.01×10^9 ～ 0.26×10^9/L
血小板（PLT）	280×10^3/μL	148×10^3 ～ 484×10^3/μL

表 19-2　生化检查结果

项目	结果	参考范围（猫）
总胆红素（TBIL）	0.2 mg/dL	0 ～ 0.8 mg/dL
总蛋白（TP）	6.6 g/dL	6.6 ～ 8.4 g/dL
白蛋白（ALB）	4.7 g/dL	3.2 ～ 4.3 g/dL
球蛋白（GLOB）	2.9 g/dL	2.5 ～ 4.7 g/dL
白球比（A/G）	1.6	0.8 ～ 1.5
葡萄糖（GLU）	180 mg/dL	71 ～ 182 mg/dL
丙氨酸氨基转移酶（ALT）	54 U/L	28 ～ 109 U/L
天门冬氨酸氨基转移酶（AST）	12 U/L	10 ～ 48 U/L
碱性磷酸酶（ALP）	13 U/L	11 ～ 49 U/L
γ- 谷氨酰转肽酶（GGT）	0 U/L	0 ～ 4 U/L
胆汁酸（TBA）	8.4μmol/L	0 ～ 10 μmol/L
尿素（UREA）	240.8 mg/dL	36 ～ 75 mg/dL
肌酐（CREA）	19.6 mg/dL	0.8 ～ 2.1 mg/dL
磷（P）	21.7 mg/dL	2.6 ～ 5.5 mg/dL
钙（Ca）	9.6 mg/dL	9.0 ～ 12 mg/dL
总胆固醇（CHOL）	154 mg/dL	101 ～ 323 mg/dL
甘油三酯（TG）	80 mg/dL	30 ～ 106 mg/dL
肌酸激酶（CK）	78 U/L	0 ～ 186 U/L
钾（K）	4 mmol/L	3.8 ～ 5.5 mmol/L
钠（Na）	150 mmol/L	149 ～ 158 mmol/L
氯（Cl）	122 mmol/L	111 ～ 124 mmol/L

表 19-3　尿液检查结果

物理性质和化学性质		尿沉渣检查		物理性质和化学性质		尿沉渣检查	
颜色	黄色	红细胞	0 ～ 1 个 /hpf	蛋白	+	结晶	未见
透明度	清亮	白细胞	未见	葡萄糖	阴性	脂滴	6 ～ 8 个 /hpf
比重	1.012	移行上皮细胞	未见	酮体	阴性	微生物	未见
pH	6.0	鳞状上皮细胞	未见	尿胆红素	阴性	采样方式	穿刺取尿
潜血	微量	管型	未见				

表 19-4 静脉血气结果

项目	结果	参考范围（猫）
酸碱度（pH）	6.917	7.25 ~ 7.40
二氧化碳总量（TCO_2）	9 mmol/L	16 ~ 25 mmol/L
二氧化碳分压（pCO_2）	40.5 mmHg	33 ~ 51 mmHg
碳酸氢根（HCO_3^-）	8.3 mmol/L	13 ~ 25 mmol/L
细胞外碱剩余（BE）	-24	(-5)~(-2)
阴离子间隙（AG）	16 mmol/L	10 ~ 27 mmol/L

fPL：阴性。

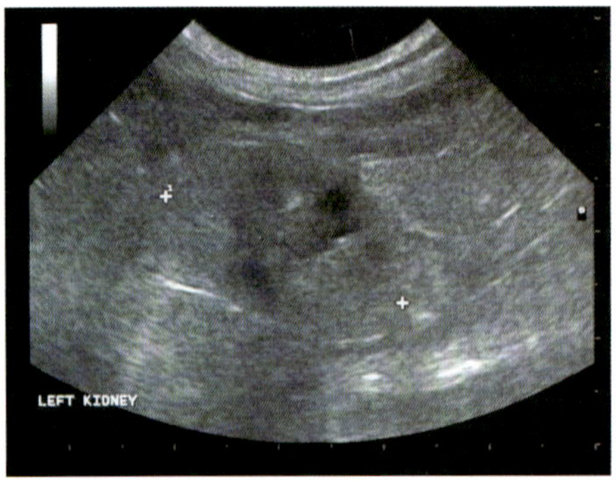

a. 左肾

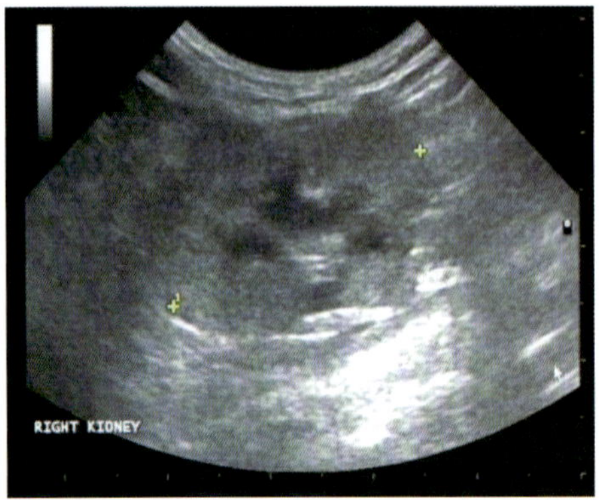

b. 右肾

图 19-1

肾脏超声图

7. 初步检查结果分析

7.1 CBC 结果

红细胞象：未见明显异常。

白细胞象：中性粒细胞数量增多，提示机体存在炎症。

血小板象：未见明显异常。

7.2 血清生化检查结果

氮质血症：肌酐与尿素均显著升高。提示肾前性或肾性病因。

高磷血症：结合氮质血症，主要考虑与肾功能下降有关。

高白蛋白血症：结合患猫的脱水程度，主要怀疑脱水导致血液浓缩而引起白蛋白升高。

7.3 尿液检查结果

等渗尿，提示肾功能异常。尿蛋白阳性，需进一步确认是否存在肾性蛋白尿。

7.4 静脉血气结果

pH 及 HCO_3^- 显著下降，提示严重的代谢性酸中毒伴呼吸性酸中毒。主要考虑与肾功能异常相关。

7.5 超声检查结果

双肾轮廓不平滑，左肾长轴 2.7 cm，右肾长轴 2.5 cm，皮质回声增强，皮髓质分界不清，肾盂和肾盂憩室可见高回声颗粒伴彗尾征，多普勒可探及条索样血流信号，右肾尾极微量积液。胰腺形态未见明显异常。

超声提示：双肾慢性肾病。

8. 诊断

结合病史及各项检查结果，本病例被诊断为慢性肾病。

9. 治疗及转归

患猫住院治疗。通过静脉输液纠正脱水和酸碱紊乱，使用阿莫西林克拉维酸钾注射液、复合维生素 B 注射剂、法莫替丁注射剂、促红细胞生成素、右旋糖酐铁注射剂对症治疗。使用 0.05% 醋酸氯己定溶液冲洗口腔。期间监测尿量、血压、水合状态、体重等指标，患猫在治疗期间每日平均尿量为 2.2 ～ 3.5 mL/（kg · h）。酸中毒逐渐改善，电解质也恢复正常水平；改善水合后 HCT 降至中度贫血水平，并且不伴有再生反应，白细胞总数缓慢上升，白蛋白浓度下降至正常范围。肌酐由 19.6 mg/dL 降至 13.5 mg/dL，尿素由 240.8 mg/dL 降至 168 mg/dL，磷下降至 3.7 mg/dL。治疗过程中，患病动物仍沉郁虚弱、无食欲，在住院的第 5 天出现低血压、昏迷。最终动物主人放弃治疗，动物死亡。

10. 讨论

慢性肾病常见的临床症状是多饮多尿、食欲减退、精神沉郁、体重下降、被毛粗乱，还可能有呕吐、血便或黑粪、流涎等症状。体格检查的典型发现包括脱水、体况评分下降、黏膜苍白、双肾萎缩，还可能出现尿毒素性口气、口舌溃疡甚至坏死等。本病例因为主人无法提供详细的病史信息，所以不能准确判断患猫的病程是否超过 3 个月，但根据患猫体重下降的程度和超声检查结果，可推断病程为长期过程。可能是来到朋友家寄养之前已发病，但没有表现出明显的临床症状，改变生活环境后，症状发展较快。

慢性肾病的诊断需满足以下 3 个条件：病程超过 3 个月，肾性氮质血症和影像学能评估到的肾脏发生萎缩、梗死或纤维化。在慢性肾病早期，可利用一些生物标记物辅助早期诊断，如对称性二甲基精氨酸（SDMA），比氮质血症提前 10 ～ 17 个月出现升高，且更不易受动物肌肉量变化的影响。影像学检查的敏感性相对较低。

输液治疗是慢性肾病管理的核心，积极的输液治疗可减少代谢产物在体内蓄积，并纠正脱水和电解质、酸碱紊乱。输液治疗的同时必须密切监测动物的排尿量、体重、血压、心率、呼吸、体温等体征，避免出现水合过度。慢性肾病的代谢性酸中毒一般为慢性。肾脏处方食物可适度碱化血液，饲喂处方食品的动物一般无需额外使用碱化剂，而对于顽固的慢性代谢性酸中毒，推荐口服补充碱化剂。本病例在入院时静脉补充碳酸氢钠进行纠正。低血钾也是慢性肾病常见的并发症，摄入减少、尿液排泄增多、肾素 – 血管紧张素 – 醛固酮系统激活都是引发低血钾的原因。补充方式包括静脉输注或口服柠檬酸钾或葡萄糖酸钾。该病例在治疗过程中，尿量显著上升后出现轻度低血钾，但通过静脉补充氯化钾及时纠正。目前纠正高磷血症的方法主要是在动物的食物中添加磷结合剂，本病例因为没有主动进食，未能添加磷结合剂。

贫血也是犬猫慢性肾病的常见并发症，我们最熟知的原因是促红细胞生成素的缺乏，但除此之外，胃肠道溃疡、甲状旁腺素介导性溶血、血小板功能障碍、尿毒素血症、维生素 B_{12} 缺乏或 / 和铁缺乏以及慢性炎症导致的骨髓抑制，甚至频繁的采血化验，都可能是导致慢性肾病动物贫血的原因，所以在纠正贫血之前，我们需要系统地评估动物贫血的病因。该病例在中度贫血时即开始使用促红细胞生成素，并同时注射了右旋糖酐铁。

慢性肾病动物的营养管理是该病长期管理极为重要的一环。但需要注意的是，对于住院动物不必要强制饲喂处方食品，或者使用处方食品进行诱食，尤其对于之前没有接触过处方食品的动物或者对更换食物敏感的动物。此时使用处方食品，可能会增加动物对处方食物的厌恶程度，反而导致动物拒绝甚至是永远抗拒处方食物。当然对于已经长期没有自主进食的动物，尤其是猫，我们可以在动物体况允许的情况下留置饲管，逐渐恢复进食，来改善负氮平衡对动物的不良影响。有些动物依靠外置饲管来保证营养和能量供给，可以存活多年。对于国际肾病研究协会（IRIS）3～4期的犬和2～4期的猫，都推荐采食肾脏处方食品。

慢性肾病的预后谨慎至不良，因为慢性肾病是不可逆转的损伤，而且已经发生的损伤会进一步恶化肾脏情况。但慢性肾病动物的病程极长，尤其是猫，在确诊后还可能存活数月至数年不等。预后取决于疾病导致的体况变化（体重、体况分数等）、IRIS分期、蛋白尿严重程度。不少慢性肾病患猫最后是死于肾病以外的疾病。

◆ 参考文献

1.Cowgill L D, Polzin D J, Elliott J, et al. Is progressive chronic kidney disease a slow acute kidney injury?[J]. Veterinary Clinics: Small Animal Practice, 2016, 46(6): 995-1013.

2.Quimby J M. Update on medical management of clinical manifestations of chronic kidney disease[J]. Veterinary Clinics: Small Animal Practice, 2016, 46(6): 1163-1181.

3.Relford R, Robertson J, Clements C. Symmetric dimethylarginine: improving the diagnosis and staging of chronic kidney disease in small animals[J]. Veterinary Clinics: Small Animal Practice, 2016, 46(6): 941-960.

4.Ross S. Utilization of feeding tubes in the management of feline chronic kidney disease[J]. Veterinary Clinics: Small Animal Practice, 2016, 46(6): 1099-1114.

5.Yerramilli M, Farace G, Quinn J, et al. Kidney disease and the nexus of chronic kidney disease and acute kidney injury: the role of novel biomarkers as early and accurate diagnostics[J]. Veterinary Clinics: Small Animal Practice, 2016, 46(6): 961-993.

CASE 20

案例20 猫输尿管结石

1. 基本信息和病史

家养短毛猫，7 岁，雌性已绝育。家中两只猫，平时室内饲养，日常饲喂干粮。定期免疫和驱虫，既往身体健康。

主人 2 d 前出门旅行，回家后发现猫四肢无力，呕吐 5 ～ 6 次 / 晚，呕吐物性质为白色泡沫状，未观察到猫排尿排便。

2. 体格检查

患猫精神沉郁，BCS：5/9，体温 39.0℃。心率 156 次 /min，节律不齐，喘。黏膜呈粉色，CRT ＞ 2 s，脱水程度 6% ～ 8%。腹部触诊检查，膀胱适度充盈。

3. 问题列表

呕吐、四肢无力。

4. 鉴别诊断

急性肾损伤、离子代谢紊乱、中毒、胰腺炎、胃肠道疾病。

5. 初步诊断计划

诊断项目：血气检查。

6. 初步检查结果

血气检查结果见表 20–1。

表 20–1 血气检查结果

项目	结果	参考范围
钠（Na）	143 mmol/L	147 ～ 162 mmol/L
钾（K）	8.2 mmol/L	2.9 ～ 4.2 mmol/L
氯（Cl）	119 mmol/L	112 ～ 129 mmol/L
尿素氮（BUN）	>140 mg/dL	15 ～ 34 mg/dL
葡萄糖（GLU）	157 mg/dL	60 ～ 130 mg/dL
红细胞比容（HCT）	32%	24% ～ 40%
血红蛋白（HGB）	10.9 g/dL	8 ～ 13 g/dL
酸碱度（pH）	7.132	7.25 ～ 7.40
二氧化碳总量（TCO_2）	12 mmol/L	16 ～ 25 mmol/L
二氧化碳分压（pCO_2）	32.7 mmHg	33 ～ 51 mmHg
碳酸氢根（HCO_3^-）	10.9 mmol/L	13 ～ 25 mmol/L
细胞外碱剩余（BE）	–18	（–5）～（+2）
阴离子间隙（AG）	21 mmol/L	10 ～ 27 mmol/L

7. 初步检查结果分析

高钾血症：高钾血症主要见于排泄受阻和跨膜转移，该病例未见排尿，同时有代谢性酸中毒，怀疑上述两种因素共同导致高钾血症。

碳酸氢根下降：该病例静脉血 pH 下降，碳酸氢根下降，表现为代谢性酸中毒。猫代谢性酸中毒的常见原因包括糖尿病酮症酸中毒、乳酸酸中毒、肾病或腹泻引起的酸中毒等以及尿素氮显著升高，结合症状，怀疑肾病引起的代谢性酸中毒，需进一步检查。

8. 进一步诊断计划及结果分析

8.1 进一步诊断计划

诊断项目：CBC、生化、凝血检查、腹部超声检查、心电图及血压检查。

8.2 结果及分析

CBC 检查结果见表 20-2，生化检查结果见表 20-3，凝血检查结果见表 20-4。超声检查结果见图 20-1、图 20-2。心电图检查结果见图 20-3。

血压检查结果：收缩压 124 mmHg。

表 20-2 CBC 检查结果

检查项目	结果	参考范围
红细胞总数（RBC）	7.79×10^{12}/L	6.54×10^{12} ～ 12.20×10^{12}/L
红细胞比容（HCT）	35.6%	30.3% ～ 52.3%
血红蛋白（HGB）	12.2 g/dL	9.8 ～ 16.2 g/dL
平均红细胞体积（MCV）	45.7 fL	35.9 ～ 53.1 fL
平均红细胞血红蛋白浓度（MCHC）	34.3 g/dL	28.1 ～ 35.8 g/dL
网织红细胞（RETIC）	13.2×10^{3}/μL	3.0×10^{3} ～ 50.0×10^{3}/μL
网织红细胞血红蛋白含量（RETIC-HGB）	18.5 pg	13.2 ～ 20.8 pg
白细胞总数（WBC）	16.63×10^{9}/L	2.87×10^{9} ～ 17.02×10^{9}/L
中性粒细胞（NEU）	9.42×10^{9}/L	2.30×10^{9} ～ 10.29×10^{9}/L

表 20-3 生化检查结果

项目	结果	参考范围（猫）
总胆红素（TBIL）	9 μmol/L	0 ～ 15 μmol/L
总蛋白（TP）	78 g/L	57 ～ 89 g/L
白蛋白（ALB）	32 g/L	22 ～ 40 g/L
球蛋白（GLOB）	47 g/L	28 ～ 51 g/L
白球比（A/G）	0.7	
葡萄糖（GLU）	9.41 mmol/L	4.11 ～ 8.84 mmol/L
丙氨酸氨基转移酶（ALT）	83 U/L	12 ～ 130 U/L
天门冬氨酸氨基转移酶（AST）	61 U/L	0 ～ 46 U/L
碱性磷酸酶（ALP）	35 U/L	14 ～ 111 U/L
γ- 谷氨酰转肽酶（GGT）	0 U/L	0 ～ 4 U/L
尿素（UREA）	69.5 mmol/L	5.7 ～ 12.9 mmol/L
肌酐（CREA）	2 080 μmol/L	71 ～ 212 μmol/L
磷（P）	1.17 mmol/L	1.00 ～ 2.42 mmol/L
钙（Ca）	1.95 mmol/L	1.95 ～ 2.83 mmol/L
总胆固醇（CHOL）	3.15 mmol/L	1.68 ～ 5.81 mmol/L
肌酸激酶（CK）	1 298 U/L	0 ～ 314 U/L

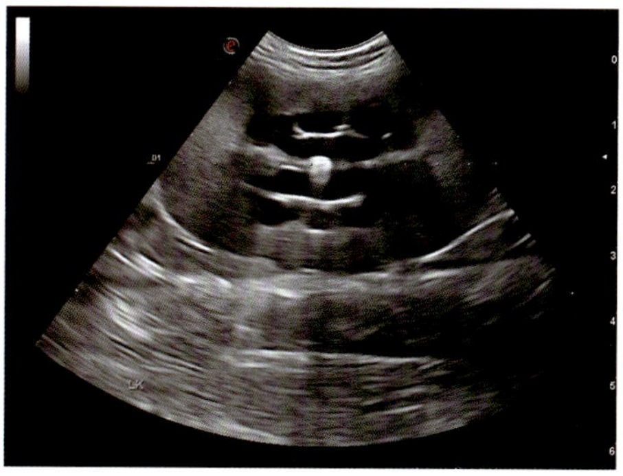

图 20-1

左肾肾盂扩张

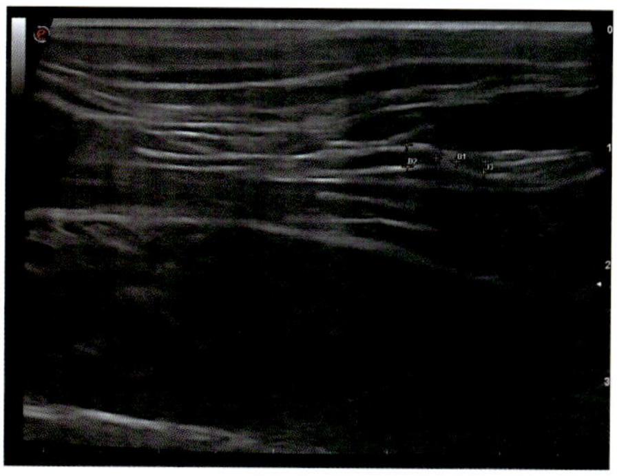

图 20-2

左侧输尿管结石

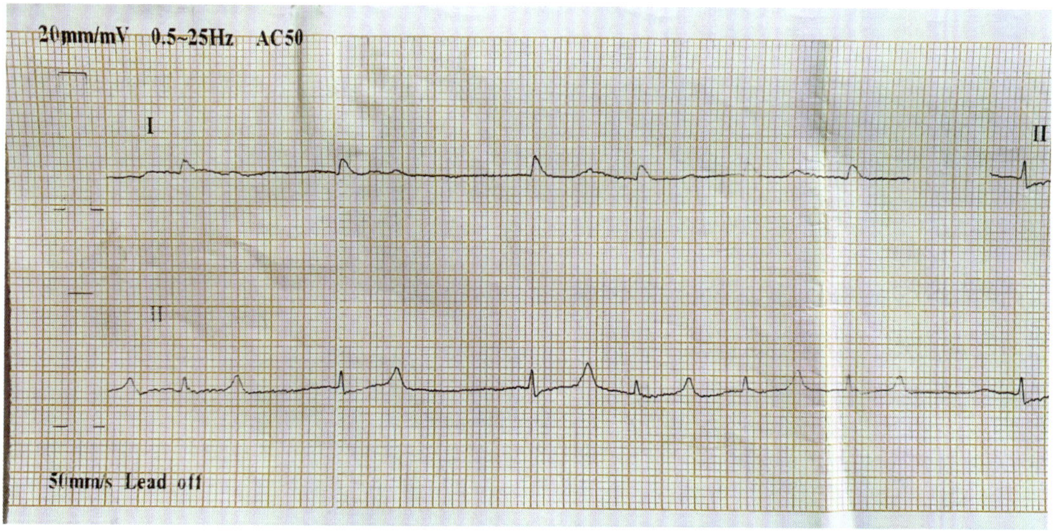

图 20-3

心电图检查结果

表 20-4　凝血检查结果

检查项目	结果	参考范围
凝血酶原时间（PT）	17 s	13 ～ 22 s
活化部分凝血活酶时间（aPTT）	70 s	60 ～ 115 s

8.2.1　CBC 结果

CBC 结果未见明显异常。

8.2.2　血清生化检查结果

氮质血症：结合超声检查结果，提示同时存在肾性和肾后性原因。

AST 轻度升高：AST 主要存在于犬猫的肌肉、肝脏及心肌中，可少量存在于肾脏、脾脏、脑部及红细胞中，结合 CK 升高，提示肌肉损伤。

葡萄糖轻度升高可能与应激、疼痛相关。

8.2.3　凝血检查结果

凝血检查结果未见明显异常。

8.2.4　超声检查结果

双肾轮廓不平滑，皮质回声增强，皮髓分界不清晰，右肾长轴小于参考范围下限；左侧肾盂及近端输尿管扩张，中段输尿管腔内可探及一强回声界面，未见明显声影，界面长约 0.19 cm，远端输尿管未探及；右侧肾盂内可见强回声界面伴声影，界面长约 0.18 cm，右侧肾盂及近端输尿管未见明显扩张；膀胱适度充盈，壁平滑。

超声提示：右肾萎缩；左侧输尿管结石，伴前段输尿管及肾盂扩张，左肾肾周及腹膜后间隙微量积液；右肾肾盂内结石；膀胱形态未见明显异常。

8.2.5 **心电图及血压检查结果**

心电图：窦性节律不齐，心房静止。

收缩压处于正常范围内。

9. 最终诊断

结合病史及各种检查结果，本病例被诊断为慢性肾病、左侧输尿管结石梗阻导致的氮质血症伴高钾血症。

10. 治疗

由于左肾输尿管梗阻，因此考虑立即手术开腹探查，并解除输尿管梗阻。

患猫吸入麻醉，常规术前准备后开腹探查，可见左肾增大，左侧肾周少量淡红色清亮积液，左侧输尿管近端扩张，输尿管中段结石，直径约 3 mm，结石阻塞处输尿管呈黑紫色；于左侧输尿管结石处行输尿管切开术，结石前段输尿管畅通，后段输尿管狭窄。

钝性分离左肾尾极肾包膜，使用 18G 留置针由肾尾极插入肾盂内，并使用碘海醇进行肾盂造影。C 型臂确认留置针尖端位于肾盂后，由肾尾极插入锁环猪尾肾留置管，通过 C 型臂确认尖端位于肾盂内（图 20–4）。移除锐利导针，并将中空导管和留置管穿过导丝。移除中空导管，用止血钳锁定蓝色锁线，在肾盂内形成猪尾状，可见尿液经留置管流出。使用组织胶将涤纶垫片与肾脏尾极紧密粘合。于膀胱顶放置留置管，组织胶粘合涤纶垫片与膀胱浆膜层，缝合固定涤纶垫片与膀胱浆膜、肌层及黏膜下层（图 20–5）。分离腹壁切口右侧皮下组织，钝性穿透腹壁，将肾留置管及膀胱留置管穿出腹壁，固定分流埠与腹壁。检查各个连接处均无漏尿后，温生理盐水冲洗腹腔。常规关腹。

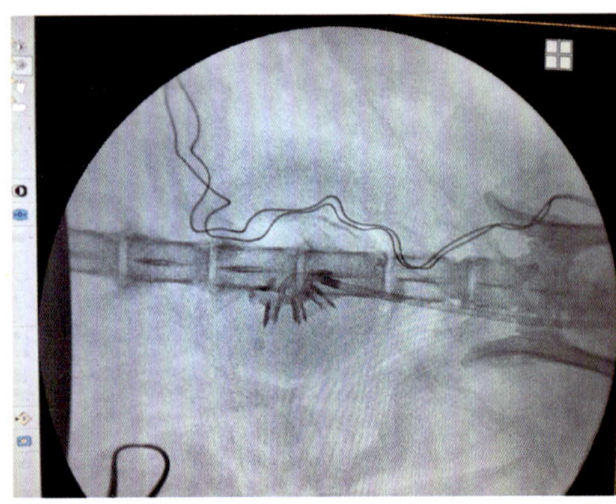

图 20–4

使用 C 型臂确认猪尾状导管位于肾盂内

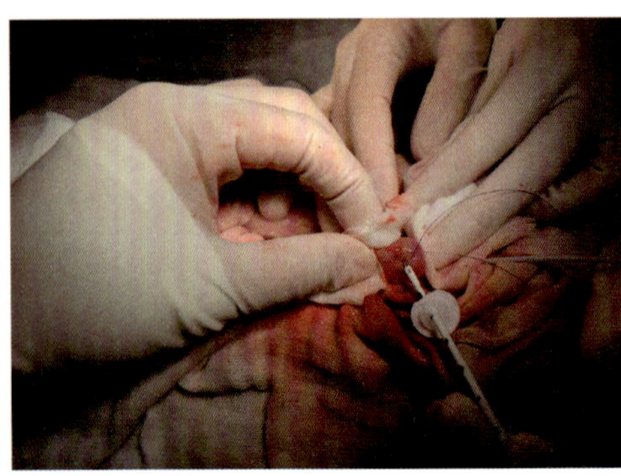

图 20–5

膀胱顶荷包缝合后放置留置管

术后继续进行支持治疗，治疗方案主要包括：①输液调整纠正酸碱平衡和氮质血症，维持灌注；②通过食道饲管饲喂食物进行营养支持；③镇痛。

11. 讨论

输尿管结石是导致猫输尿管梗阻最常见的原因，约占 80%，第二常见的原因为输尿管狭窄，有些动物同时患有输尿管结石及狭窄。定量分析显示，从猫输尿管取出的结石中，98% 为草酸钙结石。输尿管梗阻可能是部分或完全梗阻，单侧或双侧均可发生。

输尿管梗阻的猫可能不表现任何临床症状，除非该梗阻是完全性、双侧的，或同时存在肾功能障碍（和本病例类似）。临床症状包括厌食、体重减轻、腹痛、呕吐、嗜睡、脱水、多饮、多尿、肾肿大、肾脏不对称、尿频、血尿、尿道炎、发烧、低体温等。输尿管梗阻可导致危及生命的氮质血症，当发生该情况时，应按照急诊流程处理，积极稳定体况、寻找梗阻部位，并尽快解除梗阻，对于导致心脏传导异常的高钾血症动物，应给予保护心肌药物。

猫输尿管结石的位置通常需要通过超声定位，当结石较小或存在透射线的结石时，X 线检查可能会漏诊。当发生输尿管完全梗阻时，超声可观察到结石近端输尿管扩张、肾盂扩张或肾积水，而在结石尾端的输尿管会突然变细。因此应尽可能对输尿管由肾脏至膀胱进行仔细探查，以防存在多处结石。

对于部分继发于输尿管结石的输尿管梗阻病例，可以进行药物管理和支持治疗，直至结石排出。但一定要注意，超过 20% 的猫输尿管梗阻与狭窄（和 / 或结石）有关，因此药物管理和传统手术的效果可能不佳。如果患猫出现少尿、无尿、高钾血症或水合过度，则需要立即干预，或间歇性血液透析治疗，以稳定体况。皮下输尿管旁路（subcutaneous ureteral bypass，SUB）装置最初是为了在猫出现输尿管狭窄，或结石过多、动物情况不稳定时，取代输尿管支架。统计结果显示，与放置输尿管支架相比，放置 SUB 的患病动物舒适度明显更佳，且再阻塞概率显著下降。

梗阻解除后的患猫，出现梗阻后利尿的风险很高，且很可能发生液体超负荷。在可能的情况下，可使用肠内水合（饲管）谨慎维持液体平衡，并需要仔细监测体重、尿量和生化指标。猫出院后，建议主人于术后第 1、2、4 周及第 3、6、9 和 12 个月复诊，进行 CBC、血清生化分析、腹部 X 线检查和泌尿系统超声检查，并通过一种特殊的不落屑 Huber 针，从 SUB 装置的分流埠采集样本进行尿液分析、尿液细菌培养，并在超声引导下使用无菌生理盐水冲洗 SUB 装置，之后可以每 3 ～ 6 个月复查一次，确保和维持装置通畅。

◆ 参考文献

1.Berent A C, Weisse C W, Bagley D H, et al. Use of a subcutaneous ureteral bypass device for treatment of benign ureteral obstruction in cats: 174 ureters in 134 cats (2009–2015)[J]. Journal of the American Veterinary Medical Association, 2018, 253(10): 1309-1327.

2.Berent A C, Weisse C W, Todd K, et al. Technical and clinical outcomes of ureteral stenting in cats with benign ureteral obstruction: 69 cases (2006–2010)[J]. Journal of the American Veterinary Medical Association, 2014, 244(5): 559-576.

3.Chew D J, DiBartola S P, Schenck P A. 犬猫肾脏与泌尿学 [M]. 2 版 . 马超贤 , 陈雯 , 张润 , 等译 . 湖北 : 湖北科学技术出版社 , 2019.

4.Little S E. 猫内科学 [M]. 7 版 . 张海霞 , 夏兆飞 , 陈友涵 , 等译 . 湖北：湖北科学技术出版社，2020.

5.Pavia P R, Berent A C, Weisse C W, et al. Outcome of ureteral stent placement for treatment of benign ureteral obstruction in dogs: 44 cases (2010–2013)[J]. Journal of the American Veterinary Medical Association, 2018, 252(6): 721-731.

CASE 21

案例21 犬异位输尿管

1. 基本信息和病史

金毛猎犬，3 月龄，雌性未绝育。平时单独饲养于室内，日常主要饲喂干粮和罐头，最近无换粮史。常规免疫和驱虫，近期无旅行史。

患犬 1 月龄时买入，买入后即发现后腹部腹侧被毛一直呈湿润状态，走路时常可见滴尿现象，遗尿已持续 2 个月。精神良好，饮食及大便正常。

2. 体格检查

患犬精神良好，BCS：4/9，体温 38.6℃。心率 120 次 /min，呼吸频率 36 次 /min。体表淋巴结未见增大。口腔黏膜颜色和湿润度尚可，CRT > 1.5 s，水合状态良好；后腹部阴门周围毛发潮湿，皮肤轻微泛红。心音及肺音听诊未见异常，腹部触诊未见明显异常。

3. 问题列表

持续尿失禁。

4. 鉴别诊断

异位输尿管、尿道括约肌功能不全、神经性疾病、泌尿系统感染或结石等。

5. 初步诊断计划

诊断项目：CBC、血清生化、腹部 X 线平片及阴道逆行性造影、腹部超声检查。

6. 初步检查结果

CBC 检查结果见表 21-1，生化检查结果见表 21-2。

表 21-1　CBC 检查结果

检查项目	结果	参考范围
红细胞总数（RBC）	5.51×10^{12}/L	5.65×10^{12} ～ 8.87×10^{12}/L
红细胞比容（HCT）	35.2%	37.3% ～ 61.7%
血红蛋白（HGB）	10.8 g/dL	13.1 ～ 20.5 g/dL
平均红细胞体积（MCV）	63.9 fL	61.6 ～ 73.5 fL
平均红细胞血红蛋白含量（MCH）	19.6 pg	19.5 ～ 24.5 pg
平均红细胞血红蛋白浓度（MCHC）	30.7 g/dL	32.0 ～ 37.9 g/dL

续表 21-1

检查项目	结果	参考范围
白细胞总数（WBC）	11.4×10^9/L	2.87×10^9 ～ 17.02×10^9/L
分叶中性粒细胞（SEG）	5.4×10^9/L	2.30×10^9 ～ 10.29×10^9/L
淋巴细胞（LYM）	0.5×10^9/L	0.92×10^9 ～ 6.88×10^9/L
单核细胞（MONO）	3.9×10^9/L	0.05×10^9 ～ 0.67×10^9/L
嗜酸性粒细胞（EOS）	1.7×10^9/L	0.17×10^9 ～ 1.57×10^9/L
嗜碱性粒细胞（BASO）	0×10^9/L	0.01×10^9 ～ 0.26×10^9/L
血小板（PLT）	106×10^3/μL	148×10^3 ～ 484×10^3/μL
镜检：红细胞和白细胞形态未见明显异常；片尾可见血小板凝集簇		

表 21-2　生化检查结果

项目	结果	参考范围
总胆红素（TBIL）	0.06 mg/dL	0 ～ 0.8 mg/dL
总蛋白（TP）	5.07 g/dL	5.5 ～ 7.2 g/dL
白蛋白（ALB）	2.48 g/dL	3.2 ～ 4.1 g/dL
球蛋白（GLOB）	2.59 g/dL	1.9 ～ 3.7 g/dL
葡萄糖（GLU）	118.38 mg/dL	68 ～ 104 mg/dL
丙氨酸氨基转移酶（ALT）	18.00 U/L	17 ～ 95 U/L
天门冬氨酸氨基转移酶（AST）	26.00 U/L	10 ～ 56 U/L
碱性磷酸酶（ALP）	130.00 U/L	7 ～ 115 U/L
γ- 谷氨酰转肽酶（GGT）	4.00 U/L	0 ～ 8 U/L
尿素（UREA）	50.45 mg/dL	19 ～ 55.7 mg/dL
肌酐（CREA）	0.83 mg/dL	0.6 ～ 1.4 mg/dL
磷（P）	8.52 mg/dL	2.7 ～ 5.4 mg/dL
钙（Ca）	10.74 mg/dL	9.4 ～ 12 mg/dL
总胆固醇（CHOL）	351.89 mg/dL	139 ～ 392 mg/dL
甘油三酯（TG）	62.00 mg/dL	23 ～ 102 mg/dL
肌酸激酶（CK）	170 U/L	0 ～ 314 U/L
钾（K）	5.25 mmol/L	4.1 ～ 5.4 mmol/L
钠（Na）	141.05 mmol/L	143 ～ 150 mmol/L
氯（Cl）	109.80 mmol/L	106 ～ 114 mmol/L

7. 初步检查结果分析

7.1　CBC 结果

红细胞象：红细胞指数均处于参考范围下限或略低于下限，但本病例不提示贫血。因为红细胞的参考范围是根据成年犬建立的，而本病例为 3 个月的幼犬，这种血象对幼龄犬来说是正常的。

白细胞象：除嗜酸性粒细胞轻度升高以外（意义有限），其余项目均在参考范围内。

血小板象：未见明显异常。

7.2　血清生化检查结果

处于活跃骨发育阶段的幼年动物，会出现生理性 ALP 升高。因为 ALP 轻度升高主要来源于成骨细胞、成软骨细胞、肠和肝胆细胞。

高磷血症：幼龄犬血磷偏高，由于肌酐和尿素正常，不考虑肾小球滤过率下降。

TP 和 ALB 轻微下降：低白蛋白血症的原因包括合成减少、丢失增多，结合病史、临床表现和其他检查结果，不支持肾脏疾病、肝脏疾病和肠道疾病，需进一步检查。

7.3　X 线检查结果

患犬腹部 X 线平片（图 21-1、图 21-2）未见明显异常。

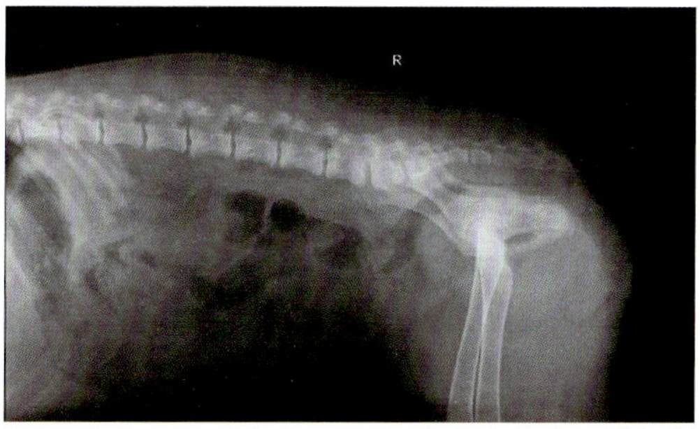

图 21-1

腹部右侧位 X 线片

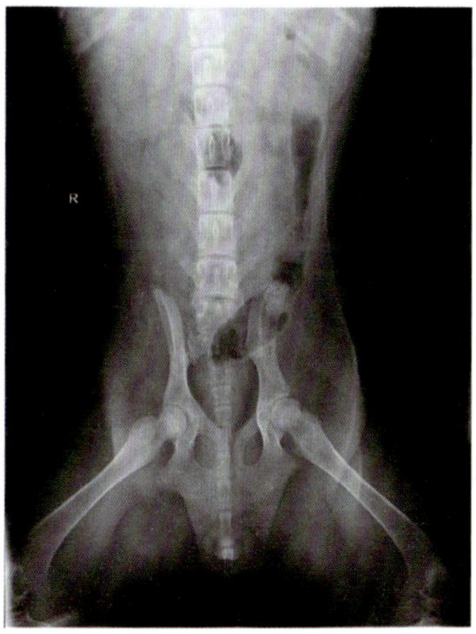

图 21-2

腹部腹背位 X 线片

患犬逆行性阴道尿道联合造影（图 21-3、图 21-4）发现左侧输尿管扩张，并异位开口于阴道。造影检查提示左侧输尿管异位。

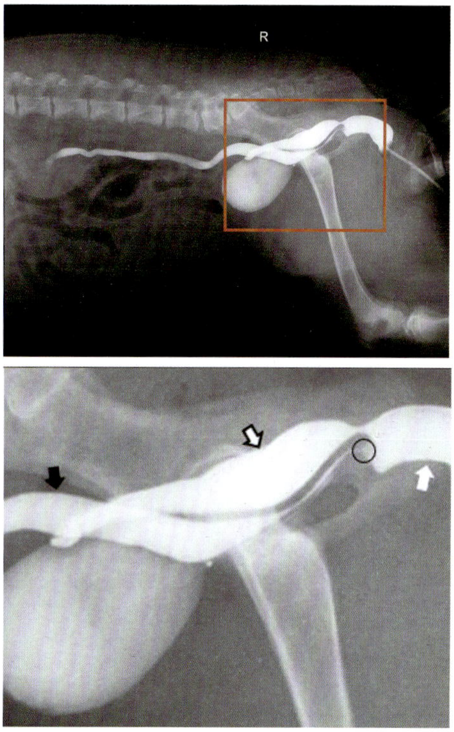

图 21-3

逆行性阴道尿道联合造影，右侧位 X 线片（上）及局部放大图（下）

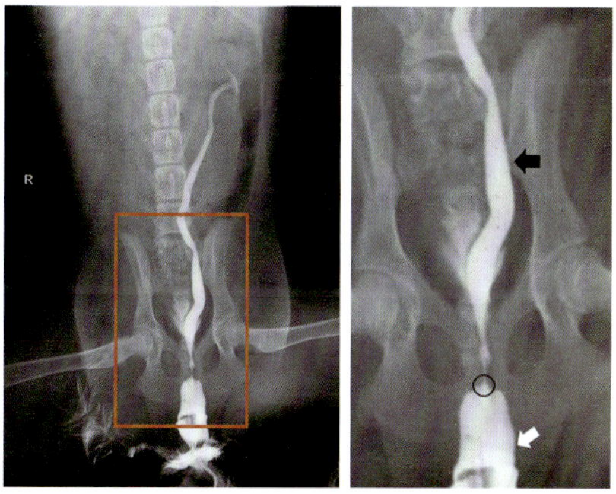

阴道（白色箭头）；子宫体（空心箭头）；左侧输尿管（黑色箭头）；左侧输尿管在阴道的开口处（黑色圈）。

图 21-4

逆行性阴道尿道联合造影，腹背位 X 线片（左）及局部放大图（右）

7.4 超声检查结果

图 21–5 为膀胱的超声纵切面图，在膀胱的背侧可见一个无回声的管状结构，伴有后方回声增强，无彩色血流信号。此结构为扩张的左侧输尿管，其向前与左肾相连，向后一直延伸进骨盆腔内。图 21–6 为左肾的超声横断面图，可见左肾肾盂扩张。

超声提示：左肾肾盂及输尿管扩张；左侧输尿管异位，即输尿管开口不在正常的膀胱三角区，建议结合 X 线造影评估。

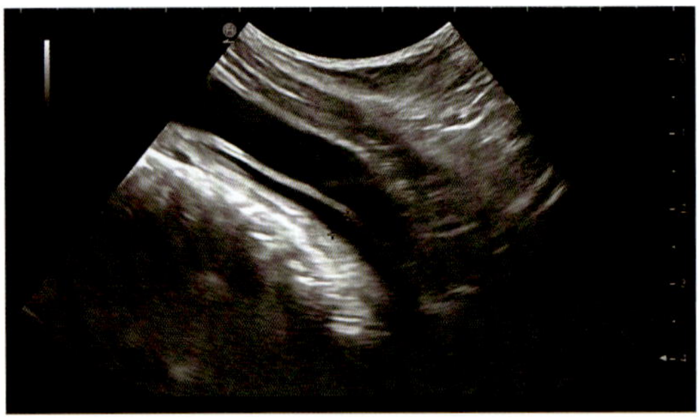

图 21–5

膀胱（纵切面）超声图

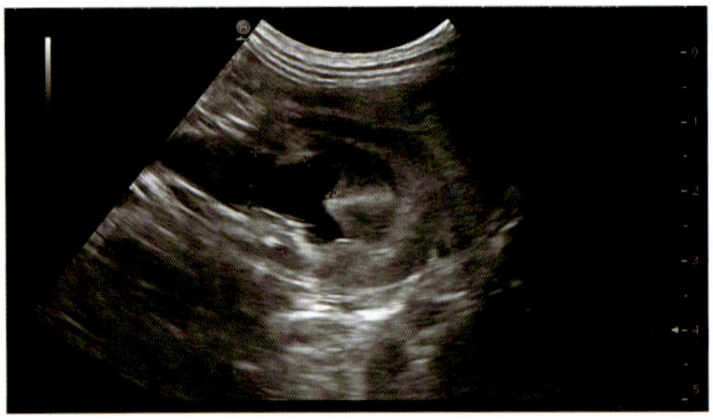

图 21–6

左肾（横断面）超声图

8. 诊断

结合该病例的病史、体格检查和影像学诊断，确诊患犬为左侧输尿管异位。

根据实验室诊断（CBC、血清生化和凝血检查）结果，患犬目前体况良好，未出现明显的下泌尿道感染的表现，可立即进行手术治疗。

9. 治疗及转归

即使药物治疗可能会有一定疗效，但外科矫正治疗仍然是治疗输尿管异位的最佳选择。应该尽早实行外科手术，以防止尿道逆行性感染或流出道阻塞。因此决定当日进行手术。

手术中发现左侧输尿管扩张，并且为壁内异位，右侧输尿管正常（图 21–7）。对左侧输尿管施行输尿管切开术进行矫正：切开膀胱确定输尿管异位处后，切开膀胱黏膜肌层，分离并切开输尿管（图 21–8），可吸收线结节缝合输尿管与膀胱黏膜，结扎远端输尿管后常规缝合膀胱。

术后治疗方案主要包括：①输液纠正酸碱平衡和维持灌注；②抗菌治疗（阿莫西林－克拉维酸钾，0.1 mL/kg，sid，SC）；③镇痛。

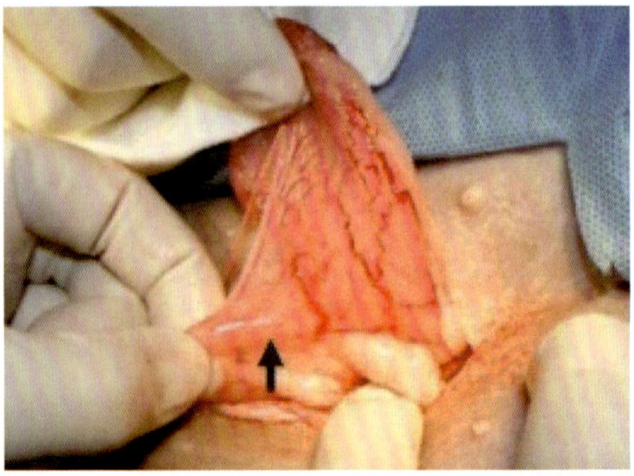

图 21–7

术中发现左侧输尿管扩张明显

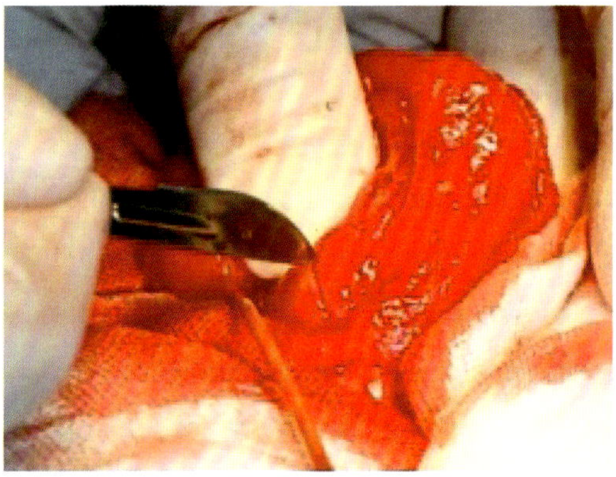

图 21-8

对左侧输尿管进行输尿管切开术

该病例术后 1 周内仍存在尿失禁，并有轻度血尿。术后第二周尿失禁逐渐减轻，直至消失。之后患犬精神良好，饮食和大小便正常，手术切口愈合良好，CBC 和血清生化结果未见明显异常。

10. 讨论

异位输尿管（ectopic ureter，EU）是指输尿管开口处不在膀胱三角区，而是位于尿道或阴道任意部位。EU 是引起幼年犬尿失禁（遗尿）最常见的原因。即便如此，对于任何病史不清的尿失禁患犬，都应该考虑可能患有 EU。

对于 EU，雄性动物要较雌性动物罕见，且往往没有临床症状，这可能是因为前者的尿道较长。猫的异位输尿管极为罕见。EU 可分为壁内和壁外两类，前者远较后者常见（有报道称 > 95%）。EU 患犬常出现尿道逆行性感染，引起膀胱炎及肾盂肾炎。遗憾的是，虽然该病例超声检查并未发现膀胱炎或肾盂肾炎的表现，但是还是应该进行尿液检查，以便预后评估和术后用药。EU 患犬可能并发其他一些先天性疾病，例如肾发育不良、肾盂积水、输尿管积水或阴道前庭异常，因此在手术前必须通过超声完整地检查泌尿系统。反过来说，对于幼年犬猫，如果在超声检查中意外发现肾盂积水或输尿管积水等异常，即便无遗尿或尿失禁症状，也应考虑是否存在 EU。如果同时患有其他先天性疾病，会增大术后尿失禁的可能性。

可以联合以下方法诊断异位的输尿管：排泄性尿路造影、透视下尿道或输尿管造影、腹部超声、膀胱镜和 CT，而后两者的敏感性最高。对于母犬，可尝试逆行性阴道尿道造影，因为 EU 的母犬，其输尿管常异位开口于阴道。对于该病例，超声检查后高度怀疑左侧输尿管异位，考虑到是母犬，因此先尝试逆行性阴道尿路造影，造影结果非常清晰理想，确诊为左侧输尿管异位开口于阴道。

EU 的常规治疗方法是通过传统手术矫正，术后成功率为 50% ～ 70%。膀胱镜介导镭射烧灼法是一种治疗 EU 的新型微创疗法。这种方法适用于公犬或母犬壁内异位输尿管，初步报道术后效果较传统方法要好（但样本较小且缺乏长期效果评估）。

手术后，30% ～ 55% 的患病动物仍然会出现一定程度的尿失禁。如果术后出现持续性尿失禁，可以使用 α- 肾上腺素激动剂（如去甲麻黄碱）或雌性激素（如乙烯雌酚）治疗。使用新型外科技术以及相对应药物治疗，能够改善 EU 患犬的预后。该病例患犬术后恢复良好。

◆ 参考文献

1.Davidson A P, Westropp J L. Diagnosis and management of urinary ectopia[J]. Veterinary Clinics: Small Animal Practice, 2014, 44(2): 343-353.

2.Fossum T W. Small Animal Surgery[M]. 5th ed. Pennsylvania: Elsevier Health Sciences, 2018.

3.Penninck D, d'Anjou M A. Atlas of small animal ultrasonography[M]. 2nd ed. Iowa: John Wiley & Sons, 2015.

4.Samii V F, McLoughlin M A, Mattoon J S, et al. Digital fluoroscopic excretory urography, digital fluoroscopic urethrography, helical computed tomography, and cystoscopy in 24 dogs with suspected ureteral ectopia[J]. Journal of veterinary internal medicine, 2004, 18(3): 271-281.

5.Thrall D E. Textbook of Veterinary Diagnostic Radiology[M]. 7th ed. St. Louis, Missouri: Elsevier Health Sciences, 2017.

CASE 22

案例22
犬下泌尿道结石

1. 基本信息和病史

金毛猎犬，10 岁，雄性未去势，体重 37.4 kg。平时饲养于楼房中，饲喂商品化犬粮。常规免疫和驱虫。

就诊前两周左右动物主人发现患犬排尿次数增加、单次尿量偏少、尿淋漓。带至当地医院检查后，发现膀胱尿道结石，遂转诊至本院要求手术。

2. 体格检查

患犬精神状态良好。BCS：6/9，心率 90 次 /min，呼吸频率 24 次 /min，心音及肺音无明显异常。黏膜颜色呈粉色，CRT 约 1.5 s。膀胱触诊不充盈，外生殖器未见明显异常。

3. 问题列表

尿频、尿淋漓。

4. 鉴别诊断

膀胱结石、膀胱息肉、膀胱肿瘤、泌尿道感染。

5. 初步诊断计划

诊断项目：腹部 X 线检查及超声检查、常规尿液检查。

6. 初步检查结果

X 线检查结果见图 22–1，超声检查结果见图 22–2。

未能获取尿样进行尿液检查。

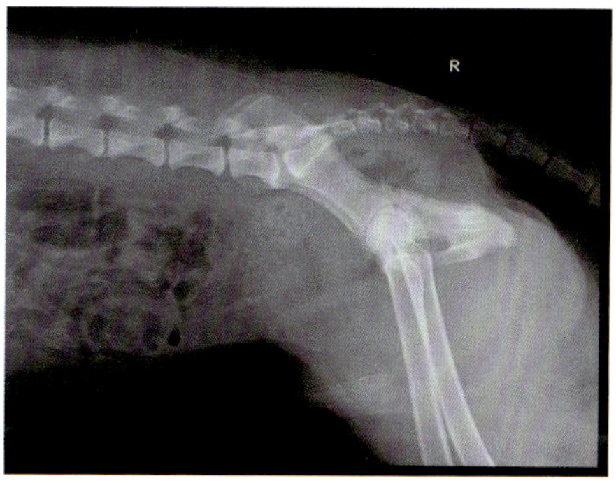

图 22–1

后腹部右侧位 X 线片

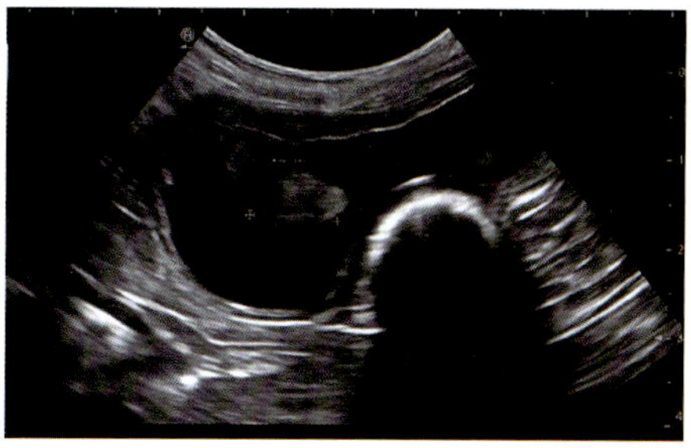

图 22–2

膀胱超声图

7. 初步检查结果分析

7.1 腹部 X 线检查

膀胱及阴茎段尿道内可见多个矿化密度影像；L7 ～ S1 椎体腹侧可见骨刺。

X 线提示：膀胱及阴茎骨段尿道结石；L7 ～ S1 退行性病变。

7.2 超声检查

膀胱适度充盈，膀胱壁不平滑，膀胱顶壁可探及两处中等回声结构凸向腔内，较大一处基部宽度约 0.50 cm，凸向腔内长度约 1.50 cm。

超声提示：膀胱顶壁息肉 / 肿瘤。

8. 进一步诊断计划及结果分析

8.1 进一步诊断计划

术前检查：CBC、生化检查。

8.2 检查结果及分析

CBC 检查结果见表 22-1，血清生化检查结果见表 22-2。

表 22-1 CBC 结果

项目	结果	参考范围
红细胞总数（RBC）	7.14×10^{12}/L	5.65×10^{12} ～ 8.87×10^{12}/L
红细胞比容（HCT）	50.4%	37.3% ～ 61.7%
血红蛋白浓度（HGB）	18.1 g/dL	13.1 ～ 20.5 g/dL
网织红细胞（RETIC）	37.1×10^{3}/μL	10.0×10^{3} ～ 110.0×10^{3}/μL
平均红细胞体积（MCV）	70.6 fL	61.6 fL ～ 73.5 fL
平均红细胞血红蛋白浓度（MCHC）	35.9 g/dL	32.0 g/dL ～ 37.9 g/dL
红细胞分布宽度（RDW）	16.0%	13.6% ～ 21.7%
白细胞总数（WBC）	13.76×10^{9}/L	5.05×10^{9} ～ 16.76×10^{9}/L
淋巴细胞（LYM）	2.24×10^{9}/L	1.05×10^{9} ～ 5.10×10^{9}/L
单核细胞（MONO）	1.07×10^{9}/L	0.16×10^{9} ～ 1.12×10^{9}/L
嗜酸性粒细胞（EOS）	0.18×10^{9}/L	0.06×10^{9} ～ 1.23×10^{9}/L
嗜碱性粒细胞（BASO）	0.08×10^{9}/L	0.00 ～ 0.10×10^{9}/L
血小板（PLT）	209×10^{3}/μL	148×10^{3} ～ 484×10^{3}/μL

表 22-2 血清生化结果

项目	结果	参考范围
总胆红素（TBIL）	2.02 μmol/L	0.5 ～ 8.55 μmol/L
总蛋白（TP）	69.61 g/L	0 ～ 3.5 g/L
白蛋白（ALB）	32.57 g/L	54 ～ 71 g/L
球蛋白（GLOB）	37.04 g/L	25 ～ 35 g/L
白球比（A/G）	0.88	0.59 ～ 1.11
葡萄糖（GLU）	5.83 mmol/L	3.5 ～ 6 mmol/L
丙氨酸氨基转移酶（ALT）	59 U/L	59 U/L
天门冬氨酸氨基转移酶（AST）	28.42 U/L	10 ～ 66 U/L
碱性磷酸酶（ALP）	208.58 U/L	20 ～ 200 U/L

续表 22-2

项目	结果	参考范围
γ- 谷氨酰转肽酶（GGT）	8.35 U/L	0 ～ 10 U/L
胆汁酸（TBA）	4.55 μmol/L	0 ～ 100μmol/L
尿素（UREA）	6.14 mmol/L	3 ～ 9 mmol/L
肌酐（CREA）	70.22 μmol/L	45 ～ 110μmol/L
磷（P）	1 mmol/L	0.8 ～ 2 mmol/L
钙（Ca）	2.91 mmol/L	2.3 ～ 3 mmol/L
总胆固醇（CHOL）	3.95 mmol/L	3 ～ 7 mmol/L
甘油三酯（TG）	0.95 mmol/L	0.2 ～ 1.7 mmol/L
肌酸激酶（CK）	102 U/L	0 ～ 150 U/L
钾（K）	4.31 mmol/L	3.5 ～ 5.5 mmol/L
钠（Na）	138.81 mmol/L	136 ～ 156 mmol/L
氯（Cl）	113.03 mmol/L	104 ～ 116 mmol/L

8.3　进一步检查结果分析

血常规及全项生化检查未见明显异常。

9. 治疗

结合患犬年龄、性别及 X 线检查结果，初步判断结石溶解可能性较小，且考虑同时存在膀胱顶部肿物，与动物主人商议后决定进行手术治疗。麻醉后，术前导尿将结石逆向冲回膀胱，行膀胱切开术。采集膀胱黏膜样本进行细菌培养和药敏试验，取出的膀胱结石进行结石分析，膀胱肿物切除活检进行组织病理学检查。

10. 最终诊断

结石分析结果主要成分为草酸钙。膀胱黏膜细菌培养阴性，膀胱肿物组织病理学检查结果为膀胱息肉。息肉可能与结石刺激相关。综上所述，本病例被诊断为下泌尿道草酸钙结石，伴膀胱息肉。

11. 草酸钙结石术后管理

获得结石分析及病理学结果后，安排患犬复诊。复诊时通过膀胱穿刺取样建立了患犬尿液检查基础值。同时排查高血钙情况。术前全项生化检查中，总钙未见明显异常，复诊时复查血清离子钙，未见明显异常。因此执行常规草酸钙结石管控计划：

A. 鼓励饮水，增加牵遛次数，建议 ≥ 3 次 /d。

B. 建议严格饲喂泌尿道处方粮，辅助控制尿液指标。

C. 术后第 1 个月、第 3 个月及之后每 3 ～ 6 个月复查尿液检查，每 6 ～ 12 个月行影像学检查。因本病例中患犬有膀胱息肉病史，故复查还包括膀胱超声扫查。

管控目标：尿比重小于 1.020，尿液 pH 大于 6.5，尿液中无草酸钙结晶。

12. 后续监测

患犬术后1、3、6、9、12、15、20个月复诊，期间未见泌尿系统症状。复检超声曾出现膀胱内强回声亮点悬浮（第1、3个月），左肾肾盂强回声亮点（第6个月），均在之后复查时消失。第12个月及第20个月复查，膀胱重力侧可见少量强回声沉积层影像。以上征象怀疑存在结晶，但并未形成结石。故未再进行腹部X线检查。

复检尿液检查指标（表22-3）中，尿比重控制良好，均小于1.020，未见草酸钙结晶。这两方面达到管控目标。术后第6个月尿液pH 6.0，与主人商议如果复查仍不达标，则考虑增加尿液碱化剂柠檬酸钾。之后复检达标。其余时间尿液pH均在6.5～8.0。

综上所述，本病例术后20个月下泌尿道草酸钙结石控制良好。

表22-3 患犬术后膀胱超声及尿液检查结果摘要

术后时间（月）		1	3	6	9	12	15	20
超声	结晶可疑	+	+	+	–	+	–	+
尿液检查	尿比重	1.026	1.018	1.015	1.017	1.014	1.014	1.018
	结晶	–	–	–	–	–	–	–
	pH	6.5	7.0	6.0	6.5	8.0	6.5	7.0

13. 讨论

草酸钙是一类犬临床常见且难以控制的泌尿道结石，占犬泌尿道结石40%～50%，复发率为25%～48%。据明尼苏达结石中心2019年的数据，7 0481例犬尿石症样本中，约37%为草酸钙结石。该结石常发生于中年雄性犬，平均发病年龄8～9岁，与本病例相符。高发品种为雪纳瑞犬、约克夏㹴、比熊犬、贵宾犬等小型犬。本病例是一只金毛猎犬，临床相对少见。

诊疗时首先应进行全面的病史调查和完整的体格检查。病史调查应包括具体排尿情况，体格检查应包括肾脏、膀胱触诊与外生殖器检查。影像学检查中腹部X线检查可完整评估泌尿道，对于膀胱结石病例必不可少。同时由于膀胱结石可能伴发膀胱炎、膀胱息肉等疾病，泌尿系统超声扫查能提供更多信息。所有膀胱结石病例都应进行尿液检查与细菌培养。本病例术前患犬持续尿频，故未能及时采到尿液样本。

治疗时应结合动物基本信息、影像学检查结果与尿液检查对结石成分进行预判。常见结石病例中，仅草酸钙结石无法溶解，其余结石都可以先尝试通过内科溶解。如果最后仍需进行手术治疗，术中需膀胱单层（不穿透黏膜层）缝合，避免暴露于膀胱腔内的缝线诱导产生结石。因导尿管刺激及医源性感染风险增加，术后不建议常规留置导尿管。如同时存在膀胱肿物，术中需进行活检，根据病理学检查结果，制定后续诊疗方案。术后必须进行结石分析，以制定后续管控方案。本病例中没有获得尿液检查结果，给结石预判增加了难度。需要特别注意的是，所有膀胱结石病例，都应进行尿液检查与细菌培养。本病例考虑患犬年龄、性别及结石的影像学特点，草酸钙结石可能性更高。同时因患犬存在膀胱肿物，故讨论后决定进行手术治疗。

术后膀胱结石主要成分为草酸钙。病因尚不明确，可能与高草酸尿、高钙尿、浓缩尿和高酸性尿相关。因此水分摄入在草酸钙病例控制中至关重要。虽然仅 4% 的犬草酸钙结石是由高钙血症引起，但在获得草酸钙结石这一诊断后，仍应确认患犬血清总钙及离子钙水平，排除高钙血症。因为草酸钙结石易复发，且一旦形成很难溶解，防控至关重要。常规草酸钙结石的防控目标为降低尿液饱和度，理想尿比重 $\leq$ 1.020；避免尿液过度酸化，理想 pH $\geq$ 6.5。为了达到这些目标，制定了草酸钙常规管控方案。其中牵遛 3 次及以上是考虑到主人至少可以在上班前、下班后及睡前各牵遛一次。饮食方面，水分含量高的膳食可降低草酸钙结石风险。在犬可考虑在干粮中加水，但主人自行加水有时难以有效保证患犬的摄水量，故考虑商业处方粮。

术后按管控方案定期复查。如未达标，需向动物主人确认管控方案执行情况，保证患病动物与主人可确实执行。本病例中患病动物与主人术后依从性良好，草酸钙结石管控良好。

犬草酸钙结石是临床常见且易复发的泌尿道结石，一旦形成难以溶解。如果能综合防控，减少或控制复发，可以避免或减少患犬疾病及手术相关痛苦。本病例长期成功管理，说明按照尿石症标准流程诊疗，进行草酸钙防控至关重要。

◆ 参考文献

1.Chew D J, DiBartola S P, Schenck P A. 犬猫肾脏与泌尿学 [M]. 2 版 . 马超贤 , 陈雯 , 张润 , 等译 . 湖北 : 湖北科学技术出版社 , 2019.

2.Elliott J, Grauer G F, Westropp J. BSAVA manual of canine and feline nephrology and urology[M]. 3rd ed. Wales: British Small Animal Veterinary Association, 2017.

3.Lulich J P, Berent A C, Adams L G, et al. ACVIM small animal consensus recommendations on the treatment and prevention of uroliths in dogs and cats[J]. Journal of veterinary internal medicine, 2016, 30(5): 1564-1574.

4.Richard W. Nelson, C Guillermo Couto. 小动物内科学 [M]. 5 版 . 夏兆飞 , 陈艳云 , 王姜维，主译 . 北京：中国农业大学出版社，2019.

CASE 23

案例23

猫特发性膀胱炎

1. 基本信息及病史

喜马拉雅猫，雄性，2岁，体重4 kg。室内饲养，家中共3只猫，相处不和谐。正常免疫和驱虫，平时饲喂商品化猫粮，就诊前2 d发现尿频，地板或猫砂盆内可见少量血尿。饮食情况不详。

2. 体格检查

患猫精神沉郁，水合正常，黏膜淡粉色，心率120次/min，腹部触诊敏感，膀胱过度充盈。

3. 问题列表

尿频、血尿、腹部触诊敏感。

4. 鉴别诊断

猫特发性膀胱炎、尿石症、尿道狭窄、细菌性膀胱炎。

5. 初步诊断计划

诊断项目：血常规检查、猫血清淀粉样蛋白A（SAA）、生化检查、尿液检查、腹部超声检查。

6. 初步检查结果

CBC检查结果见表23-1，生化和SAA检查结果见表23-2，尿液检查结果见表23-3。腹部超声检查结果见图23-1。

表23-1　CBC检查结果

检查项目	结果	参考范围
红细胞总数（RBC）	9.12×10^{12}/L	6.54×10^{12} ~ 12.20×10^{12}/L
红细胞比容（HCT）	31.7%	30.3% ~ 52.3%
血红蛋白（HGB）	11.4 g/dL	9.8 ~ 16.2 g/dL
平均红细胞体积（MCV）	34.8 fL	35.9 ~ 53.1 fL
平均血红蛋白含量（MCH）	12.5 pg	11.8 ~ 17.3 pg
平均红细胞血红蛋白浓度（MCHC）	36 g/dL	28.1 ~ 35.8 g/dL
网织红细胞（RETIC）	10×10^{3}/μL	3.0×10^{9} ~ 50.0×10^{9}/μL
网织红细胞血红蛋白含量（RETIC-HGB）	12.7 pg	13.2 ~ 20.8 pg
白细胞总数（WBC）	22.04×10^{9}/L	2.87×10^{9} ~ 17.02×10^{9}/L
中性粒细胞（NEU）	18.12×10^{9}/L	2.30×10^{9} ~ 10.29×10^{9}/L
血小板（PLT）	91×10^{3}/μL	151×10^{3} ~ 600×10^{3}/μL

表 23–2　生化和 SAA 检查结果

检查项目	结果	参考范围
总蛋白（TP）	82 g/L	54 ～ 71 g/L
白蛋白（ALB）	35 g/L	25 ～ 35 g/L
球蛋白（GLOB）	47 g/L	25 ～ 45 g/L
白球比（A/G）	0.7	0.8 ～ 1.5
葡萄糖（GLU）	8.13 mmol/L	3.5 ～ 6 mmol/L
丙氨酸氨基转移酶（ALT）	41 U/L	10 ～ 100 U/L
碱性磷酸酶（ALP）	27 U/L	20 ～ 200 U/L
肌酐（CREA）	1366 μmol/L	71 ～ 212μmol/L
尿素（UREA）	75.8 mmol/L	5.7 ～ 12.9 mmol/L
钠（Na）	144 mmol/L	138 ～ 149 mmol/L
氯（Cl）	111 mmol/L	104 ～ 116 mmol/L
钾（K）	5.4 mmol/L	2.9 ～ 4.2 mmol/L
血清淀粉样蛋白（ASAA）	78.72 mg/L	0 ～ 2 mg/L

表 23–3　尿液检查结果

物理性质和化学性质		尿沉渣检查	
颜色	红色	红细胞	满视野
透明度	浑浊	白细胞	成簇
比重	1.015	移行上皮细胞	未见
pH	7.0	鳞状上皮细胞	未见
潜血	+++	管型	未见
蛋白	+++	结晶	未见
葡萄糖	阴性	脂滴	20 ～ 25 个 /hpf
酮体	阴性	微生物	未见
尿胆红素	阴性	采样方式	穿刺取尿

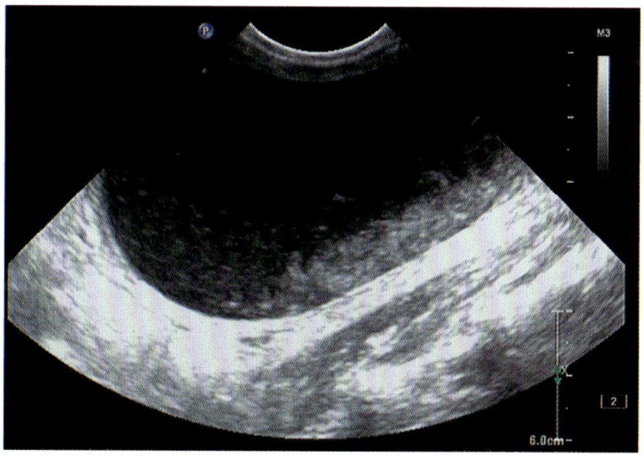

图 23–1

膀胱超声图

7. 初步检查结果分析

7.1　CBC 结果

红细胞象：未见明显异常。

白细胞象：嗜中性粒细胞升高，提示机体可能存在炎症反应。

血小板象：未见明显异常。

7.2　血清生化和 SAA 检查结果

氮质血症：肌酐和尿素重度升高，提示严重氮质血症，需鉴别肾前性、肾性或肾后性疾病，结合临床症状和影像学检查考虑肾性及肾后性疾病引起。

高钾血症：结合临床病史和影像学检查，考虑肾后梗阻引起。

SAA 升高：提示全身炎症反应。

7.3 尿液检查和需氧培养结果

化学性质检查：蛋白尿和潜血阳性。

尿沉渣检查：可见大量红细胞，少量白细胞和血小板。

尿液细菌培养：阴性。

7.4 腹部超声检查

超声可见膀胱过度充盈，壁平滑，腔内大量高回声光点。双侧肾脏轻度增大，皮质回声增强。

超声提示：膀胱过度充盈，腔内大量细胞或结晶成分。双侧急性肾损伤。

8. 诊断

结合病史、临床症状、检查结果，可排除肾前性疾病、细菌性膀胱炎、尿石症、外伤、肿瘤、尿道狭窄、尿道栓塞和肾性疾病等，初步诊断为梗阻性 FIC。

9. 治疗及转归

镇痛镇静管理，使用布托啡诺和乙酰丙嗪。之后进行膀胱穿刺取尿减压。麻醉后导尿解除梗阻，第 2 天排尿顺畅，尿液颜色由红色逐渐转至清亮；乳酸林格氏液静脉补液 2 d，监测电解质，之后更换为 5% 葡萄糖、生理盐水和 10% KCl，直至饮食恢复正常。

住院管理 9 d，排尿无明显异常，考虑家中为多猫家庭，其他猫发情，会增加打架和环境压力的风险，建议痊愈后及早进行去势手术。减少环境应激，严格进行环境管理，并饲喂有舒缓情绪作用的泌尿道处方粮。

10. 讨论

猫下泌尿道疾病（feline lower urinary tract disease，FLUTD）是猫常见的一种综合征，占猫科疾病的 3% ～ 5%，主要症状包括尿频、尿血、痛性尿淋漓、排尿困难和猫砂盆外排尿。猫特发性膀胱炎（feline idiopathic cystitis，FIC）是 FLUTD 最常见的原因，占 55% ～ 65%，病因不明。FIC 分梗阻性和非梗阻性，雄性更常见梗阻性。任何年龄、品种或性别的猫均可患此病，常见于年轻猫和中年猫。肥胖、活动量下降、多猫家庭、室内饲养以及环境压力等，均为 FIC 的风险因素。

目前尚无公认的 FIC 诊断试验，临床中仍然依靠排除性诊断，即尿液检查、腹部 X 线检查、泌尿系统超声检查、膀胱尿道造影或膀胱镜检查（视情况），以排除细菌性膀胱炎、尿石症、尿道狭窄、尿道栓塞和肿瘤等。同时也要进行血清生化和血气检查，以确定是否存在氮质血症、高钾血症或酸碱紊乱等。本病例中，腹部超声检查提示急性肾损伤，排除尿石症和肿瘤等；尿液分析排除细菌性膀胱炎；结合出现严重氮质血症和高钾血症，最终诊断为梗阻性 FIC，并发急性肾损伤。

治疗急性发作的梗阻性 FIC 首先需要解除梗阻。大多数情况下，解决梗阻的方法是留置导尿管，但并非所有病例都需要，拆除导尿管后有再次梗阻的风险。报道称，在留置导尿管之前进行减压膀胱穿刺术有许多潜在优势。膀胱穿刺取尿需要在镇痛、镇静后进行，布托啡喏的镇痛效果不如丁丙诺啡持久或有效，经常与镇静剂乙酰丙嗪联合使用。该病例联合使用布托啡喏和乙酰丙嗪后效果良好。存在严重氮质血症、尿液中有大量碎屑、出血、逼尿肌迟缓，或有结石阻塞的猫，推荐留置封闭系统的导尿管，保持无菌，并监测尿量。留置导尿管的时间不定，可根据临床表现、生化异常、梗阻后利尿改善及尿液特征来决定。治疗后可能出现明显的解除梗阻后利尿，需记录排尿量，监测电解质，及时调整液体种类和液速。存在明显发热、肾痛或败血症迹象时，基于尿液细菌培养结果考虑使用抗生素，否则不推荐使用抗生素。本病例尿液检查未见感染迹象，未使用抗生素，通过镇静、镇痛和静脉输液治疗，患猫排尿逐渐顺畅，氮质血症得以纠正，食欲逐渐恢复。

FIC 复发率为 15% ～ 65%，由于易复发和难治愈，多达 20% 的患猫最终被安乐死。一项前瞻性随机临床试验中，将 51 只梗阻性 FIC 的雄性患猫分为使用和不使用低剂量美洛昔康两组，统计发现两组在预防 FIC 复发时无明显差异，但该研究随访时间短，需后续试验进一步验证。该病例在出院后未进行药物治疗，4 个月后随访未复发。

虽然 FIC 是一种长期性、可复发的疾病，但是丰富环境资源、镇痛、舒缓情绪，可改善疾病的临床表现。除此之外，增加动物主人与猫之间的互动，提供必要的营养管理、保障猫的健康和福利也至关重要。

◆ 参考文献

1.Cooper E S. Controversies in the management of feline urethral obstruction[J]. Journal of Veterinary Emergency and Critical Care, 2015, 25(1): 130-137.

2.Defauw P A M, Van de Maele I, Duchateau L, et al. Risk factors and clinical presentation of cats with feline idiopathic cystitis[J]. Journal of Feline Medicine and Surgery, 2011, 13(12): 967-975.

3.Ettinger S J, Feldman E C, Cote E. Textbook of Veterinary Internal Medicine[M].8th ed. St. Louis, Missouri: Elsevier health sciences, 2016.

4.Gerber B, Boretti F S, Kley S, et al. Evaluation of clinical signs and causes of lower urinary tract disease in European cats[J]. Journal of Small Animal Practice, 2005, 46(12): 571-577.

5.Nivy R, Segev G, Rimer D, et al. A prospective randomized study of efficacy of 2 treatment protocols in preventing recurrence of clinical signs in 51 male cats with obstructive idiopathic cystitis[J]. Journal of Veterinary Internal Medicine, 2019, 33(5): 2117-2123.

6.Richard W. Nelson, C Guillermo Couto. 小动物内科学 [M]. 5 版 . 夏兆飞，陈艳云，王姜维，主译 . 北京：中国农业大学出版社，2019.

7.Sparkes A. Understanding feline idiopathic cystitis[J]. In Practice, 2018, 40(3): 95-101.

CASE 24

案例24 犬气肿性膀胱炎

1. 基本信息和病史

苏格兰牧羊犬，9岁，雄性。平时单独饲养于室内，日常主要饲喂干粮，每日喂食一个蛋黄。定期免疫和驱虫，近期无旅行史。

一个月前开始偶尔出现尿中带血，频率为一次 2～3 d，近几日观察到尿血的频率增加，精神及食欲逐渐变差，大便成形。

2. 体格检查

患犬精神状态较沉郁，BCS：4/9，体温 38.1 ℃。心率 110 次 /min，呼吸频率 25 次 /min。黏膜颜色苍白。心音及肺音听诊未见异常，后腹部触诊敏感。

3. 问题列表

尿血、黏膜颜色苍白、后腹部触诊敏感。

4. 鉴别诊断

下泌尿道疾病、前列腺疾病、肾脏疾病。

5. 初步诊断计划

诊断项目：CBC、生化检查、尿液检查、腹部 X 线检查、腹部超声检查。

6. 初步检查结果

CBC、生化检查和尿液检查结果见表 24–1、表 24–2 和表 24–3。腹部 X 线检查结果见图 24–1、图 24–2。腹部超声检查结果见图 24–3、图 24–4。

表 24–1 CBC 检查结果

项目	结果	参考范围
红细胞总数（RBC）	3.83×10^{12}/L	5.65×10^{12} ～ 8.87×10^{12}/L
红细胞比容（HCT）	23.7%	37.3% ～ 61.7%
血红蛋白浓度（HGB）	8.5 g/dL	13.1 ～ 20.5 g/dL
网织红细胞（RETIC）	47.3×10^{3}/μL	10.0×10^{3} ～ 110.0×10^{3}/μL
平均红细胞体积（MCV）	65.2 fL	61.6 ～ 73.5 fL
平均红细胞血红蛋白浓度（MCHC）	33.6 g/dL	32.0 ～ 37.9 g/dL
红细胞分布宽度（RDW）	15.1%	13.6% ～ 21.7%

续表 24–1

项目	结果	参考范围
白细胞总数（WBC）	9.67×10^{9}/L	5.05×10^{9} ～ 16.76×10^{9}/L
分叶中性粒细胞（SEG）	7.10×10^{9}/L	2.95×10^{9} ～ 11.64×10^{9}/L
淋巴细胞（LYM）	1.59×10^{9}/L	1.05×10^{9} ～ 5.10×10^{9}/L
单核细胞（MONO）	0.55×10^{9}/L	0.16×10^{9} ～ 1.12×10^{9}/L
嗜酸性粒细胞（EOS）	0.42×10^{9}/L	0.06×10^{9} ～ 1.23×10^{9}/L
嗜碱性粒细胞（BASO）	0.01×10^{9}/L	0.00 ～ 0.10×10^{9}/L
血小板（PLT）	168×10^{3}/μL	148×10^{3} ～ 484×10^{3}/μL

表 24–2　生化检查结果

项目	结果	参考范围
总胆红素（TBIL）	0.2 mg/dL	0 ～ 0.8 mg/dL
总蛋白（TP）	5.7 g/dL	5.5 ～ 7.2 g/dL
白蛋白（ALB）	3.5 g/dL	3.2 ～ 4.1 g/dL
球蛋白（GLOB）	2.2 g/dL	1.9 ～ 3.7 g/dL
白球比（A/G）	1.6	0.9 ～ 1.9
葡萄糖（GLU）	100 mg/dL	68 ～ 104 mg/dL
丙氨酸氨基转移酶（ALT）	89 U/L	17 ～ 95 U/L
天门冬氨酸氨基转移酶（AST）	23 U/L	10 ～ 56 U/L
碱性磷酸酶（ALP）	107 U/L	7 ～ 115 U/L
γ– 谷氨酰转肽酶（GGT）	2 U/L	0 ～ 8 U/L
胆汁酸（TBA）	12 μmol/L	0 ～ 25 μmol/L
尿素（UREA）	90.2 mg/dL	19 ～ 55.7 mg/dL
肌酐（CREA）	1.9 mg/dL	0.6 ～ 1.4 mg/dL
磷（P）	4.3 mg/dL	2.7 ～ 5.4 mg/dL
钙（Ca）	10 mg/dL	9.4 ～ 12 mg/dL
总胆固醇（CHOL）	166 mg/dL	139 ～ 392 mg/dL
甘油三酯（TG）	70 mg/dL	23 ～ 102 mg/dL
肌酸激酶（CK）	301 U/L	0 ～ 314 U/L
钾（K）	4.4 mmol/L	4.1 ～ 5.4 mmol/L
钠（Na）	147 mmol/L	143 ～ 150 mmol/L
氯（Cl）	109 mmol/L	106 ～ 114 mmol/L

表 24–3　尿液检查结果

物理性质和化学性质		尿沉渣检查		物理性质和化学性质		尿沉渣检查	
颜色	黄色	红细胞	5 ～ 10 个 /hpf	蛋白	++	结晶	未见
透明度	清亮	白细胞	0 ～ 10 个 /hpf	葡萄糖	阴性	脂滴	未见
比重	1.009	移行上皮细胞	未见	酮体	阴性	微生物	杆菌：+
pH	6.5	鳞状上皮细胞	未见	尿胆红素	阴性	采样方式	膀胱穿刺
潜血	+++	管型	未见				

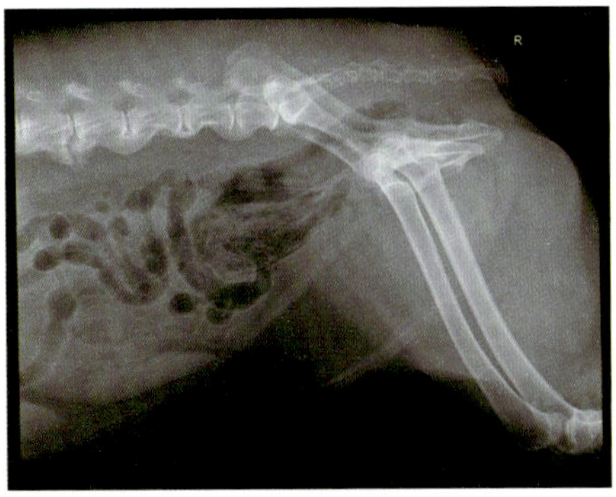

图 24-1

腹部右侧位 X 线片

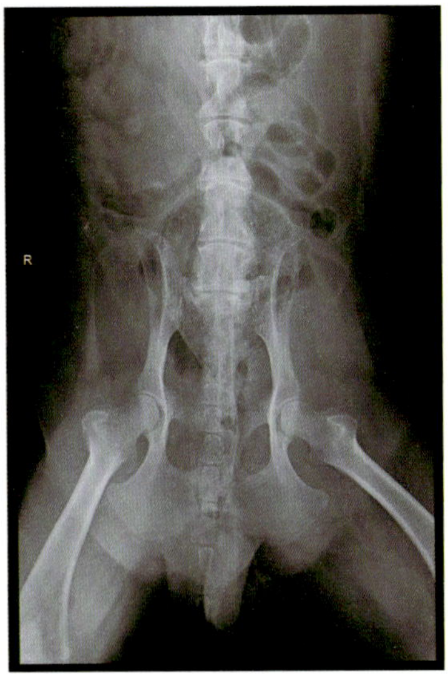

图 24-2

腹部腹背位 X 线片

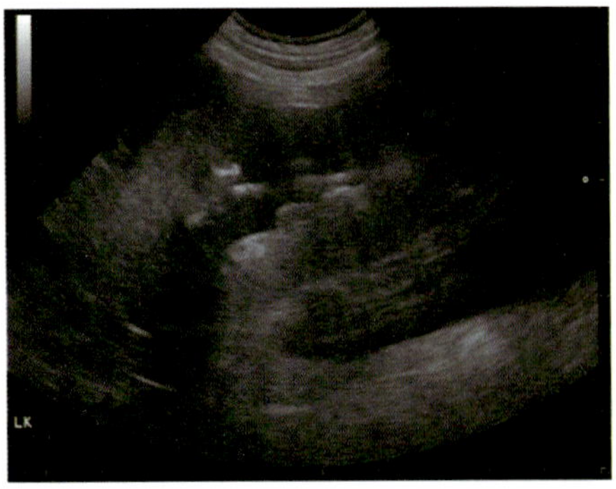

图 24-3

左肾超声图

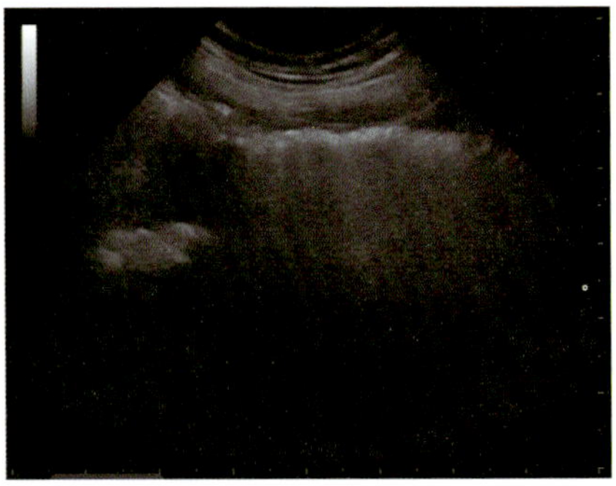

图 24-4

膀胱超声图

7. 初步检查结果分析

7.1 CBC 结果

红细胞象：红细胞总数和红细胞比容降低，网织红细胞数量在参考范围内，提示非再生性贫血。

白细胞象：未见明显异常。

血小板象：未见明显异常。

7.2 血清生化检查结果

UREA 和 CRE 升高，提示氮质血症。

7.3 尿液检查结果

USG 为 1.009，为等渗尿，结合生化结果（氮质血症），提示肾衰。潜血 +++，尿沉渣检查提示血尿和感染。尿糖阴性。

7.4 X 线检查

膀胱区域呈斑驳的空气密度影像，并可清晰见到膀胱壁内的空气密度影像（图 24-5，无尾箭头）；膀胱及尿道内未见明显阳性结石影像。腰椎及腰荐结合处椎体腹侧广泛性骨刺。

X 线提示：气肿性膀胱炎；腰荐椎退行性病变。

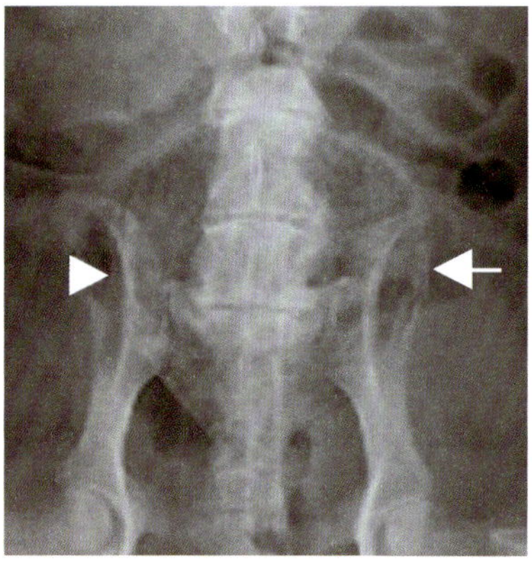

图 24–5

膀胱区域的局部放大 X 线图

7.5　超声检查

双肾轮廓平滑，皮质回声增强，皮髓分界不清晰，双肾肾盂憩室及肾盂内可见强回声界面，肾盂及近端输尿管未见明显扩张；膀胱壁不规则增厚，膀胱壁内侧可探及多处不规则强回声界面伴混响伪影（图 24–4），随体位改变界面位置未见变化。

超声提示：双肾慢性肾病；双肾肾盂憩室及肾盂内结石；气肿性膀胱炎。

8. 诊断

结合病史及各种检查结果，本病例诊断为双肾慢性肾病，并发下泌尿道感染，进一步导致气肿性膀胱炎。

9. 治疗及转归

膀胱穿刺取尿液进行细菌分离培养，结果为革兰阴性杆菌。根据药敏试验结果选用阿莫西林克拉维酸钾治疗；同时配合肾透进行慢性肾病的长期管理。

抗生素治疗一周后复诊，尿血症状消失，继续使用抗生素一周后停药。四周后再次膀胱穿刺取尿液进行细菌分离培养，结果为阴性。

10. 讨论

气肿性膀胱炎是由于细菌性泌尿道感染导致的一种不常见的并发症。先前报道的产气细菌包括大肠杆菌属、变形杆菌属、产气荚膜梭杆菌属和梭状芽胞杆菌属等。发生气肿性膀胱炎时，膀胱壁可能出现的病理变化包括出现含气小囊泡、炎症以及出血。膀胱腔内及膀胱壁内通常会出现气体，少量病例也可能在尿道、前列腺以及肾盂内发现气体。

发生气肿性膀胱炎的动物一般会表现为下泌尿道感染的症状，但也有可能不会出现明显的临床表现。血常规和生化检查一般无特异性变化，诊断此病依赖于 X 线或超声检查。X 线片通常可在后腹部发现形似膀胱的线样或斑驳样空气密度影像，但要注意将膀胱壁或膀胱腔内的气体与重叠的充气结构（如肠管、皮下气肿）区分，并且需要排除医源性气体来源（如曾进行过导尿）。当膀胱壁内出现气体时，腹部超声可以见到膀胱壁内出现多灶性、不规则的强回声界面伴混响伪影，改变体位后，气体界面位置不发生变化，从而可以与膀胱腔内的游离气体区分。

无论是否出现下泌尿道感染的临床症状，通常均建议进行尿液培养确定感染源，从而进行适当的抗生素治疗。另外，气肿性膀胱炎临床上最常见于糖尿病，肾上腺皮质机能亢进、神经系统疾病或其他的免疫抑制性疾病，均是此病的风险因子。因此，寻找并控制原发性疾病亦很重要。本病例中，尿糖阴性、血糖处于正常范围，可以排除糖尿病；ALP、CHO、ALT均在正常范围内，基本可以排除肾上腺皮质机能亢进。结合氮质血症、等渗尿和肾脏超声征象，本病例最终被诊断为慢性肾病继发下泌尿道感染，导致气肿性膀胱炎。根据尿液培养物的药敏试验结果使用抗生素后，尿血等症状缓解。

◆ 参考文献

1.Grupper M, Kravtsov A, Potasman I. Emphysematous cystitis: illustrative case report and review of the literature[J]. Medicine, 2007, 86(1): 47-53.

2.Mattoon J S, Sellon R K, Berry C R. Small Animal Diagnostic Ultrasound[M].4th ed. St. Louis, Missouri: Elsevier Health Sciences, 2020.

3.Merkel L K, Lulich J, Polzin D, et al. Clinicopathologic and microbiologic findings associated with emphysematous cystitis in 27 dogs[J]. Journal of the American Animal Hospital Association, 2017, 53(6): 313-320.

4.Muhlbauer M C, Kneller S K. Radiography of the dog and cat: guide to making and interpreting radiographs[M].Iowa: John Wiley & Sons, 2013.

CASE 25

案例25

犬溃疡性膀胱炎

1. 基本信息和病史

雪纳瑞犬，10 岁，雄性已去势。室内饲养，外出牵遛。日常饲喂犬粮及餐桌食物。常规免疫及驱虫。无既往病史。

主诉就诊前 1 个月开始尿血，最近两天食欲下降、精神沉郁、发热，外院治疗给予抗生素及非甾体类抗炎药，随后体温恢复正常。目前患犬有饮欲，但饮水后呕吐，因状态虚弱来院就诊。

2. 体格检查

患犬精神沉郁，BCS：3/9，体温 38.8℃，心率 120 次 /min，呼吸 32 次 /min。包皮及阴茎浆膜面未见异常，脱水约 5%。心音听诊收缩期杂音 2/6，触诊腹部敏感。

3. 问题列表

发热、尿血、腹部敏感、呕吐、虚弱。

4. 鉴别诊断

泌尿道疾病（炎症、结石、肿瘤）、胰腺炎、胃肠炎。

5. 初步诊断计划

诊断项目：CBC、生化检查、尿液检查、cPL、腹部超声检查。

6. 初步检查及结果

CBC 检查结果见表 25-1，生化检查结果见表 25-2，尿液结果见表 25-3，超声检查结果见图 25-1、图 25-2。

犬胰腺特异性脂肪酶（SNAP cPL）阴性。

表 25-1　CBC 检查结果

项目	结果	参考范围
红细胞总数（RBC）	2.77×10^{12}/L	5.65×10^{12} ～ 8.87×10^{12}/L
红细胞比容（HCT）	23.4%	37.3% ～ 61.7%
血红蛋白（HGB）	8.1 g/dL	13.1 ～ 20.5 g/dL
网织红细胞（RETIC）	272.8×10^3/μL	10.0×10^3 ～ 110.0×10^3/μL
平均红细胞体积（MCV）	84.5 fL	61.6 ～ 73.5 fL
平均红细胞血红蛋白浓度（MCHC）	34.6 g/dL	32.0 ～ 37.9 g/dL
白细胞总数（WBC）	31.97×10^9/L	5.05×10^9 ～ 16.76×10^9/L

续表 25–1

项目	结果	参考范围
分叶中性粒细胞（SEG）	23.40×10^9/L	2.95×10^9 ～ 11.64×10^9/L
淋巴细胞（LYM）	5.77×10^9/L	1.05×10^9 ～ 5.10×10^9/L
单核细胞（MONO）	2.76×10^9/L	0.16×10^9 ～ 1.12×10^9/L
嗜酸性粒细胞（EOS）	0.03×10^9/L	0.06×10^9 ～ 1.23×10^9/L
嗜碱性粒细胞（BASO）	0.01×10^9/L	0.00×10^9 ～ 0.10×10^9/L
血小板（PLT）	352×10^3/μL	148×10^3 ～ 484×10^3/μL

表 25–2　生化检查结果

项目	结果	参考范围（犬）
总胆红素（TBIL）	2.4 mg/dL	0 ～ 0.8 mg/dL
总蛋白（TP）	8.4 g/dL	5.5 ～ 7.2 g/dL
白蛋白（ALB）	4.09 g/dL	3.2 ～ 4.1 g/dL
球蛋白（GLOB）	3.88 g/dL	1.9 ～ 3.7 g/dL
白球比（A/G）	1.05	0.9 ～ 1.9
葡萄糖（GLU）	120 mg/dL	68 ～ 104 mg/dL
丙氨酸氨基转移酶（ALT）	48 U/L	17 ～ 95 U/L
天门冬氨酸氨基转移酶（AST）	43 U/L	10 ～ 56 U/L
碱性磷酸酶（ALP）	160 U/L	7 ～ 115 U/L
γ- 谷氨酰转肽酶（GGT）	11 U/L	0 ～ 8 U/L
胆汁酸（TBA）	3 μmol/L	0 ～ 25μmol/L
尿素（UREA）	86.9 mg/dL	19 ～ 55.7 mg/dL
肌酐（CREA）	3.3 mg/dL	0.6 ～ 1.4 mg/dL
磷（P）	7.1 mg/dL	2.7 ～ 5.4 mg/dL
钙（Ca）	10.4 mg/dL	9.4 ～ 12 mg/dL
总胆固醇（CHOL）	350 mg/dL	139 ～ 392 mg/dL
甘油三酯（TG）	175.8 mg/dL	23 ～ 102 mg/dL
肌酸激酶（CK）	82 U/L	0 ～ 314 U/L

表 25–3　尿液检查结果

物理性质和化学性质		尿沉渣检查		物理性质和化学性质		尿沉渣检查	
颜色	棕色（离心后上清呈黄色）	红细胞	大量残体	蛋白	+++	结晶	胆固醇结晶
透明度	浑浊	白细胞	0 ～ 2/hpf	葡萄糖	–	脂滴	未见
比重	1.022	移行上皮细胞	未见	酮体	–	微生物	未见
pH	6.0	鳞状上皮细胞	未见	尿胆红素	++	采样方式	穿刺取尿
潜血	+++	管型	未见				

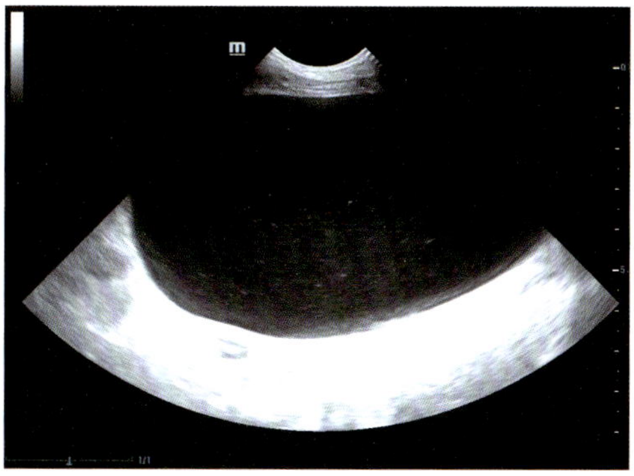

图 25-1

膀胱（纵切面）超声图

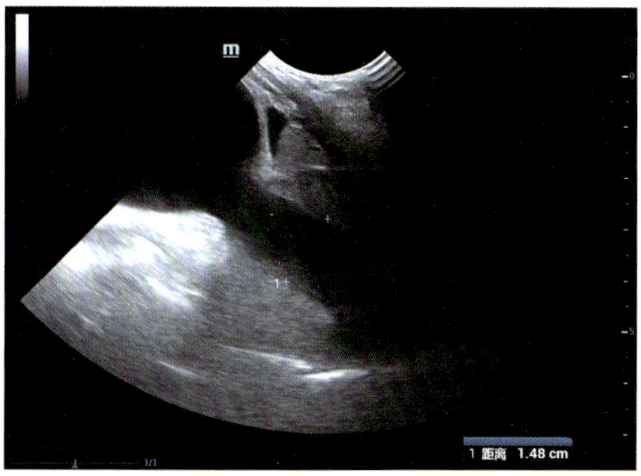

图 25-2

近端尿道（纵切面）超声图

7. 初步检查结果分析

7.1　CBC 结果

红细胞象：存在中度贫血伴中度再生反应，提示体内存在出血或溶血，结合临床症状和尿液检查，怀疑与泌尿道出血相关。

白细胞象：白细胞升高伴核左移，提示患犬存在全身性炎症，可能源自腹膜炎，目前尚无法排除泌尿道存在炎症。

血小板象：未见明显异常。

7.2　血清生化检查结果

高胆红素血症：结合 γ- 谷氨酰转肽酶（GGT）和碱性磷酸酶（ALP）升高和超声结果，推测与胆汁淤积相关。

氮质血症：肌酐和尿素氮同时升高，需结合其他检查结果鉴别是肾前性（脱水等）、肾性和肾后性因素。

7.3　尿液检查结果

存在潜血及蛋白尿，尿沉渣镜检可见大量红细胞残体，少量白细胞。尿液细菌需氧培养呈阴性，提示膀胱或上泌尿道出血，并可能伴有无菌性炎症反应。

7.4　腹部超声结果

腹部软组织回声广泛性增强，可探及微量楔形暗区（膀胱周围明显）；膀胱极度充盈，壁平滑，腔内呈产回声暗区伴后方回声增强，近端尿道扩张；胆囊充盈，壁平滑，腔内大量产回声内容物沉积；胰腺轮廓平滑，实质回声均匀。

超声提示：广泛性腹膜炎，伴微量腹膜腔积液；膀胱内细胞成分、结晶、血凝块；胆泥淤积；胰腺形态未见明显异常。

8. 进一步诊断计划及结果

超声提示微量腹膜腔积液，但由于液量过少，无法抽吸进行液体分析，选择进行诊断性腹腔灌洗。操作过程为向腹膜腔内注射无菌温生理盐水（20 mL/kg），随后轻轻拍打腹壁，并改变动物体位，15 ～ 30 min 后抽出液体进行液体分析。

灌洗液呈淡黄色微浊，蛋白含量 < 2 g/dL，有核细胞计数（TNCC）为 19.1×10^9/L，嗜中性粒细胞占 80% ～ 90%，未见病原微生物。液体分析结果提示为渗出液，由细菌培养阴性可排除细菌性

腹膜炎。

9. 诊断

初步诊断为泌尿道损伤、无菌性腹膜炎、胆汁淤积。

10. 治疗及转归

留置双腔导尿管，监测尿量和尿色，可见大量沉渣（图 25–3）。2 d 后血尿明显改善，尿色转黄且清亮。针对胃肠道症状使用抑酸剂（奥美拉唑，1 mg/kg SID CRI）、止吐药（马罗匹坦，0.1 mL/kg SID IV）进行控制。使用利胆剂（熊去氧胆酸，15 mg/kg SID PO）治疗胆汁淤积。3 d 后拆除尿管，可观察到动物自主排尿，但无法完全排空膀胱，尿频。拆除尿管第二日腹部超声复查，可见少量积液，广泛性腹膜炎。拆除尿管第三日起，间歇性出现呕吐，排尿困难，需要人工辅助挤压膀胱，膀胱触诊非常敏感。

至入院第 8 天，进行开腹探查，可见腹腔内少量粉色不透明液体，胆囊、胰腺、脾脏形态未见异常。膀胱壁浆膜层呈黄绿色（图 25–4、图 25–5），壁极薄，无弹性，表面少量血管束，膀胱顶和大网膜轻度粘连，膀胱颈处膀胱壁外观、质地和厚度正常。分离粘连于膀胱顶的大网膜，切除膀胱坏死组织并吻合，剩余膀胱为原大小十分之一。

腹腔液进行化学分析，肌酐及钾浓度均低于血清浓度，排除尿腹。膀胱壁组织病理学结果如下：上皮完全破溃，周围组织中度至重度混合型炎性细胞浸润；另可见不同成熟程度的肉芽组织严重增生；局部轻度异型细胞；肌肉层组织学检查正常。组织病理学结果提示为慢性溃疡性膀胱炎和肉芽组织，未发现明显的肿瘤病变。但是，由于局部肉芽组织含轻度异型细胞，因此不能排除肉瘤的早期恶性转移。此外，膀胱黏膜送检需氧培养，培养呈阴性，排除需氧菌感染。因此，本病例最终诊断为溃疡性膀胱炎。

图 25–3

尿液

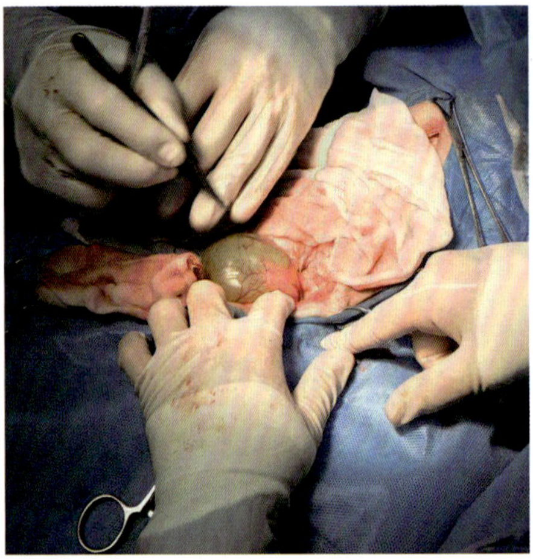

图 25–4

坏死的膀胱壁

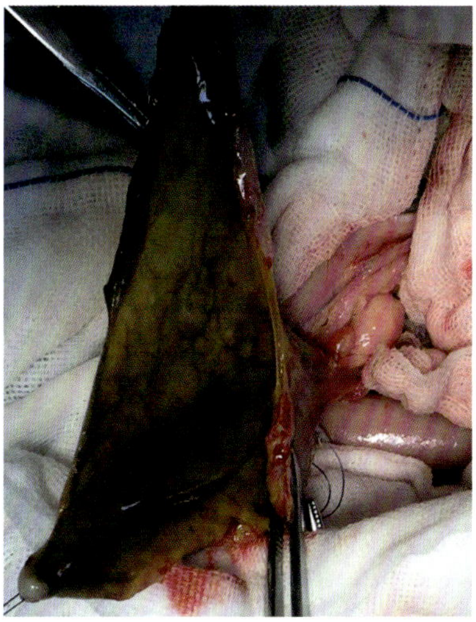

图 25-5
坏死的膀胱壁横截面

治疗过程中动物 HCT 呈缓慢下降趋势，白细胞总数有波动，但均高于正常范围。血清胆红素及肾指标逐渐恢复至正常范围内，电解质一直保持在正常范围内。至术后第 14 天拆除尿管，动物可自行排尿，尿频明显，但尿色未见异常。截至术后 45 d，动物饮食、精神未见明显异常，仍有尿频表现。

11. 讨论

动物住院期间症状反复，腹膜炎和贫血一直没有得到改善。诊断性腹腔灌洗排除细菌性腹膜炎，因此可排除胃肠道泄露。超声发现胆囊充盈，治疗期间动物高胆红素血症随之改善，排除胆汁性腹膜炎。虽然动物有血尿症状，但影像学检查可见膀胱极度充盈，且动物无外伤病史，无导尿史，不支持膀胱及尿道破裂。就诊初期腹膜炎成因不明。基于患犬的临床症状，包括血尿、膀胱触诊敏感，膀胱排空障碍等，诊治焦点应着眼于膀胱本身。当内科治疗无法改善腹膜炎及动物的临床症状时，应考虑进行开腹探查，寻找腹膜炎病因。开腹探查可见膀胱壁大面积坏死，且膀胱顶侧与大网膜粘连，腹膜炎最大可能为膀胱顶侧泄漏所致。但腹腔液化学分析肌酐及钾浓度均低于血清浓度，不支持尿腹。

动物术前、术中取尿液及膀胱黏膜进行需氧培养，结果呈阴性，排除感染。本病例没有进行膀胱镜检查，但是临床症状与膀胱痛性综合征一致，通过影像学和细菌培养可排除结石、感染等病因。活检结果提示炎性细胞浸润及肉芽肿，但只累及黏膜层，虽然可见有异质型细胞及有丝分裂相，但暂时未见肿瘤。在此，笔者将本病例归类为无菌性溃疡性膀胱炎。

本文通过手术切除大面积坏死的膀胱组织，并且短时间内留置导尿管，动物在术后明显改善，恢复期尿频不排除与膀胱体积显著缩小相关，也不排除尿路感染的可能，遗憾的是动物随后没有回院复查，且在术后半年因肾衰死亡，术后未再对膀胱进行相关检查，无法排除是否有肿瘤进程或尿路感染。

◆ 参考文献

1. 柯鑫文，张雁钢，冯少勇，等．间质性膀胱炎/膀胱疼痛综合征的研究进展 [J]. 中华临床医师杂志（电子版），2014, 8(11): 136-140.
2. Fall M, Logadottir Y, Peeker R. Interstitial cystitis is bladder pain syndrome with H

unner's lesion[J]. International Journal of Urology, 2014, 21: 79-82.

3.Hanno P, Lin A, Nordling J, et al. Bladder pain syndrome international consultation on incontinence[J]. Neurourology and Urodynamics: Official Journal of the International Continence Society, 2010, 29(1): 191-198.

4.Olin S J, Bartges J W. Urinary tract infections: treatment/comparative therapeutics[J]. Veterinary Clinics: Small Animal Practice, 2015, 45(4): 721-746.

CASE 26

案例26 犬前列腺旁囊肿

1. 基本信息和病史

混种犬，6 岁，雄性未去势。平时饲养于室内，日常主要饲喂犬粮，偶尔喂零食，近期无换粮史。按时免疫驱虫，近期无旅行史，既往身体健康。

近一个月发现犬尿频，排尿困难，排尿量少，近期食欲减退。

2. 体格检查

患犬精神状态较警觉，BCS：4/9，体温 39.1℃。心率 100 次 /min，呼吸频率 40 次 /min。黏膜颜色粉，CRT ＞ 1.5 s，脱水程度约 8%。心音及肺音听诊未见异常，腹部触诊敏感。

3. 问题列表

尿频、排尿困难、腹部触诊敏感。

4. 鉴别诊断

膀胱疾病、前列腺疾病、肾脏疾病。

5. 初步诊断计划

检查项目：CBC、生化检查、腹部 X 线检查、腹部超声检查。

6. 初步检查结果

CBC 检查结果见表 26–1，生化检查结果见表 26–2。X 线检查结果见表 26–1、图 26–2。超声检查结果见图 26–3、图 26–4。

表 26–1　CBC 检查结果

项目	结果	参考范围（犬）
红细胞总数（RBC）	8.84×10^{12}/L	5.65×10^{12} ～ 8.87×10^{12}/L
红细胞比容（HCT）	51.6%	37.3% ～ 61.7%
血红蛋白浓度（HGB）	17.6 g/dL	13.1 ～ 20.5 g/dL
网织红细胞（RETIC）	103.4×10^3/μL	10.0×10^3 ～ 110.0×10^3/μL
平均红细胞体积（MCV）	62.4 fL	61.6 ～ 73.5 fL
平均红细胞血红蛋白浓度（MCHC）	34.1 g/dL	32.0 ～ 37.9 g/dL
红细胞分布宽度（RDW）	21.3%	13.6% ～ 21.7%
白细胞总数（WBC）	17.84×10^9/L	5.05×10^9 ～ 16.76×10^9/L
分叶中性粒细胞（SEG）	12.56×10^9/L	2.95×10^9 ～ 11.64×10^9/L
杆状中性粒细胞（BAND）	0	/

续表 26-1

项目	结果	参考范围（犬）
淋巴细胞（LYM）	3.07×10^9/L	1.05×10^9 ～ 5.10×10^9/L
单核细胞（MONO）	1.08×10^9/L	0.16×10^9 ～ 1.12×10^9/L
嗜酸性粒细胞（EOS）	1.00×10^9/L	0.06×10^9 ～ 1.23×10^9/L
嗜碱性粒细胞（BASO）	0.13×10^9/L	0.00×10^9 ～ 0.10×10^9/L
血小板（PLT）	279×10^3/μL	148×10^3 ～ 484×10^3/μL

表 26-2　生化检查结果

项目	结果	参考范围（犬）
总胆红素（TBIL）	0.2 mg/dL	0 ～ 0.8 mg/dL
总蛋白（TP）	8.4 g/dL	5.5 ～ 7.2 g/dL
白蛋白（ALB）	4.8 g/dL	3.2 ～ 4.1 g/dL
球蛋白（GLOB）	3.6 g/dL	1.9 ～ 3.7 g/dL
白球比（A/G）	1.33	0.9 ～ 1.9
葡萄糖（GLU）	113 mg/dL	68 ～ 104 mg/dL
丙氨酸氨基转移酶（ALT）	33 U/L	17 ～ 95 U/L
天门冬氨酸氨基转移酶（AST）	25 U/L	10 ～ 56 U/L
碱性磷酸酶（ALP）	43 U/L	7 ～ 115 U/L
γ- 谷氨酰转肽酶（GGT）	8.2 U/L	0 ～ 8 U/L
胆汁酸（TBA）	3.1 μmol/L	0 ～ 25μmol/L
尿素（UREA）	34.3 mg/dL	19 ～ 55.7 mg/dL
肌酐（CREA）	1.0 mg/dL	0.6 ～ 1.4 mg/dL
磷（P）	5.7 mg/dL	2.7 ～ 5.4 mg/dL
钙（Ca）	11.4 mg/dL	9.4 ～ 12 mg/dL
总胆固醇（CHOL）	336 mg/dL	139 ～ 392 mg/dL
甘油三酯（TG）	29 mg/dL	23 ～ 102 mg/dL
肌酸激酶（CK）	287 U/L	0 ～ 314 U/L
钾（K）	4.2 mmol/L	4.1 ～ 5.4 mmol/L
钠（Na）	145.4 mmol/L	143 ～ 150 mmol/L
氯（Cl）	109.78 mmol/L	106 ～ 114 mmol/L

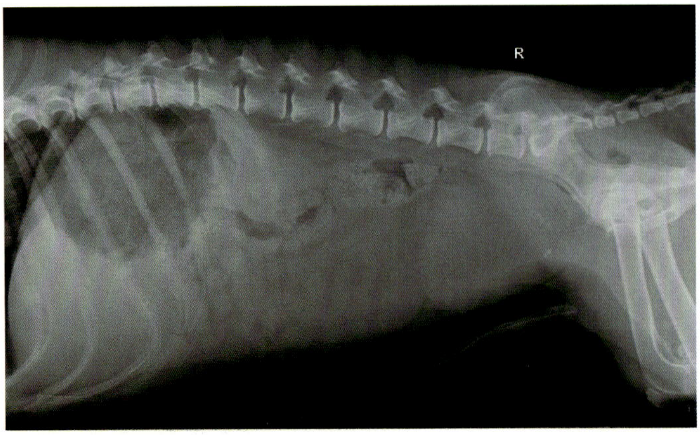

图 26-1

腹部右侧位 X 线片

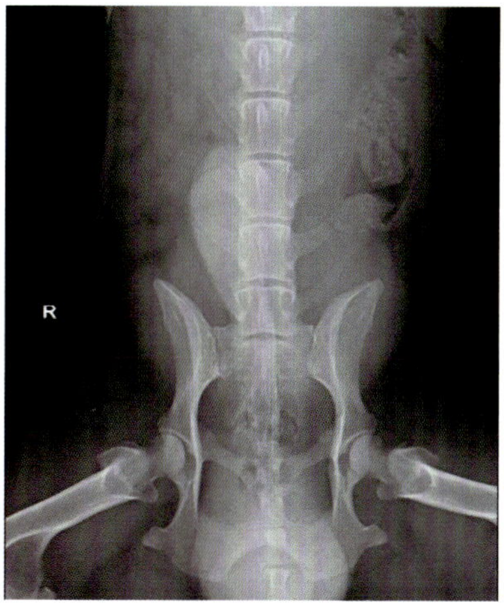

图 26-2

腹部腹背位 X 线片

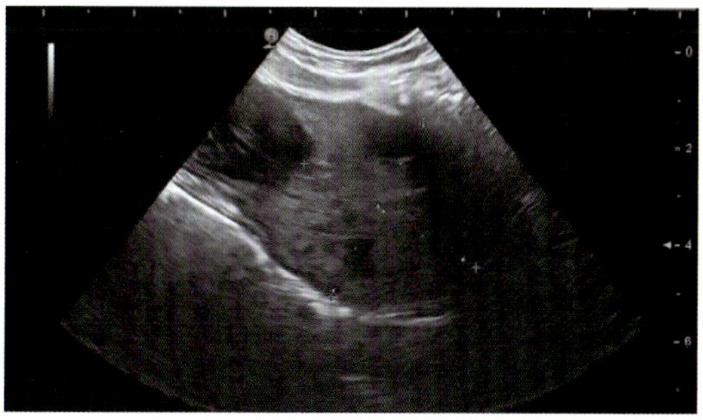

图 26-3

前列腺纵切面超声图

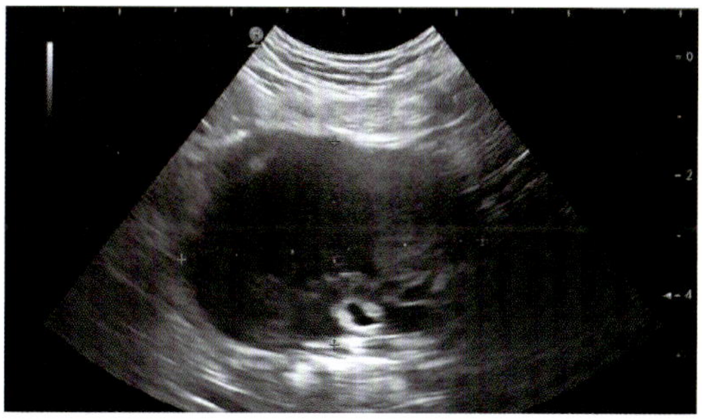

图 26-4

前列腺超声图（前列腺实质旁囊性暗区）

7. 初步检查结果分析

7.1　CBC 结果

红细胞象：未见明显异常。

白细胞象：白细胞计数与中性粒细胞数量增高，提示存在全身性炎症反应。

血小板象：未见明显异常。

7.2　血清生化检查结果

总蛋白和白蛋白升高，可能与机体脱水有关。

7.3　X 线检查结果

后腹部可见 2 个软组织密度团块影像；L7–S1 椎体腹侧可见两处矿化密度影像。

X 线提示：前列腺增大，鉴别：良性前列腺增生 / 前列腺旁囊肿 / 前列腺肿瘤；L7–S1 水平矿化密度影像，提示前列腺矿化灶 / 其他软组织矿化。

7.4　超声检查结果

膀胱充盈，壁平滑，腔内可见大量产回声内容物悬浮、沉积；前列腺轮廓不平滑，回声不均，实质内可见多个大小不一的无回声囊性暗区；前列腺实质头极可见一大小约 3.41 cm × 3.57 cm 的囊性结构，囊性结构可见明显壁，腔内呈产回声暗区伴中等絮状结构。

超声提示：前列腺旁囊肿；前列腺囊性增生；膀胱内大量细胞成分、蛋白成分、结晶。

8. 诊断

结合病史及各种检查结果，本病例被诊断为前列腺旁囊肿，伴前列腺增生。

9. 治疗及转归

对该患犬进行开腹探查、前列腺旁囊肿切开及大网膜引流手术，结合公犬去势术进行治疗。在阴茎右侧平行阴茎方向切开皮肤，腹白线开腹，可见膀胱壁全层增厚、质硬，无弹性；前列腺质硬、增大，大小约 4 cm × 5 cm；前列腺头侧、膀胱左侧有一大小约 7 cm × 8 cm 的囊肿，在膀胱背侧清晰分辨精索、输尿管。于囊肿腹侧留置两根牵引线，于两根牵引线中间切开，囊肿内液体采样后，吸引泵抽吸囊肿内淡黄色积液（内含墨绿色条索状絮状物），大量无菌生理盐水冲洗囊腔至清亮。剪除一半囊肿壁，牵拉大网膜填充囊腔，4/0 微乔结节缝合网膜及囊肿壁进行固定。常规关腹，留置 10 号双腔导尿管。进行常规公犬去势术。

术后第一天患犬即恢复饮食，尿量正常，尿液后段血尿。术后第 4 天复查伤口，拔除导尿管，排尿恢复正常。术后 1 个月复查，犬排尿正常。

10. 讨论

对于前列腺旁囊肿病例，如果选择抗生素保守治疗，由于作用于前列腺部位的药物浓度过低，即使配合去势术，通常也无法解决囊肿问题。手术治疗是前列腺旁囊肿或脓肿的首选方法，以前常见的手术方法为烟卷法腹外引流或造袋术，术后并发症包括复发、尿失禁、尿道感染、败血症、尿道皮肤瘘，甚至死亡，其中 1/3 病例发生败血症，1/5 患病动物死亡。前列腺摘除术虽然可以减少术后败血症和感染的发生率，但超过 90% 的患病动物会出现尿失禁。

目前，更倾向于选择前列腺旁囊肿摘除及大网膜引流技术，配合进行去势术，该项技术需要对所有囊腔进行探查，摘除尽可能多的前列腺旁囊肿。否则残留囊组织会增加腹腔内尿道、膀胱颈、前列腺等粘连，分离过程中注意不要损伤前列腺段神经或血管组织，防止术后发生尿失禁或尿潴留等并发症。

大网膜是间质膜组织，来源于胃系膜，富含大量血管和淋巴管，在外科手术中起到重要的作用，包括体壁重建、填充死腔、加固胃肠道或泌尿道的修复以及“生理性”引流等。在前列腺旁囊肿病例中，大网膜可以对残留囊肿起到持续性引流作用，此外手术部位大网膜粘连可以隔离前列腺残留囊壁，减少与其他腹腔脏器粘连的可能性。如果用于填塞的网膜过少，引流不充分，可能导致前列腺旁囊肿的复发。

前列腺旁囊肿常见临床症状是尿失禁，术后可能仍然存在尿失禁，可以选择苯丙醇胺［1 mg/（kg · d）PO］增加尿道括约肌的敏感性。因此术后 24 h 内应密切观察排尿量。少见尿潴留现象的发生。

前列腺疾病术后也常发生尿道感染，术后应进行尿液培养及药敏试验，选择合适的抗生素进行治疗。细菌性前列腺炎的常见感染菌多为大肠杆菌属，由于患病动物在术前通常进行长期的抗生素治疗，易产生耐药菌，术后仍需根据药敏试验结果选择抗生素。如果患犬已经发生败血症，在药敏结果未获取到时，可以联合应用克林霉素和恩诺沙星。

本文病例由于前列腺旁囊肿较大，建议进行旁囊肿摘除结合大网膜引流治疗，术前术后分别进行尿道造影，排查是否存在尿道泄露问题，这是该手术最常见的并发症。如果术后出现尿道泄露、尿腹的问题，可能需要二次开腹探查。如果前列腺囊肿较小，可以考虑超声引导下穿刺，抽出积液进行细胞学、细菌培养和药敏试验，根据情况选择敏感抗生素治疗，同时配合去势手术。

◆ 参考文献

1.Fossum T W. Small Animal Surgery[M]. 5th ed. Pennsylvania: Elsevier Health Sciences, 2018.

2.Hosgood G. The omentum-the forgotten organ: physiology and potential surgical applications in dogs and cats[J]. Compendium on Continuing Education for the Practicing Veterinarian, 1990, 12(1): 45-50.

3.Stone E A, Barsanti J A. Urologic surgery of the dog and cat[M]. Philadelphia: Lea and Febiger, 1992.

4.Thrall D E. Textbook of Veterinary Diagnostic Radiology[M].7th ed. St. Louis, Missouri: Elsevier Health Sciences, 2017.

5.White R A S, Williams J M. Intracapsular prostatic omentalization: a new technique for management of prostatic abscesses in dogs[J]. Veterinary Surgery, 1995, 24(5): 390-395.

CASE 27

案例27 犬子宫蓄脓

1. 基本信息和病史

迷你杜宾犬，9 岁，雌性，2 岁时被收养，之后一直单独饲养于室内，主食干粮与鸡胸肉，未曾交配或生育。定期免疫，未定期驱虫。

该犬 3 个月前（时间基于就诊，后同）发情，近一周走路无力，乳头流白色液体；精神沉郁，食欲降低，呕吐，多饮多尿，大便成形。

2. 体格检查

患犬精神沉郁，BCS：5/9，体温 39.2℃，收缩压 120 mmHg，心率 160 次 /min（节律不齐），呼吸频率 30 次 /min（右侧肺音粗厉），CRT ≤ 2 s，脱水程度 6% ～ 8%。

患犬被毛完整，光泽度正常，姿势、步态及肌肉骨骼系统检查均未见明显异常；可视黏膜粉红、黏滞；牙齿完整，有牙结石，牙龈粉红；鼻镜干燥，无鼻腔分泌物；耳部、眼部检查均未见明显异常；皮肤 R1 ～ R3 乳腺结节样肿物，直径约 1 mm，R2 ～ R3 乳腺圆丘样肿物，大小约 3 cm × 4 cm，表面大量粟粒样突起；外生殖器有少量清亮黏液，会阴部未见明显异常，腹围增大，腹腔内器官（如肾脏、膀胱等）难以触及。

3. 问题列表

多饮多尿、呕吐、腹围增大、乳腺肿块。

4. 鉴别诊断

子宫蓄脓、肾上腺皮质机能亢进、糖尿病、乳腺炎、乳腺肿瘤。

5. 初步诊断计划

CBC、生化检查、胸部 X 线检查、腹部超声检查。

6. 初步检查结果

CBC 检查结果见表 27-1，血涂片检查结果见图 27-1、图 27-2。生化检查结果见表 27-2。

表 27-1　血常规检查结果

检查项目	结果（单位同参考范围）				参考范围
	术前	术后 1 d	术后 2 d	术后 3 d	
红细胞总数（RBC）	5.7×10^{12}/L	5.9×10^{12}/L	6.4×10^{12}/L	6.3×10^{12}/L	5.65×10^{12} ～ 8.87×10^{12}/L
红细胞比容（HCT）	35.7%	37.9%	41.6%	40.2%	37.3% ～ 61.7%
血红蛋白（HGB）	13.6 g/dL	13.1 g/dL	14.1 g/dL	13.6 g/dL	13.1 ～ 20.5 g/dL
白细胞总数（WBC）	140.8×10^{9}	261.3×10^{9}	261.0×10^{9}	220.5×10^{9}	5.05×10^{9} ～ 16.76×10^{9}/L
分叶中性粒细胞数量（SEG）	111.3×10^{9}	172.5×10^{9}	190.6×10^{9}	165.3×10^{9}	2.95×10^{9} ～ 11.64×10^{9}/L
杆状中性粒细胞数量（BAND）	11.3×10^{9}	60.1×10^{9}	26.1×10^{9}	22.1×10^{9}	0 ～ 0.3×10^{9}/L
单核细胞数量（MONO）	15.5×10^{9}	23.5×10^{9}	31.3×10^{9}	22.1×10^{9}	0.16×10^{9} ～ 1.12×10^{9}/L
淋巴细胞数量（LYM）	2.8×10^{9}	5.2×10^{9}	5.2×10^{9}	8.8×10^{9}	1.05×10^{9} ～ 5.10×10^{9}/L
嗜酸性粒细胞数量（EOS）	0	0	7.8×10^{9}	2.2×10^{9}	0.06×10^{9} ～ 1.23×10^{9}/L
血小板（PLT）	256×10^{3}	231×10^{3}	209×10^{3}	258×10^{3}	148×10^{3} ～ 484×10^{3}/μL

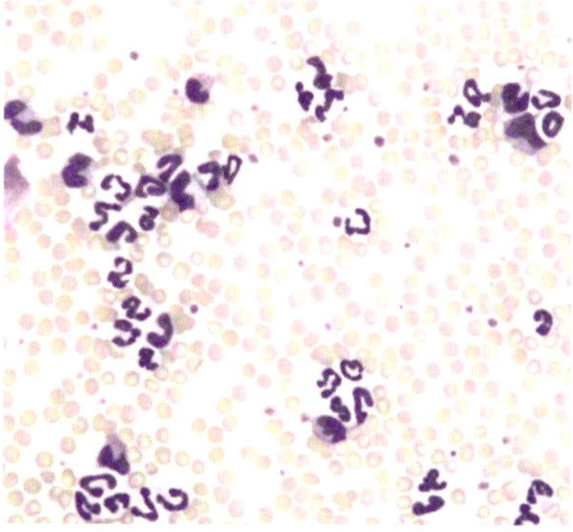

图 27-1

血涂片检查（瑞氏吉姆萨染色，400×）

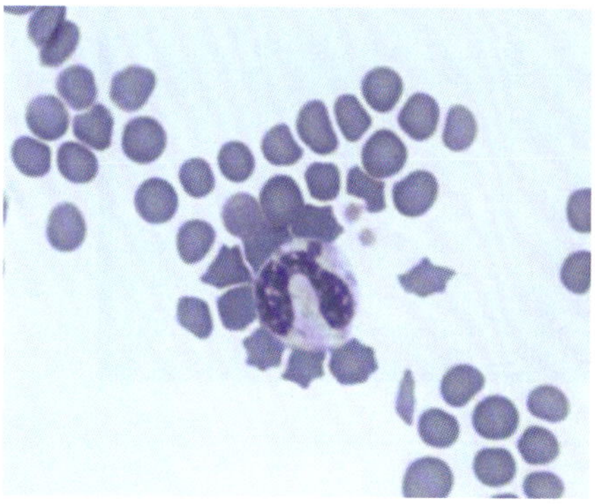

图 27-2

血涂片检查（Diff-Quik 染色，1 000×）

表 27-2　生化检查结果

检查项目	结果	参考范围
血糖（GLU）	7.63 mmol/L	3.89 ～ 7.95 mmol/L
肌酐（CREA）	51 μmol/L	44 ～ 159 μmol/L
尿素（UREA）	4.0 mmol/L	2.5 ～ 9.6 mmol/L
磷（P）	1.32 mmol/L	0.81 ～ 2.20 mmol/L
钙（Ca）	2.16 mmol/L	1.98 ～ 3.00 mmol/L
总蛋白（TP）	78 g/L	52 ～ 82 g/L
白蛋白（ALB）	24 g/L	22 ～ 39 g/L
球蛋白（GLOB）	54 g/L	25 ～ 45 g/L
白球比（A/G）	0.4	0.9 ～ 1.9
丙氨酸氨基转移酶（ALT）	36 U/L	10 ～ 125 U/L
天门冬氨酸氨基转移酶（AST）	38 U/L	0 ～ 50 U/L
碱性磷酸酶（ALP）	224 U/L	23 ～ 212 U/L
γ- 谷氨酰转肽酶（GGT）	8 U/L	0 ～ 11 U/L

续表 27-2

检查项目	结果	参考范围
总胆红素（TBIL）	6 μmol/L	0 ～ 15 μmol/L
胆固醇（CHOL）	6.28 mmol/L	2.84 ～ 8.26 mmol/L
肌酸激酶（CK）	31 U/L	10 ～ 200 U/L
钠（Na）	143.9 mmol/L	138 ～ 156 mmol/L
钾（K）	3.45 mmol/L	3.8 ～ 5.8 mmol/L
氯（Cl）	106.5 mmol/L	104 ～ 116 mmol/L

X 线检查结果见图 27-3。超声检查结果见图 27-4。

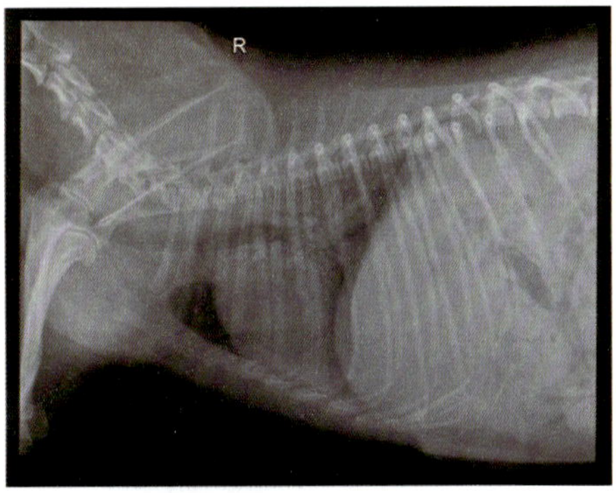

图 27-3

胸部右侧位 X 线片

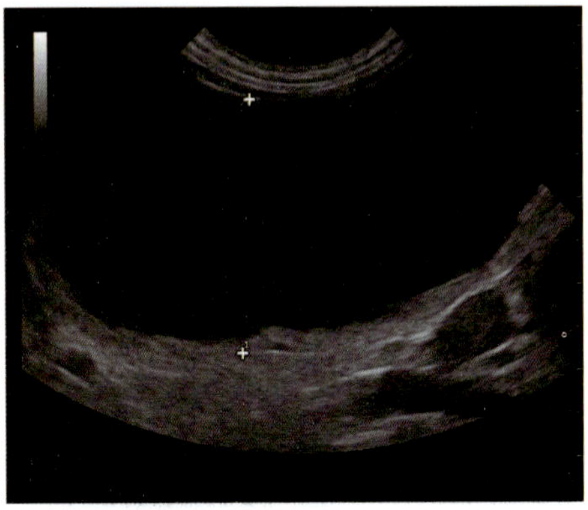

图 27-4

子宫角超声图

7. 初步检查结果分析

7.1 CBC 结果

红细胞象：红细胞数量变化不显著，镜下红细胞形态正常。

白细胞象：中性粒细胞、杆状中性粒细胞和单核细胞数量显著升高，镜检可见嗜中性粒细胞中毒性变化（胞质嗜碱性，含杜勒小体），均提示严重炎症或骨髓增生性疾病（图 27-1、图 27-2）。

血小板象：血小板数量和形态均正常。

7.2 血清生化检查结果

球蛋白升高：提示炎症（尤其是慢性炎症）。

碱性磷酸酶浓度升高：碱性磷酸酶特异性较低，本病例中炎症导致的组织损伤可导致其轻度上升。

钾离子降低：提示与近期食欲下降及呕吐有关。

7.3 胸部 X 线检查结果

气管上抬，心影增大（图 27-3）。

7.4 腹部超声检查结果

双侧子宫角增粗，腔内呈产回声暗区伴后方回声增强（图 27-4），左、右侧子宫角直径分别为 2.95 cm、2.89 cm，子宫体直径约 0.57 cm。

超声提示：子宫积液，液性浑浊。

8. 诊断

根据体格检查、实验室检查及影像学检查，初步诊断为子宫蓄脓。

9. 治疗及转归

入院第 2 天行子宫卵巢病理切除术。术后 3 d 患犬的临床症状逐渐好转，但白细胞一直处于高水平状态（表 27–1），术后持续监测，白细胞总数逐渐恢复正常。

10. 讨论

子宫蓄脓，由子宫内膜囊性增生（cystic endometrial hyperplasia，CEH）逐渐发展而来，子宫蓄脓是中老年未绝育母犬较为常见的一种潜在威胁生命的子宫疾病。激素和细菌因素被认为是该疾病的发病基础。子宫蓄脓的特征是子宫细菌性感染并存在聚集的脓汁，会表现出一系列的临床症状，如精神沉郁、多饮多尿、厌食、腹围增大等。卵巢子宫切除术是治疗子宫蓄脓最安全、最有效的方法。早期发现、监测预后、治疗并发症，对优化治疗、提高存活率具有重要的临床价值。

根据子宫颈的开放程度，子宫蓄脓可分为开放型和闭锁型两类，由病史及各项检查可见，本病例由 CEH 逐渐发展为闭锁型子宫蓄脓，表现出典型的多饮多尿、腹围增大等症状，经过 B 超及临床病理学检查，最终诊断为子宫蓄脓。在纠正脱水、调整临床体况后，行子宫卵巢病理切除术，最终该犬预后良好。

此外，本病例呈现出典型的“类白血病样反应”慢性炎症白细胞象。类白血病样反应即白细胞极度升高（大于 50×10^9/L），常伴随中性粒细胞升高，以及严重的核左移，与慢性髓性白血病难以区分。导致白细胞增高的主要原因为炎症（感染或非感染）、类固醇反应、肿瘤，感染性炎症常伴随细菌感染。本病例中，患犬术前第 1 天及术后 3 天内，白细胞计数极显著升高，杆状中性粒细胞数量一直处于高水平状态，同时可见中毒性变化（图 27–1、图 27–2），在血涂片及淡黄层涂片上，均未见其他异常细胞。结合病因，初步诊断为慢性炎症，但无法排除骨髓疾病，后期追踪发现患犬白细胞计数逐渐下降至正常，复诊血涂片未见异常细胞，进一步排除骨髓疾病。

子宫蓄脓患犬白细胞会因为多方面因素升高，有文献报道，随机挑选 182 只白细胞增高的患犬，白细胞中度至极度增高（大于 35×10^9 /L）病例中，由感染引起的占 30.8%（56/182），由子宫蓄脓引起的占 3.8%（7/182），占感染类疾病的 12.5%（7/56）。闭锁型子宫蓄脓往往因为脓液及微生物无法排出，而导致白细胞极度升高，且不易被宠物主人察觉，有导致子宫破裂的危险，因此，临床工作者需更加重视。

◆ 参考文献

1.de Laforcade A M, Freeman L M, Shaw S P, et al. Hemostatic changes in dogs with naturally occurring sepsis[J]. Journal of Veterinary

Internal Medicine, 2003, 17(5): 674-679.
2.Ettinger S J, Feldman E C, Cote E. Textbook of Veterinary Internal Medicine[M].8th ed. St. Louis, Missouri: Elsevier health sciences, 2016.
3.Hagman R. Canine pyometra: What is new?[J]. Reproduction in domestic animals, 2017, 52: 288-292.
4.Richard W. Nelson, C Guillermo Couto. 小动物内科学 [M]. 5 版 . 夏兆飞，陈艳云，王姜维，主译 . 北京：中国农业大学出版社，2019.
5.Stockham S L, Keeton K S, Szladovits B. Clinical assessment of leukocytosis: distinguishing leukocytoses caused by inflammatory, glucocorticoid, physiologic, and leukemic disorders or conditions[J]. Veterinary Clinics: Small Animal Practice, 2003, 33(6): 1335-1357.
6.Weltan S M, Leisewitz A L, Goddard A. A case-controlled retrospective study of the causes and implications of moderate to severe leukocytosis in dogs in South Africa[J]. Veterinary clinical pathology, 2008, 37(2): 164-172.

CASE 28

案例28 犬假两性

1. 基本信息和病史

雪纳瑞犬，8岁，雄性未去势，6.5 kg。平时饲养于楼房中，日常主要饲喂商品化犬粮。正常免疫和驱虫，就诊前近期无旅行史。

主诉呕吐，食欲几近废绝，仍有饮欲，精神萎靡，大便前段成型带血，小便末段浑浊。

2. 体格检查

患犬沉郁，BCS：4/9，腹围增大，双侧隐睾，心杂音（3 ～ 4）/6 级。腰荐部两侧对称性脱毛，色素沉着，皮肤多处存在小出血点，采血部位极易形成血肿及皮下瘀血。

3. 问题列表

呕吐无食欲、大便带血、隐睾、皮肤出血点及凝血时间延长。

4. 鉴别诊断

血小板减少症、隐睾支持细胞瘤、中毒。

5. 初步诊断计划

诊断项目：血常规、生化检查、凝血检查、腹部超声检查。

6. 初步检查结果

CBC 检查结果见表 28–1，血清生化结果见表 28–2。

超声图见图 28–1 至图 28–4。

表 28–1　CBC 检查结果

项目	第 1 天	第 4 天	参考范围
红细胞总数（RBC）	5.37×10^{12}/L	2.68×10^{12}/L	5.65×10^{12} ～ 8.87×10^{12}/L
红细胞比容（HCT）	36.2%	17.3%	37.3% ～ 61.7%
血红蛋白浓度（HGB）	11.7 g/dL	5.7 g/dL	13.1 ～ 20.5 g/dL
白细胞总数（WBC）	18.93×10^9/L	25.67×10^9/L	5.05×10^9 ～ 16.76×10^9/L
血小板（PLT）	18×10^3/μL	17×10^3/μL	148×10^3 ～ 484×10^3/μL
镜检：杆状嗜中性粒细胞比例增加，分叶状嗜中性粒细胞呈中毒性变化；无血小板凝集，平均每高倍镜视野下血小板为 0 ～ 2 个			

表 28-2　血清生化检查结果

项目	第 1 天	第 4 天	参考范围（犬）
总胆红素（TBIL）	0.4 mg/dL	0.6 mg/dL	0 ～ 0.8 mg/dL
总蛋白（TP）	6.6 g/dL	5.2 g/dL	5.5 ～ 7.2 g/dL
白蛋白（ALB）	2.9 g/dL	2.5 g/dL	3.2 ～ 4.1 g/dL
丙氨酸氨基转移酶（ALT）	22 U/L	34 U/L	17 ～ 95 U/L
天门冬氨酸氨基转移酶（AST）	36.07 U/L	44.77 U/L	10 ～ 56 U/L
碱性磷酸酶（ALP）	173 U/L	586 U/L	7 ～ 115 U/L
γ- 谷氨酰转肽酶（GGT）	5.4 U/L	18 U/L	0 ～ 8 U/L
肌酐（CREA）	2.6 mg/dL	1.3 mg/dL	0.6 ～ 1.4 mg/dL
尿素氮（BUN）	189 mg/dL	126 mg/dL	19 ～ 55.7 mg/dL
胆固醇（CHO）	521 mg/dL	398 mg/dL	139 ～ 392 mg/dL
甘油三酯（TG）	105 mg/dL	84 mg/dL	23 ～ 102 mg/dL

PT、aPTT 结果均在参考范围内。

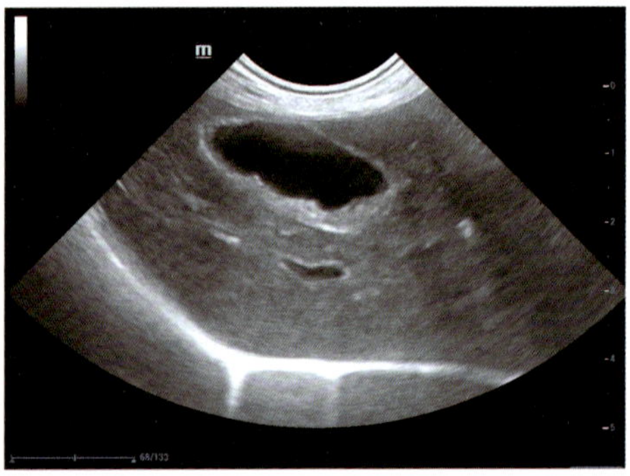

图 28-1

肝胆超声图

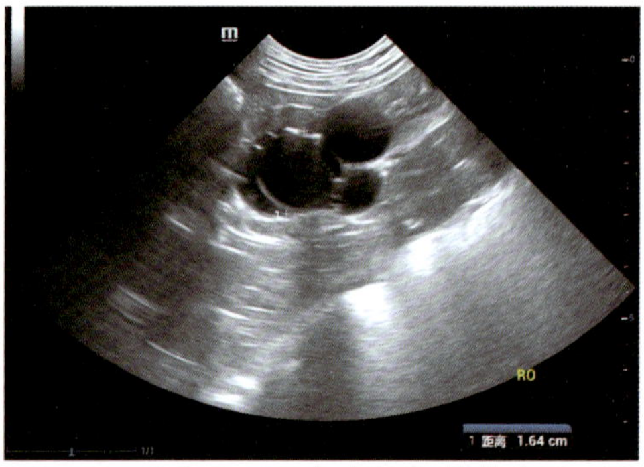

图 28-3

前腹部与管腔样结构相连的囊实性团块超声图

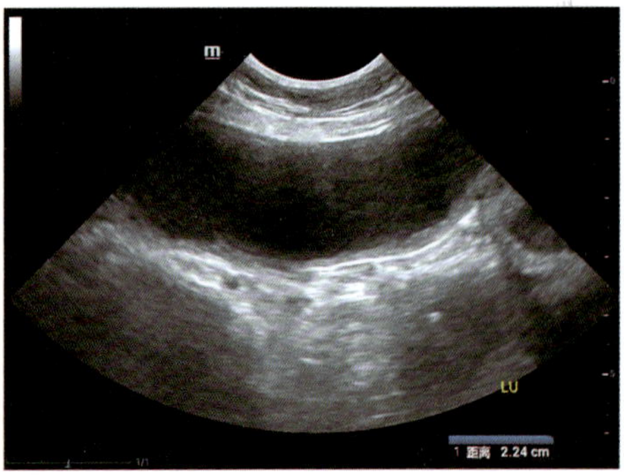

图 28-2

扩张积液的管腔样结构超声图

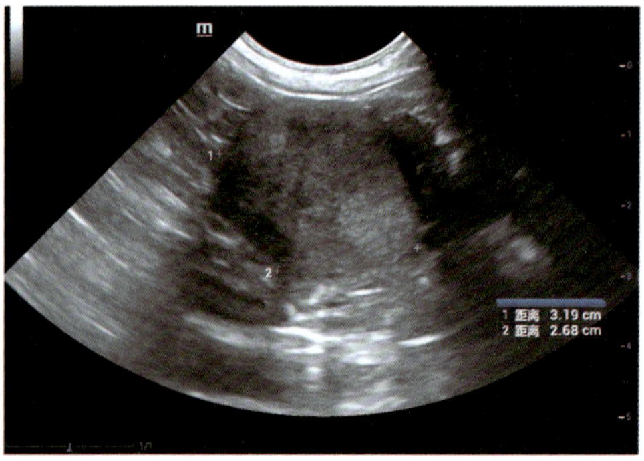

图 28-4

隐睾肿瘤超声图

7. 初步检查结果分析

7.1　血常规

红细胞象：患犬轻度贫血，但住院期间逐渐发展为重度贫血且不伴有再生性。结合病史及体征，消化道及皮下出血是其中的原因，但短短 4 d 内 HCT 从 36.2% 降低至 17.3%（粗略估算约 250 mL 全血）而无再生反应，无法单纯用眼观可见的消化道出血和皮下淤点来解释。

白细胞象：白细胞轻度升高伴中毒性变化，提示机体存在全身性炎症反应，而且骨髓反应可能不足。结合超声和生化结果，炎性反应灶可能为腹腔内积液的管腔结构和胆囊。

血小板象：血涂片镜检及血常规计数提示血小板真性减少，体检中发现皮下淤血点和采血部位容易形成血肿应该是由血小板减少症引致。

7.2　血清生化

低白蛋白血症：结合病史和 CBC 结果，考虑与出血和炎性反应相关，炎症导致急性期蛋白合成增加，从而影响白蛋白合成所致。

ALP、GGT 升高，结合超声影像，可能为胆泥淤积和 / 或胆囊炎导致，但 ALP 升高水平远大于 GGT，考虑到动物状态不佳，不排除为内在的疾病导致内源性皮质醇的释放引致 ALP 升高。

肌酐开始时升高，随后恢复到正常范围，可能与此前动物呕吐不食导致的脱水相关；尿素氮升高幅度较肌酐大，持续升高时间较肌酐久，可能与脱水同时存在胃肠道内出血相关。

7.3　超声结果

胆囊充盈，壁增厚且不光滑，腔内可见少量产回声内容物沉积；腹腔多段扩张的管腔结构，在膀胱背侧分叉，腔内呈产回声暗区伴后方回声增强，管壁无肠管样分层且无蠕动性。前腹有两个相邻的轮廓不规则团块，头侧团块实质呈不均匀低回声，尾侧团块与管腔结构相连，实质内可见多个无回声囊区。右中腹可见一不均匀低回声团块，轮廓欠平滑，与管腔结构相邻。

超声提示：疑似胆囊炎；腹腔内隐睾伴肿瘤化，且疑似同时存在积液的子宫。

7.4　进一步检查结果

血清雌二醇浓度检测结果为 138.24 pg/mL（正常范围：雄性＜ 15 pg/mL；睾丸支持细胞瘤为 10 ～ 100 pg/mL）。

8. 诊断

贫血、血小板减少和白细胞反应不足为雌激素过高导致的骨髓抑制，隐睾肿瘤化，动物可能为雌雄同体，疑似同时存在子宫积液。

9. 治疗及转归

输液后，动物精神有所好转，体重回升至 6.9 kg。使用抗生素（头孢噻呋钠）后，白细胞总数有所回升，未再见中毒变化。考虑到血小板减少的问题，术中及术后可能存在出血的情况，输入较大量的新鲜全血（300 mL），HCT 回升至 44.3%，体征稳定后进行开腹探查。术前导尿过程中留意到阴茎骨后段尿道狭窄。术中可见双侧扩张的子宫角，尾侧与前列腺相连，头侧与肾脏连接，连接处存在疑似隐睾及卵巢（图 28–5），送检进行组织病理学检查。镜下细胞排列成小管，间质由无细胞的纤维组织构成，结果提示肉眼可见的睾丸及卵巢样结构为支持细胞瘤病变的睾丸（图 28–6）。肝脏增大，表面弥散分布直径约 1 mm 凹凸不平的黄色斑点，与动物主人沟通，未予采样。胆管未见堵塞。术中可见少量腹腔内积液，黄色清亮，液体分析提示为改性漏出液，细菌培养阴性。子宫积液细菌培养阴性，膀胱穿刺取尿细菌培养阴性。培养阴性不排除是使用抗生素的结果。

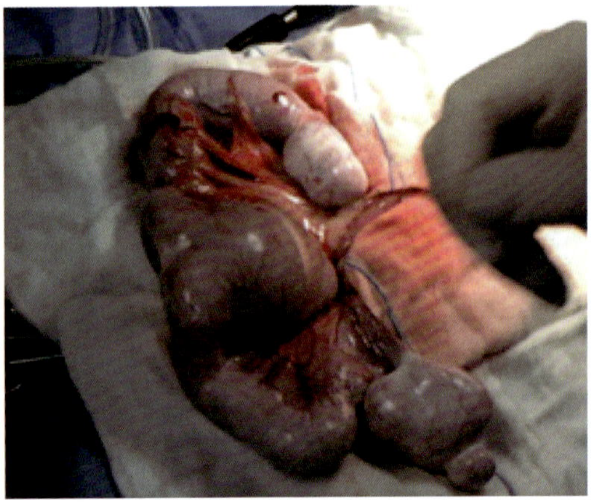

图 28–5

扩张的子宫角，近端连接处疑似睾丸及卵巢

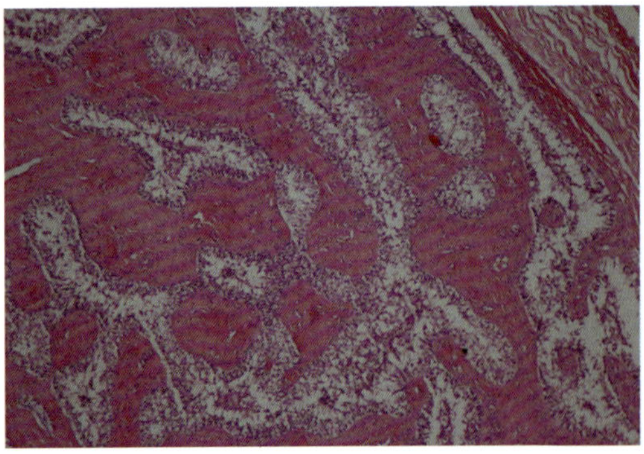

图 28–6

肿瘤细胞排列成小管，间质由无细胞的纤维组织构成（HE 染色，40×）

术后第一天腹部创口大量渗血，压迫后可止血，切口周围皮下淤血，且范围每日逐渐变大。贫血缓慢发展且不伴有再生反应，血小板减少症无任何改善。至出院时（术后第 6 日）动物饮食欲恢复，精神良好。

至术后 3 周动物精神状态及食欲良好，伤口愈合良好，中度贫血伴再生反应，血小板计数接近正常范围低限。至术后 2 个月，血小板计数已恢复正常（表 28–3）。截至本文编写时（术后 9 个月），动物精神、饮食及大小便均正常。

10. 讨论

正常哺乳类动物的性别分化主要靠三个步骤完成。染色体性别，这个一般发生在受精过程，位于 Y 染色体上的基因（Ydy）会编码一种蛋白（睾丸决定因子，TDF），开启雄性发育。睾丸的发育奠定了雄性性腺，睾丸的分泌物又会决定雄性动物的表征：睾酮促进前列腺、尿道和阴茎的形成，使附睾和输精管发育；抗缪勒氏管激素（AMH）促进缪勒氏管退化。当动物缺乏 Y 染色体和 Tdy 基因，雌性性腺发育就会开启，从而表现出雌性表征。性别分化异常分三大类：染色体、性腺和表型。迷你雪纳瑞的持久性穆勒氏管综合征（PMDS）被认为是常染色体隐性遗传，且仅限于雄性的遗传病，PMDS 犬具有正常的雄性染色体组（78XY）、双睾丸和完整的缪勒氏管系统（输卵管、子宫、子宫颈）。犬的 PMDS，目前最被认可的假说是编码缪勒氏管抑制物（MIS）受体的基因发生异常而引发。

本病例中，动物发生子宫积液的机制尚不明确，可能是由于子宫内膜增厚或子宫颈未正常开口于阴道前庭和外阴，导致子宫腔内液体无法正常排出而引起。

缪勒氏管结构相对固定，因此会阻碍睾丸往下通过腹股沟环降至阴囊内，引起单侧或双侧隐睾。而隐睾动物发生睾丸肿瘤的概率远高于正常动物，研究表明，腹腔内隐睾的发病概率是阴囊内睾丸的 14 倍。支持细胞瘤（SCT）是一种分泌雌激素的肿瘤，会引起 25% ～ 50% 的患病雄性动物雌性化。雌激素水平和肿瘤大小相关，15% 有雌性化表现的患病动物会出现骨髓抑制。雄性动物雌性化的表现包括非瘙痒性对称性脱毛、色素沉着、乳腺发育增生、乳溢、阴茎萎缩、包皮下垂等。本病例中，动物腰荐部两侧对称性脱毛，色素沉着，乳腺增生；贫血和血小板减少，身上弥散分布淤血点，腹部切口附近皮下瘀血斑，摩擦皮肤后容易出血淤血。发生骨髓抑制的机理目前尚未明确，但雌激素被证实会干扰干细胞的分化，改变红细胞前体细胞对于铁的利用，可能会抑制循环中红细胞刺激因子的产生。

治疗方法主要是进行含大范围精囊腺切除的去势术，发生骨髓抑制的动物术前应进行支持治疗，包括输液疗法、输血或富含血小板的血浆、使用广谱抗生素等。若发生严重的骨髓抑制，动物死亡率超过 70%，即使去除释放雌二醇的支持细胞瘤，血液指标也需要数月才能恢复正常。血小板减少症持续超过 2 周是预后不良的指标之一，总体来说，发生骨髓抑制的支持细胞瘤动物预后谨慎或不良。

◆ 参考文献

1. Meyers-Wallen V N. Genetics of sexual differentiation and anomalies in dogs and cats[J]. Journal of Reproduction and fertility. Supplement, 1993, 47: 441-452.
2. North S M, Banks T A. Small Animal Oncology: An Introduction[M]. London: Elsevier Health Sciences, 2009.
3. Sanpera N, Masot N, Janer M, et al. Oestrogen-induced bone marrow aplasia in a dog with a Sertoli cell tumour[J]. Journal of small animal practice, 2002, 43(8): 365-369.
4. Vandersteen D R, Chaumeton A K, Ireland K, et al. Surgical management of persistent müllerian duct syndrome[J]. Urology, 1997, 49(6): 941-945.

CASE 29

案例29 犬肾上腺皮质功能减退

1. 基本信息和病史

巨型贵宾犬，2 岁，雌性未绝育。平时单独饲养于室内，日常主要饲喂干粮，且近一年未更换粮食。常规免疫，驱虫不规律。近期无旅行史。

患犬 1 个月前出现呕吐及饮食欲下降等症状，经内科对症治疗后精神食欲稍有改善，但时好时坏。现因连续呕吐 3 d，饮、食欲废绝，且突然无法站立，前来就诊。

2. 体格检查

患犬精神沉郁，BCS：4/9，体温 37.6℃，心率 60 次 /min，呼吸频率 15 次 /min。黏膜颜色苍白，脱水程度约 8%。腹部触诊未见明显异常。

3. 问题列表

呕吐、无法站立、饮食欲废绝、心动过缓。

4. 鉴别诊断

胃肠道疾病、胰腺炎、肾病。

5. 初步检查计划

诊断项目：CBC、生化检查、犬胰腺特异脂肪酶检查、血气检查、腹部 X 线检查、腹部超声检查。

6. 初步检查结果

CBC 检查结果见表 29–1，生化检查结果见表 29–2、血气检查结果见表 29–3。

SNAP–cPL 结果为阴性。

表 29–1　CBC 检查结果

项目	结果	参考范围（犬）
红细胞总数（RBC）	9.22×10^{12}/L	5.65×10^{12} ～ 8.87×10^{12}/L
红细胞比容（HCT）	55.5%	37.3% ～ 61.7%
血红蛋白浓度（HGB）	19.5 g/dL	13.1 ～ 20.5 g/dL
网织红细胞（RETIC）	2.8×10^{3}/μL	10.0×10^{3} ～ 110.0×10^{3}/μL
平均红细胞体积（MCV）	60.2 fL	61.6 ～ 73.5 fL
平均红细胞血红蛋白浓度（MCHC）	35.1 g/dL	32.0 ～ 37.9 g/dL
红细胞分布宽度（RDW）	19.4%	13.6% ～ 21.7%

续表 29-1

项目	结果	参考范围（犬）
白细胞总数（WBC）	6.52×10^9/L	5.05×10^9 ～ 16.76×10^9/L
分叶中性粒细胞（SEG）	4.24×10^9/L	2.95×10^9 ～ 11.64×10^9/L
淋巴细胞（LYM）	2.57×10^9/L	1.05×10^9 ～ 5.10×10^9/L
单核细胞（MONO）	0.16×10^9/L	0.16×10^9 ～ 1.12×10^9/L
嗜酸性粒细胞（EOS）	0.29×10^9/L	0.06×10^9 ～ 1.23×10^9/L
嗜碱性粒细胞（BASO）	0.00×10^9/L	0.00 ～ 0.10×10^9/L
血小板（PLT）	291×10^3/μL	148×10^3 ～ 484×10^3/μL

表 29-2　生化检查结果

项目	结果	参考范围（犬）
总胆红素（TBIL）	5 μmol/L	0 ～ 15 μmol/L
总蛋白（TP）	68 g/L	52 ～ 82 g/L
白蛋白（ALB）	29 g/L	23 ～ 40 g/L
球蛋白（GLOB）	40 g/L	25 ～ 45 g/L
白球比（A/G）	0.7	0.9 ～ 1.9
葡萄糖（GLU）	4.61 mmol/L	4.11 ～ 7.95 mmol/L
丙氨酸氨基转移酶（ALT）	77 U/L	10 ～ 125 U/L
天门冬氨酸氨基转移酶（AST）	57 U/L	0 ～ 50 U/L
碱性磷酸酶（ALP）	28 U/L	23 ～ 212 U/L
γ- 谷氨酰转肽酶（GGT）	0 U/L	0 ～ 11 U/L
尿素（UREA）	23.1 mmol/L	2.5 ～ 6.9 mmol/L
肌酐（CREA）	314 μmol/L	44 ～ 159μmol/L
磷（P）	2.65 mmol/L	0.81 ～ 2.20 mmol/L
钙（Ca）	3.61 mmol/L	1.98 ～ 3.00 mmol/L
肌酸激酶（CK）	528 U/L	10 ～ 200 U/L
钾（K）	6.83 mmol/L	3.8 ～ 5.8 mmol/L
钠（Na）	139.4 mmol/L	138 ～ 156 mmol/L
氯（Cl）	117.6 mmol/L	104 ～ 116 mmol/L

表 29-3　血气检查结果

项目	结果	参考范围（犬）
Na	130 mmol/L	142 ～ 150 mmol/L
K	7.8 mmol/L	3.4 ～ 4.9 mmol/L
Cl	105.5 mmol/L	106 ～ 129 mmol/L
BUN	> 140 mg/dL	10 ～ 26 mg/dL
GLU	110 mg/dL	60 ～ 115 mg/dL
pH	7.114	7.35 ～ 7.45
pCO_2	40.8 mmHg	35 ～ 38 mmHg
HCO_3	13.1 mmHg	15 ～ 23 mmHg

超声检查结果见图 29-1、图 29-2。

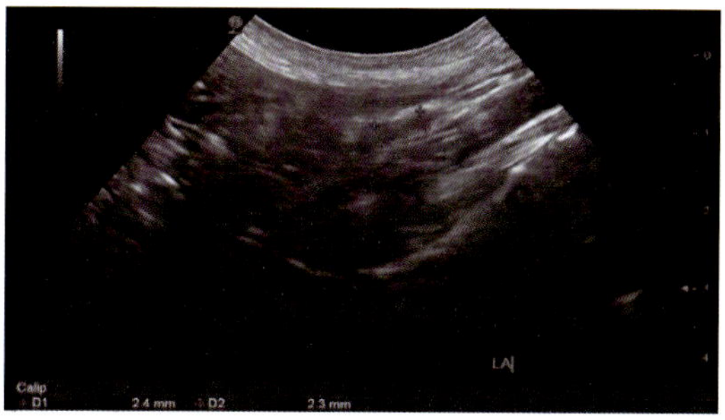

图 29-1

左侧肾上腺超声图

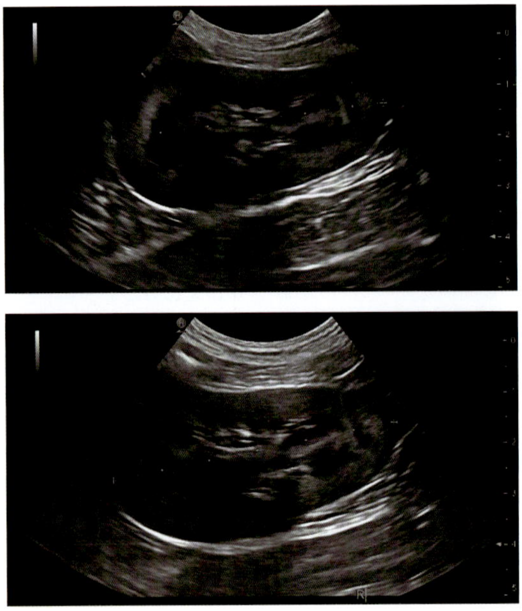

图 29-2

双侧肾脏超声图（上图为左肾；下图为右肾）

7. 初步检查结果分析

7.1 CBC 结果

红细胞象：红细胞稍高于参考范围上限，可能与患犬近日频繁呕吐和机体脱水有关。

白细胞象：未见明显异常。

血小板象：未见明显异常。

7.2 血清生化检查结果

氮质血症：尿素氮与肌酐同时升高，结合病史（呕吐、脱水）和超声检查结果推测患犬存在肾前性和肾性氮质血症。

AST 和 CK 轻度升高。AST 广泛分布于骨骼肌、心肌、大脑等组织中，CK 是肌肉损伤的敏感性标志，AST 与 CK 同时升高提示患犬存在肌肉组织损伤。

7.3 血气检查结果

患犬同时出现高钾血症、低钠血症和低氯血症。血常规无溶血和白细胞明显升高表现，排除钾离子假性升高的可能；钠钾比约为 20.4，远低于 27，提示存在肾上腺皮质功能减退，应进行 ACTH 刺激试验以进一步确诊。pH 下降、HCO_3^- 降低提示存在代谢性酸中毒。

7.4 X 线检查结果

胃肠道未见明显阳性异物及梗阻征象。

7.5 超声检查结果

左侧肾上腺头极厚径 0.24 cm，尾极厚径 0.23 cm，体积偏小；右侧肾上腺影像未探及。双肾轮廓平滑，皮质回声增强，皮髓质分界清晰，双肾长轴约：5.82 cm（右），5.62 cm（左）。

超声提示：疑似存在肾损伤；双侧肾上腺均存在一定程度的萎缩。

8. 进一步的诊断计划及结果分析

患犬出现明显的高钾血症和低钠血症（钠钾比小于 27∶1），且超声提示肾上腺体积减小，高度怀疑肾上腺皮质功能减退。

8.1 进一步诊断计划

ACTH 刺激试验。

8.2 结果及分析

ACTH 刺激试验结果见表 29-4。

ACTH 值在试验前后均低于 0.54 ng/mL，提示肾上腺皮质功能减退。

表 29-4　ACTH 刺激试验结果

检查项目（皮质醇）	结果	参考范围（犬）
基础值	＜ 0.54 ng/mL	刺激后： ＜ 20 ng/mL，提示肾上腺皮质功能减退 ＜ 60 ng/mL，医源性 HAC 60 ～ 180 ng/mL，提示正常 180 ～ 240vng/mL，怀疑 HAC ＞ 240 ng/mL，强烈提示 HAC
刺激后	＜ 0.54 ng/mL	

9. 最终诊断

结合病史和各项检查结果，本病例最终诊断为肾上腺皮质功能减退。

10. 治疗

首先为患犬建立静脉通路，补充 0.9% 的氯化钠溶液，纠正血容量不足、低钠血症和低氯血症，解除高钾血症无需专门用药，可通过单纯的稀释和改善肾脏灌注得以缓解。输注 5% 的葡萄糖溶液，以防止患犬出现低血糖症。疾病确诊后，患犬口服醋酸氟氢可的松［0.02 mg/（kg・d）］，用于补充盐皮质激素，后续持续监测患犬电解质水平，根据定期复查的结果调整醋酸氟氢可的松的剂量，决定是否使用泼尼松补充糖皮质激素。

11. 讨论

肾上腺皮质功能减退，又称阿迪森氏病，是由于肾上腺分泌糖皮质激素和 / 或盐皮质激素不足引起的一系列临床综合征，可分为原发性和继发性两种类型，在犬后者较为常见。患犬中位发病年龄为 3 ～ 4 岁，母犬发病率相对更高。患犬常表现为体重下降、呕吐、腹泻、嗜睡虚弱及多饮多尿等临床症状。体格检查常见异常有体况不良、脱水和腹部触诊疼痛等。本病例中，患犬在近 1 个月反复出现呕吐、精神沉郁、全身无力和体重明显下降等症状符合肾上腺皮质功能减退的临床症状。

CBC 检查中常见中性粒细胞数量减少，淋巴细胞和嗜酸性粒细胞增多，部分个体还会出现轻度非再生性贫血。本病例白细胞象未见明显异常，但因患犬脱水，可能掩盖了轻度非再生性贫血。电解质紊乱是患犬常见的临床病理学变化。由于醛固酮分泌不足，超过 90% 的病例会出现高钾血症、低钠血症，钾离子浓度常大于 5.5 mmol/L，钠离子浓度小于 135 mmol/L，钠钾比小于 27 : 1。但也有文献表明其他疾病也可能导致钠钾比异常，应结合其他临床症状进行鉴别诊断。本病例患犬钾离子浓度 7.8 mmol/L，钠离子浓度 130 mmol/L（钠钾比小于 27 : 1），同时腹部超声患犬肾上腺萎缩变小，高度提示可能存在肾上腺皮质功能减退的问题。

ACTH 刺激试验是诊断肾上腺皮质功能减退的金标准方法，敏感性和特异性均超过 95%。检查时经静脉或肌肉注射合成的 ACTH，分别在刺激前后采血检测患犬皮质醇含量，若均小于 20 ng/mL 即可确诊。本病例的 ACTH 值在刺激前后均小于 0.54 ng/mL，结合其他检查结果，可确诊为肾上腺皮质功能减退。

治疗取决于患病动物是否出现阿迪森危象和更多的慢性临床症状。如果患犬出现阿迪森危象，首先应及时通过液体疗法纠正低血压、低血容、电解质紊乱和代谢性酸中毒等急症。生理盐水因钠、氯离子含量较高，钾离子含量低，常常作为液体疗法的首选药物。若患犬同时伴有低血糖症状，可在输注液体中补充 5% 的葡萄糖溶液。一旦输液治疗后患病动物病情稳定，可开始维持治疗，包括终生服用糖皮质激素和盐皮质激素。国内盐皮质激素补充剂首选醋酸氟氢可的松，初始剂量为 0.02 mg/（kg・d），分 2 次口服。最初每 1 ～ 2 周评估一次，稳定后每 3 ～ 6 个月复查 1 次电解质浓度。糖皮质激素用于控制相关的非特异性症状和胃肠道症状，最常使用泼尼松或泼尼松龙，初始剂量为 0.25 mg/kg，每天 2 次，然后在数周内逐渐降低剂量，直到确定可以控制临床症状的最低剂量。该病通常预后良好，平均存活时间为 4.7 年，年龄、品种、性别和体重等因素与存活时间无显著相关性。最重要的是教育主人，定期复查，配合治疗。

◆ 参考文献

1.Ettinger S J, Feldman E C, Cote E. Textbook of Veterinary Internal Medicine[M].8th ed. St. Louis, Missouri: Elsevier health sciences, 2016.

2.Nielsen L, Bell R, Zoia A, et al. Low ratios of sodium to potassium in the serum of 238 dogs[J]. Veterinary Record, 2008, 162(14): 431-435.

3.Villiers E, Ristić J. BSAVA manual of canine and feline clinical pathology[M].3rd ed.Wales:British Small Animal Veterinary Association, 2016.

CASE 30

案例30 犬肾上腺皮质功能亢进

1. 基本信息和病史

贵宾犬，4岁，雄性未去势。室内饲养为主，主食犬粮，偶尔饲喂零食罐头，最近无换粮史。常规免疫驱虫，无外出旅行史，既往身体健康。

近半个月出现多饮多尿，同时近日发现背部脱毛。

2. 体格检查

患犬精神状态尚可，BCS：5/9，体温 39.3 ℃。心率 150 次 /min，呼吸频率 20 次 /min。黏膜颜色粉，湿润，CRT ＜ 2 s。心音及肺音听诊未见明显异常，腹部膨大，体表淋巴结未见明显增大。口腔黏膜湿润度尚可。

3. 问题列表

多饮多尿、腹围增大、脱毛。

4. 鉴别诊断

肾上腺皮质功能亢进、甲状腺功能减退、糖尿病。

5. 初步诊断计划

诊断项目：CBC、生化检查、腹部超声检查、ACTH 刺激试验。

6. 初步检查结果

CBC 检查结果见表 30-1，生化检查结果见表 30-2。腹部超声结果见图 30-1。ACTH 刺激试验结果见表 30-3。

表 30-1　CBC 检查结果

项目	结果	参考范围
红细胞总数（RBC）	6.55×10^{12}/L	5.65×10^{12} ～ 8.87×10^{12}/L
红细胞比容（HCT）	45.2%	37.3% ～ 61.7%
血红蛋白浓度（HGB）	15.2 g/dL	13.1 ～ 20.5 g/dL
网织红细胞（RETIC）	47.8×10^{3}/μL	10.0×10^{3} ～ 110.0×10^{3}/μL
平均红细胞体积（MCV）	69.0 fL	61.6 ～ 73.5 fL
平均红细胞血红蛋白浓度（MCHC）	33.6 g/dL	32.0 ～ 37.9 g/dL
红细胞分布宽度（RDW）	17.4%	13.6% ～ 21.7%
白细胞总数（WBC）	29.25×10^{9}/L	5.05×10^{9} ～ 16.76×10^{9}/L

续表 30-1

项目	结果	参考范围
淋巴细胞（LYM）	2.76×10^9/L	$1.05 \times 10^9 \sim 5.10 \times 10^9$/L
单核细胞（MONO）	1.82×10^9/L	$0.16 \times 10^9 \sim 1.12 \times 10^9$/L
嗜酸性粒细胞（EOS）	0.04×10^9/L	$0.06 \times 10^9 \sim 1.23 \times 10^9$/L
嗜碱性粒细胞（BASO）	0.01×10^9/L	$0.00 \sim 0.10 \times 10^9$/L
血小板（PLT）	319×10^3/μL	$148 \times 10^3 \sim 484 \times 10^3$/μL

表 30-2　生化检查结果

项目	结果	参考范围
总胆红素（TBIL）	0.2 mg/dL	0 ~ 0.8 mg/dL
总蛋白（TP）	7.3 g/dL	5.5 ~ 7.2 g/dL
白蛋白（ALB）	4.1 g/dL	3.2 ~ 4.1 g/dL
球蛋白（GLOB）	3.2 g/dL	1.9 ~ 3.7 g/dL
葡萄糖（GLU）	102 mg/dL	68 ~ 104 mg/dL
丙氨酸氨基转移酶（ALT）	1 228 U/L	17 ~ 95 U/L
天门冬氨酸氨基转移酶（AST）	182 U/L	10 ~ 56 U/L
碱性磷酸酶（ALP）	1 018 U/L	7 ~ 115 U/L
γ- 谷氨酰转肽酶（GGT）	276 U/L	0 ~ 8 U/L
胆汁酸（TBA）	64.3 μmol/L	0 ~ 25 μmol/L
尿素（UREA）	26 mg/dL	19 ~ 55.7 mg/dL
肌酐（CREA）	0.5 mg/dL	0.6 ~ 1.4 mg/dL
磷（P）	5.5 mg/dL	2.7 ~ 5.4 mg/dL
钙（Ca）	10.2 mg/dL	9.4 ~ 12 mg/dL
总胆固醇（CHOL）	401 mg/dL	139 ~ 392 mg/dL
甘油三酯（TG）	87 mg/dL	23 ~ 102 mg/dL
肌酸激酶（CK）	187 U/L	0 ~ 314 U/L
钾（K）	4.0 mmol/L	4.1 ~ 5.4 mmol/L
钠（Na）	150.0 mmol/L	143 ~ 150 mmol/L
氯（Cl）	106 mmol/L	106 ~ 114 mmol/L
犬 C 反应蛋白（CRP）	5.4 mg/dL	0 ~ 10.00 mg/dL

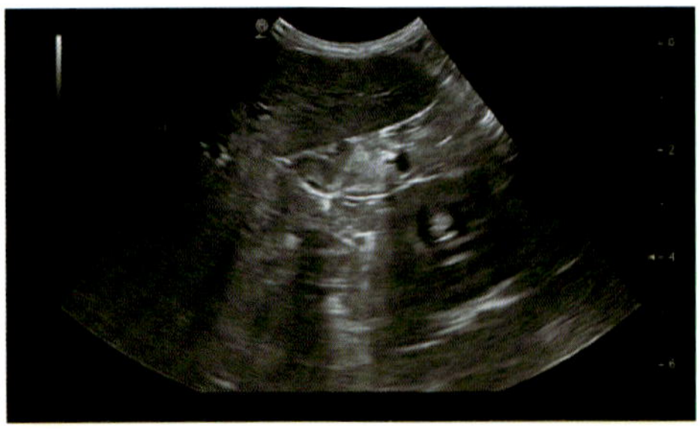

a. 肝脏

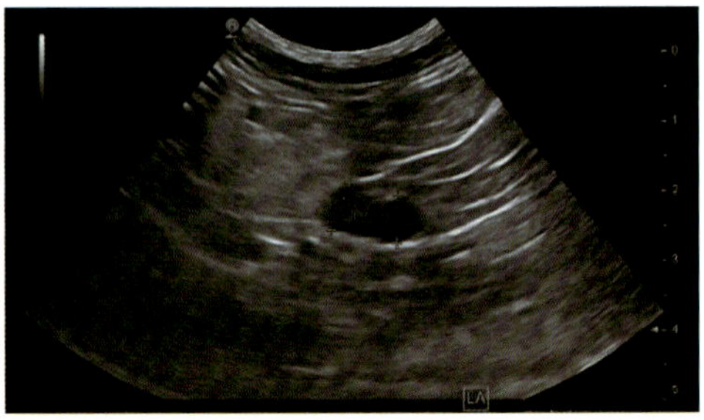

b. 左侧肾上腺

图 30-1

腹部超声检查

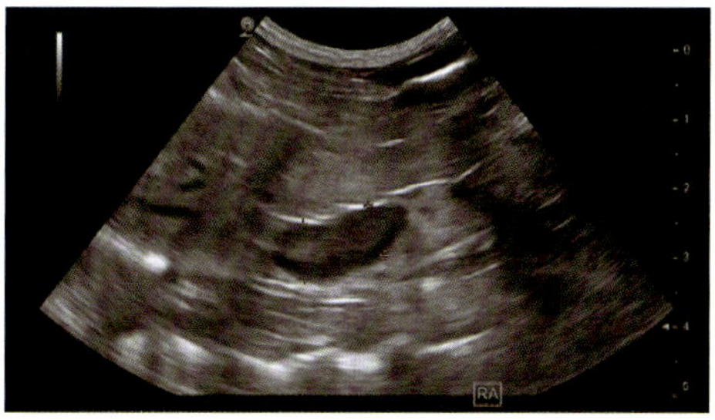

c. 右侧肾上腺

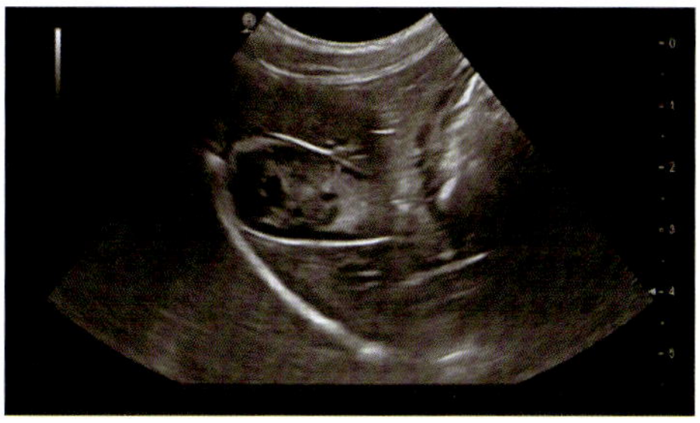

d. 胆囊

续图 30-1

表 30-3　ACTH 刺激试验结果

检查项目	结果	参考范围
基础值	86.47 ng/mL	基础值：20 ～ 60 ng/mL
刺激后	236.4 ng/mL	刺激后： < 20 ng/mL，提示肾上腺皮质功能减退 < 60 ng/mL，医源性 HAC 60 ～ 180 ng/mL，提示正常 180 ～ 240 ng/mL，怀疑 HAC > 240 ng/mL，强烈提示 HAC

HAC：肾上腺皮质功能亢进。

7. 初步检查结果分析

7.1　CBC 结果

红细胞象：未见明显异常。

白细胞象：以中性粒细胞和单核细胞增加为主的白细胞总数升高，同时 CRP 正常，提示应激白细胞象，而非全身性炎症反应。

7.2　血清生化检查结果

肝酶升高：ALT 与 AST 同时升高，其中 ALT 高于参考值上限约 13 倍，高度提示肝脏损伤；ALP 和 GGT 升高除继发于肝脏损伤或胆汁淤积外，本病例中也应当考虑肾上腺皮质功能亢进导致类固醇增加，诱发 ALP 同工酶升高。

高胆固醇血症：由于血糖、白蛋白、尿素氮等肝功指标未见明显异常，因此胆固醇轻度升高可能与进食、肾上腺皮质功能亢进或胆汁淤积相关。

7.3　超声检查结果

双侧肾上腺钝圆，左侧肾上腺头尾极厚径分别为 0.74 cm、0.68 cm，右侧肾上腺头尾极厚径分别为 0.80 cm、0.76 cm，厚径超过参考范围上限；肝脏回声增强，质地细腻，肝尖钝圆；胆囊内大量中到高回声内容物，并可见内容物与胆囊壁间低回声带。

超声提示：双侧肾上腺增大；肝脏类固醇性肝病 / 脂质沉积；胆囊黏液囊肿早期。

根据影像学诊断，可以确诊患犬双侧肾上腺增大，结合肝脏、胆囊形态变化，高度提示肾上腺皮质功能亢进，仍需结合肾上腺皮质功能检查评估。

7.4　ACTH 刺激试验检查结果

ACTH 刺激试验中，刺激后 ACTH 接近于 240 ng/mL，结合 CBC、血液生化及超声检查结果，可确诊为肾上腺皮质功能亢进。

8. 诊断

结合病史及各种检查结果，本病例被诊断为肾上腺皮质功能亢进，伴发胆囊黏液囊肿。

9. 治疗

使用曲洛斯坦 2mg/（kg·d）进行治疗，并于用药后 10 天、1 个月、3 个月复诊，进行 ACTH 刺激试验以调整用药剂量，同时使用保肝药物。后期定期监测肝胆超声以评估胆囊黏液囊肿变化。

10. 讨论

犬的肾上腺皮质功能亢进（库兴氏综合征）是由肾上腺皮质过度分泌皮质醇引发的疾病，临床症状为各系统受过高水平血液糖皮质激素影响而继发。80% ～ 85% 的库兴氏综合征病例为垂体依赖性（PDH），由垂体功能性肿瘤引发，剩余 15% ～ 20% 则为肾上腺皮质依赖性（AT）。

犬肾上腺皮质功能亢进病例的血常规及生化检查结果不能提供特异性诊断，但有一定的提示作用。血常规结果常表现为嗜中性粒细胞升高及淋巴细胞下降的应激白细胞象。血液生化检查常见 ALP 与胆固醇升高，ALP 升高为类固醇刺激肝细胞胆小管膜生成同工酶，但其升高程度与疾病严重程度、预后无关。

腹部超声扫查有助于诊断肾上腺皮质功能亢进，通过扫查双侧肾上腺，同时排查其他器官来做出影像学诊断。在本病例中，双侧肾上腺结构未出现明显变化，仍为均匀低回声的哑铃状 / 条带状，但厚径显著增大。在如贵宾犬这样的小型犬中，肾上腺厚径参考范围为头极 0.23 ～ 0.47 cm、尾极 0.25 ～ 0.49 cm，本病例中超声下双侧肾上腺增大，提示肾上腺皮质功能亢进可能为垂体依赖性。此外肝脏出现类固醇性肝病的表现，且胆囊出现类胆囊黏液囊肿征象。在治疗复查过程中，超声下肾上腺形态未见显著变化，但出现胆囊黏液囊肿典型的“星芒征”，进一步支持文献研究所得胆囊黏液囊肿与肾上腺皮质功能亢进的相关性结果。

临床中常用于诊断犬肾上腺皮质功能亢进的内分泌筛查试验包括 ACTH 刺激试验、低剂量地塞米松刺激试验（LDDST）和尿液皮质醇与肌酐比值测定（UCCR）。本病例中使用 ACTH 刺激试验，其优点为特异性高且快捷，并可用于曲洛斯坦的治疗效果监测，不足之处则在于敏感性较低，无法鉴别 PDH 与 AT。

临床中最常用的治疗药物为曲洛斯坦和米托坦，而部分肾上腺肿物导致的 AT 可尝试进行肾上腺切除术治疗。本病例后续使用曲洛斯坦治疗肾上腺皮质功能亢进，并针对胆囊黏液囊肿使用熊去氧胆酸。使用曲洛斯坦 3 个月后，ACTH 刺激试验显示治疗效果良好，动物症状明显改善。后续需按医嘱定时复诊，以确认药物剂量是否需要调整。

◆ 参考文献

1.Aicher K M, Cullen J M, Seiler G S, et al. Investigation of adrenal and thyroid gland dysfunction in dogs with ultrasonographic diagnosis of gallbladder mucocele formation[J]. Plos one, 2019, 14(2): e0212638.

2.Behrend E N, Kemppainen R J. Diagnosis of canine hyperadrenocorticism[J]. Veterinary Clinics of North America: Small Animal Practice, 2001, 31(5): 985-1003.

3.Soulsby S N, Holland M, Hudson J A, et al. Ultrasonographic evaluation of adrenal gland size compared to body weight in normal dogs[J]. Veterinary Radiology & Ultrasound, 2015, 56(3): 317-326.

案例31

CASE 31

犬甲状腺功能减退

1. 基本信息和病史

喜乐蒂牧羊犬，12 岁，雄性未去势。平时以犬粮为主食，偶尔饲喂餐桌食物，每年定期免疫和驱虫。近一年减重 5 kg。

就诊前一周开始出现咳嗽，在当地医院诊断为巨食道症伴有吸入性肺炎，医嘱使用广谱抗生素并直立进食。目前饮食欲良好，但嗜睡、不爱动，运动量小。

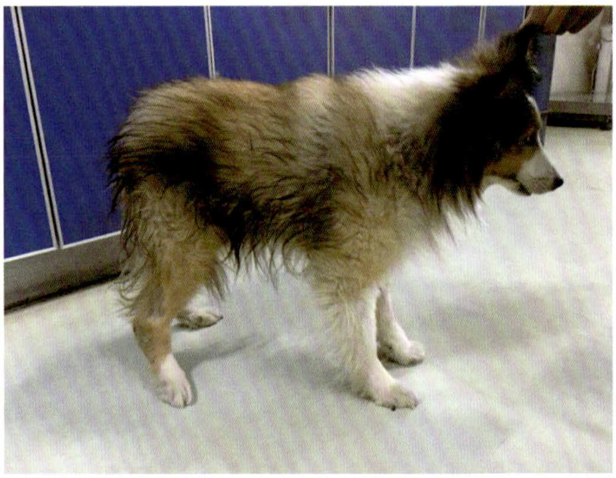

图 31-1

被毛外观

2. 体格检查

患犬较沉郁，BCS：5/9，体温 38.9℃。心率 52 次 /min，呼吸频率 30 次 /min。黏膜颜色粉，CRT＜2 s，双侧少量清亮鼻液，水合状态良好。心音听诊未见异常，双侧肺音粗厉。腹部触诊未见明显异常。被毛粗乱无光泽，腹部双侧对称性脱毛，皮肤色素沉着，鼠尾（图 31-1 和图 31-2）。双侧跗关节和肘关节明显肿胀、质硬，触诊局部温度尚可，且无明显疼痛感；行走姿势尚可，但四肢较僵硬。

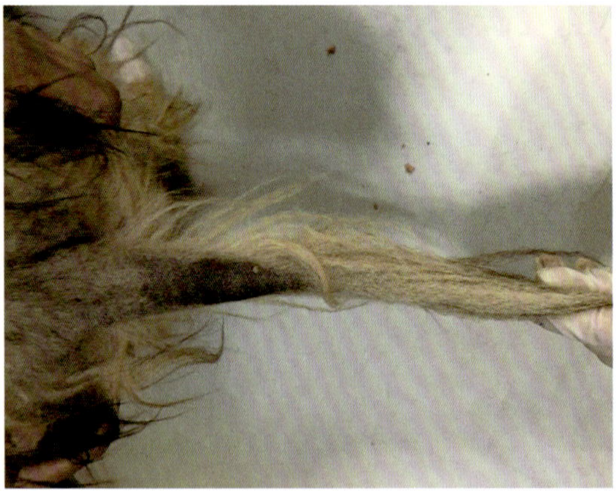

图 31-2

鼠尾

3. 问题列表

对称性脱毛、嗜睡、巨食道症、咳嗽、多关节肿胀。

4. 鉴别诊断

甲状腺功能减退、原发性巨食道症、吸入性肺炎、关节炎。

5. 初步诊断计划

诊断项目：CBC、生化检查、甲状腺功能筛查、胸部 X 线检查。

6. 初步检查结果

CBC 检查结果见表 31–1，生化检查结果见表 31–2。甲状腺功能检查结果见表 31–3。

表 31–1　CBC 检查结果

项目	结果	参考范围（犬）
红细胞总数（RBC）	8.10×10^{12}/L	5.65×10^{12} ～ 8.87×10^{12}/L
红细胞比容（HCT）	51.5%	37.3% ～ 61.7%
血红蛋白浓度（HGB）	15.5 g/dL	13.1 ～ 20.5 g/dL
网织红细胞（RETIC）	100.0×10^3/μL	10.0×10^3 ～ 110.0×10^3/μL
平均红细胞体积（MCV）	86.5 fL	61.6 ～ 73.5 fL
平均红细胞血红蛋白浓度（MCHC）	35.0 g/dL	32.0 ～ 37.9 g/dL
红细胞分布宽度（RDW）	18.9%	13.6% ～ 21.7%
白细胞总数（WBC）	16.95×10^9/L	5.05×10^9 ～ 16.76×10^9/L
分叶中性粒细胞（SEG）	14.61×10^9/L	2.95×10^9 ～ 11.64×10^9/L
杆状中性粒细胞（BAND）	/	/
淋巴细胞（LYM）	3.45×10^9/L	1.05×10^9 ～ 5.10×10^9/L
单核细胞（MONO）	1.02×10^9/L	0.16×10^9 ～ 1.12×10^9/L
嗜酸性粒细胞（EOS）	0.98×10^9/L	0.06×10^9 ～ 1.23×10^9/L
嗜碱性粒细胞（BASO）	0.88×10^9/L	0.00 ～ 0.10×10^9/L
血小板（PLT）	334×10^3/μL	148×10^3 ～ 484×10^3/μL

表 31–2　生化检查结果

项目	结果	参考范围（犬）
总胆红素（TBIL）	0.5 mg/dL	0 ～ 0.8 mg/dL
总蛋白（TP）	6.5 g/dL	5.5 ～ 7.2 g/dL
白蛋白（ALB）	3.5 g/dL	3.2 ～ 4.1 g/dL
球蛋白（GLOB）	2.1 g/dL	1.9 ～ 3.7 g/dL
白球比（A/G）	1.2	0.9 ～ 1.9
葡萄糖（GLU）	100 mg/dL	68 ～ 104 mg/dL
丙氨酸氨基转移酶（ALT）	136 U/L	17 ～ 95 U/L
天门冬氨酸氨基转移酶（AST）	31 U/L	10 ～ 56 U/L
碱性磷酸酶（ALP）	390 U/L	7 ～ 115 U/L
γ- 谷氨酰转肽酶（GGT）	37 U/L	0 ～ 8 U/L
胆汁酸（TBA）	21 μmol/L	0 ～ 25μmol/L
尿素（UREA）	22 mg/dL	19 ～ 55.7 mg/dL
肌酐（CREA）	1.0 mg/dL	0.6 ～ 1.4 mg/dL
磷（P）	3.4 mg/dL	2.7 ～ 5.4 mg/dL
钙（Ca）	10 mg/dL	9.4 ～ 12 mg/dL
总胆固醇（CHOL）	488 mg/dL	139 ～ 392 mg/dL

续表 31-2

项目	结果	参考范围（犬）
甘油三酯（TG）	52 mg/dL	23 ～ 102 mg/dL
肌酸激酶（CK）	300 U/L	0 ～ 314 U/L
钾（K）	5.2 mmol/L	4.1 ～ 5.4 mmol/L
钠（Na）	145 mmol/L	143 ～ 150 mmol/L
氯（Cl）	112 mmol/L	106 ～ 114 mmol/L

表 31-3 甲状腺功能检查结果

项目名称	结果	参考值
总甲状腺素（TT4）	<4.67 μg/L	5.55 ～ 33.31μg/L
游离甲状腺素（fT4）	<0.08 ng/dL	0.65 ～ 1.49 ng/dL

X 线检查结果见图 31-3、图 31-4。

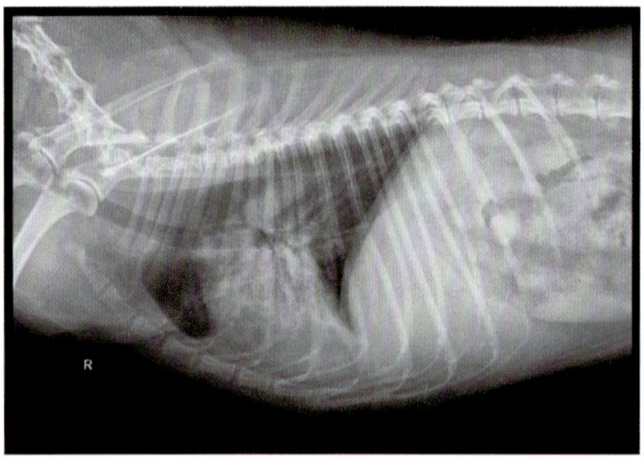

图 31-3

胸部右侧位 X 线片

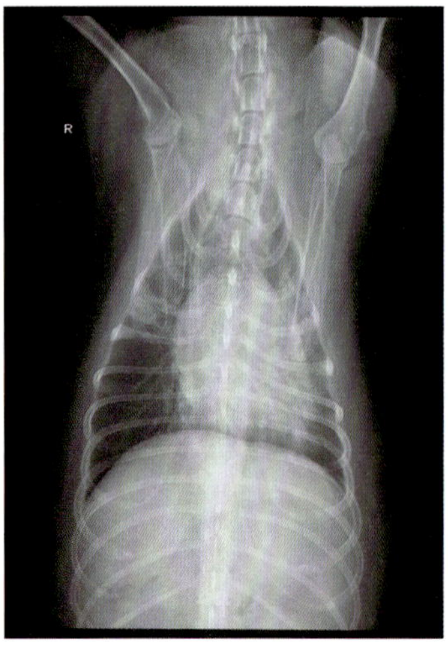

图 31-4

胸部腹背位 X 线片

7. 初步检查结果分析

7.1 CBC 结果

红细胞象：未见明显异常。

白细胞象：白细胞总数和中性粒细胞升高，提示存在全身性炎性反应。

血小板：未见异常。

7.2 血清生化检查结果

ALT 轻度升高、ALP 和 GGT 均有升高，提示患犬可能存在肝胆疾病或者胆汁淤积问题。

高胆固醇血症：常见于餐后、糖尿病、甲状腺功能减退、肾上腺皮质功能亢进、胰腺炎、胆汁淤积、肾病综合征或特发性高胆固醇血症。因此该病例主要怀疑是甲状腺功能减退或胆汁淤积导致。

7.3 甲状腺功能检查

TT4 和 fT4 低于参考值下限，且低于仪器能检测到的最低值。

提示：甲状腺功能减退。

7.4 X 线检查结果

胸段食道扩张积气；肺野呈肺泡型变化，重力侧明显。

X 线提示：巨食道症和吸入性肺炎。

8. 诊断

结合病史、临床症状和检查结果，本病例诊断为甲状腺功能减退。

9. 治疗及转归

针对甲状腺功能减退使用左旋甲状腺素钠 20 μg/（kg·次），每日一次；使用阿莫西林克拉维酸治疗吸入性肺炎；并要求主人在每次犬进食时辅助直立 15 ～ 20 min。

分别于使用左旋甲状腺素钠片之后的第 8 天、第 33 天、第 60 天对患犬甲状腺功能进行复查，在第 8 天复查后将左旋甲状腺素钠增至每日两次，剂量不变。从第 33 天开始 TT4 和 fT4 即处于参考范围内（表 31–4）。

用药约一周后，主人觉得患犬精神状态明显好转，较以前更加活泼；在用药约两个月后，患犬有新生毛发，并且被毛较以前更厚实。从开始用药结合直立进食，患犬未再出现呕吐或反流；至用药两个月后，患犬采用正常姿势进食，也未再出现呕吐或反流。

10. 讨论

甲状腺素在体内具有重要的生理作用。它不仅会影响酶、维生素和矿物质的活性，还会影响机体组织细胞对于上述物质的反应，同时它还会影响心脏传导、心肌收缩、刺激红细胞生成，影响神经肌肉系统。

甲状腺功能减退患犬会表现出一系列和甲状腺素缺乏相关的临床症状，涉及皮肤、代谢和神经肌肉等多个器官和系统（表 31–5），其中以皮肤病变和代谢异常最常见。本病例有典型的甲状腺功能减退的临床表现，包括皮肤病变（被毛质量差、色素沉着、躯干对称性脱毛、鼠尾等）、代谢异常（呆滞、心动过缓）和巨食道症。

甲状腺功能减退病例还有可能出现轻度非再生性贫血，这可能和甲状腺素刺激红细胞生成有关。此外高胆固醇血症也具有重要的提示意义，常见于甲状腺功能减

表 31–4　甲状腺功能复查结果

项目名称	第 0 天	第 8 天	第 33 天	第 60 天	参考值
TT4/（μg/L）	＜ 4.67	＜ 4.67	7.61	9.54	5.55 ～ 33.31
fT4/（ng/dL）	＜ 0.08	0.36	0.82	0.82	0.65 ～ 1.49

表 31–5　甲状腺功能减退常见的临床表现

涉及系统	临床表现
皮肤	被毛质量差、干枯；色素沉着；鼠尾、躯干双侧对称性脱毛；脓皮病；皮脂溢性疾病
代谢系统	嗜睡、呆滞、趋热畏寒；体重增加；心动过缓；运动不耐受
神经、肌肉系统	虚弱、共济失调、轻瘫、本体消失、脊髓反射减弱；喉麻痹和巨食道症；多发性神经病；面部神经轻瘫；中枢前庭症状、抽搐、共济失调、转圈
其他	角膜和肝脏脂质沉积；生殖异常；小肠细菌过度增殖或腹泻

退病例。结合上述临床症状和实验室检查结果，通过排除法可以初步怀疑该犬患有甲状腺功能减退。

根据特征性临床症状结合激素检查结果，可以确诊甲状腺功能减退。在激素检查中，TT4 和促甲状腺激素（TSH）是一线诊断方法。如果同一份血样的 TT4 降低，且 TSH 浓度升高，可确诊为甲状腺功能减退。如果 TT4 和 TSH 都正常，则提示甲状腺功能正常。除上述两种情况之外，其余检测结果均需要进行进一步诊断，或需要 4 ～ 6 周后再次检测。进一步诊断可检测血液中 fT4 的水平，如果 fT4 浓度降低，则提示甲状腺功能减退。注意，fT4 需用平衡透析法检测。由于条件限制，本病例未同时测定血液中 TT4 和 TSH 的浓度。

甲状腺功能减退一旦确诊，需要长期服药，因此必须进行定期监测，并适时调整用药。初始用药 4 ～ 6 周后复查 TT4 和 TSH 浓度，若临床症状没有改善，且 TT4 < 20 μg/L、TSH > 0.6 ng/dL，则应增加药物剂量；若临床症状没有改善，TT4 < 20 μg/L，但 TSH 在正常范围内，则继续维持用药，并在 4 ～ 6 周后复查；若临床症状有改善，TT4=30 ～ 60 μg/L，且 TSH 在正常范围内，则继续维持用药，6 个月后再复查；若 TT4 > 60 μg/L，则应减少药物剂量。

本病例还伴发了巨食道症，主诉在使用左旋甲状腺素钠两个月内，患犬咳嗽和反流的症状明显好转，直至后来完全消失。巨食道症并不是甲状腺功能减退最常见的表现，但很多巨食道症都可能与其相关。一项犬巨食道病例的回顾性研究发现，80% 的犬巨食道和甲状腺功能减退有关，在使用左旋甲状腺素钠治疗 20 ～ 30 d 后，反流和呕吐的症状均明显缓解。

综上所述，犬甲状腺功能减退的主要临床表现是皮肤病变和代谢异常，如果患犬还表现出轻度非再生性贫血和高胆固醇血症，则应高度怀疑患有甲状腺功能减退。该病的最终确诊需要进行甲状腺功能检测，包括 TT4 和 TSH 浓度，如果有必要，需要进一步检测 fT4 浓度。该病一旦确诊，需要长期用药并定期监测，视情况调整用药剂量。

◆ 参考文献

1.Feldman E C, Nelson R W, Reusch C. Canine and feline endocrinology[M].4th ed. St. Louis, Missouri: Elsevier health sciences, 2014.

2.Kumar K S, Srikala D. Hypothyroid associated megaesophagus in dogs: four years (2009-2013) study in Hyderabad, India[J]. Journal of Advanced Veterinary and Animal Research, 2015, 2(2): 221-224.

3.Latimer K S, Duncan J R. Duncan and Prasse's veterinary laboratory medicine: clinical pathology[M].5th ed. Iowa: John Wiley & Sons, 2011.

4.Mooney C T, Peterson M E. BSAVA Manual of Canine and Feline Endocrinology[M]. 4th ed. Gloucester: British Small Animal Veterinary Association, 2012.

CASE 32

案例32 犬肾性甲状旁腺功能亢进

1. 基本信息与病史

萨摩耶犬，9岁，公犬未去势，30.2 kg。室内家养，饲喂商品化老龄犬粮，正常免疫驱虫，饮食欲良好，大小便正常，近期无旅行史。

就诊前一晚被其他犬咬伤，口腔出血，就诊时该犬口腔无法闭合。

2. 体格检查

患犬精神状态尚可，BCS：6/9，听诊呼吸音及心音正常，黏膜颜色粉、湿润，CRT < 2 s，水合状态良好。左侧下颌骨触诊不连续，下颌疼痛，软组织肿胀。

3. 问题列表

口腔出血、口腔无法闭合、左侧下颌骨骨折。

4. 鉴别诊断

外伤造成的下颌骨骨折。

5. 初步诊断计划

诊断项目：CBC、生化、头部X线检查。

6. 初步检查结果

CBC检查结果见表32-1，生化检查结果见表32-2。

表 32-1 CBC 检查结果

项目	结果	参考范围（犬）
红细胞总数（RBC）	5.84×10^{12}/L	$5.65 \times 10^{12} \sim 8.87 \times 10^{12}$/L
红细胞比容（HCT）	37.0%	37.3% ～ 61.7%
血红蛋白浓度（HGB）	12.6 g/dL	13.1 ～ 20.5 g/dL
网织红细胞（RETIC）	45.6×10^3/μL	$10.0 \times 10^3 \sim 110.0 \times 10^3$/μL
平均红细胞体积（MCV）	63.4 fL	61.6 ～ 73.5 fL
平均红细胞血红蛋白浓度（MCHC）	34.1 g/dL	32.0 ～ 37.9 g/dL
红细胞分布宽度（RDW）	16.3%	13.6% ～ 21.7%
白细胞总数（WBC）	24.00×10^9/L	$5.05 \times 10^9 \sim 16.76 \times 10^9$/L
分叶中性粒细胞（SEG）	23.4×10^9/L	$2.95 \times 10^9 \sim 11.64 \times 10^9$/L
杆状中性粒细胞（BAND）	0.6×10^9/L	—

续表 32-1

项目	结果	参考范围（犬）
淋巴细胞（LYM）	1.73×10^9/L	1.05×10^9 ～ 5.10×10^9/L
单核细胞（MONO）	1.98×10^9/L	0.16×10^9 ～ 1.12×10^9/L
嗜酸性粒细胞（EOS）	0.01×10^9/L	0.06×10^9 ～ 1.23×10^9/L
嗜碱性粒细胞（BASO）	0.07×10^9/L	0.00 ～ 0.10×10^9/L
血小板（PLT）	235×10^3/μL	148×10^3 ～ 484×10^3/μL

表 32-2　生化检查结果

项目	结果	参考范围（犬）
总胆红素（TBIL）	0.4 mg/dL	0 ～ 0.8 mg/dL
总蛋白（TP）	6.1 g/dL	5.5 ～ 7.2 g/dL
白蛋白（ALB）	2.4 g/dL	3.2 ～ 4.1 g/dL
球蛋白（GLOB）	3.7 g/dL	1.9 ～ 3.7 g/dL
白球比（A/G）	0.6	0.9 ～ 1.9
葡萄糖（GLU）	99 mg/dL	68 ～ 104 mg/dL
丙氨酸氨基转移酶（ALT）	140.4 U/L	17 ～ 95 U/L
天门冬氨酸氨基转移酶（AST）	72.9 U/L	10 ～ 56 U/L
碱性磷酸酶（ALP）	344.4 U/L	7 ～ 115 U/L
γ- 谷氨酰转肽酶（GGT）	7.8 U/L	0 ～ 8 U/L
胆汁酸（TBA）	19.4 μmol/L	0 ～ 25 μmol/L
尿素（UREA）	204 mg/dL	19 ～ 55.7 mg/dL
肌酐（CREA）	4.3 mg/dL	0.6 ～ 1.4 mg/dL
磷（P）	7.3 mg/dL	2.7 ～ 5.4 mg/dL
钙（Ca）	10.8 mg/dL	9.4 ～ 12 mg/dL
总胆固醇（CHOL）	554 mg/dL	139 ～ 392 mg/dL
甘油三酯（TG）	92 mg/dL	23 ～ 102 mg/dL
肌酸激酶（CK）	669 U/L	0 ～ 314 U/L
钾（K）	4.3 mmol/L	4.1 ～ 5.4 mmol/L
钠（Na）	146.3 mmol/L	143 ～ 150 mmol/L
氯（Cl）	115.8 mmol/L	106 ～ 114 mmol/L

7. 初步检查结果分析

7.1　CBC 结果

红细胞象：红细胞比容及血红蛋白浓度轻度下降，网织红细胞数量处于正常参考范围，提示轻度非再生性贫血或再生性贫血早期。

白细胞象：白细胞增多伴核左移，提示存在全身性炎症反应。

血小板象：血小板未见异常。

7.2　血清生化检查结果

CK 和 AST 升高，疑与骨骼肌损伤相关。

ALT 及 ALP 轻度升高：提示可能存在肝损伤相关。

高胆固醇血症：可能与饮食相关。

中度氮质血症：因动物水合灌注状态良好，需进行超声检查，判断肾性或肾后性氮质血症。

高磷血症：结合该病例肌酐及尿素水平，怀疑与肾病有关。

轻度白蛋白降低：可能与急性期炎症反应或出血相关，其他鉴别诊断包括蛋白丢失性肾病等。

7.3 X 线检查结果

头部骨骼广泛性骨密度降低，骨皮质较薄，呈"悬浮牙"征。左侧下颌骨骨骼不连续，形成粉碎性骨折，右侧下颌骨沿下颌体纵向可见低密度带，形成拆裂骨折。

右下颌第 2 ～ 4 前臼齿齿根虫蚀样密度降低。未见左下颌第 1 ～ 4 前臼齿。右上颌第 3 前臼齿齿根牙旋转，后齿根与齿槽骨分离。双上颌第 4 前臼齿外侧可见高密度层样纹理赘生物。

X 线提示：双下颌病理性骨折，高度怀疑肾性甲状旁腺功能亢进。建议调整体况后，评估肾脏形态及功能。右下颌第 2 ～ 4 前臼齿齿根溶解，疑存在牙周疾病。左下颌第 1 ～ 4 前臼齿缺失，右上颌第 3 前臼齿齿根脱出，疑与创伤相关。双上颌第 4 前臼齿牙结石。

X 线检查结果见图 32-1 至图 32-4。

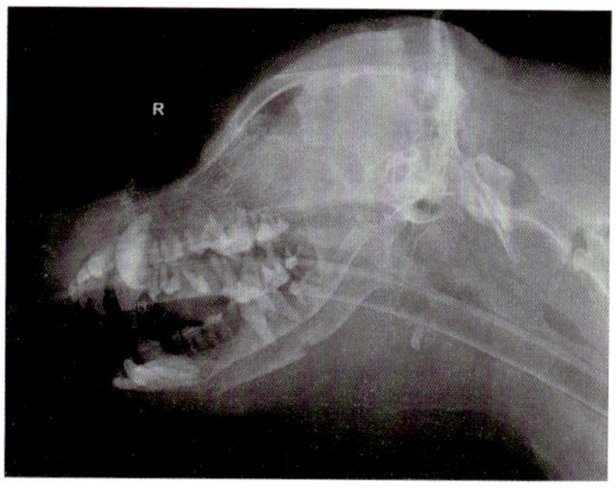

图 32-1

头部斜位（D15° L-VRO 位）X 线片

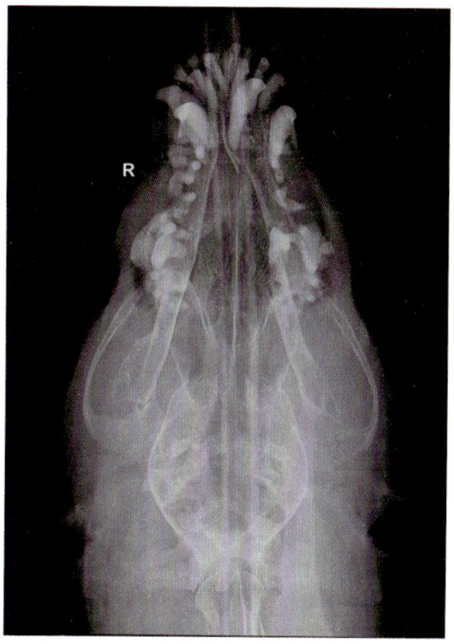

图 32-2

头部背腹位 X 线片

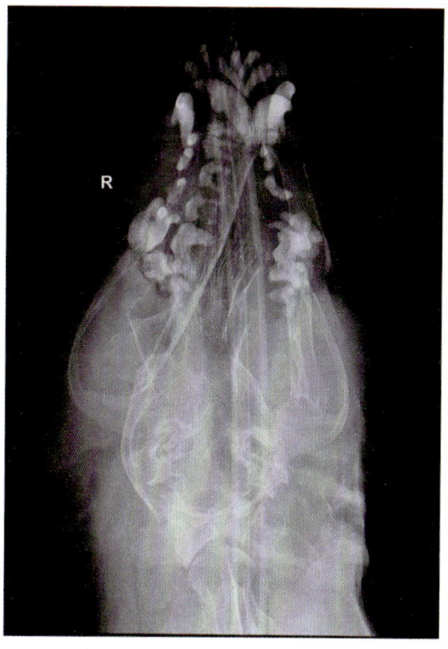

图 32-3

头部斜位（Le30° D-RtVO）X 线片

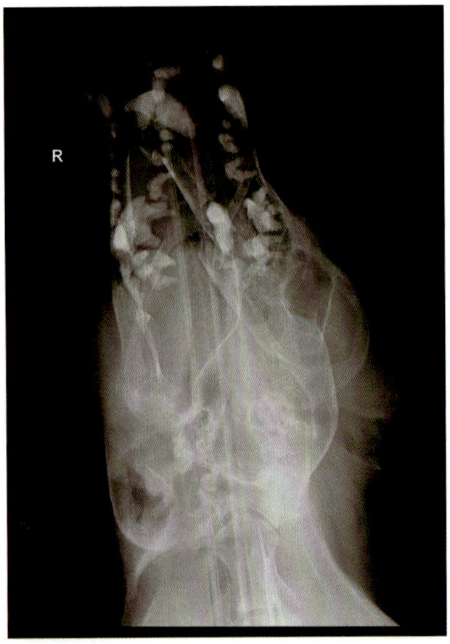

图 32-4

犬头部斜位（Rt30° D-LeVO）位 X 线片

8. 初步治疗

因怀疑为病理性骨折，未进行骨折区域内固定治疗，使用绷带对犬下颌进行包扎，放置食道饲管后苏醒，当日住院进行支持治疗，治疗方案包括：①输液治疗；②抗菌治疗；③通过食道饲管饲喂食物进行营养支持；④镇痛。

9. 进一步诊断计划及结果

9.1 进一步诊断计划

次日进行离子钙测定、尿液检查及泌尿系统超声检查。

9.2 结果及分析

离子钙检测结果见表 32-3，尿液检查结果见表 32-4。

表 32-3 离子钙测定结果

项目	结果	参考范围
离子钙	1.30 mmol/L	1.16 ～ 1.40 mmol/L

表 32-4 尿液检查结果

物理性质和化学性质		尿沉渣检查	
颜色	黄色	红细胞	未见
透明度	清亮	白细胞	未见
比重	1.006	移行上皮细胞	未见
pH	5.5	鳞状上皮细胞	0 ～ 2 个 /hpf
潜血	微量	管型	未见
蛋白	++	结晶	未见
葡萄糖	痕量	脂滴	未见
酮体	阴性	微生物	未见
尿胆红素	阴性	采样方式	超声引导穿刺

肾脏超声结果见图 32-5、图 32-6。

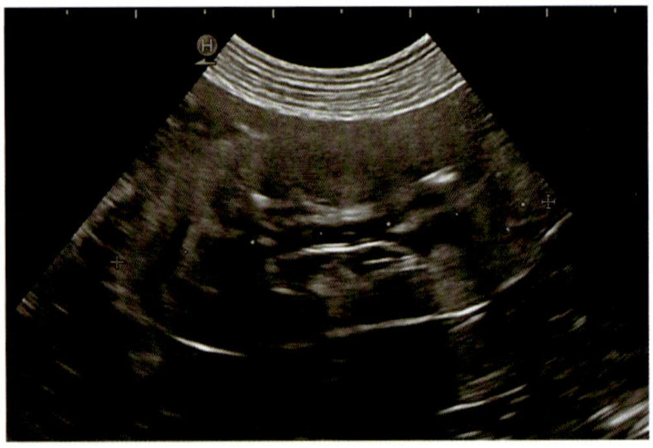

图 32-5

左肾超声图

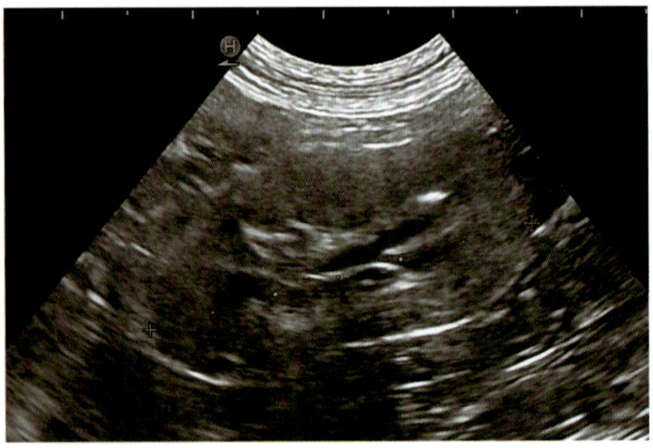

图 32-6

右肾超声图

尿液检查结果：低渗尿，尿液中可见蛋白，未见明显感染征象，提示肾脏功能异常。

超声结果：超声可见双肾轮廓欠平

滑，皮质回声增强，皮髓质分界欠清晰，肾盂憩室内可见强回声光点，肾盂未见明显扩张。左肾长轴约 6.10 cm，右肾长轴约 5.63 cm。

超声提示：双肾慢性肾病，肾盂憩室内有小结石 / 结晶。

10. 最终诊断

结合病史、体格检查、实验室诊断和影像学评估结果，该犬确诊为慢性肾病，伴继发性肾性甲状旁腺功能亢进，引起头部骨骼密度广泛性下降。受到外伤后，发生病理性骨折及右上颌第 3 前臼齿脱出。

11. 其他治疗

除前文中提到的初步治疗方法外，还要给予以下治疗措施：饲喂肾脏处方粮及使用磷螯合剂，使血清磷维持在 5.0 mg/dL 以内；使用骨化三醇，减少甲状旁腺素（PTH）合成分泌。

12. 讨论

甲状旁腺功能亢进分为三类，原发性、继发性和假性甲状旁腺功能亢进。其中原发性甲状旁腺功能亢进与一个或多个发生在甲状旁腺的病变有关，通常会引起高钙血症及甲状旁腺素水平升高。而假性甲状旁腺功能亢进通常都与会引起高钙血症的恶性肿瘤相关，现有报道包括淋巴瘤、腺癌（肛门腺、乳腺和甲状腺）、多发性骨髓瘤、睾丸间质细胞瘤及胃的鳞状上皮癌等。本病例中，总钙及离子钙均维持在正常范围内，因此可以初步排除原发性及假性甲状旁腺功能亢进。本病例中，犬平常食用商品化犬粮，体况良好，且为老龄犬，因此暂时排除营养不良性甲状旁腺功能亢进。该犬水合状态良好，肾指标升高，结合超声及尿液检查，提示慢性肾病。头部 X 线片显示典型的肾性甲状旁腺功能亢进征象。由于目前国内 PTH 的检测技术受限，该病例未检测 PTH，但结合其他实验室检查和影像学检查，支持慢性肾病并发肾性甲状旁腺功能亢进。

当肾小球滤过率降低，磷酸盐排泄减少，导致磷滞留，从而出现高磷血症，引起血清离子钙浓度降低。低离子钙血症可刺激甲状旁腺合成，并分泌甲状旁腺素。甲状旁腺素增加，刺激肾脏磷排泄增加和骨骼中钙、磷酸盐释放增加，使血清磷和离子钙浓度恢复正常。当肾小球滤过率下降至正常值的 15% ～ 20% 时，达到此补偿反应的限度；当肾小球滤过率进一步下降时，会出现高磷血症。因此，通过血清 PTH 浓度逐渐增加来维持钙、磷平衡。长期增加的甲状旁腺素浓度导致骨质脱矿化。磷潴留和高磷酸盐血症抑制肾 1α-羟化酶，这会损害 25-羟胆钙化醇转化为 1,25-二羟胆钙化醇（骨化三醇）。骨化三醇生成减少会降低钙的胃肠道吸收，从而导致低离子钙血症，并刺激 PTH 分泌。骨化三醇生成通常会反馈给甲状旁腺细胞上的受体，并减少 PTH 的合成和分泌。这种负反馈环在慢性肾病中受损，因为骨化三醇的肾生成减少，并进一步导致 PTH 分泌增加。成纤维细胞生长因子 23（FGF23）是一种在骨中产生的蛋白质，会抑制近端肾小管对磷酸盐的重吸收，并且抑制肾脏中的 1α- 羟化酶活性，从而减少骨化三醇的产生。其增加可促进磷酸盐排泄，但也可能通过减少骨化三醇对甲状旁腺的负反馈，而导致继发性甲状旁腺功能亢进。

甲状旁腺功能亢进最早出现的 X 线征象为硬骨板消失。之后随着病情发展，头部骨骼会渐进性去矿化。事实上，仅出现硬骨板消失的征象，而未出现头部骨骼广泛性去矿化时，很难对 X 线片进行判断。因此，当硬板骨甚至整个头骨都出现广泛性骨密度降低时，在 X 线片中，未去矿化的齿结构悬浮在上下颌中，这种征象被称为“悬浮牙”征。此外，除头部骨骼广泛性密度降低，还会出现骨皮质变薄，而其变化程度取决于甲状旁腺功能亢进的病程和严重程度。若继发性甲状旁腺功能亢进发生在幼年动物，其椎体变形及变化程度远大于患此病的成年动物，这是生长发育期椎体骨骼生长及转换速度较快造成的。在一些极端的甲状旁腺功能亢进病例中，在去矿化作用之后，会出现纤维组织增生，称为纤维骨营养不良。

病理性骨折可能是潜在的局部或全身疾病的初始迹象，与本病例一样，很多病例是在急诊时被发现。当医生发现骨折时，需要首先鉴别诊断其是否为病理性骨折。因病理性骨折治疗方法及预后与普通骨折大有不同。对于病理性骨折病例，单纯的外科治疗可能不会有效治愈，需要寻找患病动物潜在的患病原因，排除代谢性、肿瘤、感染等原因。如仅进行手术治疗，骨折部位会出现延迟愈合甚至不愈合，严重者会出现二次骨折。本病例中的下颌骨病理性骨折可能因慢性肾病引起，因此，除了适当的外科固定，还要饲喂肾脏处方粮，减少磷的膳食摄入。同时，在充分控制高磷血症后，才能使用骨化三醇。在 CKD 患病犬猫中，可使用非常低剂量的骨化三醇［2.5～3.5 ng /（kg · d）］，来预防或逆转肾性继发性甲状旁腺功能亢进。需定期监测血清钙的浓度和高钙血症。接受骨化三醇治疗的 CKD 犬猫血清 PTH 浓度显著下降，基于随机对照临床试验，其存活时间延长。

◆ 参考文献

1.Khan A A, Hanley D A, Rizzoli R, et al. Primary hyperparathyroidism: review and recommendations on evaluation, diagnosis, and management. A Canadian and international consensus[J]. Osteoporosis International, 2017, 28: 1-19.

2.Muhlbauer M C, Kneller S K. Radiography of the dog and cat: guide to making and interpreting radiographs[M].Iowa: John Wiley & Sons, 2013.

3.Richard W. Nelson, C Guillermo Couto. 小动物内科学 [M]. 5 版 . 夏兆飞，陈艳云，王姜维，主译 . 北京：中国农业大学出版社，2019.

4.Thrall D E. Textbook of Veterinary Diagnostic Radiology[M].7th ed. St. Louis, Missouri: Elsevier Health Sciences, 2017.

CASE 33

案例33 犬糖尿病酮症酸中毒

1. 基本信息和病史

贵宾犬，7 岁，雄性已去势。平时单独饲养于室内，日常主要饲喂犬粮，偶尔饲喂少量米面。就诊前近三个月无换粮史。定期免疫，未定期驱虫，近半年无旅行史。无既往病史。

近三个月发现犬尿频，且尿量增多，就诊前日牵遛回家后，患犬出现呕吐未消化食物的表现，食欲废绝，饮欲正常。

2. 体格检查

患犬精神沉郁，BCS：4/5，肛温 39.0℃，心率 150 次 /min，呼吸频率 52 次 /min，血压 120 mmHg。黏膜颜色粉红、偏干黏，CRT ≤ 2 s，脱水约 6%。听诊心音未见明显异常，肺音偏粗。触诊腹部较敏感。牙结石指数 CI 2/3，双眼脓性分泌物，被毛完整，可见跳蚤。

3. 问题列表

多尿、尿频、呕吐、触诊腹部敏感。

4. 鉴别诊断

糖尿病、慢性肾病、肾上腺皮质功能亢进、胰腺炎。

5. 初步诊断计划

诊断项目：CBC、生化检查、尿液检查、血气、消化系统及胃肠道超声检查。

6. 初步检查结果

CBC 检查结果见表 33–1，生化检查结果见表 33–2，尿液检查结果见表 33–3，血气结果见表 33–4，其他血液检查结果见表 33–5。

表 33–1　CBC 检查结果

项目	结果	参考范围（犬）
红细胞总数（RBC）	4.44×10^{12}/L	5.1×10^{12} ～ 7.6×10^{12}/L
红细胞比容（HCT）	31.6%	35% ～ 52%
血红蛋白浓度（HGB）	92 g/L	124 ～ 192 g/L
网织红细胞（RETIC）	129.6×10^3/μL	19.4×10^3 ～ 110.0×10^3/μL
平均红细胞体积（MCV）	71.2 fL	60 ～ 71 fL
平均红细胞血红蛋白浓度（MCHC）	291 g/L	320 ～ 380 g/L

续表 33-1

项目	结果	参考范围（犬）
红细胞分布宽度（RDW）	17.7%	13.2% ～ 19.1%
白细胞总数（WBC）	42.41×10^9/L	5.6×10^9 ～ 18.4×10^9/L
分叶中性粒细胞（SEG）	34.92×10^9/L	2.9×10^9 ～ 13.6×10^9/L
淋巴细胞（LYM）	0.57×10^9/L	1.1×10^9 ～ 5.3×10^9/L
单核细胞（MONO）	6.56×10^9/L	0.4×10^9 ～ 1.6×10^9/L
嗜酸性粒细胞（EOS）	0.21×10^9/L	0.1×10^9 ～ 3.1×10^9/L
嗜碱性粒细胞（BASO）	0.15×10^9/L	0.0 ～ 0.1×10^9/L
血小板（PLT）	330×10^3/μL	148×10^3 ～ 484×10^3/μL

表 33-2 生化检查结果

项目	结果	参考范围（犬）
总胆红素（TBIL）	0.6 mg/dL	0 ～ 0.8 mg/dL
总蛋白（TP）	6.6 g/dL	5.5 ～ 7.2 g/dL
白蛋白（ALB）	3.5 g/dL	3.2 ～ 4.1 g/dL
球蛋白（GLOB）	3.1 g/dL	1.9 ～ 3.7 g/dL
白球比（A/G）	1.1	0.9 ～ 1.9
葡萄糖（GLU）	357 mg/dL	68 ～ 104 mg/dL
丙氨酸氨基转移酶（ALT）	52 U/L	17 ～ 95 U/L
天门冬氨酸氨基转移酶（AST）	32 U/L	10 ～ 56 U/L
碱性磷酸酶（ALP）	895 U/L	7 ～ 115 U/L
γ- 谷氨酰转肽酶（GGT）	17 U/L	0 ～ 8 U/L
胆汁酸（TBA）	22.9 μmol/L	0 ～ 25 μmol/L
尿素（UREA）	30 mg/dL	19 ～ 55.7 mg/dL
肌酐（CREA）	0.4 mg/dL	0.6 ～ 1.4 mg/dL
磷（P）	3.6 mg/dL	2.7 ～ 5.4 mg/dL
钙（Ca）	9.2 mg/dL	9.4 ～ 12 mg/dL
总胆固醇（CHOL）	370 mg/dL	139 ～ 392 mg/dL
甘油三酯（TG）	484 mg/dL	23 ～ 102 mg/dL
肌酸激酶（CK）	67 U/L	0 ～ 314 U/L
钾（K）	4.4 mmol/L	4.1 ～ 5.4 mmol/L
钠（Na）	134 mmol/L	143 ～ 150 mmol/L
氯（Cl）	100.4 mmol/L	106 ～ 114 mmol/L

表 33-3 尿液检查结果

物理性质和化学性质		尿沉渣检查		物理性质和化学性质		尿沉渣检查	
颜色	黄色	红细胞	未见	蛋白	++	结晶	未见
透明度	微浊	白细胞	未见	葡萄糖	++	脂滴	未见
比重	1.028	移行上皮细胞	未见	酮体	+++	微生物	未见
pH	6.0	鳞状上皮细胞	0 ～ 2 个 /hpf	尿胆红素	3.2 μmol/L	采样方式	穿刺
潜血	微量 - 溶血	管型	颗粒管型：0 ～ 1 个 /hpf				

表 33-4　血气结果

项目	结果	参考范围（犬）
酸碱度（pH）	7.074	7.35 ～ 7.45
二氧化碳总量（TCO_2）	7 mmol/L	17 ～ 25 mmol/L
二氧化碳分压（pCO_2）	21.7 mmHg	35 ～ 38 mmHg
碳酸氢根（HCO_3^-）	6.4 mmol/L	15 ～ 23 mmol/L
细胞外液碱剩余（BE）	–24 mmol/L	（0）～（+6）mmol/L
阴离子间隙（AG）	15 mmol/L	8 ～ 25 mmol/L

表 33-5　其他血液检查结果

项目	结果	参考范围（犬）
犬 C 反应蛋白（CRP）	91.62 mg/L	0 ～ 10.00 mg/L
脂肪酶（DGGR 法）	1193.30 U/L	24 ～ 108 U/L

超声检查结果见图 33-1。

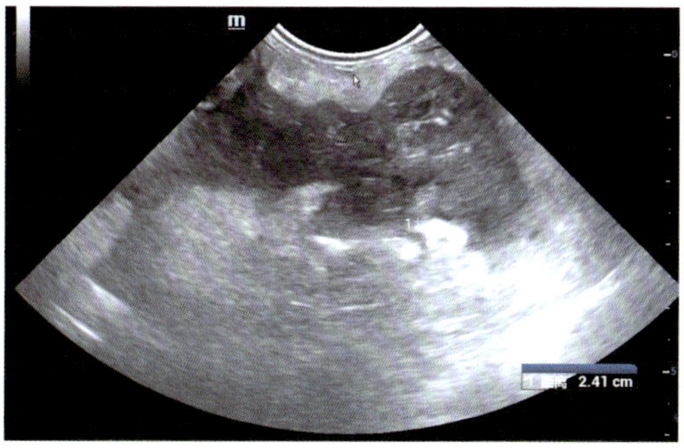

图 33-1

腹部超声检查（胰腺右叶）

7. 初步检查结果分析

7.1　CBC 结果

红细胞象：RBC、HCT 下降伴网织红细胞绝对值增加，提示存在轻度再生性贫血。

白细胞象：白细胞总数及嗜中性粒细胞总数升高，提示存在全身性炎症反应。

血小板象：未见明显异常。

7.2　血清生化检查结果

高血糖：血糖值约为参考范围上限的 3.5 倍，显著升高，结合尿液常规检查出现尿糖阳性，初步考虑为糖尿病导致。

高甘油三酯血症：甘油三酯约为参考范围上限的 4 倍，且血清呈轻度乳糜。结合患犬食欲废绝病史，甘油三酯非生理性升高，提示患犬可能存在胰腺炎、糖尿病或内分泌疾病。

胆汁淤积酶升高：ALP 约为上限值的 8 倍，GGT 约为上限值的 2 倍，提示存在胆汁淤积，其原因可能为肝内或肝外胆管阻塞、肝细胞损伤、肿瘤或肾上腺皮质机能亢进。

DGGR 法脂肪酶升高：脂肪酶显著升高，提示存在胰腺损伤。

低钠低氯：低钠低氯可能与胃肠道丢失相关。

7.3　血气检查结果

血气结果提示存在代谢性酸中度伴呼吸代偿。

7.4　尿液检查结果

尿液检查结果显示尿酮体及尿糖阳性，结合血糖结果提示糖尿病酮症酸中毒。

7.5　影像学检查结果

腹部超声可见胰腺右叶及胰体轮廓增厚（2.41 cm），轮廓不平滑，实质回声降低；胰腺周围软组织回声广泛增强，微量无回声暗区。

超声提示：急性胰腺炎，胰腺周围腹膜炎伴微量腹膜腔积液。

8. 诊断

结合病史及各项检查结果，该病例诊

断为糖尿病酮症酸中毒伴急性胰腺炎。

9. 治疗及转归

治疗方案包括：①输液纠正脱水并维持水合灌注状态。②胰岛素治疗：初期使用短效胰岛素（常规胰岛素）静脉输注控制血糖，待犬饮食欲稳定，开始使用长效胰岛素（甘精胰岛素），每天两次皮下注射管理。③对症支持：使用胃肠道保护剂及止吐药物；进行疼痛管理（布托啡诺）；严格饲喂低脂易消化处方食物，少食多餐。

入院后，对患犬进行液体治疗纠正脱水。入院后第 4 小时复查血气调整输液方案，并开始使用短效胰岛素静脉低剂量输注，每 2 h 监测一次血糖进行剂量调整，将血糖范围维持在 3.5 ～ 10 mmol/L。待犬体征稳定，无胃肠道症状时，尽早开始营养管理。

本病例通过初期积极的治疗，酮症酸中毒情况得到及时纠正，胰腺脂肪酶 DGGR 降低至正常范围。患犬体况恢复良好，出院后使用长效胰岛素长期管理。

10. 讨论

糖尿病酮症酸中毒（diabetic ketoacidosis，DKA）是一种严重危及生命的糖尿病并发症。在一项回顾性研究中发现，初诊为糖尿病的犬中，有 65% 的犬发展为 DKA，且多数犬同时存在一种或一种以上的并发疾病，例如急性胰腺炎、尿路感染和肾上腺皮质机能亢进等。酮体生成有赖于脂肪分解和游离脂肪酸的氧化，作为这两个过程的重要抑制剂，胰岛素的相对或绝对缺乏将促使脂肪细胞中激素敏感脂肪酶活性增加，促进酮体生成；此外，还将降低外周对葡萄糖和酮体的利用，导致血液中葡萄糖及酮体大量蓄积，超过肾小管重吸收阈值，导致渗透性利尿及严重的电解质及酸碱紊乱，最终发展为 DKA。

病史及体格检查时的异常发现取决于疾病的发展阶段。初期临床症状包括多尿、多饮、多食及体重下降等，已发展为 DKA 的糖尿病动物可能会出现全身性症状，如昏睡、脱水、心动过速，呼吸时有强烈的丙酮气味等。胃肠道症状在 DKA 病患常见，若伴发急性胰腺炎，则可能见到明显的腹痛及呕吐。

诊断糖尿病的最小数据库包含全血细胞计数、血液生化、静脉血气、尿液分析及培养，这些检查能够帮助确诊同时存在的并发疾病。典型发现包括高血糖、糖尿、应激性白细胞象，同时胆固醇和甘油三酯升高。犬通常出现 ALP 和 ALT 升高。静脉血气检查有助于确认病患的电解质及酸碱水平，指导液体疗法。酮体的监测不可或缺，尿化学试纸条只能监测乙酰乙酸，不能反映血中 β-羟丁酸浓度升高的严重程度，也不能反映代谢性酸中毒的严重程度，在 DK 和 DKA 的早期阶段，犬和猫的尿酮测定可能呈阴性。因此监测血清 β 羟丁酸为更优的选择。

对于 DKA 患犬，治疗的目标：①恢复水合状态和电解质紊乱；②胰岛素治疗抑制脂肪分解、酮体生成及糖异生；③纠正酸中毒；④适当的营养管理；⑤治疗并发病。

多数 DKA 患犬就诊时存在脱水、低血容量的情况，初期液体疗法意在恢复水合状态、维持脏器灌注，在治疗的前 2 ～ 6 h 内重点对脱水进行部分纠正，并调节电解质和酸碱紊乱。

初期液体疗法之后，可开始使用胰岛素。治疗初期可使用常规胰岛素进行恒速低剂量静脉输注或间歇性肌肉 / 皮下注射。本病例入院后经过 4 h 液体治疗后，开始使用常规胰岛素恒速低剂量静脉输注，并根据每 2 h 监测的血糖值进行液速调整，期间血糖范围控制在 3.5 ～ 10 mmol/L。随着液体治疗以及胰岛素的使用，酮体生成将减少，多余的酮体将经肾脏排出，多数病患无需碳酸氢盐治疗。

若患犬无呕吐、反流等胃肠道不良反应，则应尽早恢复饲喂。本病例患犬同时并发急性胰腺炎，因此住院期间严格饲喂低脂易消化处方食物，少量多餐。随着胃肠道症状及胰腺炎状态改善，逐步提升饲喂量并减少饲喂次数。

DKA 病患同时患有胰腺炎，它将影响治疗方案以及住院时长等。糖尿病的免疫抑制效应及高血糖状态，使糖尿病病患易发生细菌感染，其中泌尿系统感染最为常见，因此 DKA 病患均需进行尿液培养。激素分泌异常是胰岛素抵抗的常见原因，例如未绝育母犬间情期孕酮分泌增加，将直接拮抗胰岛素作用；患有肾上腺皮质机能亢进的动物，因其糖皮质激素过量分泌，也将拮抗胰岛素。由于针对肾上腺功能排查的检测易受疾病状态影响，通常建议在 DKA 病患体况稳定并开始进食后再进行检测。

◆ 参考文献

1.Behrend E, Holford A, Lathan P, et al. 2018 AAHA diabetes management guidelines for dogs and cats[J]. Journal of the American Animal Hospital Association, 2018, 54(1): 1-21.

2.Feldman E C, Nelson R W, Reusch C. Canine and feline endocrinology[M].4th ed. St. Louis, Missouri: Elsevier health sciences, 2014.

3.Hume D Z, Drobatz K J, Hess R S. Outcome of dogs with diabetic ketoacidosis: 127 dogs (1993–2003)[J]. Journal of veterinary internal medicine, 2006, 20(3): 547-555.

4.Thomovsky E. Fluid and electrolyte therapy in diabetic ketoacidosis[J]. Veterinary Clinics: Small Animal Practice, 2017, 47(2): 491-503.

CASE 34

案例34

犬短头综合征

1. 基本信息和病史

法国斗牛犬，14 月龄，雄性未去势，体重 13.4 kg。室内单独饲养，日粮为犬粮和鸡蛋。

该犬自小有气喘症状，运动后舌色发绀，偶有呕吐表现。4 月龄时曾患皮肤病，就诊前一天夜间出现头颈痉挛、呼吸急促的症状。饮食欲正常，排便排尿无明显异常。

2. 体格检查

患犬精神尚可，被毛清洁整齐，鼻翼狭窄，齿列拥挤。黏膜湿润，CRT ≈ 1.5 s，皮肤弹性良好，水合状态良好。心率 100 次/min，节律整齐，呼吸 30 次/min，吸气有喘鸣音，心音及肺音无明显异常。触诊股动脉、足背侧动脉有力，节律整齐，与心率一致。

3. 问题列表

呼吸急促、运动后舌色发绀、鼻翼狭窄。

4. 鉴别诊断

短头综合征、上呼吸道疾病、心脏病。

5. 初步诊断计划

诊断项目：CBC、生化检查、头部、胸部 X 线检查、心脏超声检查。

6. 初步检查结果

CBC 检查结果见表 34-1，生化检查结果见表 34-2。X 线检查结果见图 34-1。

表 34-1 CBC 检查结果

项目	结果	参考范围（犬）
红细胞总数（RBC）	6.84×10^{12}/L	5.65×10^{12} ～ 8.87×10^{12}/L
红细胞比容（HCT）	47.3%	37.3% ～ 61.7%
血红蛋白浓度（HGB）	17.0 g/dL	13.1 ～ 20.5 g/dL
网织红细胞（RETIC）	34.2×10^{3}/μL	10.0×10^{3} ～ 110.0×10^{3}/μL

续表 34-1

项目	结果	参考范围（犬）
平均红细胞体积（MCV）	69.2 fL	61.6 ～ 73.5 fL
平均红细胞血红蛋白浓度（MCHC）	35.9 g/dL	32.0 ～ 37.9 g/dL
红细胞分布宽度（RDW）	15.9%	13.6% ～ 21.7%
白细胞总数（WBC）	15.24×10^9/L	5.05×10^9 ～ 16.76×10^9/L
分叶中性粒细胞（SEG）	10.89×10^9/L	2.95×10^9 ～ 11.64×10^9/L
杆状中性粒细胞（BAND）	/	/
淋巴细胞（LYM）	2.96×10^9/L	1.05×10^9 ～ 5.10×10^9/L
单核细胞（MONO）	0.84×10^9/L	0.16×10^9 ～ 1.12×10^9/L
嗜酸性粒细胞（EOS）	0.49×10^9/L	0.06×10^9 ～ 1.23×10^9/L
嗜碱性粒细胞（BASO）	0.06×10^9/L	0.00 ～ 0.10×10^9/L
血小板（PLT）	434×10^3/μL	148×10^3 ～ 484×10^3/μL

表 34-2　生化检查结果

项目	结果	参考范围（犬）
总胆红素（TBIL）	0.52 μmol/L	0.5 ～ 8.55μmol/L
总蛋白（TP）	6.84 g/dL	5.5 ～ 7.2 g/dL
白蛋白（ALB）	3.16 g/dL	3.2 ～ 4.1 g/dL
球蛋白（GLOB）	3.69 g/dL	1.9 ～ 3.7 g/dL
白球比（A/G）	0.86	0.9 ～ 1.9
葡萄糖（GLU）	5.91 mmol/L	3.5 ～ 6 mmol/L
丙氨酸氨基转移酶（ALT）	61.47 U/L	10 ～ 100 U/L
天门冬氨酸氨基转移酶（AST）	37.42 U/L	10 ～ 66 U/L
碱性磷酸酶（ALP）	82.26 U/L	20 ～ 200 U/L
γ- 谷氨酰转肽酶（GGT）	3.21 U/L	0 ～ 10 U/L
胆汁酸（TBA）	9.27 μmol/L	0 ～ 25 μmol/L
尿素（UREA）	6.14 mmol/L	3 ～ 9 mmol/L
肌酐（CREA）	67.53 mmol/L	45 ～ 110 mmol/L
磷（P）	1.51 mmol/L	0.8 ～ 2 mmol/L
钙（Ca）	2.8 mmol/L	2.3 ～ 3 mmol/L
总胆固醇（CHOL）	3.56 mmol/L	3 ～ 7 mmol/L
甘油三酯（TG）	0.84 mmol/L	0.2 ～ 1.7 mmol/L
肌酸激酶（CK）	154 U/L	0 ～ 314 U/L
钾（K）	4.43 mmol/L	4.1 ～ 5.4 mmol/L
钠（Na）	138.78 mmol/L	143 ～ 150 mmol/L
氯（Cl）	110.85 mmol/L	106 ～ 114 mmol/L

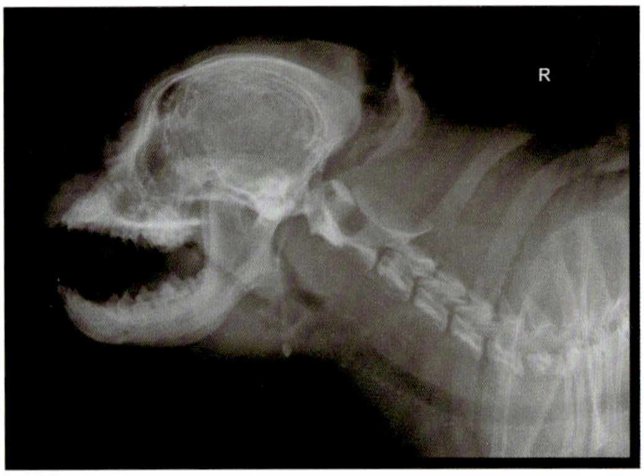

图 34–1

咽喉部右侧位 X 线片

7. 初步检查结果分析

7.1 CBC 结果

未见明显异常。

7.2 血清生化检查结果

未见明显异常。

7.3 X 线检查结果

咽喉部 X 线检查显示软腭增厚。胸部 X 线片显示心影轮廓和肺野密度无明显异常。气管内径和胸腔入口处比值 TD/TI 约为 0.11，基本符合斗牛犬平均水平，未见明显气管发育不全。

7.4 超声检查结果

心脏超声检查未见明显异常。

8. 初步诊断

初步诊断为短头综合征。

9. 进一步诊断计划及结果分析

9.1 进一步诊断计划

需进一步进行内窥镜检查、头部 CT 扫查。

9.2 结果及分析

内窥镜检查见图 34–2，可见软腭过长、扁桃体增大外翻、喉小囊外翻、喉头水肿等。CT 结果见图 34–3，可见软腭过长、过厚。鼻腔结构尚可。

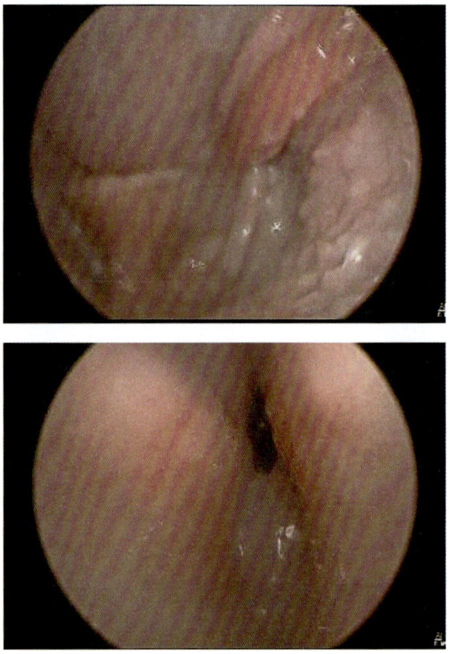

图 34–2

短头综合征犬咽部内窥镜检查。可见软腭过长深入会厌软骨内、扁桃体增大外翻、喉小囊外翻呈泛白凸面小球状

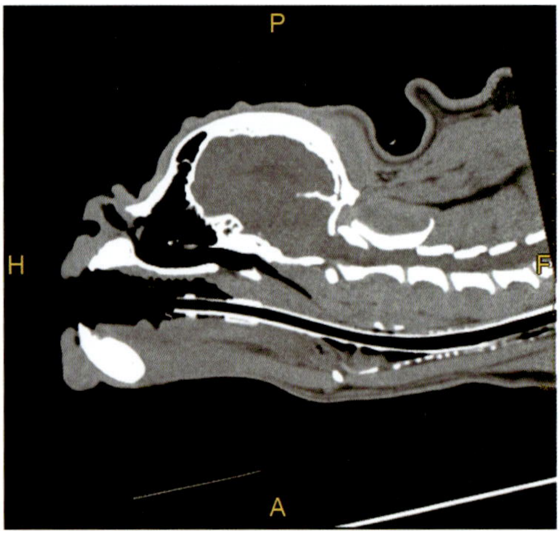

图 34–3

短头综合征患犬头部 CT 失状面，可见长而厚的软腭

10. 最终诊断

最终诊断为犬短头综合征。存在鼻翼狭窄、软腭过长、扁桃体增大和喉小囊外翻。

11. 治疗及转归

该病例先通过吸氧和地塞米松治疗，缓解缺氧后进行手术治疗。进行软腭折叠术和鼻翼成形术（图 34–4）。

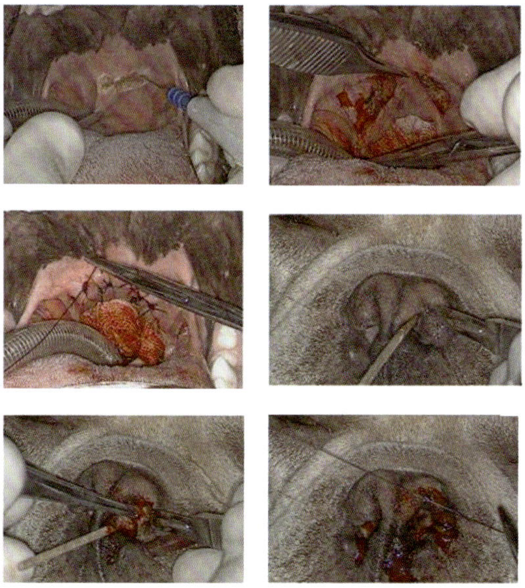

图 34–4

短头综合征犬软腭折叠术和鼻翼成形术术中照片

犬术后出现呼吸急促。皮下给予乙酰丙嗪（0.05 mg/kg）镇静和吸氧，症状缓解。2 d 后犬呼吸平稳、术部恢复良好、无明显缺氧表现后出院。出院后精神状态良好，缺氧症状和胃肠道症状改善。

12. 分析与讨论

短头品种综合征为一种发育异常导致的综合征，有明显的品种特异性。主要涉及的品种包括西施犬、拳师犬、英国斗牛犬、法国斗牛犬、北京犬、巴哥犬、沙皮犬、波士顿㹴犬和拉萨犬等。主要临床表现为吸气时鼾声 / 喘鸣音、呼吸困难、发绀、反流、呕吐、湿咳、吞咽困难、睡眠障碍、运动耐受性下降和高体温。在运动后、兴奋、压力以及环境温度升高或湿度增加时更严重。呼吸问题的严重程度可能与体重相关。

体格检查可发现原发和 / 或继发性结构异常。原发性结构异常包括鼻孔狭窄和软腭过长，继发结构异常包括喉小囊外翻、喉塌陷和扁桃体增大等。其他异常可能包括皮肤褶皱感染、生殖障碍、咬合不正、齿列拥挤、消化系统异常、眼部结构异常等。实验室检查可能无明显异常，一些病例可能出现呼吸性酸中毒。

短头综合征可以通过保守治疗和手术治疗。对于轻度病例或仅对病例进行短期控制，可以考虑保守治疗。保守治疗方法为控制肥胖、限制活动、控制环境温度和湿度、避免压力、应用糖皮质激素、抗炎以及氧气疗法。对于所有存在结构异常的病例，都可以进行手术治疗。存在鼻翼狭窄的需要进行鼻翼成形术，按需求进行软腭切除术、喉小囊外翻切除术或扁桃体切除术等。

短头综合征术后可给予糖皮质激素，适当镇静和镇痛，减少非甾体抗炎药（NSAID）的使用。给予消化道促动力药、抗酸药和止吐药，同时给予氧气支持。正常饲喂水和干粮，避免暴食，可通过手饲来使动物缓慢进食。

短头综合征围手术期死亡率为 3.2% ～ 6.8%，大部分与呼吸窘迫或吸入性肺炎相关。影响动物术后呼吸的因素有术前气道水肿程度、短头综合征情况、术中损伤程度、苏醒情况和动物体位。在术后 24 ～ 48 h 需密切监护急性呼吸窘迫综合征，并进行紧急情况干预。干预目标包括纠正呼吸困难、低血氧、高体温以及缓解压力。在不引起额外压力的情况下，尽快建立静脉通路，将犬置于凉爽、安静的供氧环境，给予短效皮质类固醇激素。如果上述操作不能改善犬的缺氧情况，可能需要进行气管切开术。

保守治疗只能在一定程度上控制症状。报道显示，手术治疗后，61% ～ 94% 的病患症状改善。越早进行手术预后越好，一般 2 岁以内进行手术，预后较好；仅需要进行鼻翼整形术或 / 和软腭切除术的犬预后较好；存在气管发育异常的犬预后不一，取决于其他上呼吸道情况；合适的护理可以极大地提升短头综合征动物的生活品质。护理包括胃肠道功能恢复、生活环境改善、运动量的控制和减肥。

◆ 参考文献

1.Silverstein D, Hopper K. Small animal critical care medicine[M].2nd ed. St. Louis, Missouri: Elsevier Health Sciences, 2014.

2.Tobias K. Manual of small animal soft tissue surgery[M].2nd ed. New Jersey: John Wiley & Sons, 2017.

3.Trappler M, Moore K. Canine brachyce-phalic airway syndrome: surgical manage-ment [J]. Compend Contin Educ Vet, 2011, 33(5): E1-8.

CASE 35

案例35 犬嗜酸性支气管肺病

1. 基本信息和病史

金毛猎犬，2 岁，雄性未去势。户外饲养，日常主要饲喂犬粮及少量餐桌食物，未定期体内外驱虫，近期无旅行史，既往身体健康。

近 1 个月患犬咳嗽，且咳嗽频率不断增加，食欲减退。

2. 体格检查

患犬精神状态尚可，BCS：3/5，体温 38.8 ℃，CRT < 2 s。心率 62 次 /min，呼吸频率 54 次 /min，无明显心杂音，听诊肺音粗厉、啰音，诱咳阳性。触诊未见明显异常。

3. 问题列表

咳嗽、听诊啰音、呼吸急促。

4. 鉴别诊断

气道和 / 或肺实质疾病。

5. 初步诊断计划

诊断项目：CBC、生化检查、胸部 X 线检查。

6. 初步检查结果

CBC 检查结果见表 35-1，生化检查结果见表 35-2，X 线检查结果见图 35-1、图 35-2。

表 35-1　CBC 检查结果

项目	结果	参考范围
红细胞总数（RBC）	6.51×10^{12}/L	5.65×10^{12} ～ 8.87×10^{12}/L
红细胞比容（HCT）	40.7%	37.3% ～ 61.7%
血红蛋白浓度（HGB）	15.0 g/dL	13.1 ～ 20.5 g/dL
网织红细胞（RETIC）	19.5×10^3/μL	10.0×10^3 ～ 110.0×10^3/μL
平均红细胞体积（MCV）	62.5 fL	61.6 ～ 73.5 fL
平均红细胞血红蛋白浓度（MCHC）	36.9 g/dL	32.0 ～ 37.9 g/dL
红细胞分布宽度（RDW）	18.7%	13.6% ～ 21.7%
白细胞总数（WBC）	23.64×10^9/L	5.05×10^9 ～ 16.76×10^9/L
分叶中性粒细胞（SEG）	11.45×10^9/L	2.95×10^9 ～ 11.64×10^9/L
淋巴细胞（LYM）	2.92×10^9/L	1.05×10^9 ～ 5.10×10^9/L

续表 35-1

项目	结果	参考范围
单核细胞（MONO）	0.64×10^9/L	$0.16 \times 10^9 \sim 1.12 \times 10^9$/L
嗜酸性粒细胞（EOS）	8.54×10^9/L	$0.06 \times 10^9 \sim 1.23 \times 10^9$/L
嗜碱性粒细胞（BASO）	0.09×10^9/L	$0.00 \sim 0.10 \times 10^9$/L
血小板（PLT）	170×10^3/μL	$148 \times 10^3 \sim 484 \times 10^3$/μL
镜检		未见明显异常

表 35-2 生化检查结果

检查项目	结果	参考范围
血糖（GLU）	4.2 mmol/L	3.5 ～ 6 mmol/L
肌酐（CREA）	63.3 μmol/L	45 ～ 110 μmol/L
尿素（UREA）	3.9 mmol/L	3 ～ 9 mmol/L
磷（P）	1.3 mmol/L	0.8 ～ 2 mmol/L
钙（Ca）	2.5 mmol/L	2.3 ～ 3 mmol/L
总蛋白（TP）	57.6 g/L	54 ～ 71 g/L
白蛋白（ALB）	25.3 g/L	25 ～ 35 g/L
球蛋白（GLOB）	32.3 g/L	25 ～ 45 g/L
丙氨酸氨基转移酶（ALT）	15 U/L	10 ～ 100 U/L
天门冬氨酸氨基转移酶（AST）	17.2 U/L	10 ～ 66 U/L
碱性磷酸酶（ALP）	45 U/L	20 ～ 200 U/L
γ- 谷氨酰转肽酶（GGT）	2.4 U/L	0 ～ 10 U/L
总胆红素（TBIL）	7.9 μmol/L	0.5 ～ 8.5 μmol/L
胆固醇（CHOL）	3.62 mmol/L	3 ～ 7 mmol/L
淀粉酶（AMY）	920.7 U/L	370 ～ 1500 U/L
肌酸激酶（CK）	65.9 U/L	0 ～ 150 U/L
钠（Na）	147.5 mmol/L	138 ～ 149 mmol/L
钾（K）	4.5 mmol/L	3.5 ～ 5.5 mmol/L
氯（Cl）	114.1 mmol/L	104 ～ 116 mmol/L

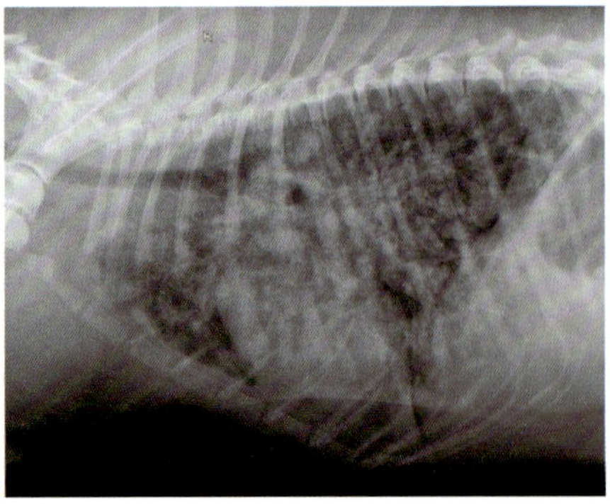

图 35-1

初诊，胸部右侧位 X 线片

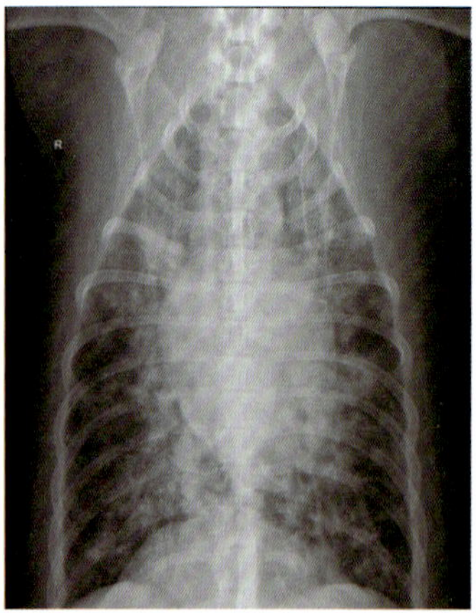

图 35-2

初诊，胸部腹背位 X 线片

7. 初步检查结果分析

7.1　CBC 结果

红细胞象：未见明显异常。

白细胞象：嗜酸性粒细胞计数显著升高常与过敏反应以及寄生虫感染有关，其他较少见的原因包括肥大细胞瘤、副肿瘤综合征、犬肾上腺皮质功能减退等。

血小板象：未见明显异常。

7.2　血清生化检查结果

生化检查未见明显常。

7.3　X 线检查结果

心影轮廓不清，侧位气管未见明显上抬，正位心胸比尚可；侧位肺门处可见一软组织结构；正位主支气管夹角增大，呈“牛仔腿征”，疑肺门淋巴结增大或心基部肿物；肺野密度广泛性升高，非血管线性纹理增多。支气管壁增厚，可见“双轨征”及“甜甜圈征”，支气管周围密度升高，呈“袖套征”。肺野散在斑块样的结节状阴影。

X 线提示：肺野呈广泛性支气管间质肺泡混合型变化，以支气管型为主。根据此肺型变化，主要鉴别诊断为嗜酸性支气管肺病、慢性支气管炎、寄生虫感染等，但不能排除肺炎和肿瘤转移的可能，建议结合支气管肺泡灌洗评估。

8. 进一步诊断计划及结果

8.1　进一步诊断计划

支气管肺泡灌洗、粪便寄生虫筛查、SNAP 4Dx。

8.2　结果及分析

粪便检查结果未见明显异常，SNAP 4Dx 检测结果为阴性。暂且排除寄生虫感染可能。

支气管肺泡灌洗液细菌培养结果：阴性。

支气管肺泡灌洗液细胞学检查结果：脱落细胞量较大，以炎性细胞为主，其中嗜酸性粒细胞约占 90%，嗜中性粒细胞约占 10%，可见少量淋巴细胞，背景中大量红细胞，未见病原微生物，详见图 35–3。

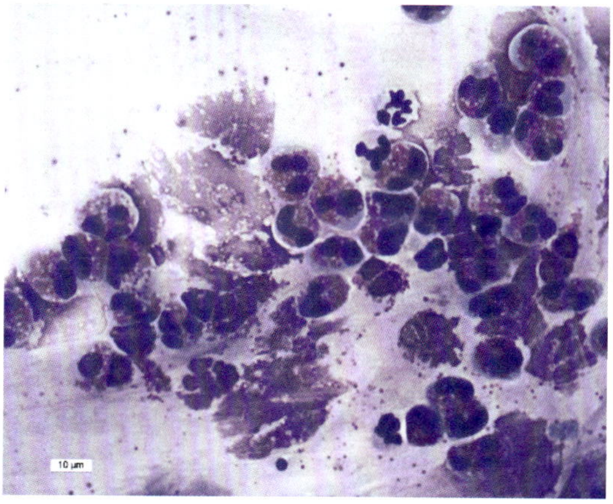

图 35–3

支气管肺泡灌洗液细胞学涂片（瑞氏吉姆萨染色，1 000 ×）

9. 最终诊断

结合病史、血常规中嗜酸性粒细胞增多、支气管肺泡灌洗液中嗜酸性粒细胞比例显著升高且未见明显病原微生物、胸部 X 线片呈广泛性支气管间质型肺泡型变化，本病例最终被诊断为嗜酸性支气管肺病。

10. 治疗及转归

给予患犬口服泼尼松 1 mg/（kg · 次），

每日两次，连用 2 周，咳嗽得到明显控制，胸部 X 线片复查结果如图 35-4、图 35-5 所示。肺野影像较用药前明显好转，呈轻度支气管间质型变化，支气管周围未见渗出，肺野未见明显斑块样结节状阴影。CBC 复查显示白细胞位于参考范围上限，嗜酸性粒细胞计数恢复正常。

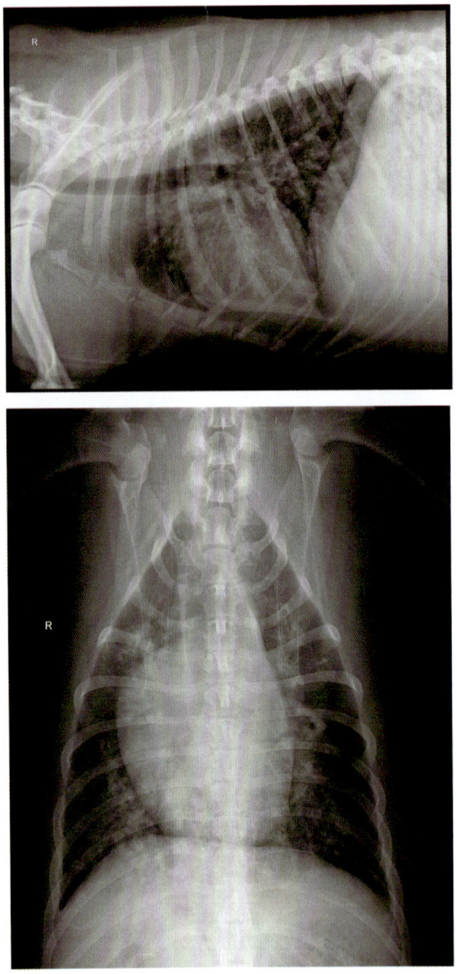

图 35-4
用药 10 d 后患犬胸部右侧位（上）及腹背位（下）X 线片

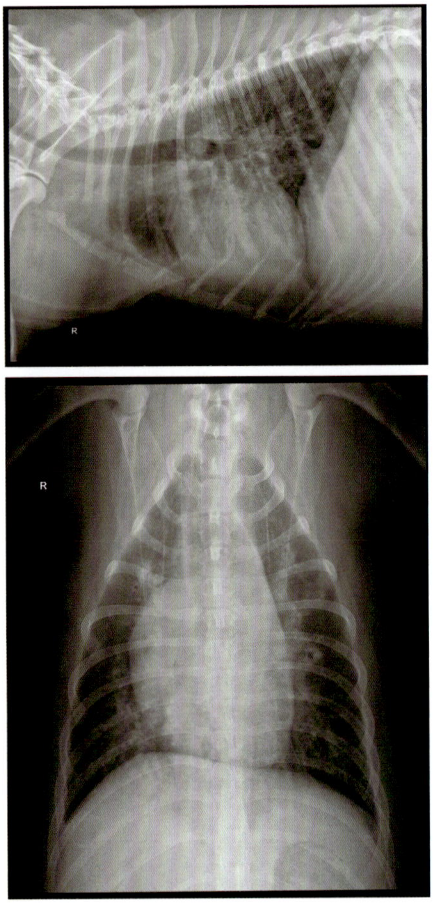

图 35-5
用药 18 d 后患犬胸部右侧位（上）及腹背位（下）X 线片

11. 讨论

嗜酸性支气管肺病（Eosinophilic bronchopneumopathy，EBP）是一种以嗜酸性粒细胞浸润肺实质和支气管黏膜为特征的疾病，又称之为肺嗜酸性粒细胞浸润（pulmonary infiltrates with eosinophils, PIE）、肺嗜酸性粒细胞增多症（pulmonary eosinophilia, PE）和嗜酸性肺炎（eosinophilic pneumonia，EP）等。在人医中，嗜酸性肺炎根据病因可大致分为病因明确和病因不明两大类，病因明确的嗜酸性肺炎可能是由寄生虫、细菌、真菌、药物、毒素等引起，但病因不明的 EBP 在犬上更为常见。EBP 最常见于成年犬，平均发病年龄为 4 ～ 6 岁，雌性比雄性更常见。咳嗽是最常见的症状，大多数病例都有咳嗽的症状，其他常见症状有呼吸困难、呕吐、体重减轻等。

EBP 诊断的金标准为气管刷洗或者支气管肺泡灌洗液中嗜酸性粒细胞比例升高（17% ～ 19% 及以上），或气管 / 支气管壁组织学显示嗜酸性粒细胞浸润。只有大约 60% 的 EBP 患犬血常规检查会出现嗜酸性粒细胞增多。EBP 的胸部 X 线片检查结果取决于过敏反应的类型、肺脏中抗原的含量、疾病发作的速度和病程。高于 90% 的 EBP 病例会表现出胸部影像学变化。在疾病初期，X 线检查可能是正常的。一般来说，EBP 最常见的胸部 X 线检查异常（68%）是中度至重度支气管间质混合型变化，也有些患病动物会呈现广泛性非结构性间质型变化，较严重的病例会出现斑块样肺泡型征象，有时会出现肺部结节，产生的原因是由终末细支气管供应的肺泡群内，液体或细胞碎屑代替了空气，这些阴影也称之为肺泡结，通常呈广泛性分布，轮廓不清或清晰的局部软组织不透明度影像。同时，EBP 患犬可能存在过度通气，横膈向尾侧移位而变得扁平。

治疗 EBP 的基石是降低气道炎症反应，从而达到最大限度地减轻临床症状的目的。对于病因明确的 EBP，需直接治疗诊断中确定的所有原发病，但犬更为常见的是特发性 EBP，皮质类固醇是治疗犬特发性 EBP 的主要方法，如泼尼松，初始剂量为 1 ～ 2 mg/kg，bid。通过临床症状和胸部 X 线片监测动物对治疗的反应。临床症状好转后每两到三周降低 25% ～ 50% 的用药剂量，最低维持剂量可达每天或每两天 0.125 ～ 0.5 mg/kg，对于有严重副作用或不适用口服类固醇的患犬，可使用吸入性类固醇。如果保持 3 个月无症状，可尝试停止治疗。患犬通常对皮质类固醇反应良好，临床症状通常会在给药后几天内得到改善。

◆ 参考文献

1.Clercx C, Peeters D, Snaps F, et al. Eosinophilic bronchopneumopathy in dogs[J]. Journal of Veterinary Internal Medicine, 2000, 14(3): 282-291.

2.Clercx C, Peeters D. Canine eosinophilic bronchopneumopathy[J]. Veterinary Clinics of North America: Small Animal Practice, 2007, 37(5): 917-935.

3.Ettinger S J, Feldman E C, Cote E. Textbook of Veterinary Internal Medicine[M].8th ed. St. Louis, Missouri: Elsevier health sciences, 2016.

4.Muhlbauer M C, Kneller S K. Radiography of the dog and cat: guide to making and interpreting radiographs[M].Iowa: John Wiley & Sons, 2013.

CASE 36

案例36 犬非心源性肺水肿

1. 基本信息和病史

柯基犬，2 月龄，雄性，2.5 kg。刚饲养 10 d，饲喂幼犬奶糕，饮食欲正常，尚未免疫驱虫。

就诊当天早上从近 30 cm 高处摔下，头部着地，随后出现呼吸急促。

2. 初步评估及急诊检查

由于患病动物就诊时呼吸急促，入院后马上吸氧、镇静（布托啡诺 0.2 mg/kg），依据急诊 ABC 法则，评估气道（airway）、呼吸系统（breathing）以及循环系统（circulation）有无异常。

患犬无明显气道梗阻征象，精神轻度沉郁，张口呼吸，呼吸频率 60 次 /min。黏膜颜色粉，CRT < 2 s，无明显脱水，无明显心杂音，心率 110 次 /min，听诊可见轻度肺啰音，无明显触痛，BCS：4/9，肛温 38.4℃。

3. 进一步检查

氧流吸氧后，患犬呼吸状态有所缓解，考虑患病动物主要问题为呼吸急促、听诊肺啰音，首先需排除呼吸系统疾病，遂进行胸部 X 线检查。此外，床旁采血进行 CBC、生化以及犬瘟病毒（CDV）检查，并建立静脉通路。

4. 初步检查结果

CBC 检查结果见表 36–1，生化检查结果见表 36–2。X 线检查结果见图 36–1、图 36–2。

CDV：阴性。

表 36–1　CBC 检查结果

项目	结果	参考范围
红细胞总数（RBC）	6.49×10^{12}/L	5.65×10^{12} ～ 8.87×10^{12}/L
红细胞比容（HCT）	42.6%	37.3% ～ 61.7%
血红蛋白浓度（HGB）	14.7 g/dL	13.1 ～ 20.5 g/dL
网织红细胞（RETIC）	109.1×10^3/μL	10.0×10^3 ～ 110.0×10^3/μL
平均红细胞体积（MCV）	65.2 fL	61.6 ～ 73.5 fL

续表 36-1

项目	结果	参考范围
平均红细胞血红蛋白浓度（MCHC）	34.5 g/dL	32.0 ～ 37.9 g/dL
红细胞分布宽度（RDW）	14.1%	13.6% ～ 21.7%
白细胞总数（WBC）	7.40×10^9/L	5.05×10^9 ～ 16.76×10^9/L
分叶中性粒细胞（SEG）	4.52×10^9/L	2.95×10^9 ～ 11.64×10^9/L
淋巴细胞（LYM）	1.92×10^9/L	1.05×10^9 ～ 5.10×10^9/L
单核细胞（MONO）	0.27×10^9/L	0.16×10^9 ～ 1.12×10^9/L
嗜酸性粒细胞（EOS）	0.69×10^9/L	0.06×10^9 ～ 1.23×10^9/L
嗜碱性粒细胞（BASO）	0.00×10^9/L	0.00 ～ 0.10×10^9/L
血小板（PLT）	157×10^3/μL	148×10^3 ～ 484×10^3/μL
镜检		未见明显异常

表 36-2 生化检查结果

检查项目	结果	参考范围
血糖（GLU）	121 mg/dL	68 ～ 104 mg/dL
肌酐（CREA）	0.8 mg/dL	0.6 ～ 1.4 mg/dL
尿素（UREA）	44 mg/dL	19 ～ 55.7 mg/dL
磷（P）	3.8 mg/dL	2.7 ～ 5.4 mg/dL
钙（Ca）	11.4 mg/dL	9.4 ～ 12 mg/dL
总蛋白（TP）	63 g/L	55 ～ 72 g/L
白蛋白（ALB）	38 g/L	32 ～ 41 g/L
球蛋白（GLOB）	25 g/L	19 ～ 37 g/L
丙氨酸氨基转移酶（ALT）	37 U/L	17 ～ 95 U/L
天门冬氨酸氨基转移酶（AST）	39 U/L	18 ～ 56 U/L
碱性磷酸酶（ALP）	63 U/L	7 ～ 115 U/L
γ- 谷酰胺转肽酶（GGT）	0 U/L	0 ～ 8 U/L
总胆红素（TBIL）	0.2 mg/dL	0 ～ 0.8 mg/dL
胆固醇（CHOL）	157 mg/dL	136 ～ 392 mg/dL
甘油三酯（TG）	157 mg/dL	136 ～ 392 mg/dL
乳酸脱氢酶（LDH）	110 U/L	24 ～ 388 U/L
肌酸激酶（CK）	245 U/L	0 ～ 314 U/L
钾（K）	4.44 mmol/L	4.1 ～ 5.4 mmol/L
钠（Na）	146.4 mmol/L	143 ～ 150 mmol/L
氯（Cl）	109.1 mmol/L	106 ～ 114 mmol/L

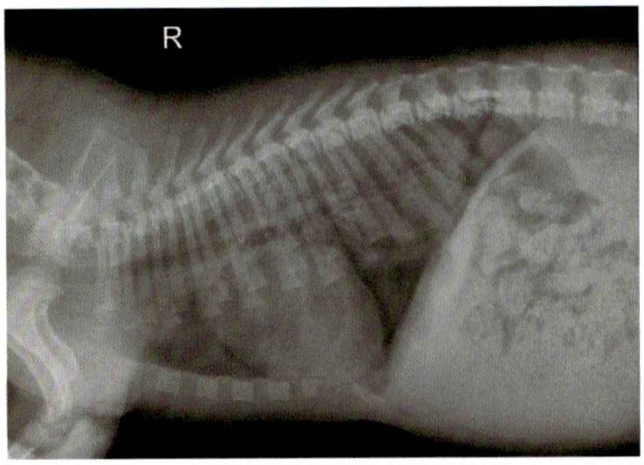

图 36-1

胸部右侧位 X 线片（初诊）

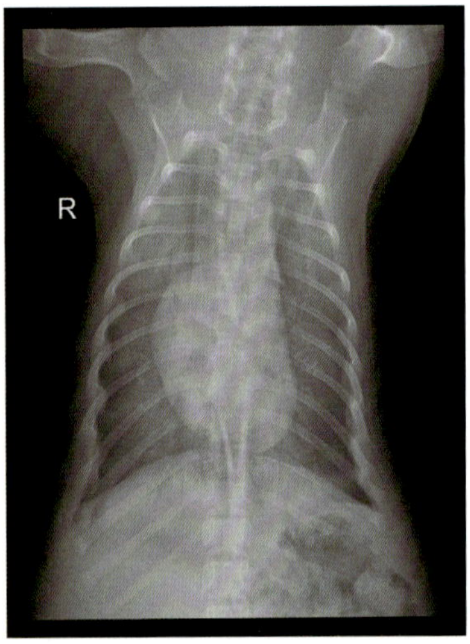

图 36-2

胸部腹背位 X 线片（初诊）

5. 初步检查结果分析

5.1 CBC 结果

红细胞象：未见明显异常。

白细胞象：未见明显异常。

血小板象：未见明显异常。

5.2 血清生化检查结果

高血糖：高血糖的常见鉴别诊断包括应激反应、餐后效应、输注高糖液体、头部创伤和糖尿病等。根据病史信息，本病例血糖的轻度升高可能是由于应激反应或头部创伤导致的。

5.3 X 线检查结果

患犬胸部 X 线片可见心影轮廓尚可，肋骨未见明显骨折，未见明显胸膜腔积液，肺野密度广泛性升高，非血管线性纹理增多，血管影像不清，可见空气支气管征，呈间质肺泡型变化。

根据胸部 X 线片的肺型，可以缩小鉴别诊断范围。肺泡型常见的鉴别诊断包括细菌性肺炎、心源性肺水肿、非心源性肺水肿、肺挫伤、肺出血，肺不张等，非结构性间质型常见的鉴别诊断包括渗出、通气不足、曝光条件不足、肥胖、老龄性肺纤维化等。而细菌性肺炎通常发生在重力侧肺叶且呈非对称性，犬心源性肺水肿更常见于双后叶，且对称性分布，并可见左心房增大。在本病例中，心影轮廓尚可，肺野密度广泛性升高，首先基本排除心源性肺水肿及细菌性肺炎的可能；肺挫伤 / 肺出血的分布多变，通常发生在创伤同侧，主诉头部创伤史而非胸部创伤，肺挫伤 / 肺出血的可能性很小。

6. 诊断

结合头部创伤史、急性发病、胸部 X 线征象以及实验室检查结果，本病例最终被诊断为非心源性肺水肿。

7. 治疗及转归

患犬在镇静（布托啡诺：0.2 mg/kg，SC）、吸氧及静脉给予速尿（2 mg/kg）8 h 后，症状明显改善。7 d 后复查 X 线片如图 36-3、图 36-4 所示，肺野密度明显好转。

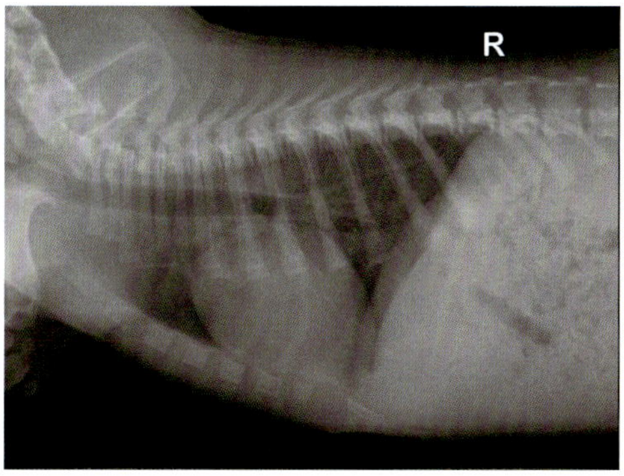

图 36-3

胸部右侧位 X 线片（7 d 后复查）

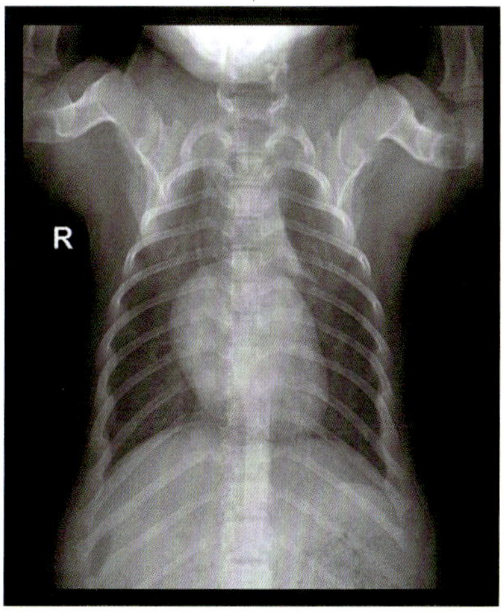

图 36-4

胸部腹背位 X 线片（7 d 后复查）

8. 讨论

肺水肿是指肺内血管与实质之间液体交换功能紊乱导致的肺含水量增加，在临床上，根据病因主要分为心源性肺水肿和非心源性肺水肿两大类，而非心源性肺水肿又可进一步细分，包括神经性肺水肿、阻塞性肺水肿、易诱发急性呼吸窘迫综合征的全身性疾病、直接肺损伤、严重低白蛋白血症、淋巴回流受损以及其他原因（如血管炎、溺水、空气栓塞、嗜铬细胞瘤等）。在兽医临床中，引起神经源性肺水肿（neurogenic pulmonary edema，NPE）的三个主要诱因包括头部创伤、癫痫发作和电击，以上各种因素可导致中枢神经系统损伤，引起交感神经过度兴奋、释放大量儿茶酚胺使外周血管急剧收缩，从而引起神经源性肺水肿。NPE 患病动物的典型症状为中枢神经系统损伤后（通常是几分钟）呼吸频率突然增加。呼吸窘迫的严重程度从呼吸急促到呼吸困难，并有液体分泌物从鼻孔流出等。本病例中，患犬在头部创伤后出现急性发作的呼吸窘迫症状，符合这一特征。

详细的病史和体格检查为 NPE 的诊断提供了基础。头部创伤、癫痫发作和电击等诱因后出现的急性呼吸窘迫病史，对诊断 NPE 具有高度提示意义。呼吸窘迫的其他原因也应考虑，如心源性肺水肿、吸入性肺炎、肺血栓栓塞、肺挫伤和肺出血等，这些鉴别诊断需结合病史、胸部 X 线片、超声心动及基础实验室检查等进行排除。超声心动有助于排除心脏原因导致的心源性肺水肿，基础实验室检查（即血常规、生化指标和尿常规）虽然不能直接诊断 NPE，但可以反映 NPE 的潜在原因和预后情况。NPE 患病动物的典型 X 线征象为肺野密度升高，呈间质或肺泡型变化，病变主要集中于尾背侧，严重病例病变呈广泛性分布。如果肺野浸润呈不对称性分布，通常右侧肺野受累更为明显。在本病例中，动物就诊时状态较差，所以未进行超声心动检查，但结合患病动物的年龄、发病病史、X 线显示心影轮廓未见明显增大及肺野间质肺泡型变化，诊断为 NPE。

NPE 动物的治疗主要包括笼内静养、吸氧及药物治疗。以应激最小的方式吸氧并保持动物安静，可以考虑给予镇静剂或抗焦虑药。速尿可用于治疗 NPE 患病动物（犬 2 mg/kg，IV；猫 1 mg/kg，IV），但应避免低血容量。糖皮质激素对 NPE 动物没有任何帮助。除非存在继发性感染，否则不必使用抗生素。NPE 的预后取决于肺水肿的严重程度及 NPE 的根本原因，与头部创伤或电击导致的 NPE 相比（79% 的存活率），因癫痫发作导致的 NPE 的预后更差（50% 的存活率），77% 的 NPE 患病动物在 48 h 内死亡或状态明显改善。

◆ 参考文献

1.Agudelo C F, Schanilec P. Pulmonary oedema in a hunting dog: a case report[J]. Veterinarni Medicina, 2015, 60(8).

2.Drobatz K J, Hopper K. Textbook of small animal emergency medicine[M]. New Jersey: John Wiley & Sons, 2018.

3.Ettinger S J, Feldman E C, Cote E. Textbook of Veterinary Internal Medicine[M].8th ed. St. Louis, Missouri: Elsevier health sciences, 2016.

4.Glaus T, Schellenberg S, Lang J. Cardiogenic and non cardiogenic pulmonary edema: pathomechanisms and causes[J]. Schweizer Archiv Fur Tierheilkunde, 2010, 152(7): 311-317.

CASE 37

案例37 犬肺扭转

1. 基本信息和病史

藏獒犬，8月龄，雄性未去势。日常饲养于室外，食用商品化犬粮，正常免疫、未驱虫。

主诉犬咳嗽约一周，体温升高（肛温39.8～42.5℃），外院检测犬瘟热为阴性，皮下注射阿莫西林-克拉维酸钾3 d，用药后咳嗽症状未见好转。就诊时犬饮欲、食欲正常。

2. 体格检查

患犬精神活力良好，BCS：3/5，呼吸频率＞40次/min，呼吸起伏大。听诊右侧肺音粗厉，无明显心杂音。

3. 问题列表

咳嗽、呼吸频率增加且呼吸起伏大。

4. 鉴别诊断

呼吸系统感染、吸入异物、气道阻塞、气道出血。

5. 初步诊断计划

检查项目：CBC、CRP、胸部X线检查。

6. 初步检查结果

CBC及CRP检查结果见表37-1，X线检查结果见图37-1、图37-2。

表37-1 CBC检查结果

检查项目	结果	参考范围
红细胞总数（RBC）	6.11×10^{12}/L	5.65×10^{12}～8.87×10^{12}/L
红细胞比容（HCT）	40.0%	37.3%～61.7%
血红蛋白（HGB）	13.8 g/dL	13.1～20.5 g/dL
平均红细胞体积（MCV）	65.5 fL	61.6～73.5 fL
平均红细胞血红蛋白浓度（MCHC）	34.5 g/dL	32.0～37.9 g/dL
红细胞分布宽度（RDW）	15.8%	13.6%～21.7%
白细胞总数（WBC）	19.76×10^{9}/L	5.05×10^{9}～16.76×10^{9}/L
分叶中性粒细胞（SEG）	16.98×10^{9}/L	2.95×10^{9}～11.64×10^{9}/L
淋巴细胞（LYM）	1.42×10^{9}/L	1.05×10^{9}～5.10×10^{9}/L

续表 37-1

检查项目	结果	参考范围
单核细胞（MONO）	1.33×10^9/L	$0.16 \times 10^9 \sim 1.12 \times 10^9$/L
嗜酸性粒细胞（EOS）	0.01×10^9/L	$0.06 \times 10^9 \sim 1.23 \times 10^9$/L
嗜碱性粒细胞（BASO）	0.02×10^9/L	$0.00 \sim 0.10 \times 10^9$/L
血小板（PLT）	336×10^3/μL	$148 \times 10^3 \sim 484 \times 10^3$/μL
犬 C 反应蛋白（CRP）	17.40 mg/L	0 ~ 10.00 mg/L

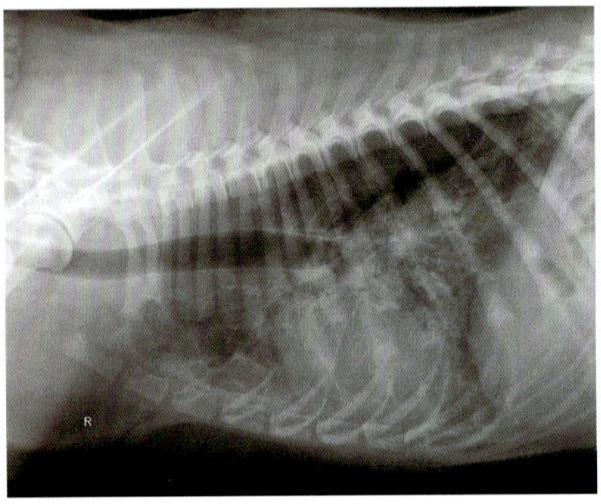

图 37-1

胸部右侧位 X 线片

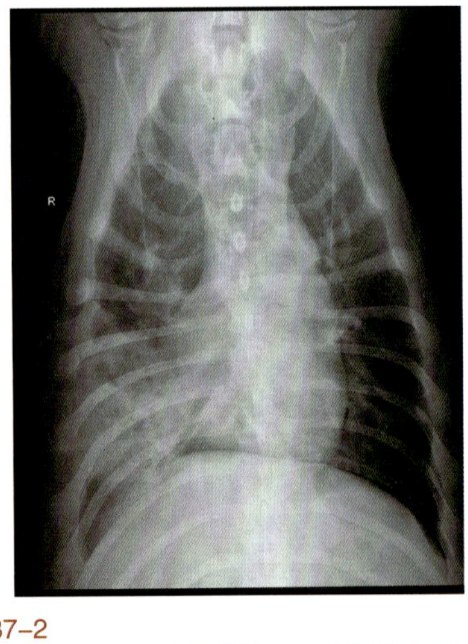

图 37-2

胸部腹背位 X 线片

7. 初步检查结果分析

7.1 实验室检查结果

红细胞象及血小板未见明显异常。白细胞总数、中性粒细胞及 CRP 升高，提示存在全身性炎性反应。

7.2 胸部 X 线检查结果

右侧位心影轮廓不清，椎膈三角区呈云絮样密度升高，可见空气支气管征，肺野后界钝圆，肺叶回缩；心影背侧肺野密度降低；正位右中叶、右后叶密度升高，可见分散的小气泡影像，左前叶非血管线性纹理增多；纵隔居中，右侧胸膜裂隙线显影。

X 线提示：右中叶、右后叶肺泡型渗出，右侧微量胸膜腔积液，肺扭转可疑；其余肺野轻度间质型渗出。侧位心影背侧肺野密度降低，不排除过度通气可能。

8. 进一步诊断计划

实验室检查结果及 X 线征象提示该病例存在肺炎，但经验性使用抗生素无法控制症状，因此怀疑伴发其他疾病。为进一步查找病因，验证是否存在肺扭转，将该患犬麻醉后进行胸部 CT 扫描。

8.1 胸部 CT 扫描结果

右前叶（图 37-3 中黄色圆圈处）衰减值降低，体积增大。右前叶支气管影像于 T5 水平变细消失（图 37-3、图 37-4 中绿色箭头），其伴行血管走向异常，向尾背侧延伸。右中叶呈不均匀软组织衰减，体积变小，造影后轻度增强。右中叶体积减小，衰减值升高，右中叶支气管于 T6 ～ T7 水平近肺门处弯曲，直径变细。右后叶及局部副叶呈毛玻璃样变化。右侧胸膜腔重力侧微量低衰减影像，造影后未见明显增强。

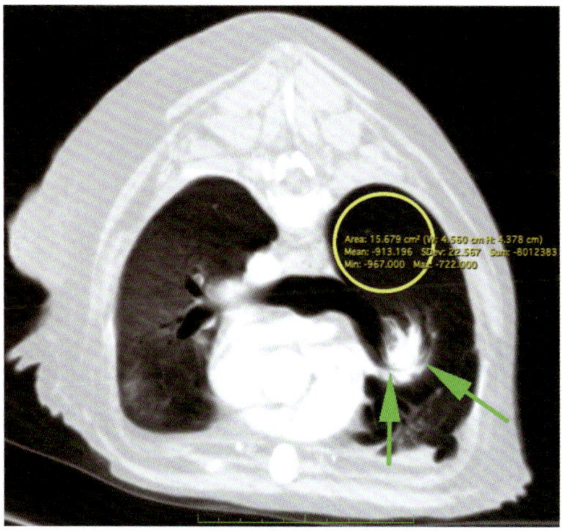

图 37–3

CT 最小密度投影横断面重建视图

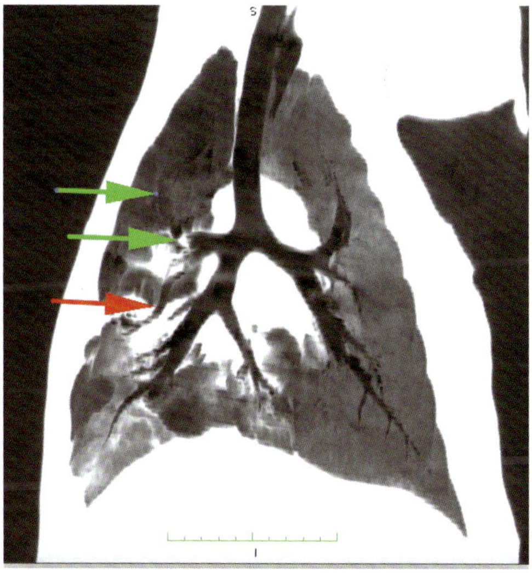

图 37–4

CT 最小密度投影冠状面重建视图

8.2　胸部 CT 扫描结果分析

右前叶肺扭转，过度通气；右中叶肺实变，局部右中叶支气管受压迫变细；右后叶及副叶间质肺泡型渗出，提示肺炎；右侧微量胸膜腔积液。

9. 最终诊断

根据胸部 CT 扫描结果，本病例最终诊断为右前叶肺扭转。

10. 治疗及转归

采用肺脏疾病动物的麻醉方案，对患犬进行了开胸探查术。术中发现右前叶向尾背侧不完全扭转，复位后血供良好，未见坏死征象，能够正常充气。右中叶大部分实变，色暗红，体积减小，人工辅助通气仅有少量肺泡可正常充气，无法完全复张。因此进行右中叶摘除术（图 37–5 为术中摘除的右中叶），摘除肺叶进行组织病理学检查。

犬苏醒后呼吸状态平稳。术后继续注射头孢曲松钠一周。

图 37–5

术中摘除的右中叶

术后第 2 天复查血常规及血气，白细胞计数呈下降趋势，酸碱指标位于正常范围，犬各项体征良好。术后第 10 天，白细胞及 CRP 恢复至正常范围，犬呼吸状态平稳，无异常呼吸音。

病理学报告显示（图 37–6）送检样本内未见肺泡结构，多为胶原纤维等结缔组织，其间可见少量血管和以巨噬细胞为主的炎性细胞浸润灶，并有少量分布的细支气管。上皮轻度增生，局部黏膜下层增生突向管腔，偶见血管丰富的淋巴细胞浸润。局部可见较大的圆形坏死灶，周围纤维结缔组织环绕。病理诊断为良性肺纤维性实变。

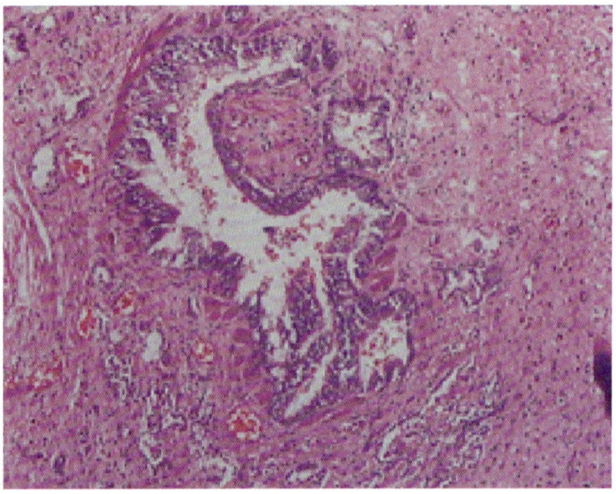

图 37–6

肺叶组织学检查（HE 染色，400×）

11. 讨论

肺扭转是指支气管和肺血管在肺门处扭曲，使肺叶沿其长轴发生的旋转。其病生理学机制尚不明确，但可能与胸腔内肺叶移动性增加有关。创伤、胸腔积液、气胸和各种肺病引起的肺不张（肺塌陷），使肺叶与胸壁、纵隔及相邻肺叶发生分离，肺叶在胸腔内可移动性增加，容易继发肺扭转。肺扭转发生时，病变肺叶静脉充血，但动脉仍然有一部分是通畅的，允许血液进入。当液体和血液逐渐进入肺泡，会引发肺实变，此时肺叶颜色变暗，质地变硬，形态与肝脏相似。

肺扭转在各种体型及年龄段均可发病，且发生肺扭转的肺叶是可变的。78% 的大型犬常见右中叶扭转，这可能与深胸犬右中叶形状狭长、移动性大相关。阿富汗猎犬的肺扭转与其乳糜胸好发倾向有关。在小型犬中，巴哥犬具有更高的发病率。80% 的巴哥犬的肺扭转是左前叶扭转，这一品种倾向性可能与其支气管软化症相关。气管软骨松弛、肌张力下降和支气管壁完整性下降引起支气管塌陷，进一步导致肺不张，改变了肺叶的空间形态，并增加其可移动性。

患病动物会出现咳嗽，甚至咳血，但症状无明显特异性，有些动物也会表现出厌食和精神沉郁。随着胸腔积液的发展，患犬可能出现严重的呼吸窘迫。

肺扭转的 X 线征象包括病变肺叶形状、位置的异常改变；供应病变叶的支气管突然中断、变短，或发生位移，有时可以见到分散的气泡影像；由于静脉充血，发生扭转的肺叶体积增大，常伴有胸膜腔积液。然而并不是每个肺扭转病例都会同时出现上述征象，且 X 线对于肺部疾病的定位和分辨率有限，尤其是当存在胸膜腔积液时，因此怀疑肺扭转时推荐进行胸部 CT 扫描。

由于肺叶肿胀和粘连的快速发生，肺扭转的自发性复位很罕见，需通过手术解决。最初的治疗应该以稳定体况为目标，之后尽快对扭转叶进行切除。单纯将肺叶复位可能会导致其二次扭转，且多数扭转的肺叶充血、易碎并伴有坏死，复位后容易出现炎症细胞因子和内毒素释放。对于通气不足的动物，在麻醉诱导前应抽出胸腔积液。如果出现脱水，建议静脉输液治疗，以保证足够的循环血量，一旦动物病情稳定，立即进行手术。术后预防性使用抗生素，多数患病动物预后良好，胸腔积液通常也会在术后几天内消除。

患犬胸部 CT 及开胸探查均证实发生扭转的肺叶是右前叶，但右前叶本身并未出现明显的坏死及肺泡粘连。结合病史及肺扭转的发病机制判断，本病例中，患犬可能是由于肺炎首先引起右中叶的渗出和肺不张，导致右前叶移动性增加，进一步继发了右前叶肺扭转。因此疾病的根源在于右中叶感染。随着渗出增多，肺脏纤维化，即使治疗后感染得到控制，右中叶也无法恢复到正常形态，因此进行右中叶肺叶摘除术。

◆ 参考文献

1.Benavides K L, Rozanski E A, Oura T J. Lung lobe torsion in 35 dogs and 4 cats[J]. The Canadian Veterinary Journal, 2019, 60(1): 60.

2.Muhlbauer M C, Kneller S K. Radiography of the dog and cat: guide to making and interpreting radiographs[M].Iowa: John Wiley & Sons, 2013.

3.Rossanese M, Wustefeld-Janssens B, Price C, et al. Long-term survival after treatment of idiopathic lung lobe torsion in 80 cases[J]. Veterinary Surgery, 2020, 49(4): 659-667.

4.Seiler G, Schwarz T, Vignoli M, et al. Computed tomographic features of lung lobe torsion[J]. Veterinary Radiology & Ultrasound, 2008, 49(6): 504-508.

5.Thrall D E. Textbook of Veterinary Diagnostic Radiology[M].7th ed. St. Louis, Missouri: Elsevier Health Sciences, 2017.

CASE 38

案例38 猫气纵隔

1. 基本信息和病史

英国短毛猫，9月龄，雌性已绝育。平时单独饲养于室内，日常主要饲喂干粮，偶尔喂食罐头，且就诊前近3个月无换粮史。定期免疫和驱虫，近期无旅行史，既往身体健康。

主诉4 d前进行绝育手术，昨日发现颈部皮肤肿胀，无外伤史。

2. 体格检查

患猫精神状态尚可，BCS：4/9，体温39.2 ℃。心率180次/min，呼吸频率30次/min。黏膜颜色粉，CRT > 2 s。触诊颈部及胸部皮肤肿胀，有捻发音。心音及肺音听诊未见异常。

3. 问题列表

颈部及胸部皮下气肿。

4. 鉴别诊断

气管医源性损伤、食道损伤、皮下组织感染。

5. 初步诊断计划

诊断项目：CBC、胸部X线检查。

6. 初步检查结果

CBC检查结果见表38-1，X线检查结果见图38-1、图38-2。

表 38-1　CBC 检查结果

检查项目	结果	参考范围
红细胞总数（RBC）	9.69×10^{12}/L	6.54 ～ 12.2/L
红细胞比容（HCT）	37.8%	30% ～ 52%
血红蛋白浓度（HGB）	12.5 g/dL	98 ～ 162 g/dL
网织红细胞（RETIC）	13.6×10^3/μL	4×10^3 ～ 50×10^3/μL
平均红细胞体积（MCV）	39.0 fL	33 ～ 55 fL
平均红细胞血红蛋白浓度（MCHC）	33.1 g/dL	262 ～ 359 g/dL
红细胞分布宽度（RDW）	26.4%	13.8% ～ 20.8%
白细胞总数（WBC）	15.94×10^9/L	4.7×10^9 ～ 18.6×10^9/L
分叶中性粒细胞（SEG）	13.15×10^9/L	2.3×10^9 ～ 12.5×10^9/L

续表 38-1

检查项目	结果	参考范围
杆状中性粒细胞（BAND）	/	/
淋巴细胞（LYM）	2.34×10^9/L	$0.9 \times 10^9 \sim 6.8 \times 10^9$/L
单核细胞（MONO）	0.44×10^9/L	$0.1 \times 10^9 \sim 1.1 \times 10^9$/L
嗜酸性粒细胞（EOS）	0.1×10^9/L	$0.1 \times 10^9 \sim 2.2 \times 10^9$/L
嗜碱性粒细胞（BASO）	0.01×10^9/L	$0 \sim 0.26 \times 10^9$/L
血小板（PLT）	793×10^3/μL	$151 \times 10^3 \sim 400 \times 10^3$/μL

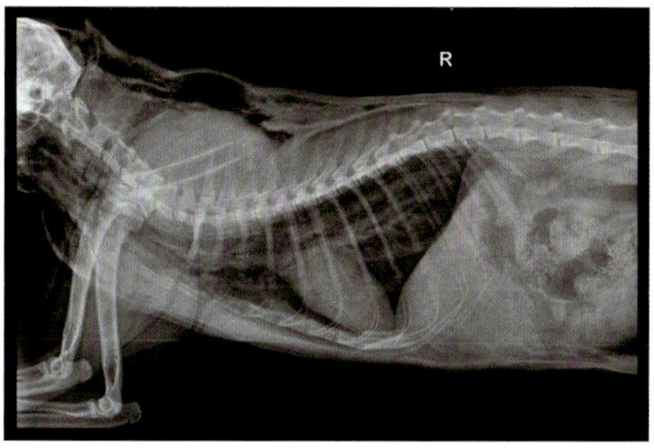

图 38-1

胸部右侧位 X 线片

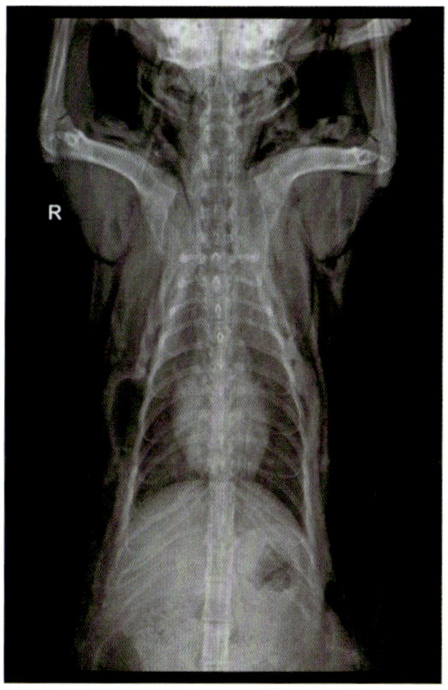

图 38-2

胸部腹背位 X 线片

7. 初步检查结果分析

7.1　CBC 结果

红细胞象：未见明显异常。

白细胞象：中性粒细胞数量轻度升高，提示炎症反应。

血小板象：血小板计数升高，需要持续监测判断是否存在血小板增多症。如果持续升高，常见的类型有原发性骨髓增生性缺陷等和反应性慢性失血性贫血、炎症疾病或肿瘤，结合病史和 CBC 检查结果，考虑为炎症导致。

7.2　X 线检查结果

颈部、背部（正位两侧胸壁及腹壁）及部分前肢皮下可见气体密度影像；气管外侧壁显影，气管周围可见气体密度影像；腹膜后腔内可见气体密度影像。

X 线提示：气纵隔；颈部、胸部及部分前肢皮下积气；腹膜后腔积气。

8. 诊断

根据以上检查结果诊断为气纵隔。

9. 治疗及转归

住院 2 d，给予氧气及液体等支持治疗，严格限制运动，笼中休养。待呼吸急促等临床症状缓解后，出院在家进行笼养限制运动，使气管损伤区域自我修复，同时促进气体自体吸收。出院一周后复查，患猫精神食欲良好，X 线检查显示气纵隔及皮下积气全部吸收。

10. 讨论

气纵隔是指纵隔内出现气体。由于纵隔与颈部皮下及腹膜后间隙相通，因此纵隔积气也可导致皮下积气及腹膜后间隙积气。造成气纵隔的原因很多，如食道、气管、支气管或细支气管穿孔或肺泡破裂。肺泡破裂较常发生于车祸等造成胸部创伤后，或者在麻醉或急救过程中，医源性肺部过度充气所致。口腔、颈部或胸部深的伤口也能使气体进入纵隔，如咬伤。气管损伤时也可导致气纵隔，如猫颈静脉采血时不慎刺穿气管或麻醉时气管插管套囊过度充气，造成气管撕裂。其他造成气纵隔的原因包括：肿瘤、炎症、异物等所致的食道穿孔，以及腹膜后间隙气体进入纵隔，或是纵隔内有产气菌出现。气纵隔也能自发产生。

无论是腹背位还是背腹位，纵隔位于胸腔中线位置，易与其他结构重叠，因此气纵隔在正位上不明显，侧位才是易于发现气纵隔的常用体位。

纵隔内积气使纵隔内原本不可见的结构显影，如：前腔静脉、头臂动脉干、左锁骨下动脉、奇静脉。但如果气体量不大，则变化可能不明显。气管外壁在气体的衬托下，也会显影。前纵隔与颈部深筋膜相通，气体可以向颈部、胸部皮下扩散，造成皮下气肿。由于后纵膈通过主动脉裂孔与腹膜后间隙相通，随着病程发展，腹膜后间隙也会出现气体影像，使腹膜后间隙结构（如肾脏）轮廓变得清晰。而当纵隔内压力过大时，会造成气胸。相反气胸不会恶化形成气纵隔。

临床上无并发症的气纵隔一般为自限性，在 2 ～ 10 d 内会消退。因此气纵隔的临床治疗一般根据发病原因不同而采取不同措施，常见的治疗手段包括维持氧合和血液灌注，同时解决原发病因，较轻病例可通过安静休养，自行修复受损器官；若病情加重，则需要外科治疗，对受损区域进行手术修补。

本病例中，患猫在 4 d 前有医疗气管插管史，但无明显外伤，无食道穿孔病史，无颈部采血等医疗操作，因此推测气纵隔的形成原因为麻醉时气管插管选择不当或气管插管套囊过度充气造成的气管撕裂。对于这种医源性气管撕裂，建议先保守治疗观察动物机体是否能自主修复损伤区域，及气体能否自行吸收，如果病情不再加重且恢复良好，则不需要激进的手术治疗，反之，若机体气体产生增多，无法进行自我修复，则需要手术干预，将受损区域气管进行修补。

◆ 参考文献

1.Greci V, Baio A, Bibbiani L, et al. Pneumopericardium, pneumomediastinum, pneumothorax and pneumoretroperitoneum complicating pulmonary metastatic carcinoma in a cat[J]. Journal of Small Animal Practice, 2015, 56(11): 679-683.

2.Kästner S B R, Grundmann S, Bettschart-

Wolfensberger R. Unstable endobronchial intubation in a cat undergoing tracheal laceration repair[J]. Veterinary anaesthesia and analgesia, 2004, 31(3): 227-230.

3.Thomas E K, Syring R S. Pneumomediastinum in cats: 45 cases (2000–2010)[J]. Journal of Veterinary Emergency and Critical Care, 2013, 23(4): 429-435.

4.Thrall D E. Textbook of Veterinary Diagnostic Radiology[M].7th ed. St. Louis, Missouri: Elsevier Health Sciences, 2017.

CASE 39

案例39

犬前十字韧带断裂

1. 基本信息和病史

金毛猎犬，4 岁，雌性，33 kg。平时饲养于室内，每日外出牵遛两次，家中还有两只犬，日常主要饲喂干粮，偶尔饲喂零食，1 个月前更换低脂粮食。定期免疫和驱虫，近期无旅行史。1 岁时曾出现过左后肢跛行，可能与外伤有关，后期自愈；有皮肤病病史。

2 周前患犬在公园玩球，突然惨叫后，出现左后肢跛行，当时患肢无法负重，在其他动物医院诊断为创伤，使用维他昔布咀嚼片 7 天，未见明显好转；后使用非罗考昔咀嚼片 3 天，症状有所改善，未出现消化道不良反应，但停药后 2 天症状又加重，因而带到本院就诊。

2. 体格检查

犬精神状态良好，饮食正常，排尿、排便正常。BCS：5/9，体温 38.5 ℃，心率 90 次 /min，呼吸频率 20 次 /min，心音及肺音听诊未见异常，股动脉和足背侧动脉搏动正常，黏膜颜色粉红，CRT ＜ 2 s，水合状态良好。

犬行走时，左后肢跛行明显，可轻微负重；犬站立时，左后肢负重减轻，肢体位于躯体下方偏外侧，跛行分级为 4/5。触诊左后肢肌肉稍微萎缩，膝关节肿胀，患犬右侧卧躺，检查跗关节无异常，膝关节最大伸展疼痛明显，髋关节最大伸展无明显异常。左后肢膝关节抽屉运动阳性，胫骨压缩试验阳性。其他肢体未见明显异常。

3. 问题列表

跛行，膝关节疼痛。

4. 鉴别诊断

前十字韧带损伤、后十字韧带损伤、膝关节软组织损伤。

5. 初步诊断计划

诊断项目：左膝关节 X 线检查。

6. 初步检查结果

膝关节 X 线检查结果见图 39–1。

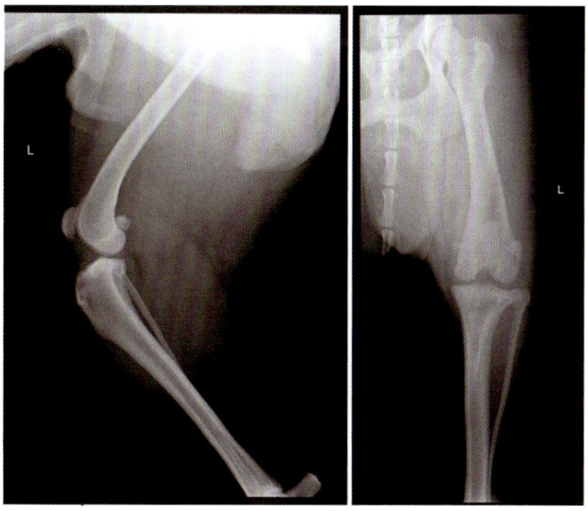

图 39-1

左膝关节侧位（左）、正位（右）X 线片

7. 初步检查结果分析

X 线检查结果：左侧胫骨平台前移，左膝关节关节腔内密度升高，髌骨远端少量骨赘生。

X 线提示：左侧前十字韧带断裂，左侧膝关节轻度关节炎，关节腔积液 / 软组织肿胀。

8. 诊断

结合体格检查和 X 线检查结果，本病例被诊断为左膝关节前十字韧带断裂。

经与动物主人商定，对患犬左膝关节进行胫骨平台水平截骨术（tibial plateau leveling osteotomy，TPLO）治疗。

9. 进一步诊断计划及结果分析

9.1　进一步诊断计划

诊断项目：CBC、血清生化检查、CRP、凝血功能检查、镇静后 X 线检查。

9.2　结果及分析

CBC 检查结果见表 39-1，血清生化检查结果见表 39-2，CRP 检查结果见表 39-3，凝血功能检查结果见表 39-4。TPLO 手术标准膝关节 X 线图见图 39-2。

表 39-1　CBC 检查结果

项目	结果	参考范围
红细胞总数（RBC）	7.0×10^{12}/L	5.65×10^{12} ～ 8.87×10^{12}/L
红细胞比容（HCT）	46.8%	37.3% ～ 61.7%
血红蛋白浓度（HGB）	16.2 g/dL	13.1 ～ 20.5 g/dL
网织红细胞（RETIC）	53.9×10^3/μL	10.0×10^3 ～ 110.0×10^3/μL
平均红细胞体积（MCV）	66.9 fL	61.6 ～ 73.5 fL
平均红细胞血红蛋白浓度（MCHC）	34.6 g/dL	32.0 ～ 37.9 g/dL
红细胞分布宽度（RDW）	19.0%	13.6% ～ 21.7%
白细胞总数（WBC）	6.85×10^9/L	5.05×10^9 ～ 16.76×10^9/L
分叶中性粒细胞（SEG）	3.7×10^9/L	2.95×10^9 ～ 11.64×10^9/L
杆状中性粒细胞（BAND）	/	/
淋巴细胞（LYM）	2.53×10^9/L	1.05×10^9 ～ 5.10×10^9/L
单核细胞（MONO）	0.23×10^9/L	0.16×10^9 ～ 1.12×10^9/L
嗜酸性粒细胞（EOS）	0.38×10^9/L	0.06×10^9 ～ 1.23×10^9/L
嗜碱性粒细胞（BASO）	0.01×10^9/L	0.00 ～ 0.10×10^9 /L
血小板（PLT）	260×10^3/μL	148×10^3 ～ 484×10^3/μL

表 39-2 血清生化检查结果

项目	结果	参考范围
总胆红素（TBIL）	0.2 mg/dL	0 ～ 0.8 mg/dL
总蛋白（TP）	6.2 g/dL	5.5 ～ 7.2 g/dL
白蛋白（ALB）	3.7 g/dL	3.2 ～ 4.1 g/dL
球蛋白（GLOB）	2.5 g/dL	1.9 ～ 3.7 g/dL
白球比（A/G）	1.5	0.9 ～ 1.9
葡萄糖（GLU）	96 mg/dL	68 ～ 104 mg/dL
丙氨酸氨基转移酶（ALT）	29 U/L	17 ～ 95 U/L
天门冬氨酸氨基转移酶（AST）	19 U/L	10 ～ 56 U/L
碱性磷酸酶（ALP）	41 U/L	7 ～ 115 U/L
γ- 谷氨酰转肽酶（GGT）	3 U/L	0 ～ 8 U/L
胆汁酸（TBA）	1.3 μmol/L	0 ～ 25 μmol/L
尿素（UREA）	30 mg/dL	19 ～ 55.7 mg/dL
肌酐（CREA）	1.0 mg/dL	0.6 ～ 1.4 mg/dL
磷（P）	3.5 mg/dL	2.7 ～ 5.4 mg/dL
钙（Ca）	10.6 mg/dL	9.4 ～ 12 mg/dL
总胆固醇（CHOL）	223 mg/dL	139 ～ 392 mg/dL
甘油三酯（TG）	67 mg/dL	23 ～ 102 mg/dL
肌酸激酶（CK）	54 U/L	0 ～ 314 U/L
钾（K）	4.2 mmol/L	4.1 ～ 5.4 mmol/L
钠（Na）	148 mmol/L	143 ～ 150 mmol/L
氯（Cl）	112.3 mmol/L	106 ～ 114 mmol/L

表 39-3 CRP 检查结果

项目	结果	参考范围
犬 C 反应蛋白（CRP）	＜ 5 mg/L	0 ～ 10.00 mg/L

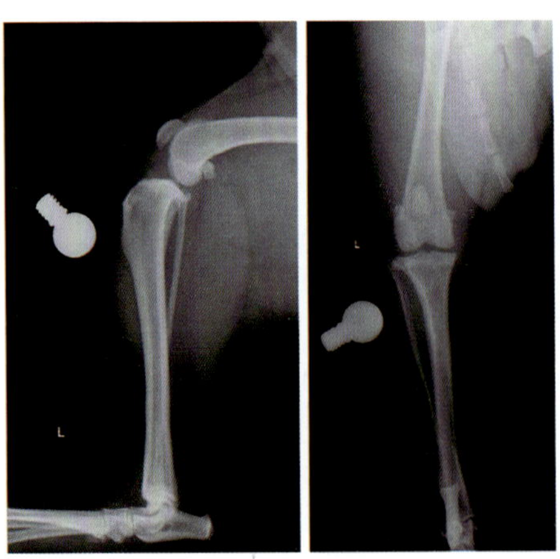

图 39-2

TPLO 手术标准膝关节侧位（左）、正位（右）X 线片

表 39-4 凝血功能检查结果

项目	结果	参考范围
凝血酶原时间（PT）	9.2 s	5 ～ 16 s
活化部分凝血活酶时间（aPTT）	30.4s	15 ～ 43 s

9.2.1 CBC 结果

未见明显异常。

9.2.2 血清生化检查结果

未见明显异常。

9.2.3 CRP 检测结果

未见明显异常。

9.2.4 凝血功能检查

未见明显异常。

9.2.5　X 线检查

犬镇静后进行标准膝关节和胫骨正位和侧位 X 线检查，用于制定手术方案，以及术前测量，确定所需骨板大小和螺钉长度。结果如图 39-3。

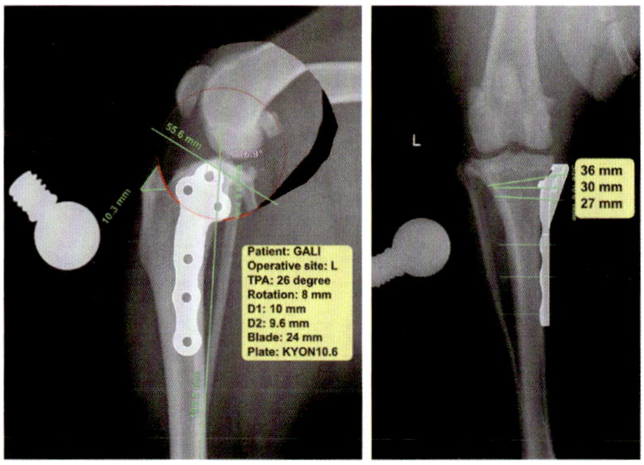

图 39-3

TPLO 术前计划

10. 手术治疗

犬吸入麻醉，右侧卧保定，左后肢及臀部大面积剃毛，常规外科手术准备。

铺隔离巾和创巾，左膝关节内侧至胫骨近端切开皮肤，分离皮下组织，于髌骨内侧 1 cm 处切开关节外侧筋膜及关节囊，可见关节内大量红色关节液，关节囊增厚，关节软骨处可见骨质增生，关节软骨表面磨损，前十字韧带断裂（图 39-4），断端钝圆，半月板未见明显异常，剪除断裂前十字韧带，减张缝合关节囊，骨膜剥离子钝性分离胫骨近端内侧缝匠肌筋膜，钝性分离尾侧腘肌，将纱布置于胫骨尾侧，隔离保护肌肉与血管，于内侧副韧带尾侧和远端胫骨中央放置夹具针，安置夹具架，拉钩保护膝直韧带，确定胫骨结节最高点至截骨线的水平距离 D_1 和胫骨结节最高点至截骨线的最近端距离 D_2，使用 24 mm 弧形锯片进行胫骨近端截骨，用骨凿标记旋转点，将骨片旋转至需要位置，放置 10 号 6 孔 KYON TPLO 锁定骨板，依次放入 4.0 mm 锁定螺钉（图 39-5）。检查稳定性良好，取出纱布块，拔除夹具架和固定针，缝合筋膜、皮下组织及皮肤。术后即刻进行 X 线检查（图 39-6），胫骨平台角（TPA）9°。

术后继续支持治疗，治疗方案主要包括术后镇痛，限制剧烈活动，康复运动，定期 X 线片复查，长期关节炎管理。

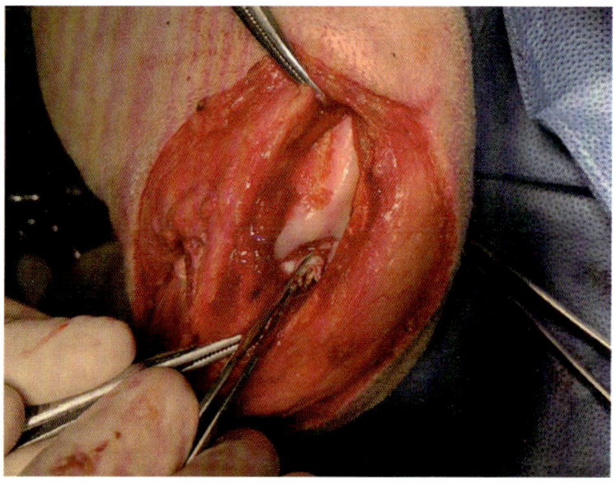

图 39-4

断裂的前十字韧带和磨损的关节软骨

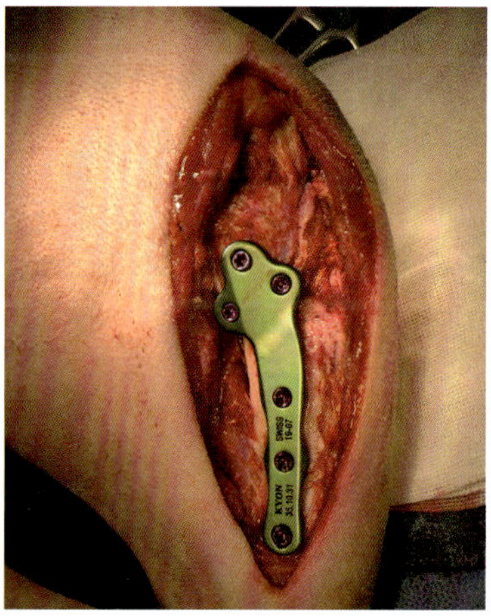

图 39-5

放置完 TPLO 骨板

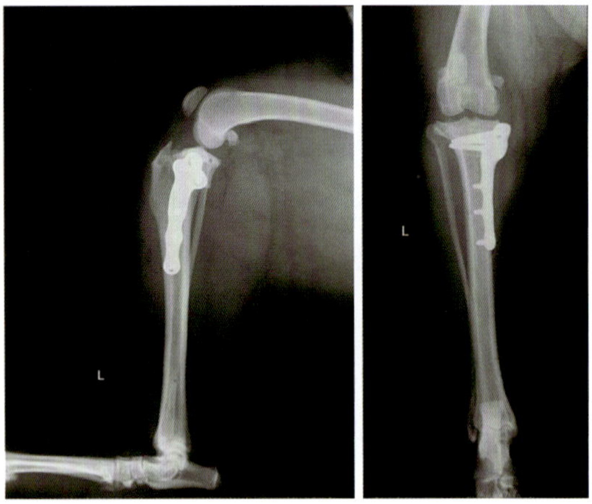

图 39-6

TPLO 术后膝关节侧位（左）、正位（右）X 线片

11. 转归

患犬术后一周内左后肢肿胀逐渐消退，可点地负重。术后两周，患肢可负重行走，跛行等级 3/5，术后一个半月，患犬可正常行走，跛行等级 1/5，X 线复查如图 39-7。

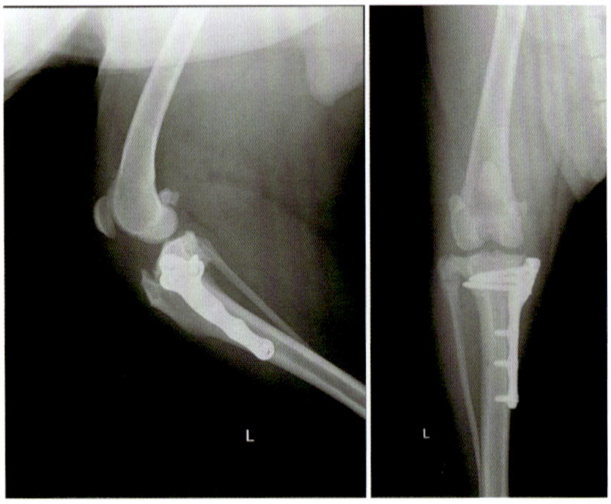

图 39-7

TPLO 术后一个半月复查 X 线片

12. 讨论

前十字韧带（cranial cruciate ligament，CrCL）是犬膝关节内最重要的结构之一，它负责维持关节的稳定性，前十字韧带疾病（cranial cruciate ligament disease，CrCLD）是指前十字韧带出现不同程度的断裂（部分断裂或完全断裂），从而导致膝关节出现关节炎，关节失稳，甚至半月板损伤，它是引起犬后肢跛行、疼痛和继发膝关节骨关节炎最常见的原因之一。半月板是位于股骨和胫骨之间的软骨样结构，当前十字韧带断裂后，可能引起半月板损伤。

前十字韧带疾病的诊断，需要全面的病史调查、体格检查和影像学检查。其中体格检查尤为重要，在前十字韧带疾病的急性期，可发现关节腔积液，检查膝关节稳定性时疼痛明显；而对于前十字韧带疾病的慢性病例，可能发现膝关节内侧肿胀，股部肌肉萎缩。用于评估前十字韧带的特定检查技术包括前抽屉试验和胫骨压缩试验，它们可以确认膝关节是否存在失稳，对患犬进行镇静，可以大大提高检查的准确度。影像学检查主要是膝关节 X 线检查，通过 X 线片我们可以确认有无关节腔积液，有无胫骨平台前移，以及关节炎的程度，并排查伴发疾病，从而制定治疗计划。犬前十字韧带部分撕裂十分常见，它并不会引起膝关节失稳，但会加剧关节炎的发展，虽然保守治疗可以使得功能暂时恢复，但随着时间的推移，大部分患犬会逐渐出现前十字韧带完全断裂。

该病的治疗方案需要考虑患病动物的运动水平、体型、年龄、骨骼形态和膝关节失稳程度。其中手术治疗仍是最好的治疗方案，可以通过手术解决膝关节失稳，以及由于关节失稳而导致的疼痛，同时可以延缓关节炎的发展进程。手术治疗包括基于截骨的技术和关节囊外缝合固定术，TPLO 是通过将胫骨平台截断后，调整胫骨平台角，从而改变膝关节生物力学的方法，手术前需要标准摆位（股骨与胫骨呈 90°，跗关节呈 90°，以膝关节为投照中心，股骨内外侧髁重叠）的 X 线检查，才能进行准确测量，手术需完全按照术前规划进行截骨和固定。术中探查半月板的情况，最常出现损伤的位置为内侧半月板尾侧，根据半月板损伤情况，进行部分半月板切除或半月板摘除术。术后限制活动，定期检测骨折愈合情况和关节炎发展情况，康复治疗可以改善患犬的功能恢复。

◆ 参考文献

1.Duerr F M. Canine lameness[M]. New Jersey: John Wiley & Sons, 2020.

2.Eiermann J, Kirkby-Shaw K, Evans R B, et al. Recommendations for rehabilitation after surgical treatment of cranial cruciate ligament disease in dogs: A 2017 survey of veterinary practitioners[J]. Veterinary Surgery, 2020, 49(1): 80-87.

3.Johnston S A, Tobias K M. Veterinary surgery: small animal[M].2nd ed. St. Louis, Missouri: Elsevier Health Sciences, 2017.

4.Muir P. Advances in the canine cranial cruciate ligament[M].2nd ed. New Jersey: John Wiley & Sons, 2018.

5.Shenoy V, Deem M. Method and apparatus for treating canine cruciate ligament disease: U.S. Patent 9,861,408[P]. 2018-1-9.

CASE 40

案例40

犬荐椎骨折和荐髂关节脱位

1. 基本信息和病史

迷你贵宾犬，7 岁，雄性。平时在室内饲养，每日外出牵遛两次，日常主要饲喂干粮，偶尔饲喂罐头和鸡胸肉，近半年无换粮史，定期免疫和驱虫，近期无旅行史，三个月前出现食道异物，麻醉后经内窥镜成功取出异物。

就诊当天早上外出牵遛时发生车祸，2 小时后至我院就诊。

2. 体格检查

患犬来院时精神沉郁，趴卧，无法站立，但意识清醒。BCS：5/9，体温 39.2℃，心率 120 次 /min，可触及股动脉和足背侧动脉，黏膜颜色粉红，CRT ≈ 2 s。呼吸急促，胸部触诊疼痛，有骨摩擦感，听诊呼吸音粗厉。

口鼻部无出血，眼睑反射及瞳孔反射正常，辅助可站立，双前肢活动基本正常，伸展髋关节及按压骨盆区疼痛明显。车祸后未见自主排便排尿，且有尿淋漓症状。腹部触诊敏感。

神经学检查可见双后肢本体感受减弱，回缩减弱，会阴反射减弱，痛觉正常。

3. 问题列表

无法站立、呼吸急促、骨盆区疼痛、后躯神经学表现异常。

4. 鉴别诊断

脊柱或长骨骨折、髋关节脱位、呼吸系统损伤、膀胱破裂。

5. 初步诊断计划

检查项目：胸部 X 线片、骨盆 X 线检查、腹部超声检查。

6. 初步检查结果

骨盆 X 线检查结果见图 40–1、图 40–2。

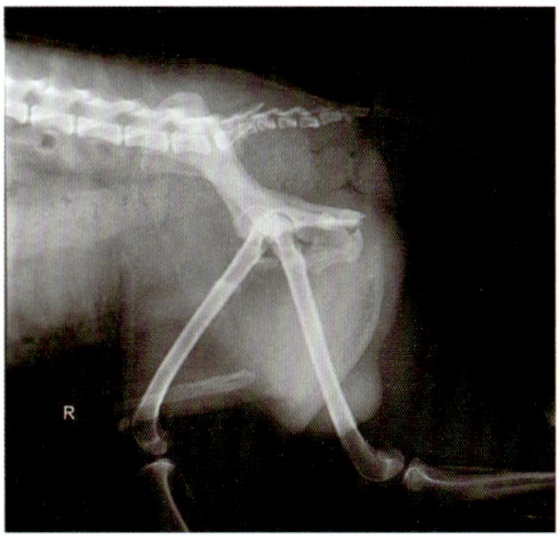

图 40–1
骨盆右侧位
X 线片

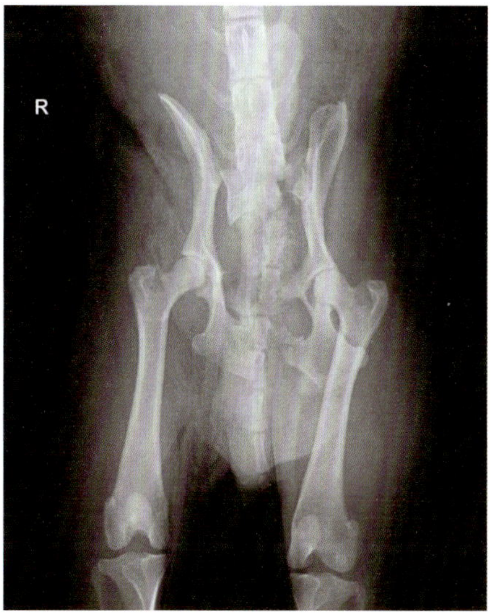

图 40-2
骨盆腹背位 X 线片

7. 初步检查结果分析

7.1　X 线检查结果

胸部右侧第 4～7 肋骨骨皮质不连续，周围可见气体影像，低密度影像延伸至颈部；T4～T9 水平右侧肺野密度升高，呈云絮样；侧位心影轻度上抬，心影腹侧区域可见气体密度影像。

腰荐部：荐椎的左侧及尾侧骨皮质不连续，荐尾椎脱位；右侧荐髂关节脱位，向头侧移位近一个椎体距离；耻骨、坐骨骨皮质不连续，可见多个游离骨碎片。

X 线提示：右侧第 4～7 肋骨骨折；少量气胸，右侧颈部至胸部皮下积气；右侧局部肺野肺挫伤；右侧荐髂关节及荐尾椎脱位；荐椎骨折；骨盆粉碎性骨折。

7.2　超声检查结果

腹膜腔内未见异常游离暗区。

超声提示：腹膜腔未见明显积液。

8. 初步诊断

右肺损伤、右侧第 4～7 肋骨骨折、左侧荐椎骨折、右侧荐髂关节头侧脱位，耻骨和坐骨粉碎性骨折，荐尾椎脱位。

9. 初步治疗

因车祸引起的急性钝性创伤对患病动物造成的损伤极大，需迅速稳定患病动物体况，保证心血管系统和呼吸系统功能。因患犬存在肺损伤，故当日对患犬进行输液治疗、吸氧治疗和镇痛治疗，同时监测心率及血压。待动物体况稳定后，考虑手术治疗。对症治疗 3 天后，患犬呼吸平稳，可自主饮食，双后肢仍无法站立，未见排便，尿淋漓。计划进行手术治疗。

10. 进一步诊断计划及结果

10.1　进一步诊断计划

术前血常规及血清生化检查。

10.2　结果及分析

CBC 结果见表 40-1，红细胞象显示轻度贫血，其他未见明显异常。

生化检查结果见表 40-2。

表 40-1 CBC 检查结果

项目	结果	参考范围
红细胞总数（RBC）	5.6×10^{12}/L	5.65×10^{12} ~ 8.87×10^{12}/L
红细胞比容（HCT）	35.7%	37.3% ~ 61.7%
血红蛋白浓度（HGB）	12.7 g/dL	13.1 ~ 20.5 g/dL
网织红细胞（RETIC）	87.4×10^{3}/μL	10.0×10^{3} ~ 110.0×10^{3}/μL
平均红细胞体积（MCV）	63.8 fL	61.6 ~ 73.5 fL
平均红细胞血红蛋白浓度（MCHC）	35.6 g/dL	32.0 ~ 37.9 g/dL
红细胞分布宽度（RDW）	17.8%	13.6% ~ 21.7%
白细胞总数（WBC）	16.04×10^{9}/L	5.05×10^{9} ~ 16.76×10^{9}/L
分叶中性粒细胞（SEG）	10.59×10^{9}/L	2.95×10^{9} ~ 11.64×10^{9}/L
杆状中性粒细胞（BAND）	/	/
淋巴细胞（LYM）	2.72×10^{9}/L	1.05×10^{9} ~ 5.10×10^{9}/L
单核细胞（MONO）	2.04×10^{9}/L	0.16×10^{9} ~ 1.12×10^{9}/L
嗜酸性粒细胞（EOS）	0.67×10^{9}/L	0.06×10^{9} ~ 1.23×10^{9}/L
嗜碱性粒细胞（BASO）	0.02×10^{9}/L	0.00 ~ 0.10×10^{9}/L
血小板（PLT）	282×10^{3}/μL	148×10^{3} ~ 484×10^{3}/μL

表 40-2 血清生化检查结果

项目	结果	参考范围
总胆红素（TBIL）	3.19 μmol/L	0.5 ~ 8.55 μmol/L
直接胆红素（DBIL）	2.04 μmol/L	0 ~ 3.5 μmol/L
总蛋白（TP）	54.61 g/L	54 ~ 71 g/L
白蛋白（ALB）	26.57 g/L	25 ~ 35 g/L
球蛋白（GLOB）	28.05 g/L	25 ~ 45 g/L
白球比（A/G）	0.95	0.59 ~ 1.11
葡萄糖（GLU）	8.96 mmol/L	3.5 ~ 6 mmol/L
丙氨酸氨基转移酶（ALT）	369.59 U/L	10 ~ 100 U/L
天门冬氨酸氨基转移酶（AST）	191.25 U/L	10 ~ 66 U/L
γ- 谷氨酰转肽酶（GGT）	3.16 U/L	0 ~ 10 U/L
碱性磷酸酶（ALP）	167.37 U/L	20 ~ 200 U/L
胆汁酸（TBA）	2.93 μmol/L	0 ~ 100 μmol/L
肌酐（CREA）	80.13 μmol/L	45 ~ 110 μmol/L
尿素（UREA）	8.57 mmol/L	3 ~ 9 mmol/L
钙（Ca）	2.43 mmol/L	2.3 ~ 3 mmol/L
磷（P）	1.2 mmol/L	0.8 ~ 2 mmol/L
总胆固醇（CHOL）	6.4 mmol/L	3 ~ 7 mmol/L
甘油三酯（TG）	0.54 mmol/L	0.2 ~ 1.7 mmol/L
肌酸激酶（CK）	9 511 U/L	0 ~ 150 U/L
钾（K）	3.84 mmol/L	3.5 ~ 5.5 mmol/L
钠（Na）	136.5 mmol/L	136 ~ 156 mmol/L
氯（Cl）	112.27 mmol/L	104 ~ 116 mmol/L

血糖升高：可能与疼痛或应激相关。

CK 重度升高，ALT、AST 轻度升高，考虑与车祸导致的肌肉损伤相关。

其他检测结果均在正常范围内。

11. 治疗

犬吸入麻醉配合硬膜外麻醉。后躯大面积剃毛，常规外科手术准备。

左侧荐椎骨折内固定：将犬置于塑形垫上，右侧卧保定，铺设隔离巾和创巾，行髂骨背侧手术通路，显露荐椎骨折处，持骨钳抓持髂骨翼轻微外翻，探查神经根，未见明显断裂或撕裂，清理骨折断端软组织，将骨折复位后，2.7 mm 进口皮质螺钉以拉力螺钉方式固定，一根 1.4 mm 克氏针于螺钉背侧打入荐骨内，另一根 1.4 mm 克氏针穿过髂骨打入第七腰椎关节突，生理盐水冲洗创腔，依次缝合臀中肌和荐棘肌、臀筋膜、皮下组织和皮肤。

右侧荐髂关节脱位整复固定：将犬以上述方法左侧卧保定，同样行髂骨背侧手术通路显露错位的荐髂关节，将髂骨复位，放置 2.7 mm 进口皮质螺钉，以拉力螺钉方式固定，之后从螺钉背侧打入 1.4 mm 髓内针固定，剪除多余髓内针。缝合创口。术后进行骨盆正侧位 X 线检查（图 40–3 和图 40–4）。

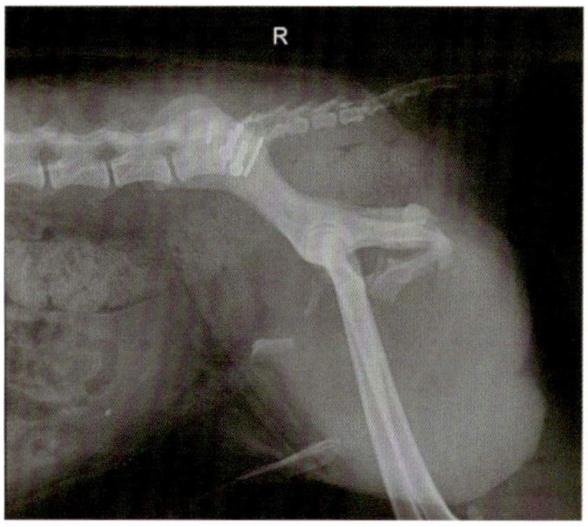

图 40–3

术后第 0 天骨盆右侧位 X 线片

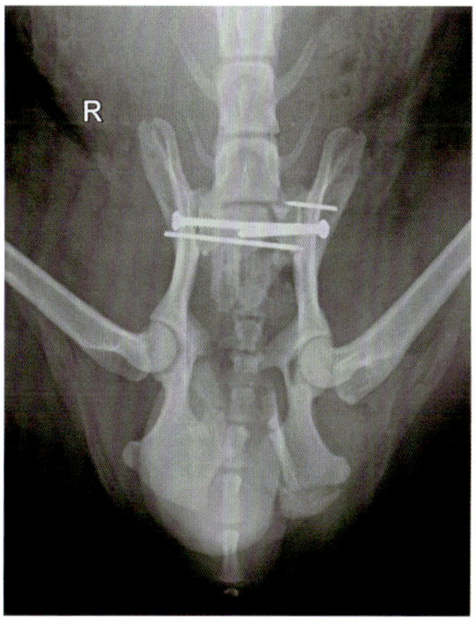

图 40–4

术后第 0 天骨盆腹背位 X 线片

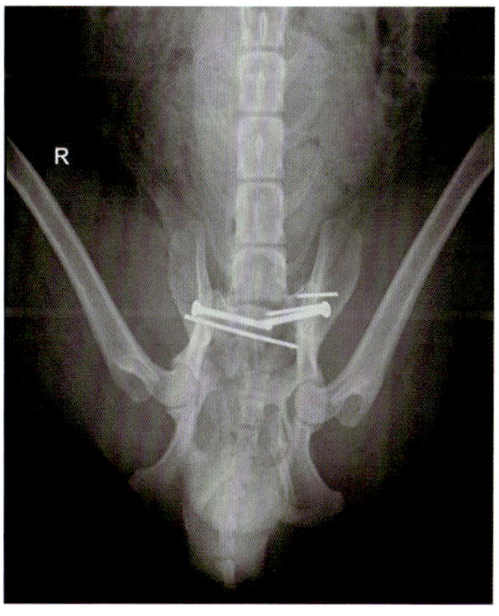

图 40–5

术后第 6 天骨盆腹背位 X 线片

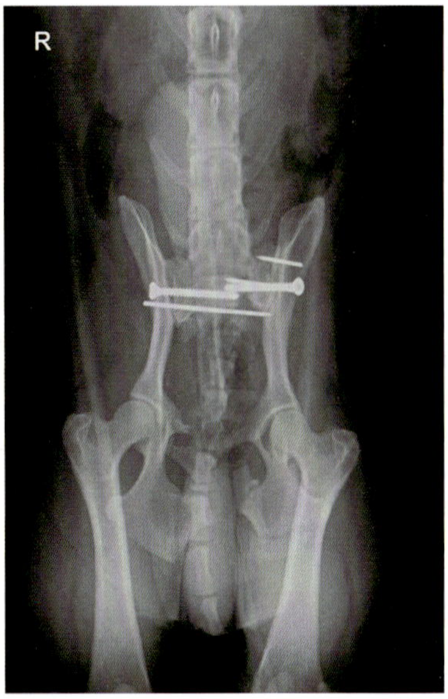

图 40–6

术后第 34 天骨盆腹背位 X 线片

12. 转归

术后第 1 天患犬整体精神状态良好，饮食正常，但双后肢仍需辅助才能站立，未见排尿，放置双腔导尿管。之后每 3 天拆除并更换导尿管，直至术后第 14 天，患犬自主排尿。

术后 4 d 内，患犬双后肢无法自主站立。第 5 天，右后肢可站立负重，但左后肢无法负重，本体反射减弱或消失，第 6 日来院复查，X 线片见骨折处发生轻微错位（图 40–5），之后医嘱严格限制患犬活动，笼养观察。第 14 天时患犬可行走和奔跑，轻微跛行，第 34 天复查（图 40–6），骨折处未见继续错位，骨折线模糊，半年后复诊，犬双后肢功能恢复正常。

13. 讨论

患犬因车祸导致肺损伤和椎体骨折，这类疾病属于急诊病例，处理原则是首先稳定动物体况，并处理危及动物生命的损伤，可以暂不处理未导致严重神经症状的椎体骨折。稳定动物体况的内容主要包括输液治疗和吸氧治疗。输液治疗不但能够纠正动物因血管舒张和 / 或血液丢失导致的低血容量性休克，也确保脊髓损伤处可获得足够的氧气和灌注，减少进一步神经继发损伤。45% ～ 83% 的椎体骨折病例同时伴发其他损伤，15% ～ 35% 的病患可能伴发胸腔损伤，比如肺损伤、气胸、肋骨骨折等，吸氧治疗能有效改善氧合状态。

导致椎体骨折常见的原因是严重的创伤，比如车祸或高处坠落，其他不常见的非创伤性病因包括肿瘤、感染和代谢性疾病。椎体骨折后造成的机械性损伤为直接损伤，由于椎体不稳定或持续的脊髓压迫导致的损伤为继发损伤，直接损伤和继发损伤共同决定脊髓损伤的严重程度。由于脊髓损伤是动态过程，初次评估可能无法确定损伤情况，需待动物稳定后再次评估。目的在于脊髓损伤的定位和寻找并发的神经疾病。深痛对于判断脊髓损伤的预后有重要作用，对于没有深痛的脊椎骨折或脱位病例，无论失去痛觉的时间长短，均预后不良。

腹部超声和血液生化检查能发现腹部创伤，比如血腹、尿腹及胃肠肝胆系统损伤。在处理急诊病例时，快速腹部超声扫查，可及时发现严重的内脏器官损伤。

手术治疗的目的是稳定脊柱，迅速恢复功能。椎体固定常选择拉力螺钉，将髂骨翼和椎体碎片固定到椎体上，切忌将螺钉打入椎间隙或髓腔内。一般脊髓末端终止于第七腰椎前方，所以荐椎骨折损伤的主要是马尾神经丛，L7 ～ S3 髓腔较宽，且神经根比脊髓实质能承受更多的力量，所以 60% ～ 70% 的髓腔错位仍预后良好。马尾神经丛损伤的患病动物，其后肢和括约肌神经功能异常，依据其神经损伤的位置和严重程度而有所不同，神经学检查常见股神经、坐骨神经和荐神经功能异常。

◆ 参考文献

1.Bojrab M J, Waldron D R, Toombs J P. Current techniques in small animal surgery[M].5th ed. Wyoming: CRC Press, 2014.

2.Danielski A, Bertran J, Fitzpatrick N. Management of degenerative lumbosacral disease in cats by dorsal laminectomy and lumbosacral stabilization[J]. Veterinary and Comparative Orthopaedics and Traumatology, 2013, 26(01): 69-75.

3.Dewey C W. Practical guide to canine and feline neurology[M].3rd ed. Iowa: John Wiley & Sons, 2015.

4.Johnston S A, Tobias K M. Veterinary surgery: small animal[M].2nd ed. St. Louis, Missouri: Elsevier Health Sciences, 2017.

CASE 41

案例41 犬肱二头肌腱鞘疾病

1. 基本信息和病史

柯基犬，10 月龄，雌性未绝育。平时饲养于有电梯的楼房，使用胸背式牵引绳，每日 2 次牵遛。半年前接种狂犬疫苗及八联苗，定期驱虫，无近期旅行史。

主诉犬 2 ～ 3 个月前开始不愿行走，精神及食欲尚可，使用止疼药后症状好转，但停药后反复。

2. 体格检查

患犬精神状态良好，体重 18 kg，BCS：6/9。在诊室中慢速行走时，右前肢负重减轻，重心上移；步幅加快后右前肢不负重，随后拒绝行走，跪卧在诊室中。右前肢肩关节牵拉疼痛，关节活动范围减小；双前肢肌肉量相当；四肢其余骨骼关节未见明显触痛及骨压痛，本体感受良好。

3. 问题列表

右肩关节疼痛。

4. 鉴别诊断

右肩关节分离性骨软骨病、肩关节脱位（半脱位或关节松弛）、腱鞘炎、骨关节炎。

5. 初步诊断计划

检查项目：右肩关节正侧位 X 线检查。

6. 初步检查结果

肩关节 X 线检查结果见图 41–1、图 41–2。

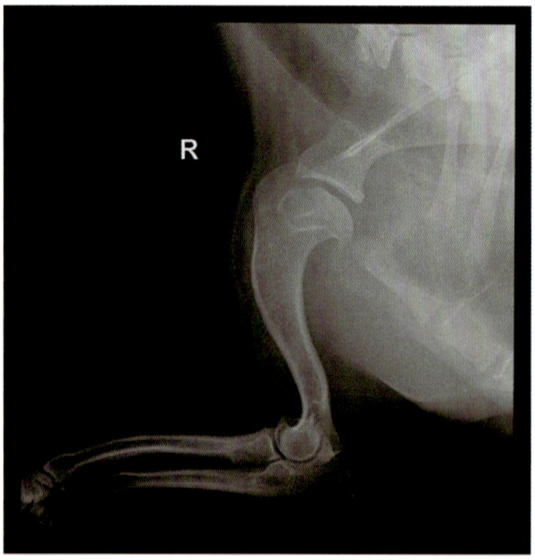

图 41–1

右肩关节内外侧位 X 线片

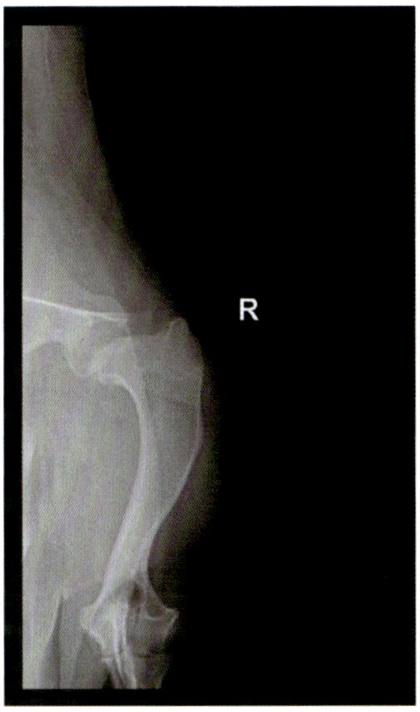

图 41–2

右肩关节后前位 X 线片

7. 初步检查结果分析

右侧肱骨头位于肩盂内，关节面平滑，未见明显骨赘生成。

X 线提示：右肩关节骨骼形态未见明显异常。

8. 进一步诊断计划及结果

8.1　进一步诊断计划

初步排除骨骼系统异常后，重新对动物进行体格检查后发现：外旋肱骨后，动物右肩关节结节间沟区域在按压时比其余软组织更加敏感，对侧肢体触诊同一区域无明显疼痛，因此进一步进行肩关节的超声扫查，评估有无韧带、肌腱和软组织的异常。

8.2　结果及分析

图 41–3、图 41–4 为右肩关节内侧扫查超声图，图中白色箭头所指处分别为肱二头肌肌腱短轴及长轴影像。肌腱外周回声与周围软组织相比轻度升高。图 41–3 中“十”字标所测量的腱鞘内积液深径为 0.35 cm。图 41–4 中，肌腱下方伴有清洁声影的高回声界面是关节骨面影像，骨面欠平滑。

超声提示：右侧肩关节肱二头肌腱鞘重度积液。

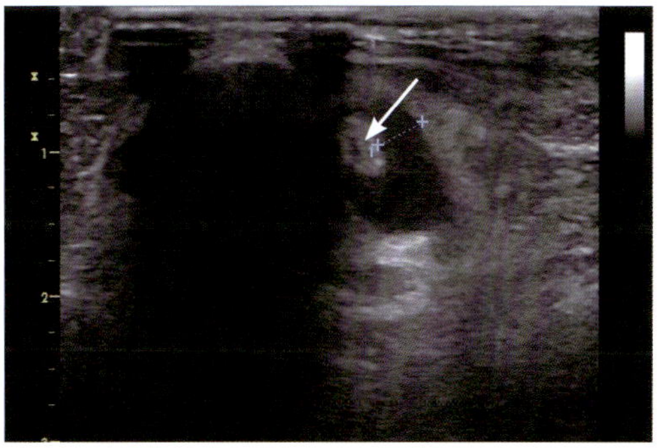

图 41–3

右肩关节结节间沟横断面超声图

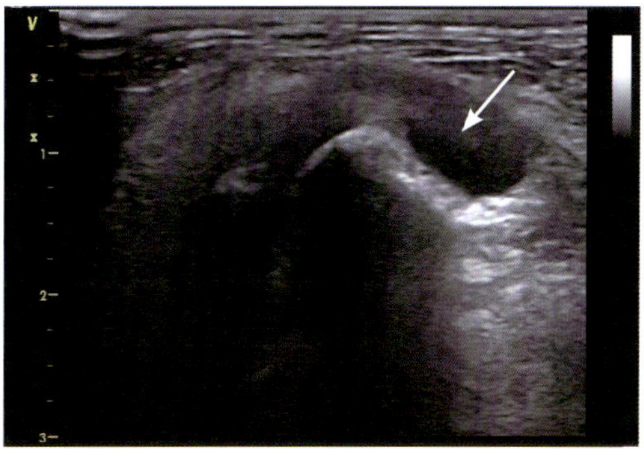

图 41–4

右肩关节结节间沟矢状面超声图

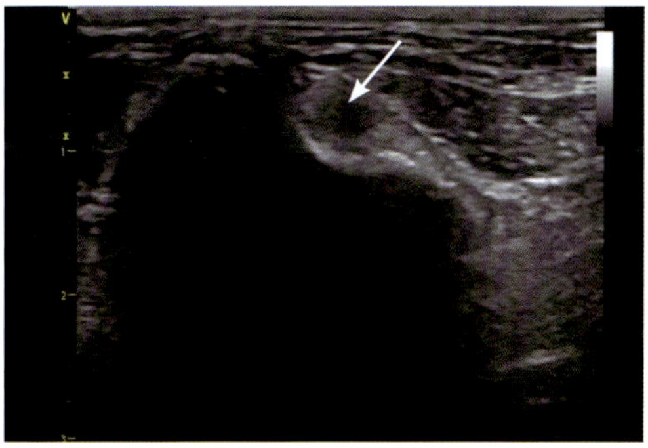

图 41–5

左（健肢）肩关节结节间沟横断面对照图

9. 最终诊断

结合以上体格检查及影像所见，确诊为右侧肱二头肌腱鞘疾病。

10. 治疗及转归

10.1 治疗

超声引导下于右侧肱二头肌腱鞘内注射甲强龙（1.1 mg/kg，总量≈ 20 mg），同时严格笼养限制活动。4 周后重复注射一次，共 2 次。

10.2 预后

第一次注射后 2 周，动物平地走路步态良好，跛行症状消失，主人自行触诊右肩关节未见明显疼痛。

治疗后 5 周动物复查右肩关节超声（图 41–6），右侧肱二头肌腱鞘内积液量明显减少，腱鞘中度积液。首诊后第 4 个月，犬行动自如，行走和奔跑时步态正常。饮食欲、大小便及精神状态良好。

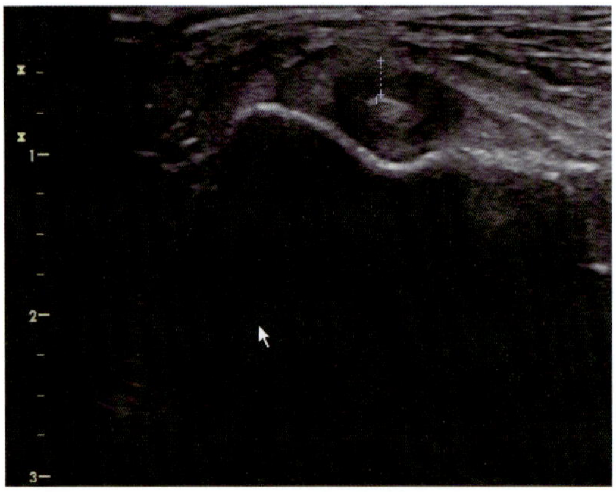

图 41–6

治疗 5 周后，右肩关节结节间沟横断面超声图

11. 讨论

肱二头肌腱鞘疾病是肱二头肌肌腱及其周围滑膜的炎症，常发于中大型犬或中老年犬。慢性炎症引起腱鞘增生，增生的纤维组织附着在肌腱和鞘膜之间，逐渐导致疼痛，并限制了犬的关节活动范围。随时间推移，肌腱增生进一步出现营养不良性矿化，最终可能导致肌腱部分或完全断裂。此病与骨关节炎最大的不同在于，肱二头肌腱鞘炎的症状在运动后明显加重，屈伸肩关节及触诊结节间沟时痛感明显。

此病的影像学检查应包括双侧肩关节标准侧位 X 线片，主要用以排除其他类型的肩关节疾病。屈曲拍摄肩关节前后切线位 X 线片有助于区分肱二头肌肌腱矿化与冈上肌肌腱矿化。超声能够对肱二头肌肌腱、关节囊和结节间沟进行很好的成像。正常肱二头肌腱具有回声均匀的线状纹理，急性损伤时肌腱内或肌腱周围纤维结构破坏，腱鞘积液；慢性损伤可能表现为高回声的营养不良性矿化。

Kramer 等给出了犬肱二头肌腱鞘疾病的超声分级标准：1 级：腱鞘轻度积液（无回声环厚度＜ 2 mm），肌腱回声正常；2 级：腱鞘中度积液（无回声环厚度 2 ～ 3 mm），肌腱轻度回声不均；3 级：腱鞘重度积液（无回声环厚度＞ 3 mm），并向腱鞘远端和内侧扩散；肌腱出现中度到严重增厚（直径＞ 3 mm），回声不均或萎缩变细；4 级：由于创伤出血而引起的腱鞘严重扩张，肌腱只是轻度到中度异常。

肱二头肌腱鞘疾病有三种主流治疗方法：急性或轻度病例可采用非甾体类抗炎

药治疗，同时需严格静养 4 ～ 6 周。如不能严格遵守这一限制，复发是必然的。慢性或病情较重者可采用腱鞘内注射醋酸甲泼尼龙，如 2 周内无好转，需重复注射（最多 2 次），同时限制活动 4 ～ 6 周。若注射 1 ～ 2 次后病情未能改善，应考虑手术治疗，常使用肌腱切开术和 / 或肌腱固定术。值得注意的是，过量使用类固醇会导致关节软骨损伤。

◆ 参考文献

1.Brinker W O, Piermattei D L, Flo G L. Handbook of small animal orthopedics and fracture treatment[M].4th ed. St. Louis, Missouri: Elsevier Health Sciences, 2007.

2.Kramer M, Gerwing M, Sheppard C, et al. Ultrasonography for the diagnosis of diseases of the tendon and tendon sheath of the biceps brachii muscle[J]. Veterinary Surgery, 2001, 30(1): 64-71.

3.Muir P, Johnson K A. Supraspinatus and biceps brachii tendinopathy in dogs[J]. Journal of Small Animal Practice, 1994, 35(5): 239-243.

4.Penninck D, d'Anjou M A. Atlas of small animal ultrasonography[M].2nd ed. Iowa: John Wiley & Sons, 2015.

5.Rivers B, Wallace L, Johnston G R. Biceps tenosynovitis in the dog: radiographic and sonographic findings[J]. Veterinary and Comparative Orthopaedics and Traumatology, 1992, 5(02): 51-57.

CASE 42

案例42 犬椎间盘脊椎炎

1. 病基本信息和病史

银狐犬，10岁，雄性已绝育。单独饲养，日常外出牵遛，主要饲喂商品化犬粮，偶尔自制水煮鸡胸肉，近3个月无换粮史。常规免疫，未常规驱虫，近期无旅行史。

2015年5月因膀胱结石而行膀胱切开术，2016年2月因尿道中段梗阻行雄性去势术及尿道造口，两次术后均恢复良好，但未进行结石分析及尿液微生物培养。

2016年3月至2016年6月期间患犬白细胞持续升高，除精神沉郁、腰椎退行性变化外无其他异常，经验性使用抗生素无改善作用，7月停用抗生素后数次复查血常规，白细胞总数未下降。2016年10月患犬因步态拘谨、起卧困难而就诊。

2. 体格检查

患犬精神良好，BCS：6/9。体温39.1℃，心率86次/min，呼吸频率36次/min。黏膜粉红，CRT < 2 s，脱水程度约5%。心音及肺音听诊未觉异常，胸腰结合处有明显疼痛感，神经学检查无明显异常。

3. 问题列表

胸腰结合处疼痛、步态拘谨、体温偏高。

4. 鉴别诊断

腰椎退行性病变、椎间盘炎症、外伤、肿瘤。

5. 初步诊断计划

诊断项目：CBC、生化检查、尿液检查、胸腰椎X线检查、腹部超声。

6. 初步检查结果

CBC检查结果见表42-1，生化检查结果见表42-2，尿液检查结果见表42-3，尿液镜检结果见图42-1，尿液细菌培养及药敏试验结果见表42-4，X线检查结果见图42-2，超声检查结果见图42-3、图42-4。

表 42–1　CBC 检查结果

项目	结果	参考范围
红细胞总数（RBC）	4.52×10^{12}/L	5.65×10^{12} ～ 8.87×10^{12}/L
红细胞比容（HCT）	30.2%	37.3% ～ 61.7%
血红蛋白浓度（HGB）	10.0 g/dL	13.1 ～ 20.5 g/dL
网织红细胞（RETIC）	31.2×10^{3}/μL	10.0×10^{3} ～ 110.0×10^{3}/μL
平均红细胞体积（MCV）	66.8 fL	61.6 ～ 73.5 fL
平均红细胞血红蛋白浓度（MCHC）	33.1 g/dL	32.0 ～ 37.9 g/dL
红细胞分布宽度（RDW）	15.6%	13.6% ～ 21.7%
白细胞总数（WBC）	25.55×10^{9}/L	5.05×10^{9} ～ 16.76×10^{9}/L
分叶中性粒细胞（SEG）	23.65×10^{9}/L	2.95×10^{9} ～ 11.64×10^{9}/L
杆状中性粒细胞（BAND）	0	/
淋巴细胞（LYM）	1.68×10^{9}/L	1.05×10^{9} ～ 5.10×10^{9}/L
单核细胞（MONO）	0.16×10^{9}/L	0.16×10^{9} ～ 1.12×10^{9}/L
嗜酸性粒细胞（EOS）	0.06×10^{9}/L	0.06×10^{9} ～ 1.23×10^{9}/L
嗜碱性粒细胞（BASO）	0×10^{9}/L	0.00 ～ 0.10×10^{9}/L
血小板（PLT）	480×10^{3}/μL	148×10^{3} ～ 484×10^{3}/μL
镜检	红细胞形态未见明显异常	

表 42–2　生化检查结果

项目	结果	参考范围
总胆红素（TBIL）	0 mg/dL	0 ～ 0.8 mg/dL
总蛋白（TP）	6.8 g/dL	5.5 ～ 7.2 g/dL
白蛋白（ALB）	2.8 g/dL	3.2 ～ 4.1 g/dL
球蛋白（GLOB）	4.0 g/dL	1.9 ～ 3.7 g/dL
白球比（A/G）	0.7	0.9 ～ 1.9
葡萄糖（GLU）	79 mg/dL	68 ～ 104 mg/dL
丙氨酸氨基转移酶（ALT）	46 U/L	17 ～ 95 U/L
天门冬氨酸氨基转移酶（AST）	13 U/L	10 ～ 56 U/L
碱性磷酸酶（ALP）	56 U/L	7 ～ 115 U/L
γ- 谷氨酰转肽酶（GGT）	0 U/L	0 ～ 8 U/L
胆汁酸（TBA）	1 μmol/L	0 ～ 25 μmol/L
尿素（UREA）	45 mg/dL	19 ～ 55.7 mg/dL
肌酐（CREA）	0.9 mg/dL	0.6 ～ 1.4 mg/dL
磷（P）	3.1 mg/dL	2.7 ～ 5.4 mg/dL
钙（Ca）	10.7 mg/dL	9.4 ～ 12 mg/dL
总胆固醇（CHOL）	235 mg/dL	139 ～ 392 mg/dL
甘油三酯（TG）	79 mg/dL	23 ～ 102 mg/dL
钾（K）	4.7 mmol/L	4.1 ～ 5.4 mmol/L
钠（Na）	145 mmol/L	143 ～ 150 mmol/L
氯（Cl）	109 mmol/L	106 ～ 114 mmol/L

表 42-3　尿液检查结果

物理性质和化学性质		尿沉渣检查	
颜色	黄色	红细胞	0 ～ 5 个 hpf
透明度	浑浊	白细胞	5 ～ 10 个 hpf
比重	1.042	移行上皮细胞	未见
pH	7.5	鳞状上皮细胞	0 ～ 1 个 hpf
潜血	阴性	管型	未见
蛋白	2+	结晶	磷酸铵镁结晶：5 ～ 10 个 /hpf
葡萄糖	阴性	脂滴	未见
酮体	阴性	微生物	球菌：4+
尿胆红素	2+	采样方式	膀胱穿刺

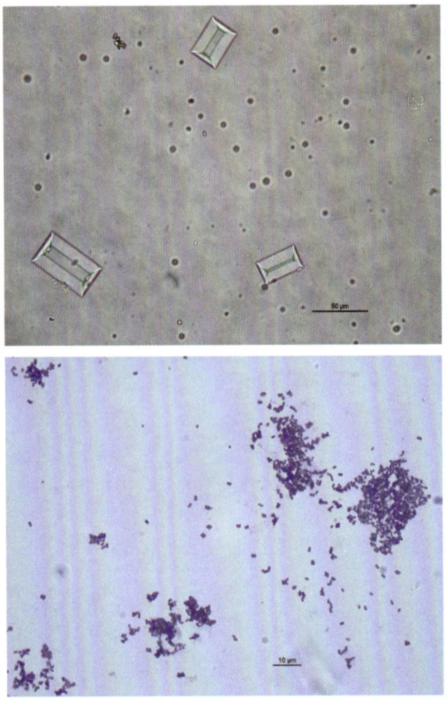

图 42-1
患犬尿液镜检，（上：400×，下：Diff-Quik 染色，1 000×）

尿液，37℃需氧培养 48 h，血琼脂平板上可见大量细菌菌落生长，数量大于 1.0×10^9 CFU/mL，为革兰阳性球菌；取培养菌进行药敏试验，结果见表 42-4。

表 42-4　药敏试验结果

药物	结果	药物	结果
青霉素	R	诺氟沙星	R
氨苄西林	R	恩诺沙星	R
苯唑西林	I	阿米卡星	S
头孢噻吩	S	万古霉素	I
头孢唑啉	S	四环素	R
阿莫西林克拉维酸	S	红霉素	R
头孢曲松	S	多西环素	R
磺胺甲恶唑 / 甲氧苄啶	R	克林霉素	R
美罗培南	S	氯霉素	R
亚胺培南	S	氟苯尼考	S

R. 耐药；S. 敏感

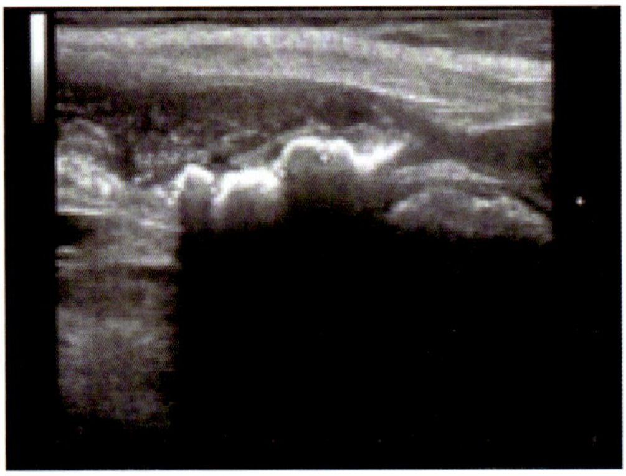

图 42-3
膀胱超声图

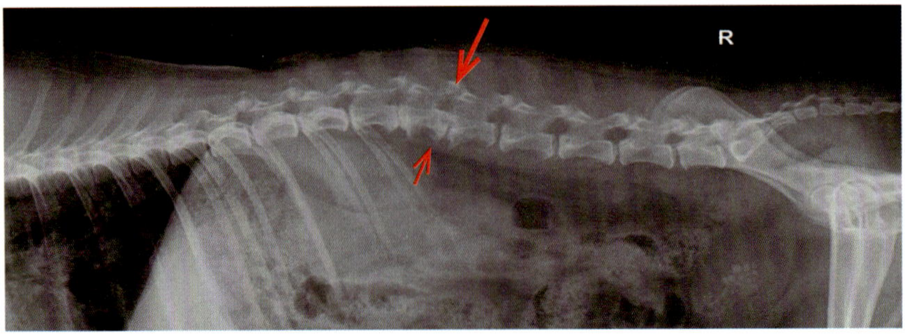

图 42-2
腰椎右侧位 X 线

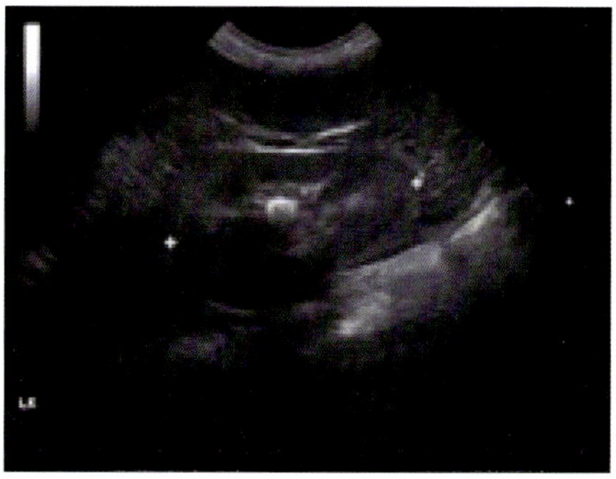

图 42–4

腹部超声检查（左侧肾脏）

7. 初步检查结果分析

7.1　CBC 结果

红细胞象：红细胞总数下降，但不伴有网织红细胞数量上升，且血涂片中红细胞形态未见明显异常。提示存在非再生性贫血，结合白细胞象，可能为炎性贫血。

白细胞象：白细胞总数与中性粒细胞数量升高，提示机体存在炎症。

血小板象：未见明显异常。

7.2　血清生化检查结果

低白蛋白血症：结合患犬体况评分、肝功能相关指标可排除因摄入不足及肝功能异常所造成的生成减少。结合 CBC 结果，且未见第三腔液体丢失，进而考虑因炎症而造成的低白蛋白血症。

高球蛋白血症：根据患犬体温升高、白细胞总数升高、尿液检查及影像学检查结果，考虑为感染性因素所致。

7.3　尿液检查结果

经膀胱穿刺取尿所得尿液中可见大量球菌，考虑为泌尿系统感染。

7.4　尿液微生物培养及药敏结果

尿液微生物培养结果提示患犬的泌尿系统存在革兰阳性球菌感染。药敏结果提示多重耐药。

7.5　X 线检查结果

L1 ～ L2 椎间隙狭窄并伴有骨刺增生（红色短箭头），L2 ～ L3 椎间隙塌陷（红色长箭头），椎体终板不规则，局部溶解伴周围骨硬化（图 42–2）。另可见膀胱结石。

X 线提示：椎间盘脊椎炎及膀胱结石。

7.6　腹部超声检查结果

膀胱空虚，腔内可见膀胱结石、结晶尿，膀胱顶腹侧膀胱壁不均匀增厚（图 42–3）；同时可见双侧肾盂结晶 / 结石（图 42–4），髂内淋巴结轻度增大。

超声提示：膀胱结石、膀胱炎、肾盂结晶 / 结石。

8. 诊断

结合该病例的病史、体格检查、实验室及影像检查结果，诊断为泌尿系统感染继发椎间盘脊椎炎。

9. 治疗及转归

首选治疗方案为控制感染，根据尿液及膀胱黏膜细菌培养及药敏试验结果选用合适的抗生素。同时建议进行膀胱切开取石及结石分析，以控制感染和预防结石。动物主人不接受膀胱切开移除结石，但考虑到磷酸铵镁结晶和大量球菌，推测其为感染性鸟粪石。根据培养及药敏结果选择口服阿莫西林克拉维酸钾（12.5 mg/kg，bid）和甲硝唑（25 mg/kg，bid），同时配合食用处方罐头。

在治疗 9 周后患犬白细胞未见明显下降（27.78 × 10^9/L）。尿液检查复查结果未见活性尿沉渣，微生物培养呈阴性。此时 X 线检查（图 42–5）腰椎终板未见进一步溶解。超声复查虽肾盂仍存在结晶，但膀胱中未见明显结石。另外，患犬步态明显改善，触诊胸腰椎无明显疼痛感，临床症状明显改善。1 年后电话回访，其病情未再复发，体况良好。

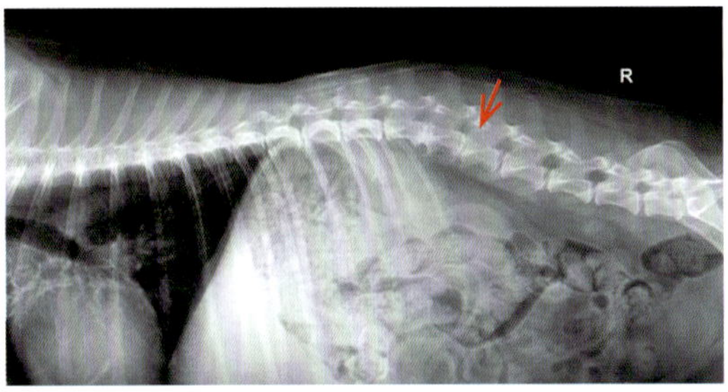

图 42–5

患犬腰椎右侧位 X 线片复查

10. 讨论

椎间盘脊椎炎是指椎间盘及其临近终板、椎体发生感染性炎症的一类疾病，有时感染也会波及脊椎旁软组织。感染通常源于非脊椎部位，感染源通过血源性途径进入椎体终板，引发感染，一般常见于泌尿道感染、子宫蓄脓、心内膜炎、牙周病和脓皮症等。偶见于芒草通过吸入、误食或透皮刺入的方式进入身体，最终移行至椎间造成感染。此外，也有报道，经背部创伤和医源性途径也可造成椎间盘脊椎炎。本病常见于大型犬，但任何品种的犬都有可能会发病。公犬相对于母犬更易发病。常见易感部位为腰荐结合部、胸腰结合部和颈胸结合部等动静结合部。常见的通过血源性途径而感染的部位是第七腰椎至第一荐椎，但有文献调查发现，本病可发生于任何椎体，该犬的发病部位为第二、三腰椎，与常见发病部位有所不同。

由于发病部位、严重程度、感染造成的继发效应不同，实验室检查结果也有所不同。本病例血常规检查可见白细胞总数升高，这可能与病原微生物引起的感染、炎症有关。此外，炎症和感染也可造成球蛋白升高、白蛋白降低和非再生性贫血。椎间盘脊椎炎患犬除了有以上实验室检查异常外，其特征性病变特征是通过 X 线片体现的，由于脊椎的窦状静脉血流速度较慢，且缺乏巨噬细胞，有利于细菌沉积定植，且此处的窦状静脉跟营养动脉不吻合，一旦被微生物堵塞，会造成局部血管坏死，随着细菌进一步增殖，最终造成终板溶解和临近椎间盘坏死，在感染早期的 X 线片上若看见脊椎终板溶解，即可确诊。但 X 线片的敏感度不如 CT 或 MRI，一般在感染诊断该病的 2 ～ 4 周才能看见变化，因此阴性 X 线结果并不能排除椎间盘脊椎炎，所以临床兽医师若高度怀疑本病，需定期监测脊椎 X 线片的变化。在本病例的 X 线片上可见第 2、3 腰椎椎间隙塌陷，椎体终板不规则，局部溶解并伴溶解周围骨硬化。此为典型的椎间盘脊椎炎 X 线征象。确诊该病后，需进一步查找其感染途径。Ronaldo 等（2016 年）发现约有 50% 的椎间盘脊椎炎患犬尿液培养呈阳性，而本病例曾进行过两次泌尿道结石手术，且进行了会阴部尿道造口手术，泌尿道感染概率增加。本病例高度怀疑为泌尿系统感染继发椎间盘脊椎炎。通过超声引导膀胱穿刺取尿液进行微生物培养后，可见大量革兰阳性球菌，进一步确认患犬泌尿系统感染。本病例未进行细菌鉴定，但有研究报道，椎间盘脊椎炎最常见的病原为伪中间葡萄球菌，其次为大肠杆菌、放线菌、布鲁氏菌和曲霉菌。

本病的治疗主要包括抗生素和止痛药的使用以及限制活动。抗生素的选择需基于药敏试验结果。一般在用药 5 d 内即能看到临床症状改善，之后仍需持续用药 8 ～ 16 周。有文献报道，513 只患犬的治疗平均时间是 54 周。手术治疗并不是必须的，除非患病动物存在因严重的脊髓压迫而造成明显的神经症状，并且抗生素治疗无效的情况。本患犬在治疗 9 周后，临床症状明显改善，且尿液微生物培养呈阴性，X 线片未见明显变化。有研究报道，X 线片的变化至少要在感染消除后 4 周以上才可能表现出来。终板溶解的程度未见进一步加剧，说明感染已得到有效控制。本病一般预后良好。但若患病动物对于抗生素治疗无明显反应，或致病微生物为真菌，或感染来源于心内膜炎，或由于感染已造成脊椎骨折，则预后较差。

◆ 参考文献

1.Betbeze C, McLaughlin R. Canine diskospondylitis: its etiology, diagnosis, and treatment[J]. Veterinary medicine, 2002, 97(9): 673-681.

2.Lorenz M D, Coates J, Kent M. Handbook of Veterinary Neurology[M].5th ed. St. Louis, Missouri: Elsevier Health Sciences, 2011.

3.Tipold A, Stein V M. Inflammatory diseases of the spine in small animals[J]. Veterinary Clinics: Small Animal Practice, 2010, 40(5): 871-879.

CASE 43

案例43 犬蜱叮咬麻痹

1. 基本信息及病史

混种犬，2岁，雌性未绝育，10.8 kg。平时单独饲养于室内及院中，日常主要饲喂干粮，偶尔饲喂餐桌食物，且近3个月无换粮史。定期免疫，未做驱虫，无旅行史，既往身体健康。

一个月前产仔6只，现仍处于哺乳期。昨日突发四肢无法站立。患犬饮食正常，精神良好。

2. 体格检查

精神状态正常，心率120次/min，窦性节律；呼吸频率30～40次/min，黏膜粉红，CRT ≈ 1 s。体表淋巴结未见明显增大。四肢无法站立，有一定自主活动力。触诊四肢长骨、关节均未见明显痛点。后腹部皮肤及耳缘可见叮咬的蜱虫。

3. 问题列表

四肢轻瘫。

4. 鉴别诊断

外周神经病、系统性疾病导致的虚弱、骨关节疾病、多灶性中枢神经病。

5. 初步诊断计划

初步诊断项目：神经学检查、CBC、生化检查、CDV PCR检测。

6. 初步检查结果

6.1 神经学检查

精神状态：正常

不自主运动：无

姿势：轻微头倾斜

步态：正常

姿势反应：见表43-1

脊髓反射：见表43-2

脑神经检查：见表43-3

6.2 CBC及生化检查

CBC检查结果见表43-4，生化检查结果见表43-5。

表43-1 姿势反应检查结果

姿势反应	左侧	右侧
本体感受	前肢 D 后肢 D	前肢 D 后肢 D
单脚跳	前肢 N 后肢 N	前肢 N 后肢 N
半边站立 / 行走	N	N
视觉性位置反应	前肢 N 后肢 N	前肢 N 后肢 N

续表 43-1

姿势反应	左侧	右侧
触觉性位置反应	前肢 N 后肢 N	前肢 N 后肢 N
独轮车	N	N
伸肌蹬踏反应	N	N

N= 正常，D= 延迟 / 无力，A= 消失

表 43-2　脊髓反射检查结果

反射或反应	左侧	右侧
臂三头肌（C7 ～ T2：桡神经）	D	D
腕桡侧伸肌（C7 ～ T2：桡神经）	D	D
前肢回缩反射（C6 ～ T2：桡神经、尺神经、正中神经、肌肉神经）	D	D
前肢痛觉	D	D
膝跳反射（L4 ～ L6：股神经）	D	D
胫前肌反射（L6 ～ S1：腓神经）	D	D
腓肠肌反射（L6 ～ S1：胫神经）	D	D
后肢回缩反射（L6 ～ S1：坐骨神经）	D	D
后肢痛觉	D	D
会阴反射（S1 ～ S3：阴部神经）	D	D
膜反射（T3 ～ L3）	D	D

A = 消失，D= 减弱，N= 正常，I= 增强，C= 非常强，阵挛或强直

表 43-3　脑神经检查结果

反射或反应	左侧	右侧
视觉（Ⅱ）	N	N
惊吓反应（Ⅱ，Ⅶ）	N	N
瞳孔对光反射（Ⅱ，Ⅲ）	直接 N 间接 N	直接 N 间接 N
瞳孔大小，大小不一（Ⅱ，Ⅲ，交感神经），散大（D），缩小（C）	N	N
其他霍纳氏症状（交感神经）		
斜视：Ⅲ～腹外侧（L） Ⅳ～外旋（X） Ⅵ～内侧（M） 位置：	–	–
生理性眼球震颤（Ⅲ，Ⅳ，Ⅵ，Ⅷ）	–	–
病理性眼球震颤（Ⅷ） H= 水平（L= 左，R= 右） O= 旋转 V= 垂直 P= 摆动 位置：	–	–
咬肌力量（Ⅴ）	N	N
眼睑反射（视神经Ⅴ，Ⅶ）	N	N
面部感觉（Ⅴ：若消失检查分支 O= 视觉支，X= 上颌支，D= 下颌支）	N	N
面部肌肉（Ⅶ）	N	N
听觉（Ⅷ）	N	N
逆呕反射（Ⅸ，Ⅹ，Ⅻ）	N	N
舌运动（Ⅻ）	N	N

N= 正常，A= 消失 / 异常

表 43-4　CBC 检查结果

项目	结果	参考范围（犬）
红细胞总数（RBC）	6.32×10^{12}/L	5.65×10^{12} ～ 8.87×10^{12}/L
红细胞比容（HCT）	39.3%	37.3% ～ 61.7%
血红蛋白浓度（HGB）	12.4 g/dL	13.1 ～ 20.5 g/dL
网织红细胞（RETIC）	95.5×10^{3}/μL	10.0×10^{3} ～ 110.0×10^{3}/μL
平均红细胞体积（MCV）	62.2 fL	61.6 ～ 73.5 fL
平均红细胞血红蛋白浓度（MCHC）	31.6 g/dL	32.0 ～ 37.9 g/dL
红细胞分布宽度（RDW）	10.5%	13.6% ～ 21.7%
白细胞总数（WBC）	17.0×10^{9}/L	5.05×10^{9} ～ 16.76×10^{9}/L
分叶中性粒细胞（SEG）	14.48×10^{9}/L	2.95×10^{9} ～ 11.64×10^{9}/L
淋巴细胞（LYM）	1.67×10^{9}/L	1.05×10^{9} ～ 5.10×10^{9}/L
单核细胞（MONO）	1.02×10^{9}/L	0.16×10^{9} ～ 1.12×10^{9}/L
嗜酸性粒细胞（EOS）	1.36×10^{9}/L	0.06×10^{9} ～ 1.23×10^{9}/L

续表 43–4

项目	结果	参考范围（犬）
嗜碱性粒细胞（BASO）	0×10^9/L	$0.00 \sim 0.10 \times 10^9$/L
血小板（PLT）	$84 \times 10^3/\mu L$	$148 \times 10^3 \sim 484 \times 10^3/\mu L$

表 43–5　生化检查结果

项目	结果	参考范围（犬）
总胆红素（TBIL）	1.10 mg/dL	0 ～ 0.8 mg/dL
总蛋白（TP）	5.70 g/dL	5.5 ～ 7.2 g/dL
白蛋白（ALB）	3.10 g/dL	3.2 ～ 4.1 g/dL
球蛋白（GLOB）	2.60 g/dL	1.9 ～ 3.7 g/dL
白球比（A/G）	1.19	0.9 ～ 1.9
葡萄糖（GLU）	102.52 mg/dL	68 ～ 104 mg/dL
丙氨酸氨基转移酶（ALT）	187.00 U/L	17 ～ 95 U/L
天门冬氨酸氨基转移酶（AST）	61.00 U/L	10 ～ 56 U/L
碱性磷酸酶（ALP）	43.00 U/L	7 ～ 115 U/L
γ– 谷氨酰转肽酶（GGT）	6.00 U/L	0 ～ 8 U/L
胆汁酸（TBA）	46.30 μmol/L	0 ～ 25 μmol/L
尿素（UREA）	8.88 mg/dL	19 ～ 55.7 mg/dL
肌酐（CREA）	1.27 mg/dL	0.6 ～ 1.4 mg/dL
磷（P）	5.82 mg/dL	2.7 ～ 5.4 mg/dL
钙（Ca）	10.74 mg/dL	9.4 ～ 12 mg/dL
总胆固醇（CHOL）	111.76 mg/dL	139 ～ 392 mg/dL
甘油三酯（TG）	25.69 mg/dL	23 ～ 102 mg/dL
肌酸激酶（CK）	173.00 U/L	0 ～ 314 U/L
钾（K）	5.31 mmol/L	4.1 ～ 5.4 mmol/L
钠（Na）	146.20 mmol/L	143 ～ 150 mmol/L
氯（Cl）	111.40 mmol/L	106 ～ 114 mmol/L

6.3　CDV 抗原检测

CDV PCR 检测结果为阴性。

7. 初步检查结果分析

7.1　神经学检查

四肢下运动神经元（LMN）症状，神经学定位为外周神经疾病。

7.2　CBC 结果

红细胞象：未见明显异常。

白细胞象：白细胞总数与中性粒细胞数量增高，提示存在轻度炎症。

血小板象：由于镜下可见血小板在片尾聚集成簇，因此血小板数量减少可能为假性降低。

7.3　血清生化检查结果

ALT、AST、胆汁酸轻度升高：提示存在轻度肝细胞损伤，需进一步检查确诊损伤原因。

胆红素轻微升高：高胆红素血症，血常规检查红细胞未见明显异常，无明显溶血反应，暂不考虑肝前性因素。结合其他生化检查结果，主要考虑肝细胞损伤引起的肝内胆汁淤积。

8. 诊断

神经学定位为外周神经疾病。实验室检查可排除离子紊乱、低血糖、甲状腺机能减退等系统性疾病。而耳部及腹部发现蜱虫叮咬，故推测为蜱叮咬引起的外周神经疾病。

9. 治疗及转归

摘除患犬体表可见蜱虫，使用拜宠爽（吡虫啉）进行体外驱虫；输液支持，辅以营养神经类药物，包括 B 族维生素和神经因子等。为患犬提供软垫进行躺卧，限制为室内饲养；近距离提供食物和饮水；维持清洁卫生；并与幼犬暂时隔离。

治疗过程中，患犬饮食欲及基本生命指征良好。四肢的回缩反射及自主活动能力逐渐恢复，于发病第 8 天四肢恢复行走能力。

10. 讨论

本病例中，体格检查发现患犬表现为四肢轻瘫、不能站立、四肢本体感受减弱，而肌肉骨骼均未见明显疼痛及结构异常，患犬精神状态、病史和相关实验室检查可以排除系统性疾病及骨骼肌肉系统疾病，神经系统疾病被列为首要的鉴别诊断。后续进行相应的神经学检查及定位，考虑到受波及的肢体为四肢，因此神经学定位为第 2 节胸椎以前的脊髓病变、脑部病变和外周神经病变。四肢脊髓节段反射减弱、肌张力减弱，此为下运动神经元症状；脑神经检查正常，可排除中枢神经系统疾病，最终定位于外周神经系统。

神经系统疾病的病因包括遗传性、创伤性、感染性及免疫介导性、肿瘤 / 副肿瘤性、代谢性 / 内分泌性、毒物 / 药物相关、血管性 / 缺血和特发性；从患犬的各项实验室检查可以排除代谢性、营养性、炎性、感染性等因素；肿瘤性病程表现为症状逐渐加重，结合年龄因素，亦不支持肿瘤这一诊断；中毒性因素的可能性较大。患犬并未常规驱虫，且可在其身上发现蜱虫，因此蜱叮咬后麻痹导致的外周神经系统在鉴别诊断中列为第一位。

蜱虫是犬猫临床常见的一类寄生虫病原。某些蜱的唾液腺内会产生一种神经毒素，引起外周神经病。这种毒素会阻止神经肌肉接头处释放乙酰胆碱，引起相应症状。蜱麻痹的动物可能出现四肢下运动元神经症状及呼吸抑制症状。有时毒素引起心脏毒性，会导致心脏收缩功能不全。另外有些病例也会出现局部面部神经症状，如瞳孔散大、对光反射消失、眼睑下垂、逆呕反射减弱、面瘫、膀胱麻痹、呕吐及干呕等。疾病的诊断基于发现蜱虫叮咬和结合相应的临床症状及病史。

治疗主要包括驱蜱和对症治疗，有条件可以给予抗蜱毒素血清治疗。本文中患犬虽然四肢轻瘫，但仍可支撑俯卧，并有一定的自主运动，饮食欲均无异常，因此管理的重点在于饲养环境的改善及粪尿管理。另外，由于未见蜱毒素是否会经乳汁进入幼犬体内的相关文献报道，根据传染性疾病处理原则，将患犬与幼犬隔离是十分有必要的。

该病犬的死亡率为5%，猫为0.6%。心血管及呼吸系统抑制会增加患病动物的死亡率。

◆ 参考文献

1.Atwell R B, Campbell F E, Evans E A. Prospective survey of tick paralysis in dogs[J]. Australian Veterinary Journal, 2001, 79(6): 412-418.

2.Platt S R, Olby N J. BSAVA manual of canine and feline neurology[M].4th ed. Gloucester: British Small Animal Veterinary Association, 2012.

3.Platt S, Garosi L. Small animal neurological emergencies[M]. Florida: CRC Press, 2012.

4.Westwood M N, Emery D L, Dhand N K. Clinical presentation and treatment of tick paralysis in dogs and cats in Sydney (2001–2010)[J]. Australian Veterinary Journal, 2013, 91(12): 491-498.

CASE 44

案例44 猫特发性前庭综合征

1. 基本信息和病史

英国短毛猫，3 岁，雄性已去势。平时单独饲养于室内，日常主要饲喂干粮。定期免疫、驱虫。近期无旅行史，既往身体健康，无用药史。

就诊前 1 d 发现猫走路倾斜，头倾斜，无食欲。

2. 体格检查

患猫精神状态尚可，BCS：4/9，体温 39.0 ℃，心率 210 次 /min，呼吸频率 24 次 /min。可视黏膜呈粉色，CRT < 2 s，水合状态尚可。视诊发现头向右侧倾斜（图 44-1），双眼自发性水平方向眼球震颤（左侧为快速期），无面部麻痹，口咽及双侧外耳道未见明显异常。心音及肺音听诊、腹部触诊未见明显异常。

图 44-1

头倾斜

3. 问题列表

双眼自发性水平方向眼球震颤（左侧为快速期）、右侧方向头倾斜、食欲减退。

4. 鉴别诊断

中耳 / 内耳炎、特发性前庭综合征、鼻咽息肉、耳毒性药物中毒、内耳创伤。

5. 初步诊断计划

诊断项目：CBC、耳镜检查、神经学检查。

6. 初步检查结果

CBC 检查结果见表 44-1，耳镜检查结果见表 44-2。

表 44-1 CBC 检查结果

检查项目	结果	参考范围
红细胞总数（RBC）	10.06×10^{12}/L	6.54×10^{12} ~ 12.20×10^{12}/L
红细胞比容（HCT）	47.5%	30.3% ~ 52.3%
血红蛋白（HGB）	15.1 g/dL	9.8 ~ 16.2 g/dL
网织红细胞（RETIC）	7.7×10^{3}/μL	3.0×10^{3} ~ 50.0×10^{3}/μL
平均红细胞体积（MCV）	43.3 fL	35.9 ~ 53.1 fL
平均红细胞血红蛋白浓度（MCHC）	31.8 g/dL	28.1 ~ 35.8 g/dL
红细胞分布宽度（RDW）	26.8%	15.0% ~ 27.0%
白细胞总数（WBC）	8.99×10^{9}/L	2.87×10^{9} ~ 17.02×10^{9}/L
分叶中性粒细胞（SEG）	4.86×10^{9}/L	2.30×10^{9} ~ 10.29×10^{9}/L
淋巴细胞（LYM）	2.91×10^{9}/L	0.92×10^{9} ~ 6.88×10^{9}/L
单核细胞（MONO）	0.36×10^{9}/L	0.05×10^{9} ~ 0.67×10^{9}/L
嗜酸性粒细胞（EOS）	0.73×10^{9}/L	0.17×10^{9} ~ 1.57×10^{9}/L
嗜碱性粒细胞（BASO）	0.13×10^{9}/L	0.01×10^{9} ~ 0.26×10^{9}/L
血小板（PLT）	278×10^{3}/μL	148×10^{3} ~ 484×10^{3}/μL

表 44-2 耳镜检查结果

检查项目	结果
听力	–
耳道口	较洁净
耳道	双侧外耳道洁净
鼓膜	双侧鼓膜可见

神经学检查结果如下：

精神状态：正常

不自主运动：无

姿势：轻微头倾斜

步态：正常

姿势反应：见表 44-3

脊髓反射：见表 44-4

脑神经检查：见表 44-5

脊椎感觉过敏检查：见表 44-6。

表 44-3 姿势反应检查结果

姿势反应	左侧	右侧
本体感受	前肢 N 后肢 N	前肢 N 后肢 N

续表 44-3

姿势反应	左侧	右侧
单脚跳	前肢 N 后肢 N	前肢 N 后肢 N
半边站立 / 行走	N	N
视觉性位置反应	前肢 N 后肢 N	前肢 N 后肢 N
触觉性位置反应	前肢 N 后肢 N	前肢 N 后肢 N
独轮车	N	N
伸肌蹬踏反应	N	N
猫提升反应	N	N

N= 正常，D= 延迟 / 无力，A= 消失

表 44-4 脊髓反射检查结果

反射或反应	左侧	右侧
臂三头肌（C7 ~ T2：桡神经）	N	N
腕桡侧伸肌（C7 ~ T2：桡神经）	N	N
前肢回缩反射（C6 ~ T2：桡神经、尺神经、正中神经、肌肉神经）	N	N
前肢痛觉	N	N
膝跳反射（L4 ~ L6：股神经）	N	N

续表 44-4

反射或反应	左侧	右侧
胫前肌反射（L6 ～ S1：腓神经）	N	N
腓肠肌反射（L6 ～ S1：胫神经）	N	N
后肢回缩反射（L6 ～ S1：坐骨神经）	N	N
后肢痛觉	N	N
会阴反射（S1 ～ S3：阴部神经）	N	N
膜反射（T3 ～ L3）	N	N

A = 消失，D= 减弱，N= 正常，I= 增强，C= 非常强，阵挛或强直

表 44-5　脑神经检查结果

反射或反应	左侧	右侧
视觉（Ⅱ）	N	N
惊吓反应（Ⅱ，Ⅶ）	N	A
瞳孔对光反射（Ⅱ，Ⅲ）	直接 N 间接 N	直接 N 间接 N
瞳孔大小，大小不一（Ⅱ，Ⅲ，交感神经），散大（D），缩小（C）	N	N
其他霍纳氏症状（交感神经）		
斜视：Ⅲ～腹外侧（L） Ⅳ～外旋（X） Ⅵ～内侧（M） 位置：	～	–
生理性眼球震颤（Ⅲ，Ⅳ，Ⅵ，Ⅷ）	～	–
病理性眼球震颤（Ⅷ） H= 水平（L= 左，R= 右） O= 旋转 V= 垂直 P= 摆动 位置：	～	快速远离右侧
咬肌力量（Ⅴ）	N	N
眼睑反射（视神经Ⅴ，Ⅶ）	N	A
面部感觉（Ⅴ：若消失检查分支 O= 视觉支，X= 上颌支，D= 下颌支）	N	N
面部肌肉（Ⅶ）	N	N
听觉（Ⅷ）	N	N
逆呕反射（Ⅸ，Ⅹ，Ⅻ）	N	N
舌运动（Ⅻ）	N	N

N= 正常，A= 消失 / 异常

表 44-6　脊椎感觉过敏检查结果

部位	无（A）/ 存在（P）
颈椎	A
胸椎	A
腰椎	A
荐椎	A

7. 初步检查结果分析

7.1　CBC 结果

未见明显异常。

7.2　生化结果

未见明显异常。

7.3　耳镜检查结果

患猫双侧耳道口及外耳道洁净，双侧鼓膜可见。双侧外耳道及鼓膜未见明显异常。

7.4　神经学检查结果

患猫轻微头倾斜，右侧惊吓反应（CN Ⅱ，Ⅶ）消失，右侧眼睑反射（CN Ⅴ，Ⅶ）异常，病理性眼球震颤（CN Ⅷ）为水平方向，快速远离右侧，精神状态、姿势反应、脊髓反射、其他脑神经检查未见明显异常，无脊髓感觉过敏表现。

病变定位：右侧第Ⅶ脑神经（面神经）、右侧第Ⅷ脑神经（前庭神经）异常。

结合该病例的病史、体格检查，怀疑为外周性前庭疾病，且排除了耳毒性药物和医源性创伤导致外周性前庭疾病的可能性。根据实验室检查、耳镜检查和神经学检查结果，提示需要进一步结合影像学检查以确定病因。

8. 进一步诊断计划及结果分析

8.1 进一步诊断计划

头部 CT 检查、麻醉前生化检查。

8.2 结果及分析

麻醉前生化检查结果见表 44–7，未见明显异常。

表 44–7 麻醉前生化检查结果

项目	结果	参考范围（猫）
总蛋白（TP）	7.7 g/dL	6.6 ～ 8.4 g/dL
葡萄糖（GLU）	108 mg/dL	71 ～ 182 mg/dL
尿素（UREA）	57 mg/dL	36 ～ 75 mg/dL

CT 检查结果见图 44–2、图 44–3 和图 44–4。

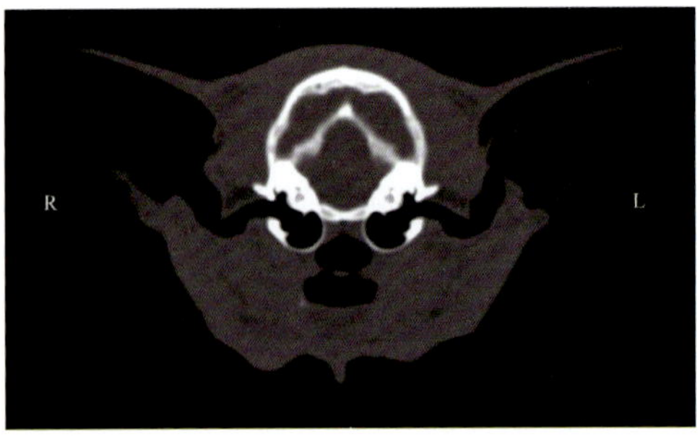

图 44–2
头部 CT 平扫横断面图像（鼓泡水平）

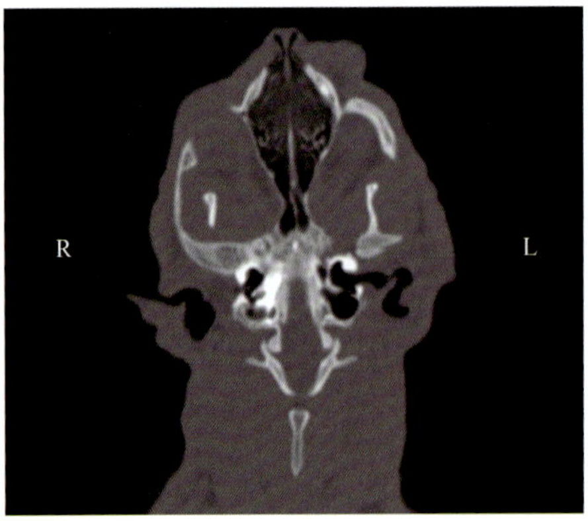

图 44–3
头部 CT 平扫冠状面图像

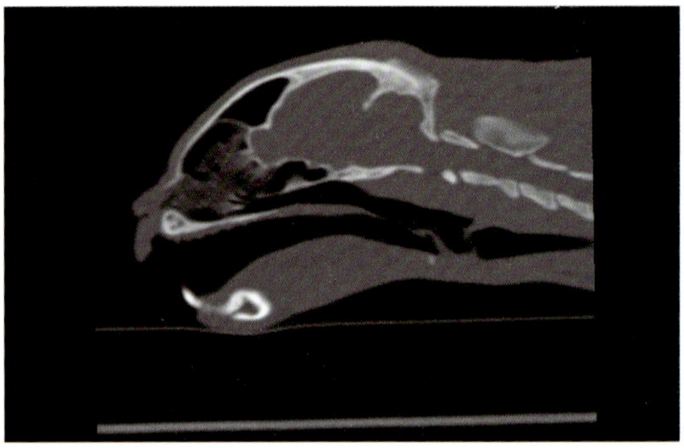

图 44–4
头部 CT 平扫矢状面图像

患猫双侧耳道未见明显内容物，双侧鼻腔结构对称，鼻甲纹理及鼻中隔影像清晰，未见明显异常内容物，双侧下颌淋巴结厚径约 0.5 cm。

CT 提示：头部未见明显异常，双侧中耳未见明显渗出及息肉。

9. 最终诊断

结合病史、实验室检查、耳镜检查、神经学检查和 CT 检查结果，排除中耳内耳炎、鼻咽息肉、前庭神经或内耳肿瘤导致的外周性前庭疾病，本病例诊断为猫特发性前庭综合征。

10. 治疗及转归

患猫 2 d 后头倾斜程度改善，食欲恢复。无需医学干预。

11. 讨论

猫特发性前庭综合征是一种急性非进行性疾病，属于外周性前庭疾病，可发生于任何年龄的猫。猫外周性前庭疾病最常见的原因是中耳 / 内耳炎（otitis media interna，OMI），其他原因包括鼻咽息肉、特发性前庭综合征、耳毒性药物中毒、创伤和肿瘤。其特点是外周前庭症状急性发作，如表现严重的共济失调、跌倒和翻滚、头倾斜、自发性眼球震颤（震颤方向为水平或旋转，且不随头部位置而改变），肌张力和本体感受正常。因 CN VII、眼部节后交感神经和 CN VIII 位置邻近，CN VIII 受损可能会并发面神经麻痹、神经源性的干眼 / 鼻或霍纳氏综合征。当出现相关症状时，应进行细致的检查，以确保正确诊断该病。

对于前庭功能障碍的犬猫，首先确定病变位置非常重要。前庭系统又分为外周性和中枢性前庭系统，二者发生病变的病因、诊断、治疗和预后均有很大差别。猫的外周性前庭疾病更常见，通常预后较好。猫特发性前庭综合征的诊断方法是排除性诊断，详细询问病史可为定位病变位置及判断病因提供信息，包括发作时间、疾病进展、有无创伤或外耳炎、用药史。大多数耳毒性药物会诱导膜迷路内的毛细胞受体损伤或死亡，如氨基糖苷类抗生素、洗必泰、碘和酒精等。应仔细进行体格检查，详细记录观察到的异常。外周前庭系统的单侧病变会使头部向病变侧倾斜；双侧病变时，头部不会发生倾斜，但会表现左右摇摆，并且动物以蹲伏的姿势站立和缓慢行走。上抬动物头部时，眼球向病变侧腹侧偏斜。眼球震颤是指眼球不自主的节律性振荡。自发性眼球震颤是指当头部保持静止，没有旋转或运动时，发生的眼球震颤，通常是病理性的，包括水平、垂直方向或旋转。位置性眼球震颤是指将头部保持在特定位置（侧面或背面）时，发生的眼球震颤。典型的眼球震颤是由一个方向的慢期和反方向的快期组成，但摆动性眼球震颤表现为每个方向上的相同运动，即无快慢期。后者常见于暹罗猫和喜马拉雅猫，是由于视觉路径先天异常而无法固定焦点造成的，并非是前庭疾病。神经学检查用于定位病变于外周或中枢前庭系统，但是对于极度痛苦和迷失方向的动物，定位会可能失败。此外，一些有中枢前庭疾病的动物可能无脑干损伤征象，并且在临床上与患有外周前庭疾病的动物表现相同。耳道和口咽检查作为辅助诊断，检查有无炎性息肉或鼓膜肿胀 / 破裂。猫耳道较犬短，耳镜的可视范围更大，有利于观察外耳道和鼓膜。但存在鼓膜完整且鼓膜后有积液的情况，因此，鼓膜完整并不能排除 OMI，特别当动物患慢性外耳炎时。临床实验室检查包括 CBC、血清生化检查和尿液检查。对于特发性前庭综合征的患猫，很少能提供有用信息，可以作为外周前庭疾病的基础诊断。

该病的诊断需要影像学检查排除其他原因，包括 X 线、CT 及 MRI。鼓泡 X 线检查采用背腹位、斜位、张口位和尾嘴位。当鼓膜显示不清或不可见时，需要耳道阳性造影。对于特发性外周综合征的猫，X 线征象无异常。对于 OMI 患猫，X 线征象为鼓泡内表现为液体密度影像；鼓泡壁增厚、不规则、硬化；颞骨密度增大；鼓泡壁破坏，有时可见骨膜反应。然而，“正常”的X线检查结果不能排除OMI，由于头骨解剖结构复杂，多个骨结构叠加，X线检查可能存在假阴性或低估疾病的情况。相比X线，MRI和CT是更敏感的中耳和内耳成像方法，且便于双侧比较，能够提供更多信息，所以临床上更推荐优先进行MRI或CT检查。

该病预后良好，大多数猫在72 h内症状明显改善，头部倾斜常常持续存在，表现轻微到中度头倾斜。通常可在2～3周内康复，但有些猫需要数月才能康复。少见复发。

◆ 参考文献

1.Gotthelf L N. Diagnosis and treatment of otitis media in dogs and cats[J]. Veterinary Clinics: Small Animal Practice, 2004, 34(2): 469-487.

2.Kealy J K, McAllister H. 犬猫X线与B超诊断技术[M]. 谢富强，译. 沈阳：辽宁科学技术出版社，2006.

3.LeCouteur R A. Feline vestibular diseases-New developments [J]. Journal of feline medicine and surgery, 2003, 5(2): 101-108.

4.Rossmeisl J H. Vestibular disease in dogs and cats[J]. Veterinary Clinics: Small Animal Practice, 2010, 40(1): 81-100.

CASE 45

案例45

猫中耳炎性息肉

1. 基本信息和病史

美国短毛猫，5月龄，雌性未绝育。在家饲养2个月，曾有猫鼻支病史，现痊愈，食欲及饮欲正常，排便及排尿正常。

就诊当日凌晨忽然发现患猫站立不稳，头部倾斜，遂来我院就诊。

2. 体格检查

患猫精神意识正常，站立不稳，左眼第三眼睑脱出，左眼上眼睑下垂（图45-1），双侧耳道均可见大量分泌物。体重2 kg，体温39.1℃，心率180次/min，呼吸频率28次/min。

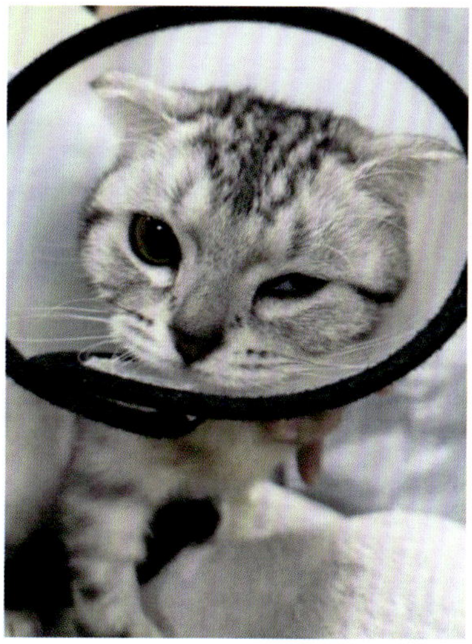

图45-1

患猫左眼上眼睑下垂、第三眼睑突出、瞳孔缩小，头向左下方倾斜

3. 问题列表

左眼霍纳氏综合征、左侧头倾斜、双侧耳道大量分泌物。

4. 鉴别诊断

左侧耳部疾病（息肉、肿瘤、感染）、眼部疾病、脑部疾病。

5. 初步诊断计划

诊断项目：神经学检查、眼科检查、耳道检查。

6. 初步检查结果

6.1 神经学检查

精神状态：正常

不自主运动：无

姿势：轻微头倾斜

步态：正常

姿势反应见表45-1

脊髓反射见表45-2

脑神经检查见表45-3

脊椎感觉过敏检查见表 45–4。

表 45–1　姿势反应检查结果

姿势反应	左侧	右侧
本体感受	前肢 N 后肢 N	前肢 N 后肢 N
单脚跳	前肢 N 后肢 N	前肢 N 后肢 N
半边站立 / 行走	N	N
视觉性位置反应	前肢 N 后肢 N	前肢 N 后肢 N
触觉性位置反应	前肢 N 后肢 N	前肢 N 后肢 N
独轮车	N	N
伸肌蹬踏反应	N	N
猫提升反应	N	N

N= 正常，D= 延迟 / 无力，A= 消失

表 45–2　脊髓反射检查结果

反射或反应	左侧	右侧
臂三头肌 （C7 ～ T2：桡神经）	N	N
腕桡侧伸肌 （C7 ～ T2：桡神经）	N	N
前肢回缩反射 （C6 ～ T2：桡神经、尺神经、正中神经、肌肉神经）	N	N
前肢痛觉	N	N
膝跳反射 （L4 ～ L6：股神经）	N	N
胫前肌反射 （L6 ～ S1：腓神经）	N	N
腓肠肌反射 （L6 ～ S1：胫神经）	N	N
后肢回缩反射 （L6 ～ S1：坐骨神经）	N	N
后肢痛觉	N	N
会阴反射 （S1 ～ S3：阴部神经）	N	N
膜反射 （T3 ～ L3）	N	N

A = 消失，D = 减弱，N = 正常，I = 增强，C = 非常强，阵挛或强直

表 45–3　脑神经检查结果

反射或反应	左侧	右侧
视觉（Ⅱ）	N	N
惊吓反应（Ⅱ，Ⅶ）	A	N
瞳孔对光反射（Ⅱ，Ⅲ）	直接 N 间接 N	直接 N 间接 N
瞳孔大小，大小不一（Ⅱ，Ⅲ，交感神经），散大（D），缩小（C）	N	N
其他霍纳氏症状（交感神经）	A	N
斜视：Ⅲ～腹外侧（L） Ⅳ～外旋（X） Ⅵ～内侧（M） 位置：	N	N
生理性眼球震颤（Ⅲ，Ⅳ，Ⅵ，Ⅷ）	N	N
病理性眼球震颤（Ⅷ） H= 水平（L= 左，R= 右） O= 旋转 V= 垂直 P= 摆动 位置：	A (H)	A (H)
咬肌力量（Ⅴ）	N	N
眼睑反射（视神经Ⅴ，Ⅶ）	A	N
面部感觉（Ⅴ：若消失检查分支 O= 视觉支，X= 上颌支，D= 下颌支）	N	N
面部肌肉（Ⅶ）	N	N
听觉（Ⅷ）	N	N
逆呕反射（Ⅸ，Ⅹ，Ⅻ）	N	N
舌运动（Ⅻ）	N	N

N= 正常，A= 消失 / 异常

表 45–4　脊椎感觉过敏检查结果

部位	无（A）/ 存在（P）
颈椎	A
胸椎	A
腰椎	A
荐椎	A

6.2　眼科检查

眼科检查结果见表 45–5。

表 45-5 左眼眼科检查结果

STT 泪液测试	OS：11 mm/60 s
眼压（Tono VET）	OS：14 mmHg
瞳孔直接对光反射	OS：+
瞳孔间接对光反射	OS：+
威胁反应	OS：-
房水闪辉	OS：-
角膜荧光素染色	OS：-
鼻泪管通畅性	OS：+

6.3 耳道检查

耳道检查结果见表 45-6。

表 45-6 双侧耳道检查结果

耳道（左侧）		耳道（右侧）	
检查项目	检查结果	检查项目	检查结果
细菌	球菌：+++ 杆菌：+++	细菌	球菌：+ 杆菌：+
真菌	未见	真菌	未见
螨虫	未见	螨虫	未见
异常细胞	未见	异常细胞	未见

7. 初步检查结果分析

7.1 神经学结果分析

患猫表现为双眼眼球水平震颤，左眼上眼睑下垂、第三眼睑突出、瞳孔缩小，惊吓反应缺失，提示外周前庭异常，伴有左眼霍纳氏综合征，左侧面神经损伤。

7.2 眼科检查结果分析

除去左眼出现霍纳氏综合征以及惊吓反应缺失外，左眼角膜及眼内未见明显异常。1% 去氧肾上腺素点眼，20 min 内观察到左眼瞳孔扩张，提示：第三级霍纳氏综合征。

7.3 耳道检查结果分析

患猫体格检查时，双侧耳道均可见大量分泌物，于是进行了耳道检查，结果显示左侧耳道严重细菌感染，右侧耳道同样存在细菌感染。

7.4 小结

结合该病例的病史、体格检查，怀疑为外周性前庭疾病，且排除了耳毒性药物和医源性创伤导致外周性前庭疾病的可能性。根据神经学检查、眼科检查及耳镜检查的结果，提示需要进一步结合影像学检查以确定病因。

8. 进一步诊断计划及结果分析

8.1 进一步诊断计划

头部 CT 检查。由于患猫要进一步进行麻醉后的头部 CT 检查，需要进行麻醉前体况评估（血常规、血液生化）。

8.2 结果及分析

8.2.1 血常规及血液生化检查

血常规（表 45-7）及血液生化（表 45-8）各项数值均在参考范围内。

表 45-7 CBC 检查结果

检查项目	结果	参考范围
红细胞总数（RBC）	10.03×10^{12}/L	6.54×10^{12} ～ 12.20×10^{12}/L
红细胞比容（HCT）	39%	30.3% ～ 52.3%
血红蛋白（HGB）	13.4 g/dL	9.8 ～ 16.2 g/dL
网织红细胞（RETIC）	6×10^{3}/μL	3.0×10^{3} ～ 50.0×10^{3}/μL

续表 45-7

检查项目	结果	参考范围
平均红细胞体积（MCV）	38.9 fL	35.9 ～ 53.1 fL
平均红细胞血红蛋白浓度（MCHC）	34.4 g/dL	28.1 ～ 35.8 g/dL
红细胞分布宽度（RDW）	26.3%	15.0% ～ 27.0%
白细胞总数（WBC）	13.76×10^9/L	2.87×10^9 ～ 17.02×10^9/L
分叶中性粒细胞（SEG）	10.05×10^9/L	2.30×10^9 ～ 10.29×10^9/L
淋巴细胞（LYM）	2.66×10^9/L	0.92×10^9 ～ 6.88×10^9/L
单核细胞（MONO）	0.25×10^9/L	0.05×10^9 ～ 0.67×10^9/L
嗜酸性粒细胞（EOS）	0.75×10^9/L	0.17×10^9 ～ 1.57×10^9/L
嗜碱性粒细胞（BASO）	0.05×10^9/L	0.01×10^9 ～ 0.26×10^9/L
血小板（PLT）	542×10^3/μL	151×10^3 ～ 600×10^3/μL

表 45-8　血液生化检查结果

项目	结果	参考范围（猫）
总蛋白（TP）	7.5 g/dL	5.7 ～ 8.9 g/dL
白蛋白（ALB）	3.1 g/dL	2.2 ～ 4.0 g/dL
球蛋白（GLOB）	4.3 g/dL	2.8 ～ 5.1 g/dL
白球比（A/G）	0.7	0.8 ～ 1.5
丙氨酸氨基转移酶（ALT）	52 U/L	12 ～ 130 U/L
碱性磷酸酶（ALP）	53 U/L	14 ～ 111 U/L
尿素（UREA）	221.4 mg/dL	102.6 ～ 232.2 mg/dL
肌酐（CREA）	107 μmol/L	71 ～ 212 μmol/L

8.2.2　头部 CT 检查

基于神经学的病变定位，对患猫头部进行了 CT 平扫及增强扫描，CT 平扫显示左侧耳道（水平耳道及中耳）软组织衰减影像，平均 CT 值 15 ～ 30 HU，左侧鼓室壁较对侧轻度增厚（图 45-2 箭头所示）。CT 增强显示左侧水平耳道及鼓泡内软组织衰减结构不均匀增强（图 45-3 箭头所示），平均 CT 值 80 ～ 100 HU（图 45-3）。

CT 提示：左侧耳道（水平耳道至中耳）息肉 / 肿瘤，左耳中耳炎。

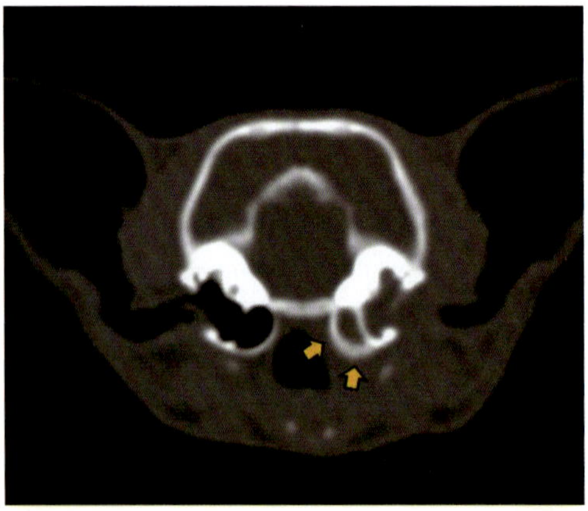

图 45-2

头部 CT 平扫横断面影像

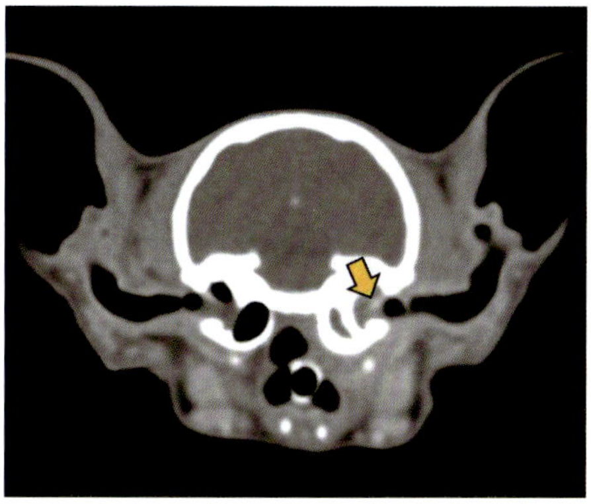

图 45–3

头部 CT 增强后横断面影像

9. 手术治疗及组织病理学检查

该病例采用了左腹侧鼓泡切开术，术中发现左侧鼓室内有较多浓稠黏液，以及疑为息肉的淡粉色软组织团块，切除团块并进行组织病理学检查，用生理盐水多次冲洗创腔，放入彭氏引流条，同时使用抗生素治疗。

组织病理学结果（图 45–4）显示肿物表面有单层细胞成型的界膜，局部浅表可见大量纤维细胞，深层为增生的结缔组织；内部有大量坏死组织及中性粒细胞，提示为耳道内息肉。

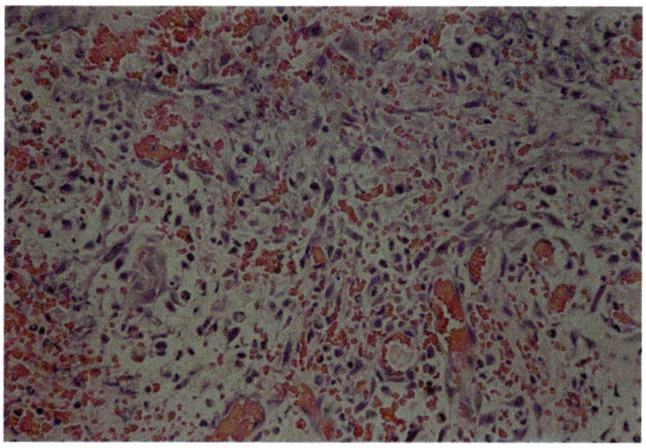

图 45–4

耳道息肉组织学（HE 染色，400×）

10. 最终诊断

结合病史及各种检查结果，该病例诊断为患猫左耳中耳及水平耳道息肉；左耳中耳炎；双侧耳道细菌感染。

11. 转归

患猫一周后复查，左眼仍表现为霍纳氏综合征，头向左侧轻度倾斜，眼球水平震颤消失，共济失调症状消失，患猫精神良好，食欲、饮欲良好，耳道内少量分泌物。

12. 讨论

猫的炎性息肉是一种非肿瘤性团块，通常发生于幼猫，任何品种都可能受到影响，据统计，缅因猫、波斯猫、喜马拉雅猫和暹罗猫等品种更易发病。发病原因可能是先天性缺陷和慢性上呼吸道感染，也可能继发于慢性中耳炎及猫疱疹病毒 1 型（FHV–1）或猫杯状病毒（FCV）诱导的慢性呼吸道炎症。

大多数炎性息肉起源于鼓泡或中耳内，并通过鼓膜延伸到外耳道，此时可选择进行耳镜检查；有时息肉可能通过咽鼓管进入鼻咽，则可选择口腔检查进行诊断。当进行耳镜检查时息肉不明显，伴有明显的神经功能缺陷时，则强烈怀疑息肉位于中耳或内耳区域，此时应考虑进行影像学检查评估。由于头部影像重叠影响传统 X 线检查，对于鼻咽部、双侧鼓泡等解剖位置的评估相对受限。与 X 线检查相比，CT 断层成像消除了周围骨骼结构的重叠，且具有更好的软组织对比度和分辨率。同时 CT 能够对耳及鼻咽部进行横断面成像，以便比较对称性。对于本病例，CT 平扫及增强扫描精确显示了外耳道、鼓室内的积液或软组织、鼓泡壁的变化以及骨增生或溶解的情况。对于出现神经系统症状、怀疑中耳/内耳区域病变的病例，CT 具有显著优势。

猫中耳炎性息肉通常采用外科手术治疗，取出息肉的技术包括经耳道的牵引撕脱术、腹侧鼓泡切开术。据统计，牵引撕脱术为侵入性最小的操作，但其复发率最高（高达 50%）。本病例最初试图采用经耳道牵引撕脱息肉，但由于息肉体积较小，且主要位于鼓泡及水平耳道区域，无法完成牵引撕脱，从而采用了腹侧鼓泡切开术的治疗方法，此方法具有侵袭性，发生术后并发症的风险较高，主要以霍纳氏综合征及面神经麻痹为主，术后出现霍纳氏综合征的病例中，将近 80% 的病例在 1 ～ 2 周后，神经症状会逐渐消失，但也有一些病例（如本病例中的患猫）会持续存在。腹侧鼓泡切开术的优势在于复发率较低，仅为 0 ～ 8%。对于进行手术治疗的病例，术后应采用抗生素治疗，同时治疗并预防继发性中耳炎，建议根据细菌培养和药敏试验的结果选择抗生素，值得注意的是，慢性中耳炎可能是息肉切除后的长期并发症。

◆ 参考文献

1.Cook L B, Bergman R L, Bahr A, et al. Inflamm-atory polyp in the middle ear with secondary suppurative meningoencephalitis in a cat[J]. Veterinary Radiology & Ultrasound, 2003, 44(6): 648-651.

2.Fan T M, de Lorimier L P. Inflammatory polyps and aural neoplasia[J]. Veterinary Clinics: Small Animal Practice, 2004, 34(2): 489-509.

3.Greci V, Vernia E, Mortellaro C M. Per-endoscopic trans-tympanic traction for the management of feline aural inflammatory polyps: a case review of 37 cats[J]. Journal of feline medicine and surgery, 2014, 16(8): 645-650.

4.Janssens S D S, Haagsman A N, Ter Haar G. Middle ear polyps: results of traction avulsion after a lateral approach to the ear canal in 62 cats (2004–2014)[J]. Journal of feline medicine and surgery, 2017, 19(8): 803-808.

CASE 46

案例46 犬慢性外耳炎伴中耳炎

1. 基本信息和病史

英国斗牛犬，2岁，雄性未去势。平时单独饲养于室内，每日外出牵遛两次。日常主要饲喂干粮，偶尔喂食罐头，近3个月无换粮史。定期免疫和驱虫，近期无旅行史，既往身体健康。

约半年皮肤病史，皮肤多处脱毛，四肢指（趾）间肿胀，偶见脓性分泌物；双耳道严重增生、红肿、狭窄、几乎堵塞，可见脓性分泌物，外耳廓皮肤增厚。

2. 体格检查

患犬精神良好，BCS：4/5，体温38.4℃。心率90次/min，呼吸频率20次/min。黏膜颜色粉，CRT < 2 s，水合状况良好。喘息，心音及肺音听诊未见异常。触诊可见右侧下颌淋巴结轻微增大。口腔检查未见明显异常。

3. 问题列表

双侧耳道红肿堵塞，伴脓性分泌物、右下颌淋巴结增大。

4. 鉴别诊断

感染性外耳炎、耳部息肉/肿瘤、食物/药物/接触性过敏、异位性皮炎。

5. 初步诊断计划

诊断项目：CBC、生化检查、CRP、皮肤检查与耳道镜检、耳道分泌物检查、头部X线检查。

6. 初步检查结果

CBC检查结果见表46-1，生化检查结果见表46-2，CRP检查结果见表46-3，皮肤与耳道镜检结果见表46-4。

表46-1 CBC检查结果

检查项目	结果	参考范围
红细胞总数（RBC）	7.64×10^{12}/L	5.65×10^{12} ～ 8.87×10^{12}/L
红细胞比容（HCT）	43.8%	37.3% ～ 61.7%
血红蛋白（HGB）	18.5 g/dL	13.1 ～ 20.5 g/dL
平均红细胞体积（MCV）	70.4 fL	61.6 ～ 73.5 fL

续表 46-1

检查项目	结果	参考范围
平均红细胞血红蛋白浓度（MCHC）	34.4 g/dL	32.0 ～ 37.9 g/dL
网织红细胞（RETIC）	$15.1 \times 10^3/\mu L$	10.0×10^3 ～ $110.0 \times 10^3/\mu L$
网织红细胞血红蛋白含量（RETIC-HGB）	25.7 pg	22.3 ～ 29.6 pg
白细胞总数（WBC）	$21.64 \times 10^9/L$	5.05×10^9 ～ $16.76 \times 10^9/L$
中性粒细胞（NEU）	$17.64 \times 10^9/L$	2.95×10^9 ～ $11.64 \times 10^9/L$
血小板数量（PLT）	$400 \times 10^3/\mu L$	148×10^3 ～ $484 \times 10^3/\mu L$

表 46-2　生化检查结果

检查项目	结果	参考范围
血糖（GLU）	4.84 mmol/L	4.11 ～ 8.84 mmol/L
肌酐（CREA）	75 μmol/L	71 ～ 212 μmol/L
尿素（UREA）	2.7 mmol/L	2.5 ～ 9.6 mmol/L
总蛋白（TP）	69 g/L	57 ～ 89 g/L
白蛋白（ALB）	32 g/L	22 ～ 40 g/L
球蛋白（GLOB）	37 g/L	28 ～ 51 g/L
白球比（A/G）	0.9	0.9 ～ 1.9
丙氨酸氨基转移酶（ALT）	42 U/L	12 ～ 130 U/L
碱性磷酸酶（ALP）	49 U/L	14 ～ 111 U/L

表 46-3　CRP 检查结果

检查项目	结果	参考范围
犬 C 反应蛋白（CRP）	15.09 mg/L	0 ～ 10.00 mg/L

表 46-4　皮肤与耳道镜检结果

耳道		皮肤	
细菌	球菌：+	细菌	球菌：+
真菌	未见	真菌	未见
螨虫	未见	螨虫	未见
异常细胞	未见	异常细胞	未见
其他	未见	其他	未见
		IgE	阳性

耳镜检查结果：双耳道口严重肿胀；双耳垂直耳道严重肿胀，水平耳道检查受限；鼓膜检查受限。

头部 X 线检查结果见图 46-1 和图 46-2。

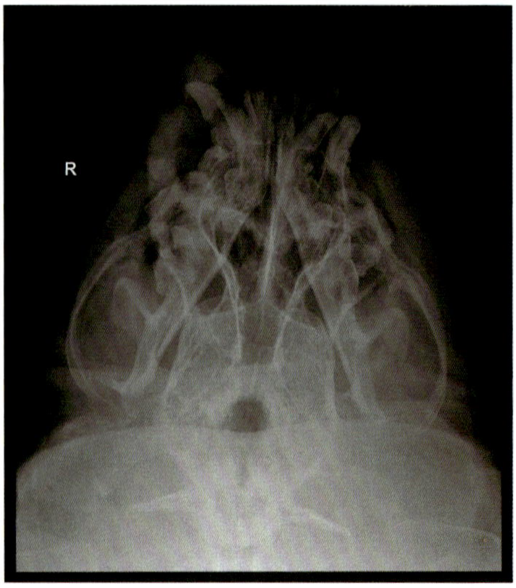

图 46-1
头部正位 X 线片

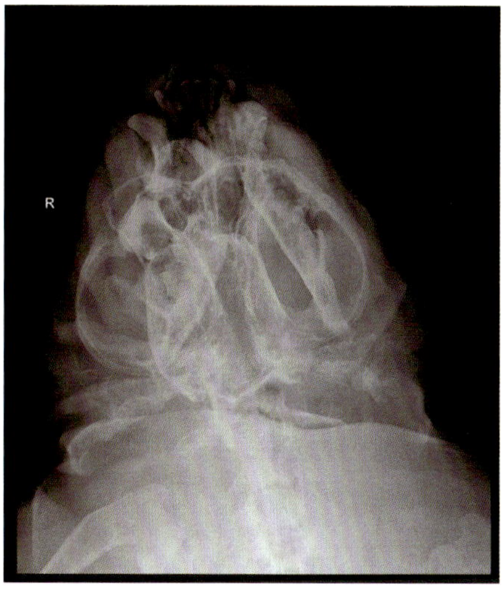

图 46-2

头部斜位 X 线片

7. 初步检查结果分析

7.1　CBC 和 CRP 结果

白细胞象：白细胞总数与中性粒细胞数量升高，CRP 升高，提示存在全身性炎症反应。

其他未见明显异常。

7.2　血清生化检查结果

未见明显异常。

7.3　皮肤及耳道检查结果

耳道镜检提示双耳外耳道红肿，皮肤及耳道分泌物检查结果提示球菌感染。IgE 阳性可能与患犬的自身免疫反应相关，但受检测方法与免疫球蛋白类型影响，临床检查存在假阴性与假阳性的可能，需要结合其他检查结果评估。

7.4　头部 X 线检查结果

鼻腔形态未见明显异常；双侧耳道壁矿化，鼓泡边缘不平滑，显影不清，疑存在慢性外耳炎、中耳炎，建议结合 CT 评估。

8. 进一步检查计划及结果分析

8.1　进一步检查计划

头部 CT 检查。

8.2　结果及分析

CT 结果见图 46-3。

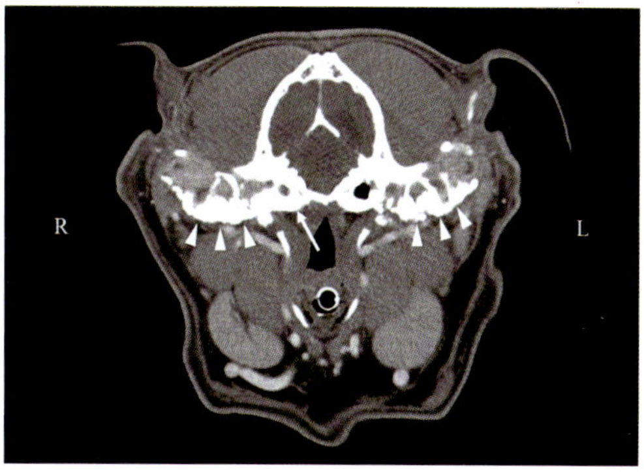

图 46-3

CT 造影增强后横断面 CT 图（鼓泡水平）

双侧耳廓形态正常；双侧耳道内软组织衰减内容物填充，部分耳道壁矿化（图 46-3 无尾箭头所示），增强后外耳道软组织呈条索样；双侧鼓泡壁增厚，其中右侧鼓泡内呈软组织衰减（图 46-3 箭头所示），增强后未见变化；双侧下颌淋巴结轮廓平滑，厚径：左 0.50 cm，右 0.68 cm；双侧咽后淋巴结轮廓平滑，厚径：左 0.83 cm，右 0.92 cm。

CT 提示：①双侧慢性外耳炎：双侧外耳道增生伴矿化；②双侧中耳炎：双侧鼓泡壁增厚，右侧鼓泡内积液；③右侧下颌淋巴结及咽后淋巴结轻度增大。

9. 最终诊断

结合病史及各种检查结果，本病例诊断为双侧外耳炎伴随双侧耳道增生堵塞、双侧中耳炎伴右侧鼓泡积液。

10. 治疗及转归

采取右耳全耳道摘除及鼓泡切开术。缝合后头部用绷带包扎。术后住院观察无异常后隔一月再进行左侧全耳道摘除术。

两次术后术部均愈合良好，住院期间观察到患犬出现双侧眼睑反射消失，眼睑轻微下垂，少量流涎，嘱回家继续观察，更换日粮为低敏处方粮，后未复诊。

11. 讨论

犬外耳炎在小动物兽医临床中非常常见，发病率在 5% ～ 20%，这是一种外耳道上皮的急性或慢性炎症，有时会伴发耳廓疾病和 / 或中耳炎。虽然仅基于临床症状和体格检查也可以进行诊断，但对于慢性外耳炎（如本例患犬）而言，这通常是一种有着多病因的疾病，明确病因还需要进一步筛查。

慢性外耳炎的病因可分为原发性、易感性和持久性因素。原发性病因包括：①寄生虫，例如螨虫；②异物，包括植物性异物（如植物芒刺）以及皮屑、脱落的毛发、脏物和一些粉末样的药物等；③特异性反应；④食物过敏，当犬食物过敏时，80% 会出现过敏性外耳炎，且这可能是唯一的临床症状；⑤接触性过敏；⑥角化异常，最常见的是皮脂溢性疾病；⑦免疫性疾病和肿瘤等。一些易感性因素也可能增加外耳炎的发病概率，如耳构型异常、耳道上皮损伤、耳道阻塞、系统性疾病（如犬细小病毒感染、犬瘟热病毒感染）等。此外，持久性因素是指单一存在不会引起临床发病，但会影响治疗效果，或使已存在的外耳炎加重的因素，如细菌、真菌、中耳炎等。

尽管外耳炎有多因素病因，原发病因难以追溯，但都有大致相同的发病途径。在炎症急性期，耳道发红肿胀，随着病情发展，血管扩张和水肿，炎性细胞的迁移和增加使得表皮增厚。随后自然的上皮迁移被抑制，皮脂腺和顶浆腺的活动增强，耳垢成分发生改变，且积存在耳道中，使耳道更加狭窄，进一步增加细菌和真菌感染的机会，而长期持续的感染和炎症将导致耳软骨钙化 / 骨化，真皮纤维化和永久性耳道狭窄。

诊断时全面的皮肤病史调查和耳镜检查是必须的。检查时，先从未感染或感染程度较小的那侧开始。应观察有无出现红斑、黏膜脱落 / 溃疡、组织增生、渗出物或肿物。对鼓膜异常状态的观察如缺失、变色增厚、内凹 / 外凸等可提示中耳疾病。本病例中，患犬影像学检查可见耳软骨钙化的现象，触诊时也可触及，双侧耳道已堵塞，发生永久性耳道狭窄，这导致患犬听力下降。X 线检查对揭示耳道内的变化，如狭窄、软骨钙化和中耳炎有诊断意义，但在中耳炎的诊断中敏感度不高，X 线检查阴性结果并不排除中耳炎的可能性。

外耳炎并发中耳炎应全身用药治疗。以细菌培养及药敏试验为依据选择使用抗生素，短期口服糖皮质激素类药物，以减少组织炎症与水肿，对有顽固马拉色菌感染的患犬应给予抗真菌药物。

一旦确诊为外耳炎末期，如本例患犬，无论有无中耳炎，外耳道全切术及鼓泡切开术是最好的治疗方法。对于许多发生耳道增生的患犬，面神经可能已经嵌生于增生组织内，分离时可将其与面神经粘连的部分外耳道切断，小心分离出面神经。手术并发症包括前庭综合征、面神经机能障碍、霍纳氏综合征、听力丧失、疼痛等。术后应密切关注患犬是否出现相关表现，如霍纳氏综合征的典型临床表现，包括瞳孔缩小、眼睑下垂、眼球下陷以及第三眼睑突出。本例患犬术后观察到双侧眼睑反射消失，眼睑轻微下垂，少量流涎的症状，数日后自行消退，可能与术中操作相关。

◆ 参考文献

1. Coleman K A, Smeak D D. Complication rates after bilateral versus unilateral total ear canal ablation with lateral bulla osteotomy for end-stage inflammatory ear disease in dogs: 79 ears[J]. Veterinary surgery, 2016, 45(5): 659-663.
2. Harvey R G. Ear diseases of the dog and cat[M]. Florida: CRC Press, 2005.
3. Paterson S, Tobias K. Atlas of ear diseases of the dog and cat[M]. OXford: John Wiley & Sons, 2013.
4. Smeak D D. Management of complications associated with total ear canal ablation and bulla osteotomy in dogs and cats[J]. Veterinary Clinics: Small Animal Practice, 2011, 41(5): 981-994.
5. Smeak D D. Treatment of persistent deep infection after total ear canal ablation and lateral bulla osteotomy[J]. Veterinary Clinics: Small Animal Practice, 2016, 46(4): 609-621.

CASE 47

案例47 犬蠕形螨病

1. 基本信息和病史

混种犬，3 月龄，3.4 kg。家中母犬和全窝幼犬先后发生皮肤病，患犬为其中一只幼犬（图 47–1），平时吃餐桌食物，未免疫驱虫。饮食欲正常，大小便无明显异常。因担心对家人的传染性，限制在笼内或纸箱内饲养。

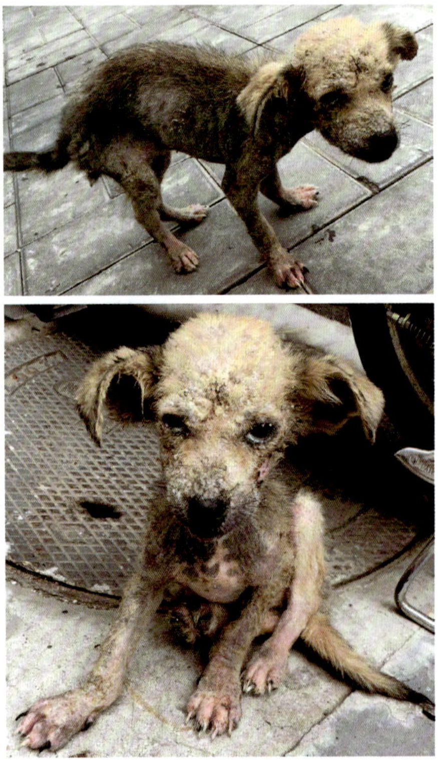

图 47–1

患犬皮肤侧面观和正面观

2. 体格检查和皮肤检查

患犬精神状态正常，BCS：2/9，心肺听诊和腹部触诊无明显异常。全身体表淋巴结明显增大，质地柔软。双眼大量脓性分泌物。

皮肤病灶分布全身，无明显界限。病灶表现为红斑、脱毛、鳞屑、结痂、抓痕，皮肤油腻伴油脂性臭味；病灶分布于面部、耳廓、下巴、颈部、后背、四肢、爪、腹部。

3. 问题列表

全身体表淋巴结增大、双眼脓性分泌物、对称性脱毛、红斑、鳞屑、结痂、油腻。

4. 鉴别诊断

蠕形螨、疥螨、癣菌、浅表脓皮症、幼犬蜂窝织炎、天疱疮。

5. 初步诊断计划

诊断项目：皮肤检查（拔毛、深部刮皮、细胞学），淋巴结穿刺，眼科检查。

6. 初步检查结果

皮肤检查结果：可见大量球菌、马拉色菌和蠕形螨，未见其他异常。拔毛镜检结果见图 47–2。

淋巴结抽吸：主要为小淋巴细胞，可见浆细胞比例增高，提示反应性淋巴结病。

眼科检查：双眼大量脓性分泌物、结膜炎。

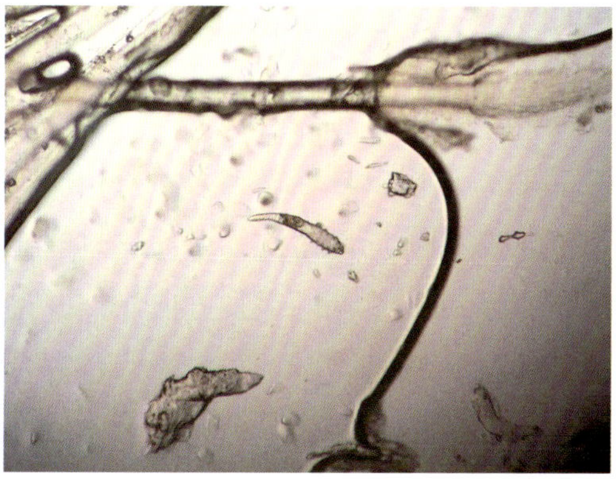

图 47–2

拔毛镜检结果（400×），蠕形螨

7. 初步检查结果分析

7.1 皮肤检查结果

皮肤表面大量球菌，未见白细胞，同时未见白细胞吞噬球菌现象，提示体表细菌过度增殖。刮片可见大量马拉色菌，通常与皮肤屏障破坏、皮肤卫生环境差、动物全身免疫功能下降、慢性瘙痒等相关。

镜检可见蠕形螨，结合临床症状，提示为全身性蠕形螨病。

7.2 体表淋巴结穿刺结果

体表淋巴结反应性增大：可引起全身体表淋巴结反应性增大的皮肤病包括全身性蠕形螨病、脓皮症和癣菌病。

7.3 眼科检查结果

双眼结膜炎及脓性分泌物：未见眼线虫，角膜 / 前房 / 晶体 / 眼底未见异常，怀疑可能与卫生条件差、疏于管理有关。

8. 诊断

结合病史、症状及实验室检查结果，本病例诊断为幼年型全身性蠕形螨病，伴浅表脓皮症和马拉色菌性皮炎。

9. 治疗及转归

多拉菌素 0.1 mL/kg，1 次 / 周，SC；头孢维星钠 0.1 mL/kg，SC；2.5% 过氧化苯甲酰香波，1～2 次 / 周，药浴；不饱和脂肪酸补充剂，1 颗 /d，PO。

该犬药浴一次，表面油脂和结痂已去除，可见清晰的红斑、脱毛、丘疹、抓痕等病灶；治疗一周，能快速形成新的鳞屑和结痂，仍有全身性红斑；治疗 4 周后，毛发快速生长，毛发覆盖皮肤后皮肤色素沉积开始消退，鳞屑和结痂消退；治疗五周，症状消除，见图 47–3，复查未见蠕形螨。

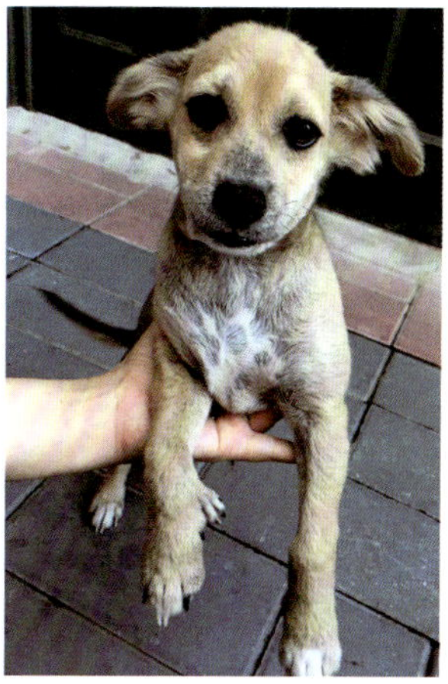

图 47–3

治疗 5 周，皮肤症状消失，刮皮和拔毛未见蠕形螨

10. 讨论

目前发现的犬蠕形螨有三个亚型，最常见的为生活在毛囊中的犬蠕形螨（*Demodex canis*），还有生活在皮脂腺中的隐在蠕形螨（*Demodex injai*），体型细长，以及生活在角质层的角质蠕形螨（*Demodex cornei*），体型短粗。

根据病灶分布不同，可分为局部性蠕形螨和全身性蠕形螨，局部性病灶数量 ≤ 6，全身性病灶数量 ≥ 12；此外，如果分布范围在 2 个以上的整个爪部或整个面部，或单个病灶面积 > 100 cm^2，或 5 个以上病灶且每个面积都大于 10 cm^2，均为全身性蠕形螨。90% 的局部性蠕形螨能在 6 ～ 8 周内自愈，极少数会发展为全身性，而全身性蠕形螨随时间会逐渐恶化而非好转。根据初始发病时间又分为幼年型和成年型，从 3 ～ 18 月龄开始患病的为幼年型蠕形螨，4 岁以上开始患病才是真正的成年型蠕形螨。

蠕形螨病的发生和发展受多种因素影响，包括遗传缺陷、皮肤结构和微环境改变、免疫失衡、激素异常、营养不良、生活卫生差、应激、发情、分娩，体内寄生虫和系统性疾病，其中免疫状态最重要。能引起免疫力下降的疾病包括甲状腺机能减退、库兴氏综合征或医源性糖皮质激素增多、糖尿病、恶性肿瘤（如淋巴瘤）、免疫抑制治疗（如癌症或自体免疫性疾病）等。

幼犬出生后 2 ～ 3 d 内，通过与母犬直接接触传染，无垂直传播。犬间密切接触可能传染，一般无症状或自愈，不会引起蠕形螨病。

对于所有的蠕形螨病例，都要改善环境卫生和营养状况，体内外驱虫，母犬要做绝育手术，如果可能的话，找到并控制免疫抑制的潜在原因。伴发脓皮症时可能需要使用抗生素，阿莫西林克拉维酸和头孢菌素可治疗大多数与蠕形螨相关的细菌感染，有杆菌感染且需用抗生素时需做药敏试验。90% 的局部性蠕形螨能在 6 ～ 8 周内自愈，可以合理忽视，必要时使用过氧化苯甲酰浴液局部清洗，或使用过氧化苯甲酰凝胶在脱毛区顺毛发方向涂抹，过氧化苯甲酰浴液能够冲洗毛囊，溶解角质，机械性清除蠕形螨；若病灶范围增加或刮片中螨虫数量未减少，需使用杀螨药物。全身性蠕形螨需要积极治疗。多年来，蠕形螨的治疗方法层出不穷，不断有新的方法能够达到更高的治愈率，现在用于蠕形螨治疗的主流药物有以下几种。

大环内酯类：①伊维菌素，0.3 ～ 0.6 mg/kg，因半衰期短，需每日口服，疗程为 35 ～ 210 d。常用的给药程序为逐步增加药量，初始剂量为每天 0.1 mg/kg，之后每 3 d 增加 0.1 mg/kg，至 0.6 mg/kg 维持，其临床治愈率为 83% ～ 100%。②多拉菌素，0.6 mg/kg，每周一次，可以口服或皮下注射，更推荐皮下注射，治愈率更高。一项对 232 只全身性蠕形螨犬的统计表明，每周皮下注射 0.6 mg/kg 的多拉菌素，临床治愈率为 94.8%，平均治疗时间

7.1 周。③米尔倍霉素肟，0.5 ～ 2 mg/kg，每日口服；临床治愈后改为 3 mg/kg，每周口服，一项对 99 只全身性蠕形螨患病犬的研究表明治愈率为 19% ～ 85%。莫昔克丁（爱沃克）在美国之外的市场用于蠕形螨病的治疗。建议在杀螨治疗后每月使用，可有效防止全身性蠕形螨复发，每 1 周、2 周或 4 周一次能治疗轻度病例，疗程至少 30 周，治愈率 36.1% ～ 97.4%，效果不如伊维菌素，但是合规的治疗方法，且对伊维菌素敏感的犬也相对安全。需要注意 ABCB1 基因突变的犬，存在 P-gp 糖蛋白合成缺陷，使用大环内酯类可能引发神经毒性，表现为共济失调、散瞳、失明、震颤、昏迷甚至死亡，最常见于柯利犬（苏格兰牧羊犬、边境牧羊犬、喜乐蒂牧羊犬）、古代牧羊犬、德国牧羊犬、西高地㹴犬等品种，所有品种都有可能出现。

异噁唑类：是治疗蠕形螨最新的药物，阿福拉纳 2.5 mg/kg，在第 0、2、4、8 周口服，一项对 8 只全身性蠕形螨患犬的研究表明治愈率为 99.2% ～ 100%。除此之外，氟雷拉纳和沙罗拉纳也已经在国外上市。

该病治疗周期较长，需要在至少 4 ～ 6 个不同部位刮皮均为阴性，且间隔 2 ～ 4 周刮皮两次阴性后，再持续用药至少 4 ～ 6 周。平均治疗时间 2 ～ 4 个月，有时长达 12 个月，局部性蠕形螨 90% 能在 6 ～ 8 周内自愈，总体约 10% 的病例无法治愈。

综上所述，局部性蠕形螨可能自愈，因此要合理忽视，全身性蠕形螨要积极治疗，用药时间要足够长，对顽固病例要注意控制并发的皮肤病，排查有无引起机体免疫力下降的疾病，蠕形螨患犬，建议进行绝育。

◆ 参考文献

1.Huang H P, Lien Y H. Treatment of canine generalized demodicosis associated with hyperadrenocorticism with spot-on moxidectin and imidacloprid[J]. Acta Veterinaria Scandinavica, 2013, 55(1): 1-6.

2.Miller W H, Griffin C E, Campbell K L. Muller and Kirk’s small animal dermatology[M].7th ed. St. Louis, Missouri: Elsevier Health Sciences, 2013.

3.Singh S K, Dimri U. The immuno-pathological conversions of canine demodicosis[J]. Veterinary parásitology, 2014, 203(1-2): 1-5.

CASE 48

案例48

猫疥螨病

1. 病例基本信息和病史

金吉拉猫，4月龄，雌性未绝育，体重0.99 kg。为自家母猫所生，室内饲养，群居。平时以饲喂干粮为主，偶尔喂食罐头，免疫完全，未驱虫。约1个月前，双耳分泌物增多，自用耳康3～4次，情况略有好转。近日双耳之间及耳廓外侧出现簇状脱毛，严重瘙痒，有黑色分泌物，结痂，并出现破溃，家中其他猫也有类似的症状。

2. 体格检查

患猫黏膜粉红、湿润，心率、呼吸及体温均未见明显异常，体格检查除头部和双侧耳缘病变明显外，其他部位未见明显异常。病变如图48-1和图48-2。

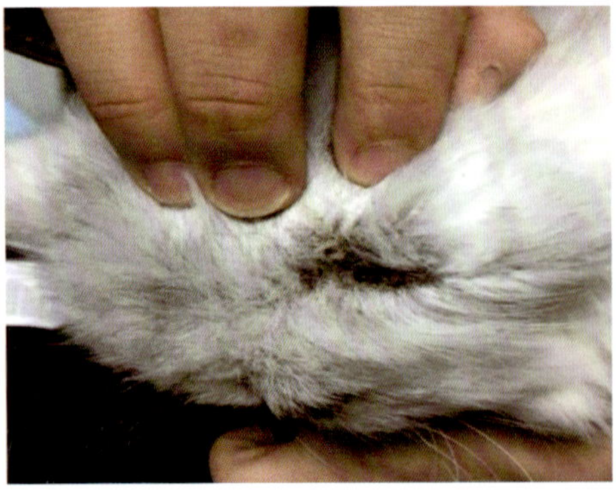

图 48-1

耳廓基部黑色分泌物及结痂

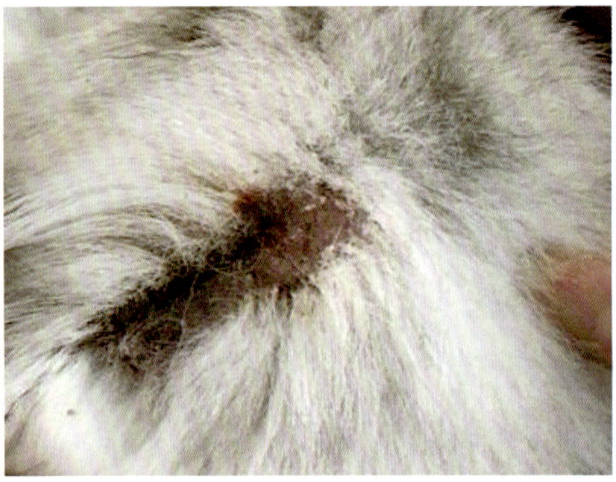

图 48-2

皮肤刮片检查后患处渗血

3. 问题列表

瘙痒、脱毛、结痂、表面破溃。

4. 鉴别诊断

耳螨感染、疥螨感染、蠕形螨感染、皮肤癣菌病、过敏、自体免疫性皮肤病。

5. 初步诊断计划

皮肤显微镜检查。

6. 初步检查结果

对病变部位进行刮片检查，可见疥螨、疥螨卵和球菌，提示疥螨感染（图48-3）。

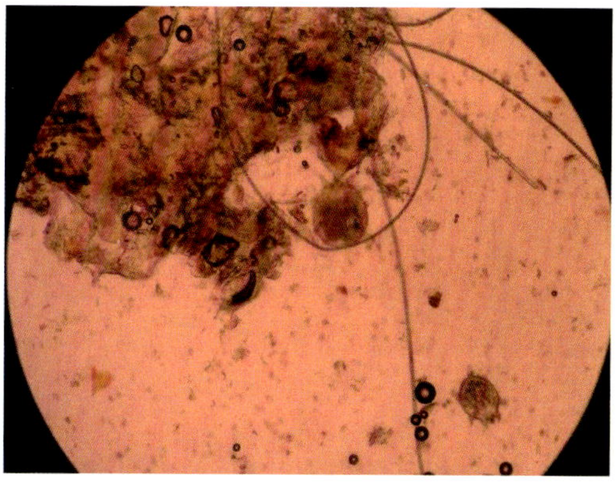

图 48-3
显微镜检查（400×），可见疥螨、疥螨卵

7. 诊断

根据上述分析结果，确诊为猫疥螨病继发细菌感染。由于临床症状和实验室检查结果高度吻合，暂不进行食物排除试验、过敏原检查。

8. 治疗及转归

使用塞拉菌素治疗，剂量为 15 mg，每 2 周 1 次，使用 4 周后复诊。患处已基本恢复正常外观。

9. 讨论

猫疥螨病是由猫背肛螨感染引起的一种体外寄生虫病，主要感染猫，也可感染狐狸、犬和兔，在人则是一过性感染。猫疥螨病通过直接接触传播，通常影响整窝幼年猫和成年猫。虫体上有很多条纹，类似于“拇指印”，其特点是肛门位于虫体背侧，由此得名背肛螨，其生活周期为 17～21 d，具有专一性，离开宿主后仅可在环境中存活数天。

患猫病灶有典型的分布区域，通常最先见于耳廓近端边缘处，可迅速蔓延至耳廓上部、面部、眼睑和颈部。因猫在清洁和睡眠时有弯曲的姿势，所以也可扩散到足部和会阴部。由于雌性螨虫在毛囊之间打洞，从而破坏角质细胞，导致细胞因子释放，尤其是 IL-1，可引起皮肤炎症，造成继发感染。若不采取治疗，病变会蔓延到身体大面积区域，引起淋巴结增大，并出现厌食、消瘦，甚至导致死亡。

临床上，猫疥螨病比较容易诊断。当猫出现上述临床症状时，医生通常会怀疑猫感染该寄生虫，但必须通过显微镜检查，看到疥螨成虫或虫卵才能确诊。皮肤浅层刮片是诊断的金标准。一项关于猫疥螨病诊断的研究中，对患猫疥螨病且具有临床症状的 50 只猫的病变严重区域进行采样，分别采用醋酸纤维胶带粘贴和皮肤浅层刮片两种方法采样，进行显微镜检查，并对两种采样方法的敏感性进行对比，结论是无论螨虫处于哪个发育阶段，使用这两种方法对诊断并没有显著影响。然而，有两只猫通过皮肤刮片未能检测到螨虫，使用醋酸纤维胶带法检测到螨虫，因此对于检出率低的动物，此法可能更为敏感。此外，胶带粘贴引起的创伤小，便于对更敏感的部位进行采样，例如眼睑、唇部和爪部等。

组织病理学研究显示，病变部位有不同程度的浅表脉管周炎或浅表间质性皮炎病变（增生或海绵状）。在浅表性表皮可能发现螨虫虫体片段。

由于很多杀虫药对猫具有毒性作用，

因此在用药治疗猫疥螨病时，需要谨慎选择。临床上可用塞拉菌素或莫西克丁－吡虫啉滴剂、伊维菌素或多拉菌素治疗，效果非常明显。如果没有以上药物，也可以用含硫黄成分的香波或肥皂，定期给患猫洗澡。除对症状明显的患猫进行治疗外，与其同窝或同屋饲养的猫，也要进行必要的治疗；应把患猫单独关在笼子内，防止其将螨虫带到其他地方。猫疥螨病在我国发病率并不高，但有一定的人兽共患风险，对于患猫活动过的地方，可用杀虫剂喷洒，但应注意防止猫舔舐等导致中毒。同时主人应注意个人卫生，尽量避免直接接触患猫，必要时应戴上手套。

◆ 参考文献

1.Bowman D D. Georgis' Parasitology for Veterinarians[M].11th ed. St. Louis, Missouri: Elsevier Health Sciences, 2020.

2.Leone F. Canine notoedric mange: a case report[J]. Veterinary dermatology, 2007, 18(2): 127-129.

3.Sampaio K O, de Oliveira L M B, Burmann P M, et al. Acetate tape impression test for diagnosis of notoedric mange in cats[J]. Journal of feline medicine and surgery, 2017, 19(6): 702-705.

CASE 49

案例49 猫皮肤癣菌病

1. 基本信息和病史

美国短毛猫，2 岁，雄性去势，体重 4.7 kg。常规免疫、驱虫。

近期发现猫耳部、尾部出现脱毛斑，患猫抓挠较频繁。症状持续约 1 周。动物主人自行使用皮特芬喷剂治疗，但未见明显改善，且症状进一步加剧。

2. 体格检查

患猫精神状态良好，BCS：4/9，体温 38.5℃。心率 150 次 /min，呼吸频率 30 次 /min。黏膜呈粉色，CRT < 2 s。心音、肺音听诊未见异常。耳部皮肤病变如图 49-1。

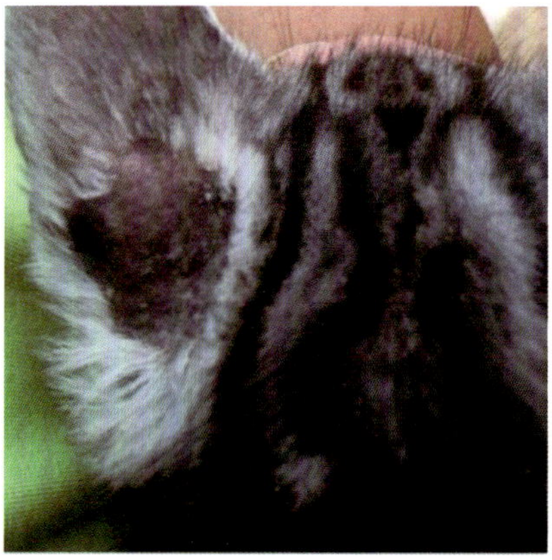

图 49-1

患猫耳部皮肤病变

3. 问题列表

耳部、尾部皮肤脱毛。

4. 鉴别诊断

食物过敏、真菌感染、精神性脱毛。

5. 初步诊断计划

皮肤显微镜检查。

6. 初步检查结果

皮肤镜检结果见图 49-2 和图 49-3。

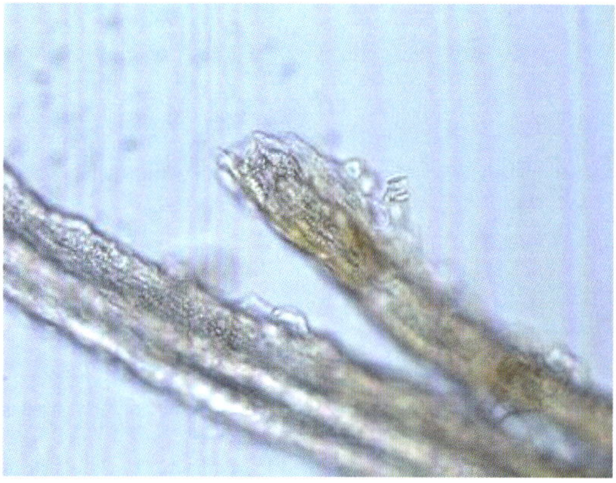

图 49-2

皮肤镜检结果（直接镜检，1000 ×）

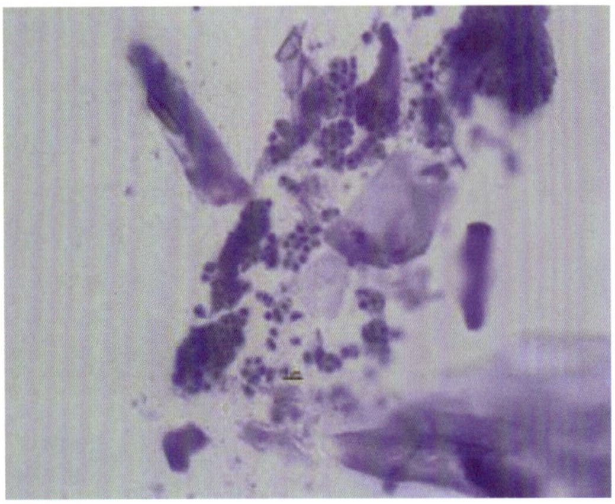

图 49-3

皮肤镜检结果（Diff-Quik 染色，100×）

7. 检查结果分析

可见患猫耳部（图 49-1）和尾部脱毛斑，拔取患处与健康皮肤交界处毛发，进行直接镜检和染色镜检，均可见大量小分生孢子（图 49-2、图 49-3），疑小孢子菌属真菌。因实验室检查看到病原，暂时不进行过敏检测和行为学检查。

8. 进一步诊断计划及结果分析

8.1 进一步诊断计划

为进一步确定患猫感染的真菌种类，遂进行真菌培养，在使用口服抗真菌药物前，需进行血常规和肝脏生化指标检查。

8.2 结果及分析

8.2.1 真菌培养结果

毛发真菌培养第 10 天，沙氏葡萄糖琼脂培养基（sabouraud dextrose agar，SDA）和皮肤癣菌试验培养基（dermatophyte test medium，DTM）上长出大量真菌菌落，可见 DTM 培养基颜色变化。菌落特征：菌落在 SDA 培养基上生长速度较慢，绒毛状，表面呈淡黄色，背面呈淡黄色（图 49-4）。显微镜下特征：菌丝透明、分隔。未见小分生孢子，可见呈梭形的大分生孢子（图 49-5），有 6 个以上分隔，通过菌落形态和镜下形态初步鉴定为犬小孢子菌。经基质辅助激光解吸电离飞行时间质谱仪鉴定，确定该真菌为犬小孢子菌。

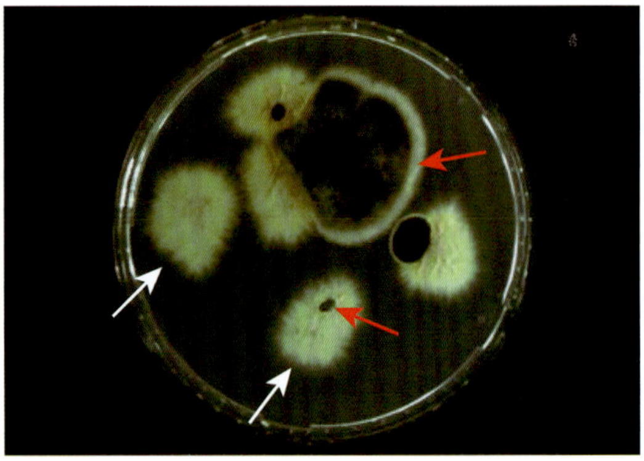

图 49-4

SDA 培养基生长的大量真菌菌落（白箭头）及杂菌（红箭头）

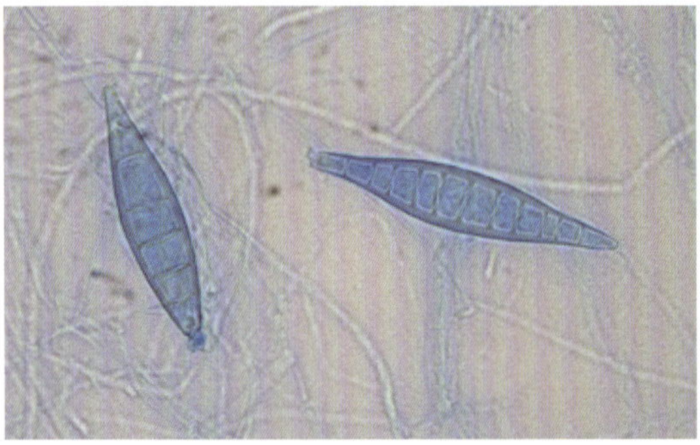

图 49-5

大分生孢子（乳酚棉蓝染色，100×）

8.2.2 血常规检查结果

如表 49-1 所示，红细胞象和白细胞象未见明显异常，血小板轻度下降，镜下可见血小板在血涂片片尾聚集成簇，因此血小板为假性降低。

8.2.3 血清生化检查结果

未见明显异常。

表 49-1　CBC 检查结果

检查项目	结果	参考范围
红细胞总数（RBC）	11.27×10^{12}/L	6.54×10^{12} ～ 12.20×10^{12}/L
红细胞比容（HCT）	42.4%	30.3% ～ 52.3%
血红蛋白（HGB）	13.7 g/dL	9.8 ～ 16.2 g/dL
平均红细胞体积（MCV）	37.6 fL	35.9 ～ 53.1 fL
平均红细胞血红蛋白浓度（MCHC）	32.3 g/dL	28.1 ～ 35.8 g/dL
网织红细胞（RETIC）	32.7×10^3/μL	3.0×10^3 ～ 50.0×10^3/μL
白细胞总数（WBC）	9.62×10^9/L	2.87×10^9 ～ 17.02×10^9/L
中性粒细胞（NEU）	5.27×10^9/L	2.30×10^9 ～ 10.29×10^9/L
血小板（PLT）	134×10^3/μL	151×10^3 ～ 600×10^3/μL
镜检	片尾可见血小板凝集成簇	

9. 最终诊断

结合病史及各检查结果，本病例被诊断为犬小孢子菌感染引起的皮肤癣菌病。

10. 治疗及转归

外用含咪康唑成分的药浴，每周 1 ～ 2 次；伊曲康唑软膏涂抹患处，每天 2 ～ 3 次；同时严格佩戴伊丽莎白圈，并进行环境消毒及净化。

2 周后复诊，患猫耳部病灶结痂，尾部患处稍有扩大。由于血常规和肝指标无异常，遂使用全身抗真菌药物盐酸特比萘酚，同时使用保肝加强锭。6 周后复诊，患猫皮肤病灶有所改善，但精神状态不佳，食欲下降，实验室检查显示肝指标中 ALP 轻度升高，皮肤检查仍可见小孢子菌，用药方案不变。8 周后和 10 周后分别来院复诊，可见患猫耳部皮肤有新生毛发生长，期间继续口服特比萘芬，隔周使用 7 d。在这两次复诊时均进行真菌培养，结果为阴性后，停止用药。后期回访，皮肤症状消失。

11. 讨论

皮肤癣菌病是小动物临床常见的皮肤病。该病是由小孢子菌属（*Microsporum*）、毛癣菌属（*Trichophyton*）或表皮癣菌属（*Epidermophyton*）真菌引起的动物角化组织（例如，爪、毛和角质层）的感染。幼年猫、免疫功能不全的猫或群居猫发病率较高。该病常见的感染部位是耳部和面部，随后可能发展到身体其他部位。病变部位通常表现为一个或多个不规则或环状脱毛区，通常是非对称性的，可能有鳞屑，不瘙痒或轻度瘙痒。该病例的病灶在耳部和尾部，是较为常见的感染部位。

临床实践中，皮肤癣菌病可通过伍德氏灯检查、皮肤检查、真菌培养、PCR 或活组织检查等方法进行诊断。伍德氏灯是一种紫外灯，在犬小孢子菌感染的毛干上可观察到典型的绿色荧光，其荧光来源于毛发感染后产生的代谢产物。该方法虽然易于操作，但其敏感性约为 50%，其原因可能与感染阶段有关。拔取毛发、采集皮层，并使用 KOH 透明后制作活片。或使用醋酸纤维胶带粘贴的 Diff-Quik 染色后的毛发样本，于光学显微镜下观察，寻找真菌元素。真菌培养用于诊断皮肤癣菌病的准确性最高（不是金标准），但由于受到采样技术的影响，也有可能出现假阴性结果，因此采样技术至关重要，一般通过拔毛和软毛牙刷刷毛的方法采样。可通过 PCR 鉴定感染真菌的种类。活组织检查很少用于小动物皮肤癣菌病的诊断，对于不常见的深层皮肤癣菌病的感染，可使用活组织检查和特殊染色进行诊断。综上，猫皮肤癣菌病应结合流行病学、病史、临床症状、皮肤检查和真菌培养等方法综合诊断。本病例使用了皮肤检查和真菌培养以进行确诊。

猫皮肤癣菌病具有表现形式多样、诊断难度大、治疗周期长、复发率高等特点，因此可采用局部和全身抗真菌治疗相结合的方法。外用咪康唑 / 洗必泰洗剂和伊曲康唑软膏进行治疗，也可使用伊曲康唑或特比萘芬进行全身性治疗，这两种药物治疗效果佳且副作用小，但用药过程中，需严格监测患病动物的肝指标，治疗期间可同时使用保肝加强锭。该病是人兽共患病，可通过直接接触或污染的环境进行传播，因此做好环境管理尤为重要。经常清洗患病动物使用的物品、铺料等，可有效防止环境污染。

◆ 参考文献

1.Hnilica K A, Patterson A P. Small Animal Dermatology: A Color Atlas and Therapeutic Guide[M].4th ed. St. Louis, Missouri: Elsevier Health Sciences, 2016.

2.Miller W H, Griffin C E, Campbell K L. Muller and Kirk's small animal dermatology[M].7th ed. St. Louis, Missouri: Elsevier Health Sciences, 2013.

3.Moriello K A, Coyner K, Paterson S, et al. Diagnosis and treatment of dermatophytosis in dogs and cats. Clinical Consensus Guidelines of the World Association for Veterinary Dermatology[J]. Veterinary dermatology, 2017, 28(3): 266-e68.

CASE 50

案例50 犬落叶天疱疮

1. 基本信息和病史

贵宾犬，约7个月，公犬。之前为流浪犬，捡回近一个月，免疫和驱虫史不详。

刚捡回时，犬全身结痂、瘙痒，耳缘、鼻头结痂严重，多次看诊，怀疑疥螨，但从未找到螨虫。在外院口服爱波克3周，刚开始有效，现在效果不佳；一直口服阿莫西林－克拉维酸钾、头孢氨苄和不饱和脂肪酸，并外用体外驱虫药和派奥洁香波治疗，现在皮肤结节增多，结痂增多，全身有臭味。主人怀疑过敏，要求测过敏原。

转院前检测血常规、生化检查未见明显异常。

2. 体格检查

心率132次/min，呼吸频率24次/min，体温38.5℃；全身弥散性小结节，表面大量结痂；双侧耳缘、鼻头、四只脚脚垫大量硬痂，脚垫和耳缘处可以挤出少量黄色脓汁。体表淋巴结触诊未见明显异常。患犬瘙痒，在诊室期间会自行啃咬皮肤结节。

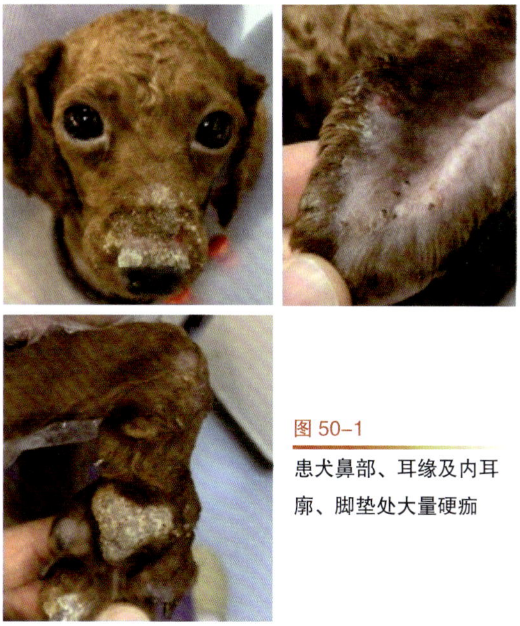

图 50-1
患犬鼻部、耳缘及内耳廓、脚垫处大量硬痂

3. 问题列表

耳缘/鼻头/脚垫结痂、瘙痒、皮肤异味。

4. 鉴别诊断

落叶天疱疮、过敏性皮肤病、浅表性毛囊炎、癣菌病、蠕形螨病、疥螨病、系统性红斑狼疮和红斑型天疱疮。

5. 初步诊断计划

伍德氏灯检查、皮肤检查、细胞学检

查、活组织检查。

6. 初步检查结果

伍德氏灯检查：阴性。

皮肤刮片（活片）：未见疥螨、蠕形螨、利士曼原虫等寄生虫。

细胞学检查：可见大量炎性细胞，以嗜中性粒细胞为主（> 90%），可见少量巨噬细胞、小淋巴细胞、浆细胞和嗜酸性粒细胞；偶见球菌，未见真菌小分生孢子及菌丝；可见棘层松懈细胞（图 50–2）。

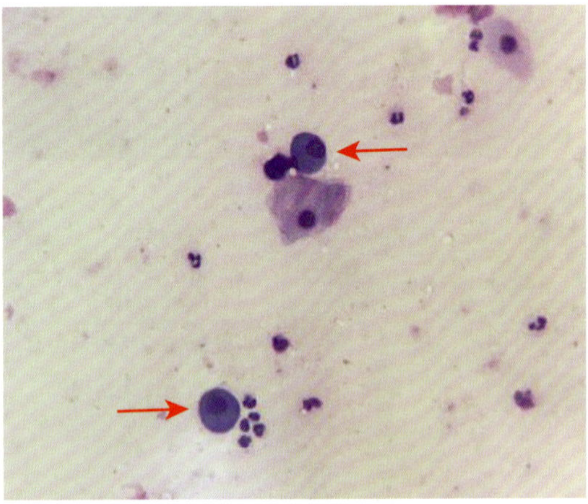

图 50–2

细胞学检查，图片中红箭头指向深染的棘层松懈细胞（瑞氏吉姆萨染色，1 000 ×）

7. 检查结果分析

皮肤检查未见疥螨、蠕形螨等体外寄生虫，结合症状及治疗反应，暂不支持寄生虫性皮肤病及癣菌感染，未进行微生物培养；细胞学检查未见癣菌元素，可见棘层松懈细胞，提示可能为落叶天疱疮，推荐进一步活组织检查。

使用皮肤活检器采集 3 处皮肤活组织，进行组织病理学检查，可见表皮层细胞之间存在大量脓疱，伴有棘层裂解脱落组织，真皮层内可见广泛性炎性细胞浸润，符合落叶天疱疮的组织病理学特征（图 50–3）。

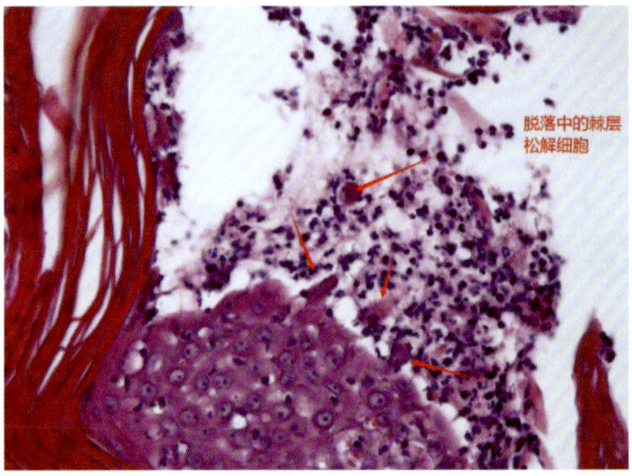

图 50–3

皮肤活组织检查（HE 染色，400 ×）

8. 诊断

结合病史、体格检查、细胞学检查和活组织检查结果，本病例被诊断为落叶天疱疮。

9. 治疗及转归

确诊后，对该病例进行免疫抑制治疗，首先使用泼尼松龙［2 mg/（kg · d），PO］，3 d 后患犬瘙痒明显减轻，7 d 后结痂明显减少。2 周后开始同时口服环孢素［5 mg/（kg · d），PO］，4 周后患犬鼻镜、耳缘和脚垫无明显结痂（图 50–4），但内耳廓、背部有散在新生小脓疱，细胞学检查仍可见棘层松懈细胞。对于新发病灶，增加烟酰胺及地塞米松软膏（外用）辅助治疗。半年后，患犬临床症状消失，一年后未复发。

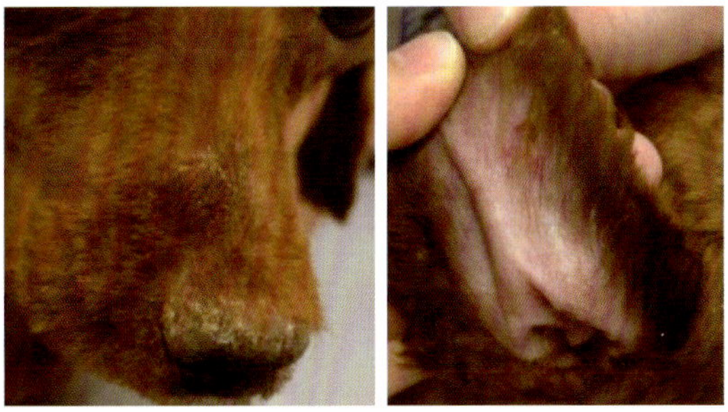
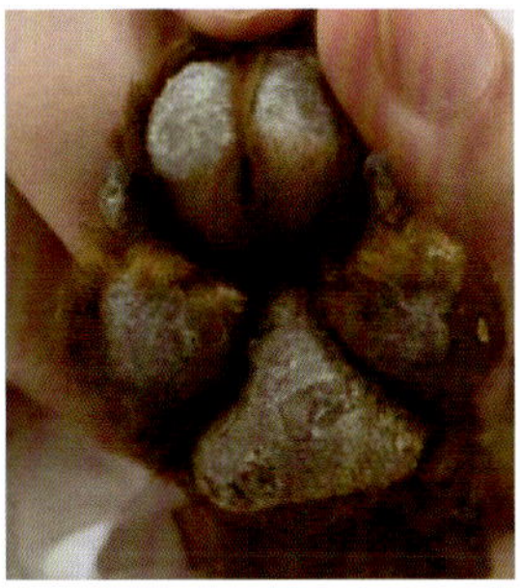

图 50–4
治疗 14 d 后。患犬鼻背侧、耳缘及脚垫处结痂均明显好转

10. 讨论

落叶天疱疮（pemphigus foliaceus）是一种免疫介导性疾病，是小动物中最复杂的天疱疮疾病，也是犬最常见的免疫介导性皮肤病。虽然犬落叶天疱疮于 1977 年就有相关报道，但至今相关报道主要为病例报告，回顾性研究则较为少见。

该病的病因不详，在人医中，遗传因素、免疫因素、激素水平等都是引起自发性落叶天疱疮的一些因素，在犬中相关研究非常少。一些散在报道显示，某些体外寄生虫药可诱发犬发病。本病例有流浪史，病因不详。

该病常见的临床表现包括脱毛、鳞屑、结痂、表皮环（环形皮屑）、脓疱等。一项调查显示，结痂是该病最常见的临床症状，约 87% 的动物有显著结痂症状。约 1/3 的动物有脓疱。落叶天疱疮可呈全身性，也可呈局灶性。局部病变最早出现于头部，尤其是鼻背侧，偶见仅足部病变的病例。罕见黏膜、黏膜结合处病变病例，据报道，9/91 的病例出现唇部病变。该病例在鼻背侧、耳缘、背部皮肤及脚垫处均有明显病变，属于全身性。

基于该病例的临床症状，鉴别诊断包括浅表性毛囊炎、癣菌病、蠕形螨病、系统性红斑狼疮和红斑型天疱疮。细胞学检查对该病有很强的诊断提示意义，尤其是检查到棘层松懈细胞（在化脓病灶处更易发现）时。一项病例回顾中发现，77% 的病例在细胞学检查中发现棘层松懈细胞。值得注意的是，棘层松懈细胞也可见于一些浅表性毛囊炎病例，尤其是伴有毛癣菌感染或细菌感染时，因此，不能将棘层松懈细胞当作诊断的金标准。组织病理学检查中，典型特征包括棘层细胞密度增加、出现棘细胞游离、脓疱体积变大等。可进行直接免疫荧光染色或免疫组织化学染色诊断，但敏感性不如 HE 染色直接评估。该病例经一个月治疗，已排除部分鉴别诊断，经细胞学检查和组织学检查，最终诊断为落叶天疱疮。

免疫抑制是该病的推荐治疗方法，常用的药物包括糖皮质激素（泼尼松或泼尼松龙）、硫唑嘌呤、环孢素、苯丁酸氮芥、麦考酚酸酯等。初次治疗首推泼尼松龙［2 ～ 5 mg/（kg · d），PO］，据报道，仅用糖皮质激素治疗的病例，成功率不足 50%，最初 10 d 反映良好。也有报道显示，泼尼松龙治疗前两周效果良好，后期仍需用药维持、控制症状，但快速起效也是良性预后因素。硫唑嘌呤常用于该病的治疗，多和泼尼松龙联合应用，临床缓解率较高（50% 以上病例可获得临床缓解，另外 25% 左右病例可达到临床改善）；环孢素是一种常用于治疗皮肤疾病的免疫抑制剂，有些病例报告显示，环孢素（5 mg/kg）在犬落叶天疱疮治疗中效果不佳，但也可见一些病例效果显著，因此，可将其作为一种备选药物。最近一篇报道显示，3 只患犬使用糖皮质激素、硫唑嘌呤和环孢素控制，未达到临床缓解，新增多硫酸化糖胺聚糖（polysulfated glycosaminoglycan）之后，达到临床缓解，可将其作为辅助治疗药物。该病也可使用烟酰胺，调节免疫。本病例于初诊后先使用泼尼松龙［2 mg/(kg · d)，PO］治疗，临床反应良好，治疗前 3 天，所有病灶均进行性消退；治疗 2 周左右，开始出现散在的新病灶，开始新增环孢素治疗，两者联合治疗，仍然可见零星新病灶，故增加地塞米松软膏（外用）及烟酰胺（100 mg/ 次，TID，PO），半年后症状完全消失，一年后未复发。

◆ 参考文献

1. Bizikova P, Linder K E, Olivry T. Fipronil-amitraz-S-methoprene-triggered pemphigus foliaceus in 21 dogs: clinical, histological and immunological characteristics[J]. Veterinary Dermatology, 2014, 25(2): 103-e30.
2. Melchionda V, Harman K E. Pemphigus vulgaris and pemphigus foliaceus: an overview of the clinical presentation, investigations and management[J]. Clinical and experimental dermatology, 2019, 44(7): 740-746.
3. Mueller R S, Krebs I, Power H T, et al. Pemphigus foliaceus in 91 dogs[J]. Journal of the American Animal Hospital Association, 2006, 42(3): 189-196.
4. Oberkirchner U, Linder K E, Dunston S, et al. Metaflumizone-amitraz (Promeris)-associated pustular acantholytic dermatitis in 22 dogs: evidence suggests contact drug-triggered pemphigus foliaceus[J]. Veterinary Dermatology, 2011, 22(5): 436-448.
5. Olivry T, Rivierre C, Murphy K M. Efficacy of cyclosporine for treatment induction of canine pemphigus foliaceus[J]. The Veterinary Record, 2003, 152(2): 53.
6. Simpson A, Rosychuck R, Schissler J, et al. Polysulfated Glycosaminoglycan as a Novel, Adjunctive Therapy for Pemphigus Foliaceus in Three Dogs[J]. Journal of the American Animal Hospital Association, 2019, 55(6): 318-322.

CASE 51

案例51 犬前房积血

1. 基本信息和病史

迷你贵宾犬，雄性未去势，2岁，3.46 kg。平时室内独养，常规驱虫和免疫，无外出旅行史。

6 d前被犬咬伤右眼，致右眼周软组织肿胀、球结膜潮红；外院使用头孢噻呋、托芬那酸、庆大霉素滴眼液6 d后，眼周肿胀消退，但球结膜仍潮红，并伴有羞明、抓挠；就诊前发现眼球发红。

2. 体格检查

患犬焦虑不安。右眼羞明、眼睑痉挛，球结膜充血、角膜水肿、前房积血。全身皮肤、黏膜未见淤血。心音及肺音听诊未见明显异常。

3. 问题列表

前房积血、结膜充血、羞明。

4. 鉴别诊断

葡萄膜炎（伴前房积血）、视网膜脱离（外伤、高血压）、凝血异常、眼部肿瘤。

5. 初步诊断计划

诊断项目：眼科检查、CBC、凝血检查、血压测量、眼部超声扫查。

6. 初步检查结果

眼科检查：右眼惊吓反应（–），前房内大量积血；眼内压（IOP）=13 mmHg（左眼IOP = 18 mmHg）；泪液量测试（STT）= 8 mm/60 s；角膜荧光素染色（+）；未能观察到瞳孔，眼内检查受限。

CBC检查结果见表51–1，凝血检查结果见表51–2。

表51–1　CBC检查结果

项目	结果	参考范围
红细胞总数（RBC）	7.28×10^{12}/L	6.54×10^{12} ～ 12.20×10^{12}/L
红细胞比容（HCT）	51.7%	30.3% ～ 52.3%
血红蛋白浓度（HGB）	188 g/dL	9.8 ～ 16.2 g/dL

续表 51-1

项目	结果	参考范围
网织红细胞（RETIC）	$53.9\times10^3/\mu L$	$3.0\times10^3\sim50.0\times10^3/\mu L$
平均红细胞体积（MCV）	71.0 fL	35.9 ～ 53.1 fL
平均红细胞血红蛋白浓度（MCHC）	364 g/dL	28.1 ～ 35.8 g/dL
红细胞分布宽度（RDW）	14.3%	15.0% ～ 27.0%
白细胞总数（WBC）	$9.72\times10^9/L$	$2.87\times10^9\sim17.02\times10^9/L$
分叶中性粒细胞（SEG）	$6.52\times10^9/L$	$2.30\times10^9\sim10.29\times10^9/L$
杆状中性粒细胞（BAND）	0	/
淋巴细胞（LYM）	$1.87\times10^9/L$	$0.92\times10^9\sim6.88\times10^9/L$
单核细胞（MONO）	$0.47\times10^9/L$	$0.05\times10^9\sim0.67\times10^9/L$
嗜酸性粒细胞（EOS）	$0.85\times10^9/L$	$0.17\times10^9\sim1.57\times10^9/L$
嗜碱性粒细胞（BASO）	0.01×10^9	$0.01\times10^9\sim0.26\times10^9/L$
血小板（PLT）	$246\times10^3/\mu L$	$148\times10^3\sim484\times10^3/\mu L$

表 51-2 凝血检查结果

检查项目	结果	参考范围
凝血酶原时间（PT）	12 s	9 ～ 14 s
活化部分凝血活酶时间（aPTT）	85 s	66 ～ 120 s

多普勒血压检查：SBP=130 ～ 140 mmHg。

超声检查图见图 51-1 和图 51-2。

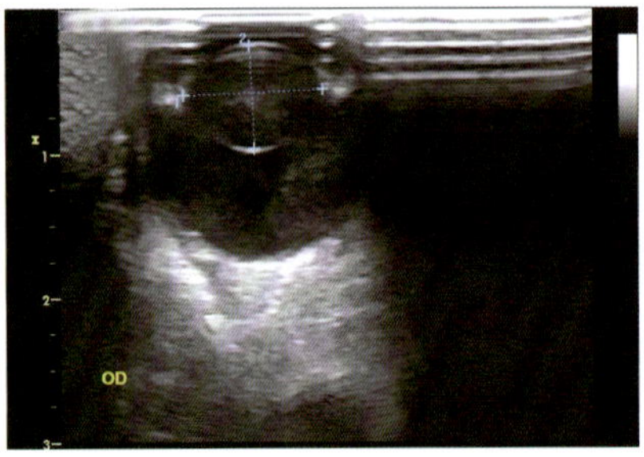

图 51-1

右眼超声图

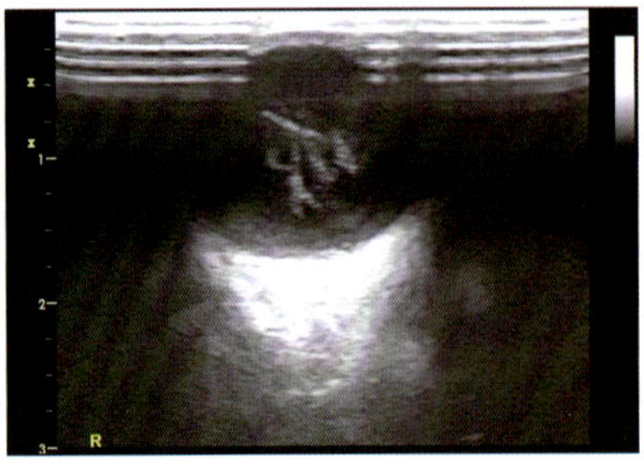

图 51-2

右眼超声图（玻璃体内产回声条索样内容物）

7. 初步检查结果分析

7.1 眼科检查

泪液量低和角膜受损（荧光素染色阳性）可能与眼周肿胀造成睑闭合受限或疼痛自损相关。眼内压数值正常（10 ～ 25 mmHg），但对于前房积血的动物来说，通常 IOP 降低，所以怀疑本病例可能存在继发性眼内压升高（青光眼倾向）。前房内积血提示葡萄膜炎。

7.2 眼部超声扫查

右眼晶状体轮廓平滑，呈均质无回声，晶状体大小约 1.01 cm × 0.71 cm；玻璃体回声混杂，可见产回声条索样内容物；眼底轮廓平滑，球后可见异常回声。

超声提示：右眼玻璃体形态可能为退行性病变 / 炎症 / 出血；晶状体、视网膜及球后形态未见明显异常。

7.3 其他检查

未见明显异常，排除因视网膜脱离（外伤、高血压）、凝血异常、眼部肿瘤等导致的前房积血。

8. 诊断

葡萄膜炎伴前房积血，存在泪液分泌减少和浅表性角膜溃疡，有继发青光眼的风险。

9. 治疗及转归

治疗：①洗眼液（苯扎溴铵等），冲洗右眼眼表，6 次 /d；②人工泪液（右旋糖酐羟丙甲纤维素），右眼点眼，6 次 /d；③抗生素眼膏（泰乐菌素、更昔洛韦），右眼点眼，3 次 /d；④噻吗洛尔滴眼液，右眼点眼，3 次 /d；⑤布林佐胺滴眼液，右眼点眼，3 次 /d；⑥泼尼松片，0.72 mg/kg，PO，1 次 /d，连用 6 d。

转归：该病例在创伤后几日出现前房积血，怀疑是由于外伤导致的重度葡萄膜炎而引起前房积血。由于长期监测眼内压较稳定，未继发青光眼，因此预后良好。

10. 讨论

前房积血，指血液存在于眼前房内，通常发生于视网膜或葡萄膜血管的损伤或出血。除了眼部本身的问题，前房积血常常是全身性疾病的局部表现，只要是扰乱血眼屏障的疾病就有可能造成前房积血。

前房积血的病因包括先天性异常、创伤、肿瘤、视网膜脱离、重度葡萄膜炎、出血或凝血异常及系统性疾病（如全身性高血压、广泛性血管炎）等。

由于前房积血的病因多样且复杂，对该病具体病因的诊断也需要全面而详细，包括详细的病史调查、全面的体格检查、血压测定、眼科全项检查以及必要的实验室检查（包括 CBC、生化检查、尿液检查、凝血等）和影像学检查（尤其是眼部超声）。如有必要可进行 CT 和 MRI 等高级影像学检查。

治疗前房积血的原则是针对潜在病因和现有症状综合治疗。如果存在体况不稳定的紧急状态，首先要解决这些潜在的致命性损伤或疾病。如果动物体况稳定，针对前房积血的眼部状况，最重要的治疗原则是控制葡萄膜炎及其并发症，以及防止出血复发。

经验性治疗包括立即开始使用局部类固醇和散瞳剂。局部类固醇可防止出血复发，重新建立血眼屏障，其中最有效的是 0.1% 地塞米松磷酸钠和 1% 醋酸泼尼松龙。但使用前必须确定角膜完整性，角膜溃疡时禁用局部类固醇，因为其会延迟角膜愈合。当前房积血和角膜损伤同时存在时，临床医生应权衡抗炎治疗与角膜损伤严重度来选择用药。全身性类固醇比如泼尼松也可以防止出血复发。尽管非甾体抗炎药（NSAIDs）常用于治疗葡萄膜炎，但治疗前房积血时通常避免使用，因为会影响血小板功能，可能造成更多出血。

局部抗副交感神经药（如 1% 阿托品）可用于防止虹膜粘连和虹膜膨隆，缓解睫状体痉挛。前房积血治疗期间必须密切监测 IOP。如果发现 IOP 正常或升高，应停止使用阿托品，并立即开始抗青光眼治疗。青光眼的治疗可使用碳酸酐酶抑制剂、β 阻断剂及缩瞳剂，来减少房水产生和促进排水排出，但需注意，缩瞳剂可能增加粘连风险。

组织纤溶酶原激活物（t–PA）是一种纤维蛋白溶解酶，具有抑制纤维蛋白渗出的作用。如果血液或纤维蛋白凝集，可在前房内注射 t–PA。

前房积血的预后很大程度上取决于潜在病因以及眼内结构损伤程度。一般而言，视网膜疾病的动物预后谨慎，甚至预后不良。肿瘤疾病时要考虑摘除眼球。少量出血的非复杂性前房积血，可能 1 周内症状消失；但如果持续时间长或复发，应进行进一步诊断。慢性前房积血常伴继发性青光眼等并发症，视力预后不良。前房积血量很少且 IOP 没有显著升高的动物，当积血解决后，应详细评估眼内结构及预后，这类动物视力预后一般较好。

◆ 参考文献

1. 徐如君，王梦珠，吴能定，等 . t-PA 抑制白内障术后眼内纤维膜形成的实验研究 [J]. 中国实用眼科杂志，2001, 19(6): 411-413.
2. Esson D W. Clinical atlas of canine and feline ophthalmic disease[M]. Iowa: John Wiley & Sons, 2015.
3. Gelatt K N, Gilger B C, Kern T J. Veterinary ophthalmology[M].6th ed. New Jersey: John Wiley & Sons, 2021.
4. Maggs D, Miller P, Ofri R. Slatter's Fundamentals of Veterinary Ophthal-mology[M].6th ed. St. Louis, Missouri: Elsevier Health Sciences, 2017.
5. Telle M R, Betbeze C. Hyphema: considerations in the small animal patient[J]. Topics in Companion Animal Medicine, 2015, 30(3): 97-106.

CASE 52

案例52 猫坏死性角膜炎

1. 基本信息和病史

暹罗猫，13 岁，雌性已绝育。平时单独饲养于室内，日常主要饲喂干粮，偶尔喂食罐头，近 3 个月无换粮史。定期免疫和驱虫，近期无旅行史，无既往病史。

3 个月前发现猫左眼角膜中央有针尖样黑色斑块，面积逐渐增大，近期左眼羞明，且分泌物增多（图 52–1 和图 52–2）。

2. 体格检查

患猫精神沉郁，BCS：5/9，体温 38.5℃。心率 190 次 /min，呼吸频率 22 次 /min。黏膜颜色粉，CRT 约 2 s，脱水程度为 6% ～ 8%。心音及肺音听诊未见异常。

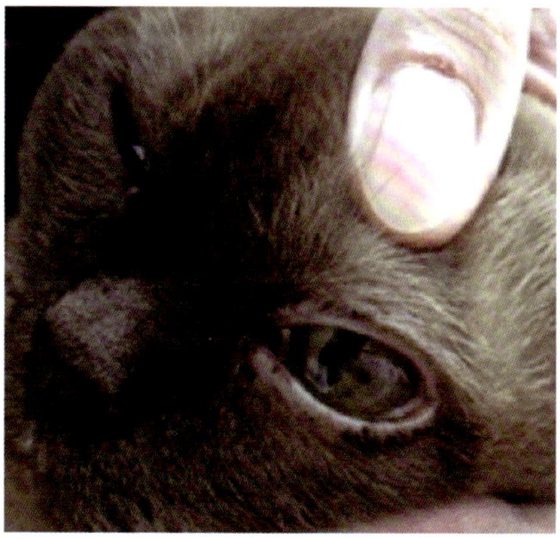

图 52–1

患猫左眼术前可见眼周分泌物

3. 问题列表

角膜中央黑色斑块、脱水。

4. 鉴别诊断

坏死性角膜炎、角膜异物、角膜肿瘤。

5. 初步诊断计划

眼科检查，包括惊吓反应、眼睑反射、STT 检查、测量眼压、裂隙灯检查荧光素染色等。

6. 初步检查检查结果

眼科检查结果：双眼惊吓反应、眼睑反射、直接和间接瞳孔对光反射均为

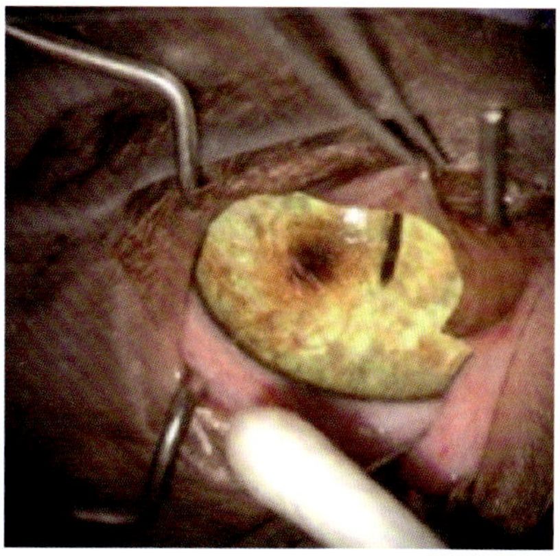

图 52–2

术前对左眼进行角膜清创，可见大面积浅层溃疡

阳性。左眼泪液测试STT为12 mm/min，Tonovet测眼压为22 mmHg，荧光素染色呈阳性，位于坏死角膜外周，直径约7 mm。临床检查可见轻度结膜充血和少量眼分泌物。

7. 初步诊断

初步诊断为猫左眼坏死性角膜炎、结膜炎、角膜溃疡。建议手术切除坏死角膜，进行术前检查。

8. 进一步诊断计划及结果分析

8.1 进一步诊断计划

计划诊断项目：CBC、生化检查、心电图、血压。

8.2 结果及分析

CBC检查结果见表52-1，生化检查结果见表52-2。

表 52-1 CBC 检查结果

项目	结果	参考范围（猫）
红细胞总数（RBC）	8.10×10^{12}/L	6.54×10^{12} ～ 12.20×10^{12}/L
红细胞比容（HCT）	37.6%	30.3% ～ 52.3%
血红蛋白浓度（HGB）	11.8 g/dL	9.8 ～ 16.2 g/dL
网织红细胞（RETIC）	17.0×10^3/μL	3.0×10^3 ～ 50.0×10^3/μL
平均红细胞体积（MCV）	46.4 fL	35.9 ～ 53.1 fL
平均红细胞血红蛋白浓度（MCHC）	31.4 g/dL	28.1 ～ 35.8 g/dL
红细胞分布宽度（RDW）	22.4%	15.0% ～ 27.0%
白细胞总数（WBC）	7.55×10^9/L	2.87×10^9 ～ 17.02×10^9/L
分叶中性粒细胞（SEG）	4.53×10^9/L	2.30×10^9 ～ 10.29×10^9/L
杆状中性粒细胞（BAND）	0	/
淋巴细胞（LYM）	2.13×10^9/L	0.92×10^9 ～ 6.88×10^9/L
单核细胞（MONO）	0.18×10^9/L	0.05×10^9 ～ 0.67×10^9/L
嗜酸性粒细胞（EOS）	0.41×10^9/L	0.17×10^9 ～ 1.57×10^9/L
嗜碱性粒细胞（BASO）	–	0.01×10^9 ～ 0.26×10^9/L
血小板（PLT）	245×10^3/μL	148×10^3 ～ 484×10^3/μL

表 52-2 生化检查结果

项目	结果	参考范围（猫）
总胆红素（TBIL）	0.3 mg/dL	0 ～ 0.8 mg/dL
总蛋白（TP）	8.5 g/dL	6.6 ～ 8.4 g/dL
白蛋白（ALB）	4.1 g/dL	3.2 ～ 4.3 g/dL
球蛋白（GLOB）	4.4 g/dL	2.5 ～ 4.7 g/dL
白球比（A/G）	0.9	0.8 ～ 1.5
葡萄糖（GLU）	188 mg/dL	71 ～ 182 mg/dL
丙氨酸氨基转移酶（ALT）	87 U/L	28 ～ 109 U/L
天门冬氨酸氨基转移酶（AST）	40 U/L	10 ～ 48 U/L
碱性磷酸酶（ALP）	21 U/L	11 ～ 49 U/L

续表 52-2

项目	结果	参考范围（猫）
γ- 谷氨酰转肽酶（GGT）	2 U/L	0 ～ 4 U/L
胆汁酸（TBA）	7 μmol/L	0 ～ 10 μmol/L
尿素（UREA）	79 mg/dL	36 ～ 75 mg/dL
肌酐（CREA）	2.9 mg/dL	0.8 ～ 2.1 mg/dL
磷（P）	3.3 mg/dL	2.6 ～ 5.5 mg/dL
钙（Ca）	6.8 mg/dL	9.0 ～ 12 mg/dL
总胆固醇（CHOL）	335 mg/dL	101 ～ 323 mg/dL
甘油三酯（TG）	156 mg/dL	30 ～ 106 mg/dL
肌酸激酶（CK）	147 U/L	0 ～ 186 U/L
钾（K）	4.2 mmol/L	3.8 ～ 5.5 mmol/L
钠（Na）	139.7 mmol/L	149 ～ 158 mmol/L
氯（Cl）	105.1 mmol/L	111 ～ 124 mmol/L

心电图：正常窦性节律，心率 190 次 / min。

血压：左前肢多普勒收缩压为 130 mmHg。

8.2.1　CBC 结果

未见明显异常。

8.2.2　生化检查结果

轻度高胆固醇血症及高甘油三酯血症：因血检前未禁食且肝胆指标和胰腺指标均未见异常，因此考虑与餐后相关。

氮质血症：可能为肾前性、肾性或肾后性。结合体检结果及总蛋白轻度升高，氮质血症可能与脱水（肾前性）相关，但应做泌尿道超声检查及尿液检查进一步排查肾性或肾后性问题。

低钠血症：低钠血症通常与低渗透性或低血容量有关，猫低钠血症最常见于泌尿道疾病、胃肠道液体丢失和第三间隙液体丢失，该病例需进一步检查以确定原因。

9. 治疗

对患猫进行了手术治疗，即角膜板层切除术，配合结膜瓣遮盖术（图 52-3 和图 52-4）。通过切除坏死角膜，明显缓解动物的疼痛，防止角膜坏死向深层角膜发展，达到尽早恢复的目的，该病例预后良好。手术过程如下：板层刀切除坏死角膜，无菌棉签清除疏松角膜上皮。于角膜板层切除处进行带蒂结膜瓣遮盖，在背侧球结膜靠近角巩膜缘剪开游离出长约 0.8 cm、宽约 0.3 cm 的结膜瓣，结膜瓣蒂部位于 12 点方向。旋转结膜瓣无张力覆盖于角膜创口，8/0 微乔结节缝合角膜结膜，于结膜瓣蒂部结节缝合一针固定（图 52-5 和图 52-6）。

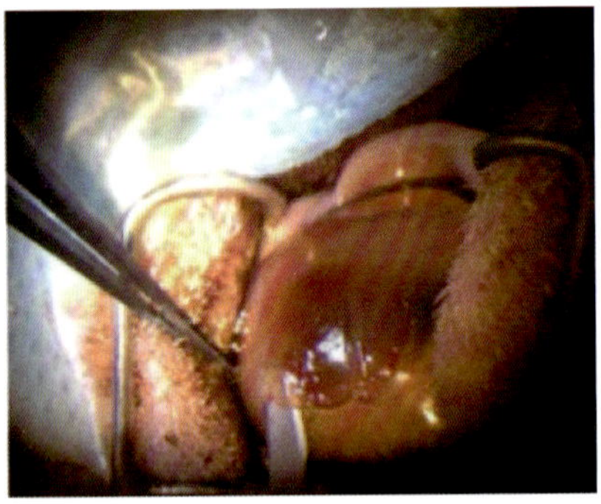

图 52-3

对坏死角膜部位进行角膜板层切除术

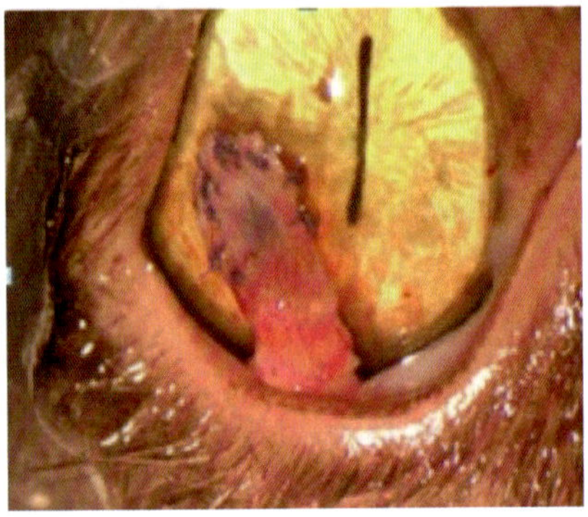

图 52-4

切除坏死角膜后，进行结膜瓣遮盖术

10. 转归

术后第四周复查角膜愈合良好（图 52-5），患猫眼部无不适感，术后第七周进行结膜瓣断蒂，并配合使用环孢素 A 眼药膏两周，患猫恢复良好。

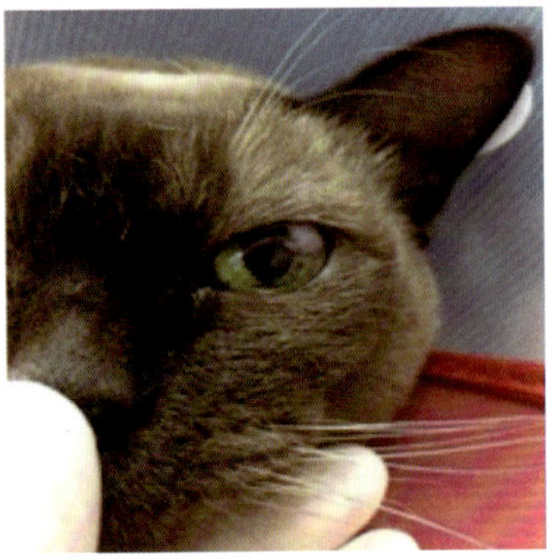

图 52-5

术后第四周复查左眼结膜瓣恢复良好

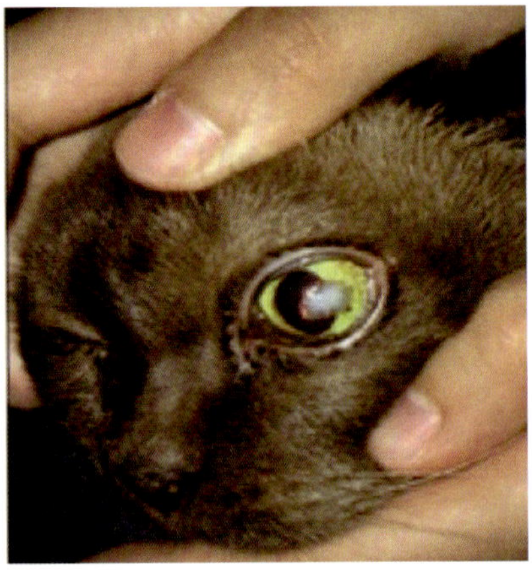

图 52-6

术后第七周进行结膜瓣断蒂术

11. 讨论

猫坏死性角膜炎又称为猫角膜腐骨、角膜木乃伊化，常见于波斯猫、缅甸猫、喜马拉雅猫和暹罗猫。通常是单侧发病，高发品种猫除外，特征性临床表现为角膜坏死，呈大小不等的圆形或椭圆形病变，出现在角膜中央或靠近中央的区域，病变区域颜色不同，从弥散性淡淡的琥珀色或浅棕色，至深棕色或黑色不等。患猫的临床症状通常表现为眼部不适、眼分泌物增多、角膜溃疡、新生血管等。角膜坏死可能发展缓慢，或长时间不发展，也可能数天或数周快速发病。角膜坏死的深度可能由浅表、深层至角膜穿孔程度不等。而角膜坏死的病因、机理尚不完全清楚，也有假设多种病因可能会造成角膜坏死，包括角膜溃疡、眼睑内翻、内眦倒睫以及泪膜异常，此外也包括格状切开造成的医源性创伤。除了以上这些，也有人提出结膜炎、细菌感染、猫疱疹病毒感染、代谢性疾病以及遗传相关性疾病会造成角膜坏死。近几年研究发现，猫疱疹病毒感染与猫坏死性角膜炎没有明显相关性。

治疗方案主要根据病变的程度以及患病动物的眼部不适感决定。如果患猫没有明显眼部不适感，病变仅涉及浅表角膜，且有自行脱落、愈合的趋势，此时可以选择保守治疗。保守治疗用药包括泪液替代剂、佩戴角膜保护镜，并且定期复查。曾有报道局部使用透明质酸钠或卡波姆 940 凝胶（每日 4 次），可以明显改善临床症状。

如果患猫存在眼部不适感，且病变部位偏深，建议尽早选择手术治疗。角膜切除术可以显著改善不适感，而且也能预防角膜病变继续加深。进行角膜切除术后，根据患病深度及面积，决定后续治疗方案，目前后续治疗方案包括佩戴角膜接触镜、第三眼睑遮盖、结膜瓣、角膜结膜瓣、生物胶覆盖等。

保守治疗猫坏死性角膜炎，通常需要数月至数年，坏死角膜才会自行脱落愈合，期间存在持续的眼部不适感，角膜脱落后会形成角膜溃疡或角膜穿孔，预后谨慎。如果病情发展缓慢，通常建议三个月复查。曾有研究针对保守治疗进行统计，给患猫佩戴伊丽莎白圈，使用广谱抗生素眼膏、人工泪液、乙酰半胱氨酸滴眼液，口服补充牛磺酸，治疗持续 2 个月，59.1% 的病例开始恢复。考虑到猫角膜坏死保守治疗的周期长且有加重的风险，建议尽早手术治疗。

◆ 参考文献

1.Andrew S E, Tou S, Brooks D E. Corneoconjunctival transposition for the treatment of feline corneal sequestra: a retrospective study of 17 cases (1990–1998)[J]. Veterinary Ophthalmology, 2001, 4(2): 107-111.

2.Cullen C L, Wadowska D W, Singh A, et al. Ultrastructural findings in feline corneal sequestra[J]. Veterinary ophthalmology, 2005, 8(5): 295-303.

3.Dalla F, Pisoni L, Masetti L. Feline corneal sequestration: A review of medical treatment in 37 cases[J]. Veterinary research communications, 2007, 31: 285.

4.Dubin A J, Pizzirani S, Beamer G L. Corneal sequestrum in a dog with chronic unilateral keratoconjunctivitis sicca[J]. Journal of the American Veterinary Medical Association, 2013, 243(12): 1751-1755.

5.Grahn B H, Sandmeyer L S, Bauer B. Diagnostic Ophthalmology Ophtalmologie diagnostique[J]. CANADIAN VETERINARY JOURNAL-REVUE VETERINAIRE CANADIENNE, 2009, 50(9): 989-990.

6.Laguna F, Leiva M, Costa D, et al. Corneal grafting for the treatment of feline corneal sequestrum: a retrospective study of 18 eyes (13 cats)[J]. Veterinary ophthalmology, 2015, 18(4): 291-296.

CASE 53

案例53 犬白内障

1. 基本信息和病史

柴犬，2 岁，雄性。平时单独饲养于室内，日常主要饲喂干粮及罐头，定期免疫驱虫。3 月前双眼葡萄膜炎病史，遵循医嘱使用氟米龙滴眼液和抗生素眼膏进行治疗。治疗后双眼瞳孔已由针尖样大小变为正常，双眼未见明显不适感。

近 1 周动物视力下降，出现走路撞物的症状。

2. 体格检查

患犬精神状态良好，BCS：4/9，皮温 38.0℃，心率 80 次 /min，呼吸 24 次 /min。黏膜颜色粉，CRT ＜ 2 s，水合状态良好。未见明显眼分泌物，双眼晶状体偏白。

3. 问题列表

双眼发白、视力下降。

4. 鉴别诊断

白内障、视网膜脱落、角膜水肿。

5. 初步诊断计划

诊断项目：眼科检查、眼部超声检查。

6. 初步检查结果

眼科检查结果见表 53-1。

表 53-1 眼科检查

检查项目	右眼（OD）	左眼（OS）
STT 泪液测试	OD：13 mm/60s	OS：12 mm/60s
眼压（Tono VET）	OD：16 mmHg	OS：18 mmHg
瞳孔直接对光反射	OD：+	OS：+
瞳孔间接对光反射	OD：+	OS：+
惊吓反应	OD：+/–	OS：+/–
房水闪辉	OD：–	OS：–
角膜荧光素染色	OD：–	OS：–
鼻泪管通畅性	OD：+	OS：+

超声扫查结果见图 53-1、图 53-2。

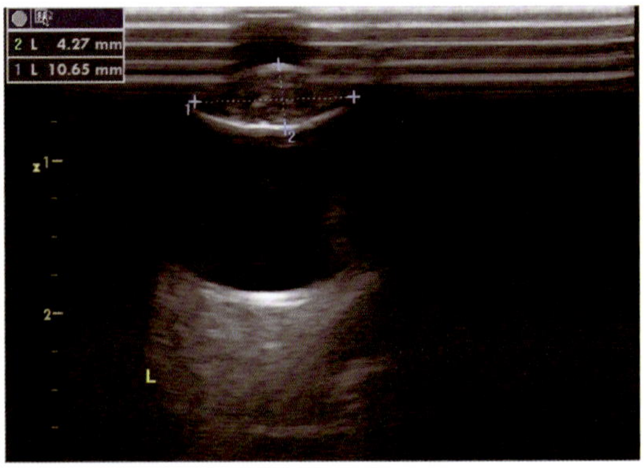

图 53-1

左眼眼部超声扫查

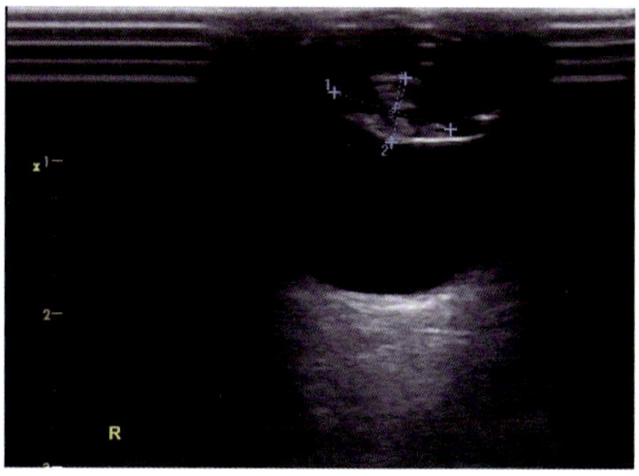

图 53-2
右眼眼部超声扫查

7. 初步检查结果分析

7.1 眼科检查结果

双眼眼压和 STT 泪液测试均在正常范围内，双眼直接及间接对光反射正常，惊吓反应较弱，说明动物双眼视力受到损伤。双眼房水闪辉阴性，说明葡萄膜炎已得到较好控制，双眼荧光素染色阴性，提示角膜完整。结果提示双眼未成熟期白内障。

7.2 超声检查结果

双眼晶状体皮质回声增强，晶体位置未见明显变化，左眼晶体后囊不平滑。双眼玻璃体内可见少量产回声光点悬浮，眼底轮廓平滑。

超声提示：双眼皮质型白内障，玻璃体浑浊考虑与炎症相关。

8. 进一步诊断计划及结果分析

结合病史及各项检查结果，本病例诊断为双眼未成熟期白内障，考虑进行手术治疗。此外，应根据手术类型和患犬体况进行相应的术前检查以评估麻醉风险。

8.1 进一步诊断计划

CBC、生化检查、凝血检查、心电图检查、血压检查、视网膜电图检查（ERG）。检查结果见表 53-2 至表 53-5。

表 53-2　CBC 检查结果

项目	结果	参考范围
红细胞总数（RBC）	8.40×10^{12}/L	$5.65 \times 10^{12} \sim 8.87 \times 10^{12}$/L
红细胞比容（HCT）	46.8%	37.3% ～ 61.7%
血红蛋白（HGB）	16.7 g/dL	13.1 ～ 20.5 g/dL
网织红细胞（RETIC）	14.3×10^{3}/μL	$10.0 \times 10^{3} \sim 110.0 \times 10^{3}$/μL
平均红细胞体积（MCV）	55.7 fL	61.6 ～ 73.5 fL
平均红细胞血红蛋白浓度（MCHC）	19.9 g/dL	21.2 ～ 25.9 g/dL
红细胞分布宽度（RDW）	20.6%	13.6% ～ 21.7%
白细胞总数（WBC）	11.29×10^{9}/L	$5.05 \times 10^{9} \sim 16.76 \times 10^{9}$/L
分叶中性粒细胞（SEG）	6.80×10^{9}/L	$2.95 \times 10^{9} \sim 11.64 \times 10^{9}$/L
淋巴细胞（LYM）	2.96×10^{9}/L	$1.05 \times 10^{9} \sim 5.10 \times 10^{9}$/L
单核细胞（MONO）	0.96×10^{9}/L	$0.16 \times 10^{9} \sim 1.12 \times 10^{9}$/L
嗜酸性粒细胞（EOS）	0.55×10^{9}/L	$0.06 \times 10^{9} \sim 1.23 \times 10^{9}$/L
嗜碱性粒细胞（BASO）	0.02×10^{9}/L	$0.00 \sim 0.10 \times 10^{9}$/L
血小板（PLT）	193×10^{3}/μL	$148 \times 10^{3} \sim 484 \times 10^{3}$/μL

表 53-3 血清生化检查结果

项目	结果	参考范围
总胆红素（TBIL）	6 μmol/L	0.5 ～ 8.55 μmol/L
总蛋白（TP）	61 g/L	50 ～ 72 g/L
白蛋白（ALB）	34 g/L	26 ～ 40 g/L
球蛋白（GLOB）	27 g/L	16 ～ 37 g/L
葡萄糖（GLU）	6.8 mmol/L	3.5 ～ 6 mmol/L
丙氨酸氨基转移酶（ALT）	26.9 U/L	10 ～ 100 U/L
天门冬氨酸氨基转移酶（AST）	30.5 U/L	10 ～ 66 U/L
碱性磷酸酶（ALP）	88.3 U/L	20 ～ 200 U/L
γ- 谷氨酰转肽酶（GGT）	4.7 U/L	0 ～ 10 U/L
胆汁酸（TBA）	17 μmol/L	0 ～ 25 μmol/L
尿素（UREA）	8.6 mmol/L	3 ～ 9 mmol/L
肌酐（CREA）	91 μmol/L	45 ～ 110 μmol/L
磷（P）	1.6 mmol/L	0.8 ～ 2 mmol/L
钙（Ca）	2.8 mmol/L	2.3 ～ 3 mmol/L
总胆固醇（CHOL）	3 mmol/L	3 ～ 7 mmol/L
甘油三酯（TG）	1.6 mmol/L	0.2 ～ 1.7 mmol/L
肌酸激酶（CK）	64.6 U/L	0 ～ 150 U/L
钾（K）	4.0 mmol/L	3.5 ～ 5.5 mmol/L
钠（Na）	148 mmol/L	138 ～ 149 mmol/L
氯（Cl）	118.5 mmol/L	104 ～ 116 mmol/L

表 53-4 凝血检查结果

检查项目	检查结果	参考范围
凝血酶原时间（PT）	14 s	11 ～ 14 s
活化部分凝血活酶时间（aPTT）	74 s	60 ～ 93 s

表 53-5 心电图检查结果

心电图印象	心电图提示
R-R 间期不等	窦性节律不齐
T 波振幅增加	可能存在心肌缺血或血钾异常

8.2 结果及分析

8.2.1 CBC 结果

红细胞象：平均红细胞体积偏低，平均红细胞血红蛋白浓度偏低，对于柴犬及秋田犬等亚洲品种的犬类而言，小红细胞症为正常情况。

白细胞象：未见明显异常。

血小板象：未见明显异常。

8.2.2 血清生化检查结果

血糖轻度升高，可能与就诊引起的患犬应激相关。

8.2.3 凝血检查结果

未见明显异常。

8.2.4 心电图检查结果

窦性节律不齐在犬是正常且较为常见的节律。T 波增大是常见的异常变化，通常与心肌缺血或高血钾相关，由于 T 波异常在兽医临床的诊断价值有限，结合该犬的听诊及血液学检查，不提示明显心肌及血钾异常。

血压检查：收缩压 132 mmHg（2# 袖带，左前肢，动物略紧张）。

视网膜电图检查：未见明显异常。

术前检查未见明显异常，患犬可进行手术治疗。

9. 治疗及转归

术前 24 h 使用阿托品、预防性抗生素、氟米龙进行散瞳和葡萄膜炎的预防性治疗。手术使用超声乳化仪进行晶状体超声乳化、注吸、清除晶体核及皮质，并于晶体囊内植入 12 号人工晶体（图 53–3），当进行左眼白内障超声乳化时，检查发现晶状体后囊破裂，未放置人工晶体。术后使用奥视滴眼液、新霉素滴眼液和氟米龙滴眼液进行治疗，术后眼压基本维持在正常范围内，葡萄膜炎程度逐渐减轻。术后第 2 天对患犬进行了右眼的迷宫试验，可顺利通过人工搭建的障碍物，右眼惊吓反应正常，左眼威胁反应较弱，术后第 3 天双眼出现少量纤维素渗出。

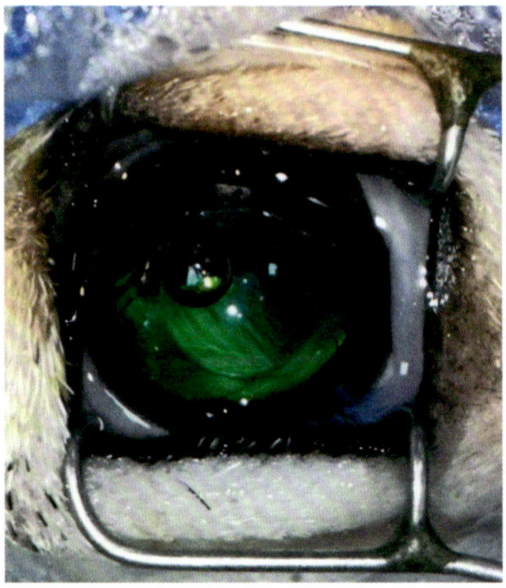

图 53–3
人工晶体植入术后外观

10. 讨论

白内障是一种导致晶状体透明度发生变化的疾病，其主要临床症状表现为视力损伤。根据其发展程度可分为初发期白内障、未成熟期白内障、成熟期白内障和过成熟期白内障，遗传性白内障是最常见的原发原因，动物幼年期可发生初发期白内障，但视力损伤可能会在很久之后才会变得明显。引起获得性白内障的原因包括外伤、代谢疾病、中毒以及其他眼科疾病等，其中葡萄膜炎是引起白内障最常见的眼科疾病。老年性白内障可能与核硬化混淆，二者区别为核硬化可见眼底反光，且仅发生核质区域均质性浑浊变化。糖尿病性白内障多见于犬，血糖升高导致进入晶状体的葡萄糖增多，己糖激酶被饱和醛糖还原酶活化，将葡萄糖转化为山梨醇并蓄积，使晶体吸水肿胀浑浊。在该病例中，动物发生白内障的病因其实并不明确，眼部超声检查显示右眼后囊不平滑，左眼术中可见后囊破裂等结构异常，提示该病例在青年期出现白内障的原因可能为遗传性白内障，或与先天性眼部发育异常相关。但除此之外，患犬还存在葡萄膜炎病史，因此白内障也可能继发于葡萄膜炎。

诊断白内障的金标准为眼科检查，此外，还应进行影像学检查和视网膜电图检查，以评估动物的视网膜形态和体能。术后动物左眼惊吓反射较弱，应由未放置人工晶体导致屈光力消失导致。

白内障导致的视力损伤程度与白内障

的位置及严重程度相关，初发期白内障表现为晶状体的局部浑浊，通常对视力没有影响；未成熟期白内障会出现晶状体的大面积浑浊，仍可见眼底反光，虽然视力受到一定的影响，但如果晶状体的浑浊区域偏离视轴，其对动物的生活质量影响不大；成熟期白内障，晶状体完全不透明，眼底反光不可见，动物视力完全丧失，瞳孔对光反射可能存在，但惊吓反应丧失。随着白内障的进一步发展，晶状体开始出现液化，液化的晶状体皮质或核向重力侧下沉，或出现具有折射性的晶状体碎片漂浮，此时，动物可能会恢复一定的视力。但晶状体蛋白可能会由于囊膜破裂或通透性改变而溢出，导致严重的葡萄膜炎。除了全面的眼科检查，还应进行影像学检查和视网膜电图检查，以评估术后动物的视力恢复情况。在本病例中，动物视力受到一定影响，处于白内障的未成熟期，积极控制眼内炎症，及时手术可有效减少手术并发症。

白内障目前没有有效的药物治愈方法，应避免盲目使用药物延误治疗时机，为避免不必要的手术风险，应当在患眼白内障发展迅速或已出现明显的视力损伤后再考虑手术，但不推荐对过成熟期白内障进行手术，以避免严重的葡萄膜炎导致预后不良。为保证术后效果，应在术前确保视网膜功能正常，同时需在手术前对其他眼科疾病进行排查，并进行积极治疗。目前常用的手术方法包括超声乳化和囊内摘除。囊内摘除术多用于晶状体脱位导致的白内障，术后炎症反应较小，但手术可能会导致玻璃体前移。超声乳化通过使用高频超声波和注吸粉碎并清除晶状体碎片，可彻底去除晶状体，具有创口小，恢复快，并发症少的特点。变性晶体乳化后，晶状体屈光力丧失，可通过植入人工晶体进行矫正。本病例中，患犬由于左眼后囊破裂未进行人工晶体植入，但右眼视力恢复，对动物的正常生活影响不大。

葡萄膜炎是白内障手术最常见的并发症，由于晶状体蛋白的免疫原性以及手术操作，会不可避免地导致葡萄膜炎的发生，需在术前及术后使用局部或全身抗炎药物控制炎症。手术操作或严重的葡萄膜炎都可能导致角膜内皮损伤，可表现为弥散性角膜水肿。某些病例会在术后出现暂时性眼压升高，或因粘连、渗出等原因导致青光眼，故需在术后频繁对术眼进行眼压和炎症程度的评估。

◆ 参考文献

1.Gelatt K N, Gelatt J P, Plummer C. Veterinary Ophthalmic Surgery[M]. 2nd ed. St. Louis, Missouri: Elsevier Health Sciences, 2021.

2.Maggs D, Miller P, Ofri R. Slatter's Fundamentals of Veterinary Ophthalmology[M].6th ed. St. Louis, Missouri: Elsevier Health Sciences, 2017.

3.Petersen-Jones S M, Crispin S M. BSAVA Manual of small animal ophthalmology[M].3rd ed. Gloucester: British Small Animal Veterinary Association, 2016.

4.Raghuvanshi P D S, Maiti S K. Canine cataracts and its management: An overview[J]. Journal of Animal Research, 2013, 3(1): 17-26.

CASE 54

案例54 犬葡萄中毒引发的急性肾损伤

1. 基本信息和病史

迷你贵宾犬，3 岁，雌性未绝育。平时单独饲养于室内，日常主要饲喂干粮。定期免疫、驱虫。近期无旅游史，既往身体健康。

3 d 前突然出现食欲废绝、精神萎靡、呕吐；排尿尚可，主述就诊 4 d 前食用过七八颗葡萄。

2. 体格检查

精神沉郁，BCS：4/9，体温 38.7℃，心率 80 次 /min，呼吸频率 24 次 /min。血压 150 mmHg。黏膜颜色粉，脱水程度 8%。心音及肺音听诊未见异常。腹部触诊未见明显异常。

3. 问题列表

呕吐、食欲废绝。葡萄摄入史。

4. 鉴别诊断

葡萄中毒、胃肠炎、胰腺炎。

5. 初步诊断计划

诊断项目：CBC、生化、C 反应蛋白（CRP）检查、腹部超声检查。

6. 初步检查结果

CBC 检查结果见表 54–1，生化检查结果见表 54–2，CRP 检查结果见表 54–3。

表 54–1　CBC 检查结果

项目	结果	参考范围
红细胞总数（RBC）	8.96×10^{12}/L	5.65×10^{12} ～ 8.87×10^{12}/L
红细胞比容（HCT）	55.5%	37.3% ～ 61.7%
血红蛋白浓度（HGB）	20.0 g/dL	13.1 ～ 20.5 g/dL
网织红细胞（RETIC）	10.5×10^{3}/μL	10.0×10^{3} ～ 110.0×10^{3}/μL
平均红细胞体积（MCV）	61.9 fL	61.6 ～ 73.5 fL
平均红细胞血红蛋白浓度（MCHC）	36.0 g/dL	32.0 ～ 37.9 g/dL
红细胞分布宽度（RDW）	18.8%	13.6% ～ 21.7%
白细胞总数（WBC）	5.33×10^{9}/L	5.05×10^{9} ～ 16.76×10^{9}/L
分叶中性粒细胞（SEG）	3.91×10^{9}/L	2.95×10^{9} ～ 11.64×10^{9}/L

续表 54-1

项目	结果	参考范围
淋巴细胞（LYM）	0.52×10^9/L	$1.05 \times 10^9 \sim 5.10 \times 10^9$/L
单核细胞（MONO）	0.79×10^9/L	$0.16 \times 10^9 \sim 1.12 \times 10^9$/L
嗜酸性粒细胞（EOS）	0.10×10^9/L	$0.06 \times 10^9 \sim 1.23 \times 10^9$/L
嗜碱性粒细胞（BASO）	0.01×10^9/L	$0.00 \sim 0.10 \times 10^9$/L
血小板（PLT）	252×10^3/μL	$148 \times 10^3 \sim 484 \times 10^3$/μL

表 54-2　生化检查结果

项目	结果	参考范围（犬）
总蛋白（TP）	6.4 g/dL	5.5 ～ 7.2 g/dL
白蛋白（ALB）	4.1 g/dL	3.2 ～ 4.1 g/dL
球蛋白（GLOB）	2.3 g/dL	1.9 ～ 3.7 g/dL
白球比（A/G）	1.8	0.9 ～ 1.9
尿素（UREA）	400 mg/dL	19 ～ 55.7 mg/dL
肌酐（CREA）	9.3 mg/dL	0.6 ～ 1.4 mg/dL
磷（P）	21.7 mg/dL	2.7 ～ 5.4 mg/dL
钙（Ca）	10.1 mg/dL	9.4 ～ 12 mg/dL

表 54-3　CRP 检查结果

项目	结果	参考范围（犬）
犬 C 反应蛋白（CRP）	23.80 mg/L	0 ～ 10.00 mg/L

超声检查结果见图 54-1 和图 54-2。

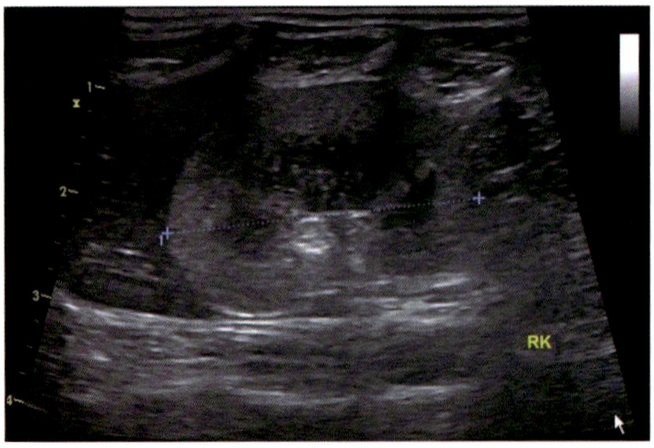

图 54-1

右侧肾脏纵切面超声图

7. 初步检查结果分析

7.1　CBC 结果

红细胞象：RBC 轻度升高，可能与机体脱水相关。

白细胞象：未见明显异常。

血小板象：未见明显异常。

7.2　血清生化检查结果

氮质血症：血清肌酐和尿素氮浓度显著增高，根据病史、水合状况和总蛋白浓度，更倾向于是肾性氮质血症混合肾前性氮质血症。

高磷血症：结合氮质血症，疑与肾脏排泄功能下降相关。

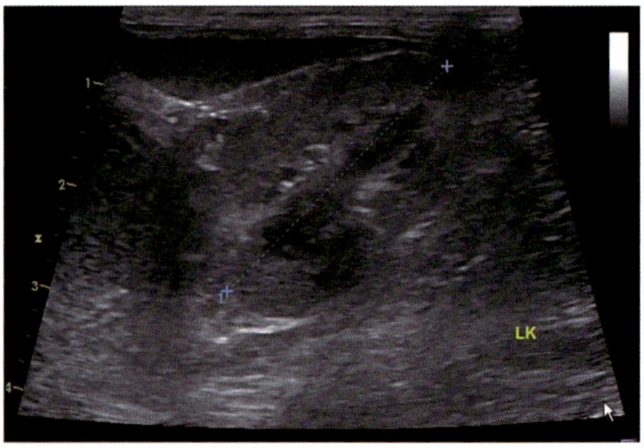

图 54-2

左侧肾脏纵切面超声图

7.3　CRP 检查结果

CRP 显著升高，提示机体存在急性炎症或组织损伤。

7.4　超声检查结果

肾脏轮廓平滑，皮质回声增强，皮髓分界清晰，肾盂及近端输尿管未见明显扩张，多普勒可探及条索状血供，左肾长轴为 3.01 cm，右肾长轴为 3.05 cm。

超声提示：双肾肾损伤。

8. 诊断

结合病史及各种检查结果，本病例最终诊断为葡萄中毒引起的急性肾损伤。

9. 治疗及转归

犬葡萄中毒没有特效解毒药，因此需根据患病动物体况对症治疗，静脉输液纠正水合状态，同时给予赛瑞宁止吐，奥美拉唑抑制胃酸分泌，缓解胃肠道症状。患犬积极对症治疗后精神良好，食欲恢复，肾指标显著下降。

10. 讨论

急性肾损伤（acute kidney injury，AKI）是由于局部缺血和毒素性损伤导致肾小球滤过率（glomerular filtration rate，GFR）在短时间内突然降低，引起肾功能急剧减退，以致不能有效排泄代谢产物，维持体液、电解质和酸碱平衡，从而导致高血钾、代谢性酸中毒和急性尿毒症的一种综合征。许多 AKI 与摄入毒素或感染性因素有关。犬食入葡萄或部分葡萄制品，均可能引起中毒，并可能引发急性肾损伤。葡萄中毒无特效解毒药，且致病机制不明，尚不明确犬食用葡萄中毒并出现 AKI 的最低摄入剂量，目前已知的剂量范围为 3 ～ 30 g/kg，有报道一只 8.2 kg 的腊肠犬仅食用 4 ～ 5 颗葡萄后即出现中毒。本病例发病前食用过葡萄，应考虑葡萄中毒的可能。

犬葡萄中毒的临床症状通常出现在食用后 6 h 内，最初有呕吐（几乎所有病例）、腹泻、血便、厌食、腹痛、共济失调、虚弱和嗜睡等症状。24 ～ 72 h 后可发生肾功能衰竭，伴少尿或无尿。并非所有葡萄中毒犬都会出现急性肾损伤，有人对 120 只葡萄中毒犬进行回顾性研究发现，仅有 8 只患犬出现急性肾损伤，可能与及时洗胃和使用活性炭治疗有关，但机制不明。一些动物会出现脱水和胰腺炎，但胰腺受累的机制和影响尚不清楚。部分病例会出现心律失常、低体温、贫血、白细胞增多、呼吸抑制和癫痫。影像学检查可能发现肾皮质回声增强、肾盂扩张或肾脏肿大。由于葡萄中毒与许多疾病的临床症状相似，因此问诊是诊断过程中的重要环节，应询问动物主人在患犬发病前是否食用过葡萄，有时可在患病动物的呕吐物或排泄物中发现葡萄残渣或葡萄干。本病例临床特征明显，通过问诊得知其发病前食用过葡萄，符合葡萄中毒引发的肾性氮质血症。

犬食入葡萄后，应根据其自身情况尽快对症治疗，包括催吐、洗胃和静脉输液治疗，葡萄和干果消化较慢，即使摄入葡萄超过 2 h，催吐仍可能具有意义。有报道患犬在摄入葡萄干 12 h 后，仍可在呕吐物中发现葡萄干。对于能够排尿的患犬，需要进行长时间输液治疗，提高肾灌注，但应该实时监测体征，避免水合过度。此外，还应检测离子水平，严重的高磷血症会通过多种机制使肾功能恶化，包括肾脏矿化、直接肾毒性及收缩血管反应，必要时服用肠道磷结合剂来降低血磷浓度。呕吐和消化道出血等症状，也是急性肾损伤的常见并发症，主要原因是胃肠黏膜糜烂及应激性溃疡，可以使用赛瑞宁、奥美拉唑或法莫替丁等药物进行治疗。有报道使用肾脏替代疗法（血液透析、腹膜透析等）进行治疗，疗效显著，但成本较高。本病例经过治疗后，食欲逐渐恢复，精神状态良好，排便排尿正常，治疗 5 d 后，尿素氮和肌酐水平显著下降（表 54–4），血气检查结果、C 反应蛋白浓度均恢复正常。约 50% 食入葡萄或葡萄干后造成急性肾损伤的患犬，经适当治疗后可以存活，但就诊时若表现为无尿、共济失调、高钙血症和高磷血症等，均提示预后不良。尿量减少患犬存活概率仅为尿量正常患犬的 1/4，患有高钙血症、高磷血症或两者兼有的患犬，预后可能更差，患犬有可能经历进行性肾功能障碍和软组织矿化。

表 54–4　尿素氮和肌酐检查结果

检查项目	单位	检查结果 /d						参考范围
		0	1	2	3	4	5	
尿素氮（UREA）	mg/dL	＞140	＞140	126	77	43	46	10～26
肌酐（CREA）	mg/dL	9.3	–	–	–	–	2	0.6～1.4

参考文献

1.Bates N. Grape toxicosis in companion animals [J]. Companion Animal, 2015, 20(12): 668-673.

2.Behrend E N, Grauer G F, Mani I, et al. Hospital-acquired acute renal failure in dogs: 29 cases (1983-1992)[J]. Journal of the American Veterinary Medical Association, 1996, 208(4): 537-541.

3.Eubig P A, Brady M S, Gwaltney-Brant S M, et al. Acute renal failure in dogs after the ingestion of grapes or raisins: a retrospective evaluation of 43 dogs (1992–2002)[J]. Journal of veterinary internal medicine, 2005, 19(5): 663-674.

4.Mazzaferro E M, Eubig P A, Hackett T B, et al. Acute renal failure associated with raisin or grape ingestion in 4 dogs[J]. Journal of Veterinary Emergency and Critical Care, 2004, 14(3): 203-212.

5.Reich C F, Salcedo M C, Koenigshof A M, et al. Retrospective evaluation of the clinical course and outcome following grape or raisin ingestion in dogs (2005–2014): 139 cases[J]. Journal of Veterinary Emergency and Critical Care, 2020, 30(1): 60-65.

CASE 55

案例55
犬洋葱中毒引发的溶血性贫血

1. 基本信息和病史

比熊犬，5 岁，雌性未绝育，5.4kg。室内单独饲养，正常牵遛。日常主要饲喂商品犬粮及餐桌食物。正常免疫和驱虫。近期无旅行史。既往身体健康。

主诉患犬几天前进食牛肉汉堡，内馅可能含洋葱。就诊前 2 d 开始精神沉郁、饮食欲逐渐减退，排尿偏黄，未排便。

2. 体格检查

患犬精神沉郁，BCS：4/9，体温 38.3℃。心率 120 次 /min，呼吸频率 28 次 /min。黏膜颜色黄染，CRT 评估受限，水合状态尚可。心音及肺音听诊未见异常，SBP 120 mmHg。腹部触诊未见明显异常。

3. 问题列表

黏膜黄染、精神沉郁。

4. 鉴别诊断

溶血性贫血（洋葱中毒）、肝脏损伤、骨髓生成障碍。

5. 初步诊断计划

诊断项目：CBC、生化检查、腹部超声检查。

6. 初步检查结果

CBC 检查结果见表 55-1，生化检查结果见表 55-2。

表 55-1　CBC 检查结果

项目	结果	参考范围（犬）
红细胞总数（RBC）	1.90×10^{12}/L	5.65×10^{12} ～ 8.87×10^{12}/L
红细胞比容（HCT）	16.5%	37.3% ～ 61.7%
血红蛋白浓度（HGB）	4.9 g/dL	13.1 ～ 20.5 g/dL
网织红细胞（RETIC）	355.7×10^{3}/μL	10.0×10^{3} ～ 110.0×10^{3}/μL
平均红细胞体积（MCV）	86.5 fL	61.6 ～ 73.5 fL
平均红细胞血红蛋白浓度（MCHC）	29.7 g/dL	32.0 ～ 37.9 g/dL
红细胞分布宽度（RDW）	20.1%	13.6% ～ 21.7%
白细胞总数（WBC）	15.52×10^{9}/L	5.05×10^{9} ～ 16.76×10^{9}/L
分叶中性粒细胞（SEG）	8.89×10^{9}/L	2.95×10^{9} ～ 11.64×10^{9}/L

续表 55-1

项目	结果	参考范围（犬）
杆状中性粒细胞（BAND）	/	/
淋巴细胞（LYM）	4.50×10^9/L	$1.05\times10^9\sim5.10\times10^9$/L
单核细胞（MONO）	1.11×10^9/L	$0.16\times10^9\sim1.12\times10^9$/L
嗜酸性粒细胞（EOS）	0.92×10^9/L	$0.06\times10^9\sim1.23\times10^9$/L
嗜碱性粒细胞（BASO）	0.09×10^9/L	$0.00\sim0.10\times10^9$/L
血小板（PLT）	160×10^3/μL	$148\times10^3\sim484\times10^3$/μL
镜检：	多染性红细胞 +++；海因茨小体 +；未见血液寄生虫	

表 55-2　生化检查结果

项目	结果	参考范围（犬）
总胆红素（TBIL）	3.2 mg/dL	0 ~ 0.8 mg/dL
总蛋白（TP）	6.7 g/dL	5.5 ~ 7.2 g/dL
白蛋白（ALB）	3.6 g/dL	3.2 ~ 4.1 g/dL
球蛋白（GLOB）	3.1 g/dL	1.9 ~ 3.7 g/dL
白球比（A/G）	1.2	0.9 ~ 1.9
葡萄糖（GLU）	102 mg/dL	68 ~ 104 mg/dL
丙氨酸氨基转移酶（ALT）	37 U/L	17 ~ 95 U/L
天门冬氨酸氨基转移酶（AST）	26 U/L	10 ~ 56 U/L
碱性磷酸酶（ALP）	96 U/L	7 ~ 115 U/L
γ- 谷氨酰转肽酶（GGT）	3 U/L	0 ~ 8 U/L
胆汁酸（TBA）	2.2 μmol/L	0 ~ 25 μmol/L
尿素（UREA）	31 mg/dL	19 ~ 55.7 mg/dL
肌酐（CREA）	0.8 mg/dL	0.6 ~ 1.4 mg/dL
磷（P）	5.2 mg/dL	2.7 ~ 5.4 mg/dL
钙（Ca）	10.7 mg/dL	9.4 ~ 12 mg/dL
总胆固醇（CHOL）	304 mg/dL	139 ~ 392 mg/dL
甘油三酯（TG）	100 mg/dL	23 ~ 102 mg/dL
肌酸激酶（CK）	123 U/L	0 ~ 314 U/L
钾（K）	4.6 mmol/L	4.1 ~ 5.4 mmol/L
钠（Na）	146.0 mmol/L	143 ~ 150 mmol/L
氯（Cl）	108.9 mmol/L	106 ~ 114 mmol/L

超声检查提示：肝脏、胆囊、脾脏和胰腺右叶形态均未见明显异常。

7. 初步检查结果分析

7.1 CBC 结果

红细胞象：RBC、HGB、HCT 均下降，提示患犬存在严重的贫血，RETIC 升高和多染性红细胞 +++，提示患犬为再生性贫血。

白细胞象：未见明显异常。

血小板象：未见明显异常。

镜检发现海因茨小体，提示溶血性贫血。

7.2　生化结果

高胆红素血症：结合再生性贫血、肝胆生化未见明显异常，提示由肝前性因素（溶血）引起。

8. 诊断

结合病史与实验室检查结果，初步诊断为洋葱中毒引发的溶血性贫血。

9. 治疗及转归

患犬于诊断后当日住院，并输注全血 120 mL；使用保肝加强锭进行抗氧化治疗；进行常规输液治疗。

输血后 12 h 血常规检查 HCT 为 37.8%，输血后 56 h 血常规检查 HCT 为 40.7%，基本稳定在正常范围内，没有再次出现贫血的现象。

患犬从住院后第二天开始恢复自主饮食欲，排尿和排便无明显异常，精神状态良好。并于第四天出院。后恢复良好。

10. 讨论

洋葱、大葱等葱属类植物在日常生活中十分常见，因此宠物误食葱属植物的情况也比较常见。犬猫误食洋葱后会出现典型的急性溶血反应，导致严重的贫血，甚至危及生命。有文献报道称犬猫葱属植物的中毒剂量为 10～20 g/（kg·d）。研究表明葱属植物中的硫化物能降低红细胞内 G6PD（6–磷酸葡萄糖脱氢酶）的活性。G6PD 是一种存在于红细胞内的酶，它能够协助葡萄糖进行新陈代谢，在代谢过程中产生 NADPH（还原型辅酶Ⅱ）以保护红细胞免受氧化物的威胁。当 G6PD 缺乏时，红细胞内的血红蛋白会变性凝固，从而产生海因茨小体并使红细胞快速溶解，发生急性溶血反应。

通过 RBC、HCT、HGB 等实验室指标可判断动物是否存在贫血。根据是否有再生反应可分为非再生性贫血和再生性贫血。非再生性贫血多见于慢性疾病、骨髓疾病、血红蛋白或核酸合成减少等疾病状态；再生性贫血多见于出血和溶血性疾病。此外，MCV 和 MCHC 可以帮助判断贫血的类型。

该病例中，血常规检测中 RBC、HCT、HGB 都下降表明存在贫血，而血涂片中红细胞大小不等，可见大量多染性红细胞，并且网织红细胞显著升高，表明该贫血属于再生性贫血。从病史、体格检查和腹腔超声可排除出血的可能。另外，血涂片中海因茨小体 +，未见血液寄生虫，再结合有误食洋葱的病史，可以初步诊断为洋葱引起的溶血性贫血。但要注意与其他引起海因茨小体的疾病进行鉴别诊断。

洋葱引起的溶血性贫血没有特异性治疗手段。如果误食葱属植物时间较短，可以考虑催吐，使用 3% 双氧水 2 mL/kg（总量＜ 45 mL）进行催吐。如果摄入时间过长，催吐效果不佳，需要进行积极的对症治疗，主要的治疗手段包括抗氧化治疗、控制继发感染、液体治疗，根据具体情况考虑是否进行输血治疗。抗氧化治疗可以使用含有 S–腺苷甲硫胺酸、水飞蓟素等药物和一些具有抗氧化作用的维生素。

只要尽早进行积极的治疗，误食葱属植物，预后一般较好。

◆ 参考文献

1.Guitart R, Mateu C, Lopez i Agullo A, et al. Heinz body anaemia in two dogs after Catalan spring onion ("calcot") ingestion: case reports[J]. Veterinarni Medicina, 2008, 53(7): 392-395.

2.Kovalkovičová N, Šutiaková I, Pistl J, et al. Some food toxic for pets[J]. Interdisciplinary toxicology, 2009, 2(3): 169.

3.Salgado B S, Monteiro L N, Rocha N S. Allium species poisoning in dogs and cats[J]. Journal of Venomous Animals and Toxins including Tropical Diseases, 2011, 17: 4-11.

4.Tang X, Xia Z, Yu J. An experimental study of hemolysis induced by onion (Allium cepa) poisoning in dogs[J]. Journal of Veterinary Pharmacology and Therapeutics, 2008, 31(2): 143-149.

CASE 56

案例56 猫二氯苯醚菊酯中毒

1. 基本信息和病史

异国短毛猫，1岁，雌性未绝育。家中多猫环境，严格室内饲养，日常饲喂干粮，且近3个月无换粮史。定期免疫和驱虫，近期无旅行史。无既往病史。

就诊前1 d晚间主人对其进行体外驱虫。驱虫药规格为2.5 mL，内含1.25 g二氯苯醚菊酯（pemethrin）及0.25 g吡虫啉，患猫使用了约1.2 mL。3 h后患猫舔舐家中其他猫用药处皮肤，之后出现呕吐及腹泻；至用药后6 h患猫表现背部敏感不适，大量流涎；至用药后7 h给患猫洗澡，尝试清除背部驱虫药，但症状未见改善；用药后12 h主人带患猫就诊。

2. 体格检查

患猫呈昏迷状态，BCS：5/9，体温35℃。心率180次/min，呼吸60次/min。黏膜颜色淡粉，CRT > 2 s，脱水程度6% ~ 8%。听诊心音及肺音无明显异常，全身肌肉震颤，背部毛发可见油状物质。

3. 问题列表

昏迷、全身肌肉震颤、呕吐、脱水。

4. 鉴别诊断

中毒、先天性神经系统异常。

5. 初步诊断计划

检查项目：CBC、生化检查。

6. 初步检查结果

CBC检查结果见表56-1，生化检查结果见表56-2。

表56-1　CBC结果

项目	结果	参考范围（猫）
红细胞总数（RBC）	9.85×10^{12}/L	6.54×10^{12} ～ 12.20×10^{12}/L
红细胞比容（HCT）	46.2%	30.3% ～ 52.3%
血红蛋白浓度（HGB）	15.1 g/dL	9.8 ～ 16.2 g/dL
网织红细胞（RETIC）	18.9×10^3/μL	3.0×10^3 ～ 50.0×10^3/μL

续表 56–1

项目	结果	参考范围（猫）
平均红细胞体积（MCV）	48.6 fL	35.9 ～ 53.1 fL
平均红细胞血红蛋白浓度（MCHC）	32.7 g/dL	28.1 ～ 35.8 g/dL
红细胞分布宽度（RDW）	18.9%	15.0% ～ 27.0%
白细胞总数（WBC）	14.6×10^9/L	2.87×10^9 ～ 17.02×10^9/L
分叶中性粒细胞（SEG）	11.05×10^9/L	2.30×10^9 ～ 10.29×10^9/L
杆状中性粒细胞（BAND）	0	/
淋巴细胞（LYM）	1.93×10^9/L	0.92×10^9 ～ 6.88×10^9/L
单核细胞（MONO）	0.53×10^9/L	0.05×10^9 ～ 0.67×10^9/L
嗜酸性粒细胞（EOS）	1.03×10^9/L	0.17×10^9 ～ 1.57×10^9/L
嗜碱性粒细胞（BASO）	0.06×10^9/L	0.01×10^9 ～ 0.26×10^9/L
血小板（PLT）	320×10^3/μL	148×10^3 ～ 484×10^3/μL
镜检	未见明显异常	

表 56–2　生化检查结果

项目	结果	参考范围（猫）
总胆红素（TBIL）	0.2 mg/dL	0 ～ 0.8 mg/dL
总蛋白（TP）	8.2 g/dL	6.6 ～ 8.4 g/dL
白蛋白（ALB）	3.7 g/dL	3.2 ～ 4.3 g/dL
球蛋白（GLOB）	4.5 g/dL	2.5 ～ 4.7 g/dL
白球比（A/G）	0.8	0.8 ～ 1.5
葡萄糖（GLU）	263 mg/dL	71 ～ 182 mg/dL
丙氨酸氨基转移酶（ALT）	98 U/L	28 ～ 109 U/L
天门冬氨酸氨基转移酶（AST）	32 U/L	10 ～ 48 U/L
碱性磷酸酶（ALP）	15 U/L	11 ～ 49 U/L
γ- 谷氨酰转肽酶（GGT）	2 U/L	0 ～ 4 U/L
胆汁酸（TBA）	5 μmol/L	0 ～ 10 μmol/L
尿素（UREA）	39 mg/dL	36 ～ 75 mg/dL
肌酐（CREA）	1.2 mg/dL	0.8 ～ 2.1 mg/dL
磷（P）	3.5 mg/dL	2.6 ～ 5.5 mg/dL
钙（Ca）	10.4 mg/dL	9.0 ～ 12 mg/dL
总胆固醇（CHOL）	103 mg/dL	101 ～ 323 mg/dL
甘油三酯（TG）	56 mg/dL	30 ～ 106 mg/dL
肌酸激酶（CK）	796 U/L	0 ～ 186 U/L
乳酸脱氢酶（LDH）	246.9 U/L	0 ～ 200 U/L
钾（K）	4.2 mmol/L	3.8 ～ 5.5 mmol/L
钠（Na）	156 mmol/L	149 ～ 158 mmol/L
氯（Cl）	121 mmol/L	111 ～ 124 mmol/L

7. 初步检查结果分析

7.1　CBC 结果

红细胞象：未见明显异常。

白细胞象：仅中性粒细胞轻度升高，但白细胞总数正常，可能是应激导致。

血小板象：未见明显异常。

7.2　血清生化检查结果

高血糖：结合患猫状况及白细胞象，考虑为应激反应引起。

肌酸激酶及乳酸脱氢酶升高：结合病史，提示该指标是由于患猫出现长时间肌肉震颤而引起的肌肉组织损伤。

8. 诊断

结合病史、用药史及实验室检查结果，本病例诊断为二氯苯醚菊酯中毒。

9. 治疗及转归

液体治疗，并给予枸橼酸马罗匹坦（1 mg/kg, sc, q24h）和奥美拉唑（1 mg/kg, Ⅳ, q12h），治疗期间，患猫意识状态和体温逐渐恢复，就诊 6 h 后（驱虫后 18 h）患猫可站立行走并少量进食，由之前的全身性震颤变为背部局部肌肉震颤。至驱虫后 36 h，患猫忽然再次出现意识丧失、昏迷及全身性震颤，使用 3 次地西泮（1 mg/kg，Ⅳ）无效，随后入院进行监护，此时动物生命体征相对稳定（心率 196 次 /min、呼吸 24 次 /min、动脉收缩压 120 mmHg、体温 38.9℃），且血常规及生化结果与之前无明显差异，但患猫震颤严重，包括头部、全身躯干部、四肢和尾部均出现无意识肌肉震颤和肌肉阵挛。

至使用驱虫药后 48 h 患猫肌肉震颤有加重趋势，并伴有四肢划水样抽搐，使用丙泊酚［0.1 ～ 0.6 mg/（kg · min），CRI］控制肌肉震颤和抽搐，同时给予面罩供氧，氧流量维持在 5 ～ 15 L/min。至驱虫后 59 h，患猫未见抽搐，震颤情况明显改善，期间逐渐降低丙泊酚用量。至停药后 5 h（即使用驱虫药后 64 h），患猫再次出现全身肌肉严重震颤，随即使用浓度为 20% 的脂肪乳，以 1.5 mL/kg 的剂量进行静脉负荷后，以 0.25 mL/（kg · min）的速度 CRI 2 h。期间患猫震颤情况明显改善。至驱虫后 72 h，患猫未再出现明显震颤，意识状态逐渐恢复，复查生化结果见表 56–3，可见肌肉相关指标已明显下降。至驱虫后 96 h，患猫精神食欲恢复正常，顺利出院。至出院后一周患猫状态未见异常，异常的血检指标均恢复正常。

表 56–3　使用驱虫药后 72 h 患猫生化检查

检查项目	结果	参考范围
总胆红素（TBIL）	0.3 mg/dL	0 ～ 0.8 mg/dL
丙氨酸氨基转移酶（ALT）	195 U/L	28 ～ 109 U/L
天门冬氨酸氨基转移酶（AST）	42 U/L	10 ～ 48 U/L
肌酸激酶（CK）	412 U/L	0 ～ 186 U/L
磷酸脱氢酶（LDH）	198 U/L	0 ～ 200 U/L

10. 讨论

美国动物毒物控制中心（Animal Poison Control Center）的统计数据显示，二氯苯醚菊酯已成为猫中毒的十种最常见的毒物之一，其是天然除虫菊酯的Ⅰ型人工合成物，经皮吸收率约为2%，经消化道吸收率为40%～60%。由于其具有亲脂性，故进入机体后更易于分布在神经组织、脂肪组织、肝脏和肾脏中。二氯苯醚菊酯对大多数哺乳动物只具有低毒性，在肝脏中能被快速水解代谢，以葡萄糖醛酸盐和硫酸盐的形式经尿液排出体外，而猫由于缺乏葡萄糖醛酸转移酶，且肝脏水解的速度较慢，故接触后会出现严重中毒表现。二氯苯醚菊酯经皮肤中毒剂量约为100 mg/猫，致死剂量为100 mg/kg，本患猫使用剂量约为222 mg/kg，已远超过致死剂量，但也有文献表明临床症状的严重程度与剂量并无相关性。本报告中，患猫主人同时将剩下的半支驱虫药均分给家中另外两只猫，体重都约为2.8 kg，其中一只用药后3 h死亡，另一只患猫仅出现轻微局部肌肉震颤，经治疗1 d后恢复正常。由此推断，即使是体重接近的患猫给与相同剂量，其结局也可能完全不同。

中毒后该患猫的主要异常表现为肌肉活动增强，如震颤、感觉过敏、抽搐等，这主要是由于二氯苯醚菊酯可以影响神经元复极化期间钠离子通道的关闭，形成去极化后电位和重复去极化，导致神经元重复放电，引起肌肉持续收缩和痉挛，继而还会引发其他临床症状，包括体温升高、肌红蛋白尿，以及呼吸肌疲劳造成的呼吸衰竭等；另外，由于神经元重复放电，也会继发癫痫、脑水肿等。因此，除了对二氯苯醚菊酯的原发毒性作用进行干预，还要控制继发症状。

特别强调，本品无特效解毒药，在误给后需尽快将用药处进行清洗。建议使用去脂香波和温水进行清洗，若温度偏高会加速二氯苯醚菊酯的扩散和吸收。本病例中患猫在用药后7 h才进行清洗，此时部分药物已经皮肤吸收，且用药后患猫对用药部位进行舔舐，经消化道吸收了部分药物，所以清洗未能阻止其状况进一步恶化。若为经口摄入的患猫，其状态清醒时，应尽快催吐或口服活性炭，减少胃肠道吸收。患猫就诊时用药已超过12 h，且意识状态不佳，可选择经静脉给药的脂肪乳来降低二氯苯醚菊酯的毒性。脂肪乳常被用于脂溶性药物过量或解毒，近年来也有部分研究表明其可用于猫二氯苯醚菊酯中毒，其作用机制是由于脂肪乳占据了血管内的脂质池，使脂溶性二氯苯醚菊酯在隔离后，重新分配到生物惰性部位。患猫未出现过敏、溶血、高脂血症等副作用，且在使用过一次脂肪乳后患猫就停止震颤。一般建议可连续使用2 d，总量不超过体重的6%。若仍有震颤，建议首选美索巴莫，静脉注射剂型的初始剂量为50～150 mg/kg，最高剂量为330 mg/kg。若患猫意识状态清醒，可使用口服剂型，初始剂量为132 mg/（kg·d），分2～3次给予，后续剂量为61～132 mg/（kg·d），分2～3次给予。对于难治性震颤，可联合地西泮用药。治疗期间需密切监测患猫体温、呼吸、排尿及神经症状，并针对其他异常给予支持治疗。受药物使用的限制，本病例并未使用美索巴莫。由于使用地西泮效果不佳，且患猫出现了抽搐，结合患猫肝功能无明显异常的情况，最后选用丙泊酚控制临床症状。

一般临床症状会持续 2 ～ 3 d，严重病例可能会持续 5 ～ 7 d，患猫临床症状较为严重，但经3 d治疗其状态明显改善，至第 4 天已恢复正常。在治疗期间，病情出现反复，这可能与其皮肤上残留的药物持续吸收有关，也不排除吸收入机体的药物再次从脂肪组织释放进入神经组织。所以临床医生在遇到此类病例时，即使当时症状有所好转，也需要密切观察至少 72 h，以及时应对状况忽然恶化。该药物中毒的死亡率约为 10.5%，不同文献报道稍有差异，主要死亡原因是呼吸肌疲劳继发的呼吸衰竭、不可控的抽搐，救治不及时等。

相对于诊断和治疗，预防本病的发生也极为重要，所以兽医师在治疗患猫的同时，也需要进行客户教育，比如要明确告知不能将犬的驱虫药给猫使用、不能将不同剂型的体外驱虫药同时混合使用、家中驱虫药需放置在安全的地方，以防宠物误食等。

◆ 参考文献

1.DeGroot W D. Intravenous lipid emulsion for treating permethrin toxicosis in a cat[J]. The canadian veterinary journal, 2014, 55(1): 1253.

2.Kuo K, Odunayo A. Adjunctive therapy with intravenous lipid emulsion and methocarbamol for permethrin toxicity in 2 cats[J]. Journal of veterinary emergency and critical care, 2013, 23(4): 436-441.

3.Merola V, Dunayer E. The 10 most common toxicoses in cats[J]. Veterinary Medicine, 2006, 101(6): 339-342.

4.Plumb D C. Plumb's veterinary drug handbook: Desk[M].9th ed. Iowa: John Wiley & Sons, 2018.

5.Sutton N M, Bates N, Campbell A. Clinical effects and outcome of feline permethrin spot-on poisonings reported to the Veterinary Poisons Information Service (VPIS), London[J]. Journal of Feline Medicine and Surgery, 2007, 9(4): 335-339.

CASE 57

案例57 犬口腔恶性黑色素瘤

1. 基本信息和病史

迷你贵宾犬，12 岁，雌性已绝育。平时单独饲养于室内，日常主要饲喂干粮，偶尔喂食罐头。定期免疫和驱虫，近期无旅行史，既往身体健康。

患犬长期口臭，眼观可见牙结石，动物主人带患犬来医院进行口腔护理。

2. 体格检查

患犬精神正常，BCS：3/5，体温 39℃；心率 150 次 /min，呼吸频率 20 次 /min；黏膜颜色粉红，CRT ＜ 2 s，脱水程度 5% ～ 6%。心音及肺音听诊未见异常，腹部触诊未见异常。口腔异味，牙结石 3 级，牙龈炎 2 ～ 3 级，部分牙龈肿胀，口腔检查（图 57–1）发现左下颌第三前臼齿齿龈大面积弥散型黑色组织。

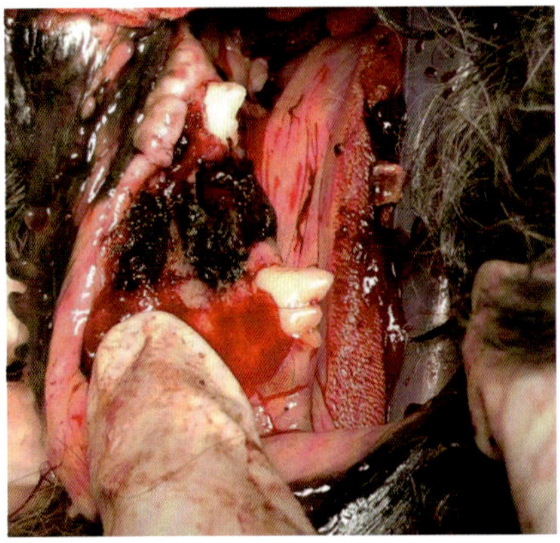

图 57–1

患犬口腔检查

3. 问题列表

牙龈出现弥散性黑色组织。

4. 鉴别诊断

增生、血肿、炎症、黑色素瘤、鳞状上皮癌、纤维肉瘤。

5. 初步诊断计划

诊断项目：CBC、生化检查、口腔黑色组织细胞学检查。

6. 初步检查结果

CBC 检查结果见表 57–1，生化检查结果见表 57–2。

表 57-1　CBC 检查结果

项目	结果	参考范围（犬）
红细胞总数（RBC）	8.13×10^{12}/L	5.1×10^{12} ～ 7.6×10^{12}/L
红细胞比容（HCT）	55.1%	35% ～ 52%
血红蛋白浓度（HGB）	190 g/L	124 ～ 192 g/L
网织红细胞（RETIC）	25.6×10^{3}/μL	19.4×10^{3} ～ 110.0×10^{3}/μL
平均红细胞体积（MCV）	67.8 fL	60 ～ 71 fL
平均红细胞血红蛋白浓度（MCHC）	345 g/L	320 ～ 380 g/L
红细胞分布宽度（RDW）	16.6%	13.2% ～ 19.1%
白细胞总数（WBC）	8.34×10^{9}/L	5.6×10^{9} ～ 18.4×10^{9}/L
分叶中性粒细胞（SEG）	6.02×10^{9}/L	2.9×10^{9} ～ 13.6×10^{9}/L
杆状中性粒细胞（BAND）	0×10^{9}/L	/
淋巴细胞（LYM）	1.28×10^{9}/L	1.1×10^{9} ～ 5.3×10^{9}/L
单核细胞（MONO）	0.79×10^{9}/L	0.4×10^{9} ～ 1.6×10^{9}/L
嗜酸性粒细胞（EOS）	0.24×10^{9}/L	0.1×10^{9} ～ 3.1×10^{9}/L
嗜碱性粒细胞（BASO）	0.01×10^{9}/L	0.0 ～ 0.1×10^{9}/L
血小板（PLT）	320×10^{3}/μL	148×10^{3} ～ 484×10^{3}/μL

表 57-2　生化检查结果

项目	结果	参考范围（犬）
总胆红素（TBIL）	0.2 mg/dL	0 ～ 0.8 mg/dL
总蛋白（TP）	7.3 g/dL	5.5 ～ 7.2 g/dL
白蛋白（ALB）	3.5 g/dL	3.2 ～ 4.1 g/dL
球蛋白（GLOB）	3.8 g/dL	1.9 ～ 3.7 g/dL
白球比（A/G）	0.9	0.9 ～ 1.9
葡萄糖（GLU）	106 mg/dL	68 ～ 104 mg/dL
丙氨酸氨基转移酶（ALT）	243 U/L	17 ～ 95 U/L
天门冬氨酸氨基转移酶（AST）	68 U/L	10 ～ 56 U/L
碱性磷酸酶（ALP）	163 U/L	7 ～ 115 U/L
γ- 谷氨酰转肽酶（GGT）	10 U/L	0 ～ 8 U/L
胆汁酸（TBA）	1.1 μmol/L	0 ～ 25 μmol/L
尿素（UREA）	53 mg/dL	19 ～ 55.7 mg/dL
肌酐（CREA）	0.8 mg/dL	0.6 ～ 1.4 mg/dL
磷（P）	3.0 mg/dL	2.7 ～ 5.4 mg/dL
钙（Ca）	10.7 mg/dL	9.4 ～ 12 mg/dL
总胆固醇（CHOL）	249 mg/dL	139 ~ 392 mg/dL
甘油三酯（TG）	159 mg/dL	23 ～ 102 mg/dL
肌酸激酶（CK）	108 U/L	0 ～ 314 U/L
钾（K）	4.2 mmol/L	4.1 ～ 5.4 mmol/L
钠（Na）	147.0 mmol/L	143 ～ 150 mmol/L
氯（Cl）	110.7 mmol/L	106 ～ 114 mmol/L

口腔肿物细胞学检查见图 57–2。

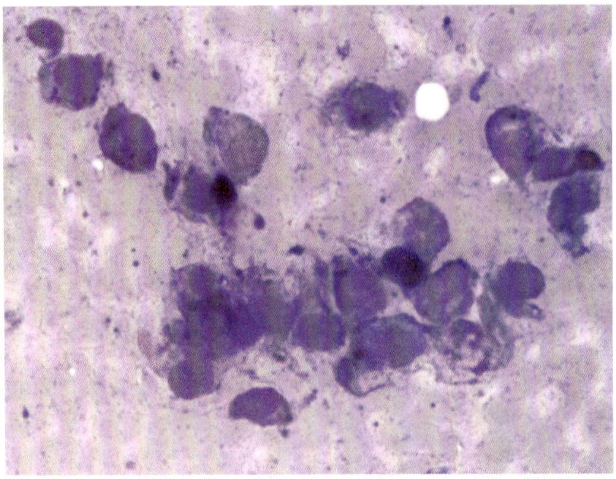

图 57–2
口腔肿物细胞学检查（瑞氏吉姆萨染色，1 000×）

7. 初步检查结果分析

7.1 CBC 结果

红细胞象：RBC、HCT 均轻度升高，结合体格检查，提示动物存在轻度脱水。

白细胞象：未见明显异常。

血小板象：未见明显异常。

7.2 血清生化检查结果

丙氨酸氨基转移酶 ALT 升高，伴有碱性磷酸酶 ALP 和 γ–谷氨酰转肽酶 GGT 同步升高，提示动物可能存在肝胆系统异常。

7.3 细胞学检查结果

细胞脱落量适中，散在或成簇分布，呈长梭形至纺锤形，细胞核呈圆形至卵圆形，核仁明显，可见多个细小核仁，细胞含有大量嗜酸性细胞质，胞质内含有数量不等的墨绿色颗粒，背景中可见大量红细胞。

细胞学提示：黑色素细胞类肿瘤。

8. 进一步诊断计划及结果分析

8.1 进一步诊断计划

口腔组织变黑处组织病理学、全身 CT 扫描、下颌淋巴结细胞学检查。

8.2 结果及分析

8.2.1 组织病理学结果

口腔肿物组织病理学检查结果见图 57–3。

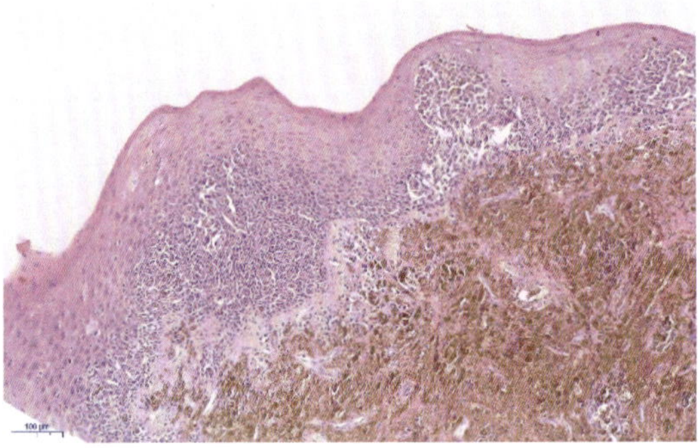

图 57–3
口腔肿物组织病理学检查（HE 染色，400×）

组织病理学检查可见黏膜上皮及黏膜下结缔组织，肿瘤细胞位于黏膜–结缔组织交界处至结缔组织深层，呈片状分布，肿瘤细胞间可见增生的纤维基质。肿瘤细胞异型性大，呈长梭形至多边形，细胞核呈圆形至卵圆形，细胞核大小不等，核染色质粗糙，核仁明显，细胞含有大量嗜酸性胞质，胞质内含有数量不等的棕黑色颗粒，有丝分裂象：6 个 /2.37 mm^2。

组织病理学提示：恶性黑色素瘤。

8.2.2 全身 CT 扫描

患犬 CT 扫描检查结果见图 57–4。

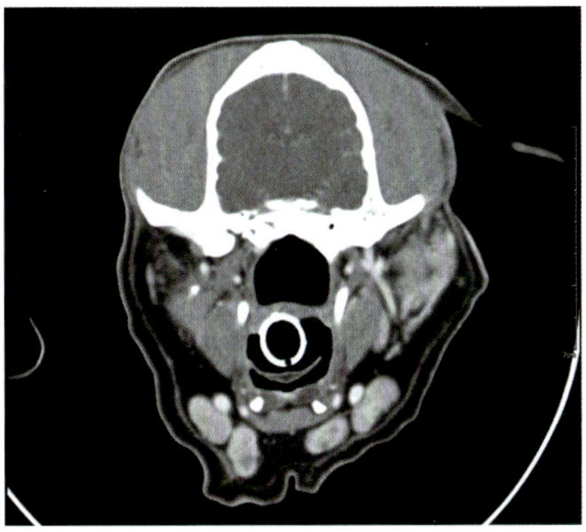

图 57-4

患犬 CT 扫描

双侧下颌淋巴结增大，其余未见肿瘤相关异常。

8.2.3　下颌淋巴结细胞学

下颌淋巴结细胞学检查结果见图 57-5。

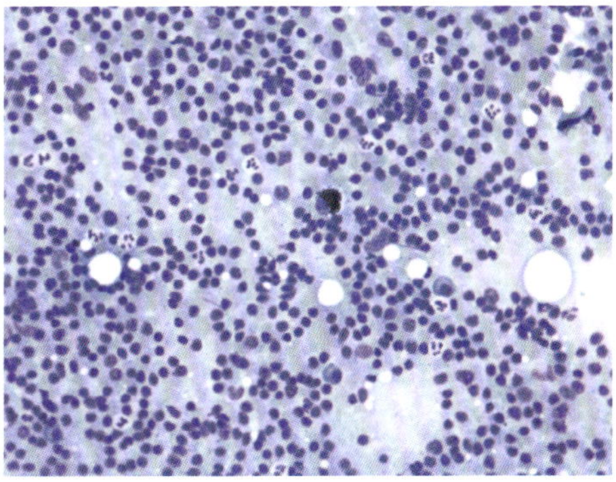

图 57-5

下颌淋巴结细胞学检查（瑞氏吉姆萨染色，400×）

细胞脱落量大，以淋巴细胞为主，其中小、中淋巴细胞约占 90%，大淋巴细胞约占 7%，中性粒细胞约占 3%，可见散在分布的黑色素细胞，胞质内充满墨绿色颗粒。背景中可见大量红细胞。提示黑色素细胞发生下颌淋巴结转移。

9. 最终诊断

口腔恶性黑色素瘤，结合 CT 与细胞学评估结果，依照犬口腔黑色素瘤的世界卫生组织 TNM 分期系统标准，该患犬口腔黑色素瘤分期结果为：T1N1M0，III 期。

10. 治疗及转归

使用卡铂进行系统化疗，控制效果不佳，1 个月后主人决定对患犬进行安乐死。

11. 讨论

犬恶性黑色素瘤为口腔常发的恶性肿瘤，局部侵袭性强，可能发生淋巴结及远端转移，细胞学和组织病理学在该肿瘤的诊断过程中意义重大，但在低分化的恶性黑色素瘤病例中，细胞质中特征性色素颗粒含量会降低甚至消失，使肿瘤细胞形态类似于组织细胞肉瘤或软组织肉瘤，这时需要通过免疫组织化学（Melan A 和 S100）染色，来提高诊断的准确性。本病例组织切片中，肿瘤细胞的胞质内含有较明显的深棕色颗粒，细胞形态与黑色素细胞较为一致。肿瘤细胞异型性大，有丝分裂象大于 5 个 /2.37 mm^2。组织病理学诊断为恶性黑色素瘤。

恶性黑色素瘤患犬的分期相对较简单。基本资料应包括完整的病史和体格检查结果、CBC、生化检查、尿液分析、影像学检查和局部淋巴结 FNA 细胞学检查。即使未出现肿大的局部淋巴结，转移率也将近 40%。因黑色素瘤会转移至腹腔淋巴结及脏器，所有病例都应考虑腹腔检查。本病例进行全身 CT 扫描后发现下颌淋巴结增大，FNA 细胞学检查可见肿瘤性黑色素细胞转移至淋巴结。临床分期为 III 期。

对于黑色素瘤，手术仍是最有效的局部治疗法，此外，也可采用系统性化疗、分子靶向治疗、放疗、免疫疗法等手段治疗。但在口腔黑色素病例中，初次发现肿瘤时，肿物通常已经较大。本病例无法通过手术完全切除，需要使用放疗或药物治疗。传统化疗药物对恶性黑色素瘤效果不佳，报道中反应率较高的系统化疗药物包括顺铂和吡罗昔康（18%）以及卡铂（28%）。迄今为止，评估犬黑色素瘤辅助化疗效果的研究由于各种原因都不理想。显然，目前急需一种新的系统疗法治疗这种疾病。

◆ 参考文献

1.Meuten D J. Tumors in domestic animals [M].5th ed. Iowa: John Wiley & Sons, 2020.

2.Williams L E, Packer R A. Association between lymph node size and metastasis in dogs with oral malignant melanoma: 100 cases (1987–2001)[J]. Journal of the American Veterinary Medical Association, 2003, 222(9): 1234-1236.

3.Withrow S J, Vail D M, Page R L. Withrow and MacEwen's Small Animal Clinical Oncology [M].6th ed. St. Louis, Missouri: Elsevier Health Sciences, 2020.

CASE 58

案例58
犬胸腺瘤

1. 基本信息和病史

苏格兰牧羊犬，8 岁，雌性未绝育。平时单独饲养于楼房中，饲喂商品化犬粮，正常免疫和驱虫，近期无旅行史，无既往史。

下颌及颈部软组织肿胀数月，曾于他院使用抗生素治疗，未见明显改善，近日出现呼吸急促，运动不耐受，食欲下降。

2. 体格检查

患犬精神沉郁，BCS：6/9，脱水 6% ~ 8%。黏膜颜色发绀，CRT＞2 s。呼吸急促，心音及肺音听诊不清。

3. 问题列表

下颌及颈部软组织肿胀、呼吸急促、发绀、运动不耐受、心音及肺音听诊不清。

4. 鉴别诊断

前腔静脉综合征、充血性右心衰、肺脏疾病、胸膜腔积液。

5. 初步诊断计划

诊断项目：CBC、生化检查、胸部 X 线检查、心脏超声检查。

6. 初步检查结果

CBC 检查结果见表 58–1，生化检查结果见表 58–2。

X 线检查结果见图 58–1、图 58–2。超声检查结果见图 58–3、图 58–4。

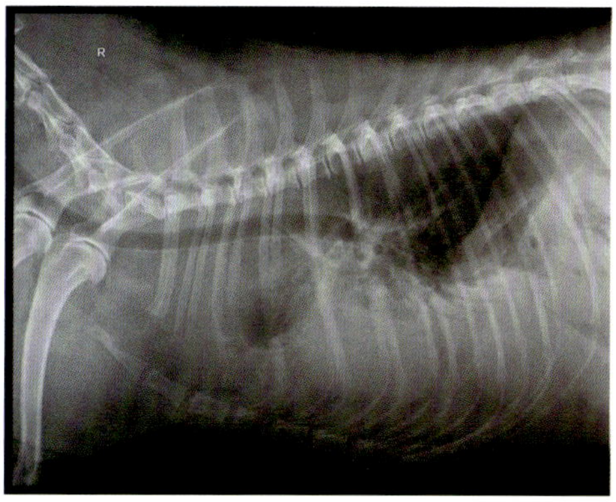

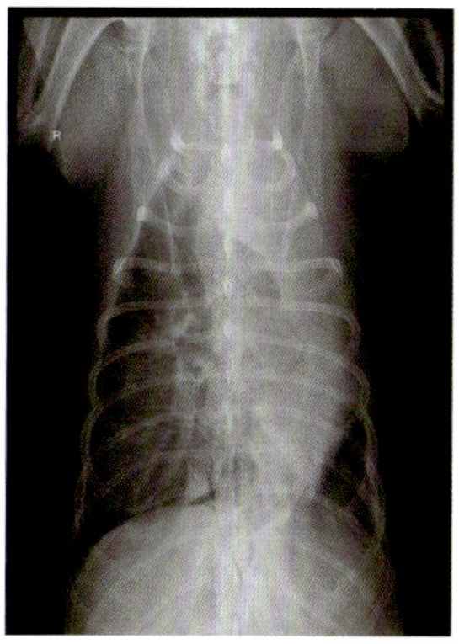

图 58–1（左图）

胸部右侧卧 X 线片

图 58–2（右图）

胸部腹背位 X 线片

表 58-1　CBC 检查结果

项目	结果	参考范围
红细胞总数（RBC）	5.93×10^{12}/L	5.65×10^{12} ～ 8.87×10^{12}/L
红细胞比容（HCT）	34.5%	37.3% ～ 61.7%
血红蛋白浓度（HGB）	13.1 g/dL	13.1 ～ 20.5 g/dL
网织红细胞（RETIC）	14.2×10^{3}/μL	10.0×10^{3} ～ 110.0×10^{3}/μL
平均红细胞体积（MCV）	58.2 fL	61.6 ～ 73.5 fL
平均红细胞血红蛋白浓度（MCHC）	38.0 g/dL	32.0 ～ 37.9 g/dL
红细胞分布宽度（RDW）	16.2%	13.6% ～ 21.7%
白细胞总数（WBC）	27.38×10^{9}/L	5.05×10^{9} ～ 16.76×10^{9}/L
分叶中性粒细胞（SEG）	21.45×10^{9}/L	2.95×10^{9} ～ 11.64×10^{9}/L
淋巴细胞（LYM）	1.09×10^{9}/L	1.05×10^{9} ～ 5.10×10^{9}/L
单核细胞（MONO）	4.72×10^{9}/L	0.16×10^{9} ～ 1.12×10^{9}/L
嗜酸性粒细胞（EOS）	0.01×10^{9}/L	0.06×10^{9} ～ 1.23×10^{9}/L
嗜碱性粒细胞（BASO）	0.11×10^{9}/L	0.00 ～ 0.10×10^{9}/L
血小板（PLT）	159×10^{3}/μL	148×10^{3} ～ 484×10^{3}/μL

表 58-2　生化检查结果

检查项目	结果	参考范围
血糖（GLU）	11.4 mmol/L	3.5 ～ 6 mmol/L
肌酐（CREA）	71.5 μmol/L	45 ～ 110 μmol/L
尿素（UREA）	10.1 mmol/L	3 ～ 9 mmol/L
磷（P）	1.6 mmol/L	0.8 ～ 2 mmol/L
钙（Ca）	2.4 mmol/L	2.3 ～ 3 mmol/L
总蛋白（TP）	67.4 g/L	54 ～ 71 g/L
白蛋白（ALB）	31.4 g/L	25 ～ 35 g/L
球蛋白（GLOB）	36 g/L	25 ～ 45 g/L
丙氨酸氨基转移酶（ALT）	22.4 U/L	10 ～ 100 U/L
天门冬氨酸氨基转移酶（AST）	29.5 U/L	10 ～ 66 U/L
碱性磷酸酶（ALP）	111 U/L	20 ～ 200 U/L
γ- 谷氨酰转肽酶（GGT）	4.8 U/L	0 ～ 10 U/L
总胆红素（TBIL）	8.7 μmol/L	0.5 ～ 8.55 μmol/L
胆固醇（CHOL）	7.1 mmol/L	3 ～ 7 mmol/L
甘油三酯（TG）	1.1 mmol/L	0.2 ～ 1.7 mmol/L
胆汁酸（TBA）	3.6 μmol/L	0 ～ 100 μmol/L
肌酸激酶（CK）	46.8 U/L	0 ～ 150 U/L
钠（Na）	136.1 mmol/L	136 ～ 156 mmol/L
钾（K）	3.7 mmol/L	3.5 ～ 5.5 mmol/L
氯（Cl）	111.2 mmol/L	104 ～ 116 mmol/L

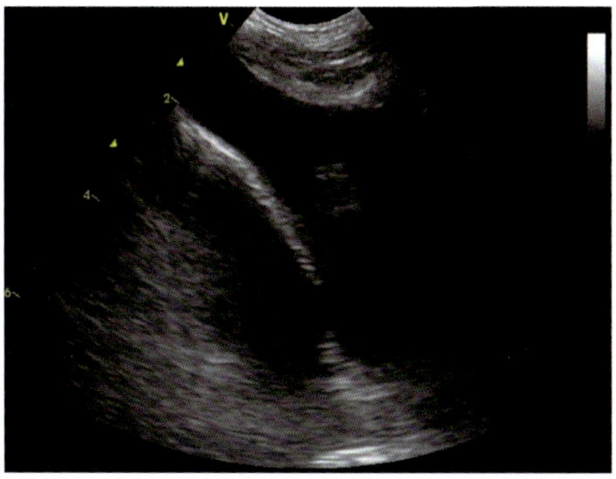

图 58–3

胸膜腔超声图

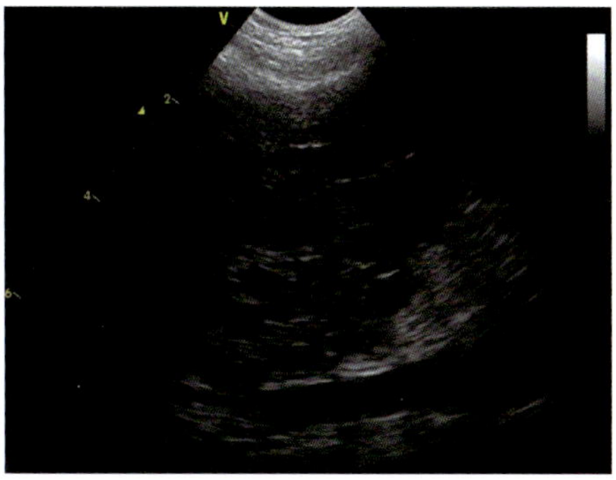

图 58–4

前纵隔超声图

7. 初步检查结果分析

7.1　CBC 结果

红细胞象及血小板未见明显异常。

白细胞象：白细胞总数与中性粒细胞数量增高，提示存在全身性炎症反应。

7.2　血清生化检查结果

轻度氮质血症，可能与患犬脱水相关。

总胆红素及胆固醇轻度升高，无特殊提示。

7.3　X 线检查结果

侧位前纵隔腹侧可见软组织密度团块，气管受团块效应影响轻度上抬，肺脏双后叶回缩。正位前纵隔偏左侧可见软组织密度团块。

X 线提示：前纵隔肿物伴胸膜腔积液。

7.4　超声检查结果

心脏超声各腔室大小均位于参考范围内，左心功能无明显异常。胸膜腔中量游离暗区，前纵隔可见大血管旁不均匀低回声实质肿物（直径＞6 cm）。超声引导下抽取约 1 L 胸膜腔积液。

超声提示：前纵隔实质肿物，胸膜腔中量积液。心脏大小及左心功能未见明显异常。

7.5　胸膜腔积液检查

胸膜腔积液检查结果见表 58–3。

表 58–3　胸膜腔积液检查结果

项目	结果
颜色	粉色（离心后上清为乳白色）
透明度	浑浊
比重	1.028
蛋白定量（g/L）	4.4
有核细胞计数（$\times 10^9$/L）	4.28
红细胞总数（$\times 10^{12}$/L）	0.07
显微镜检查	有核细胞量少，其中中性粒细胞约占 24%，淋巴细胞约占 58%，巨噬细胞约为 28%，背景中可见适量红细胞，未见病原微生物

提示：积液属于改性漏出液，可能与右心充血性心力衰竭、肿瘤和肝病等相关。

8. 进一步诊断计划及结果分析

综合初步检查结果，推测呼吸急促与胸膜腔积液占位相关，而胸膜腔积液的产生与前纵隔肿物相关，且临床症状中下颌及颈部水肿为前腔静脉综合征的表现，提示肿物可能已累及前腔静脉。需进一步检查确定肿物大小、肿瘤类型及是否可以进行积极治疗（如手术）。所以，下一步进行 CT 扫描，同时进行超声引导的“Tru-cut”活检检查。

8.1 CT 扫描结果

前纵隔内边界清晰，轮廓不规则软组织衰减肿物，包裹前腔静脉近二分之一周长（图 58–5），前腔静脉管壁衰减增强，腔内软组织衰减填充，未见增强（图 58–6），前纵隔大量弯曲血管影像；胸膜腔内游离软组织衰减；双肺前叶局部肺叶不张（图 58–7）。

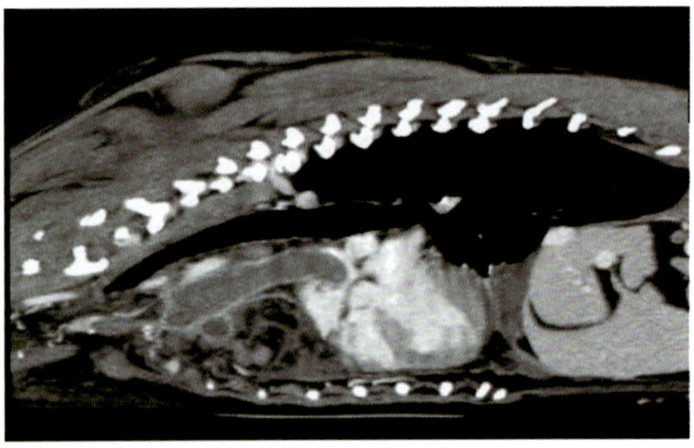

图 58–5

CT 造影增强后矢状面

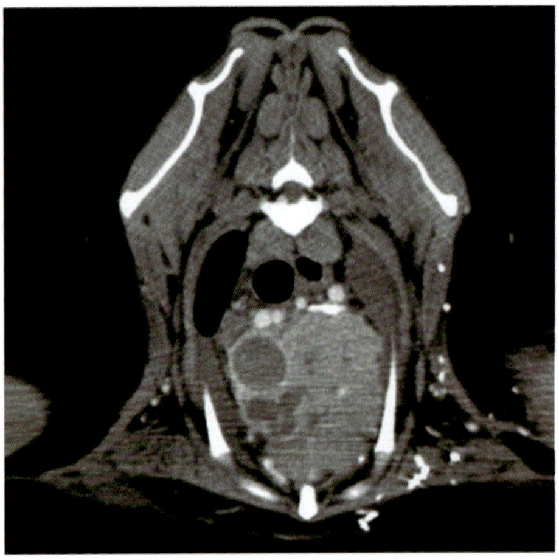

图 58–6

CT 造影增强后横断面（前纵隔水平）

提示：前纵隔肿物伴前腔静脉侵袭，前腔静脉内瘤栓 / 血栓梗阻。胸膜腔积液，双肺前叶局部肺不张。

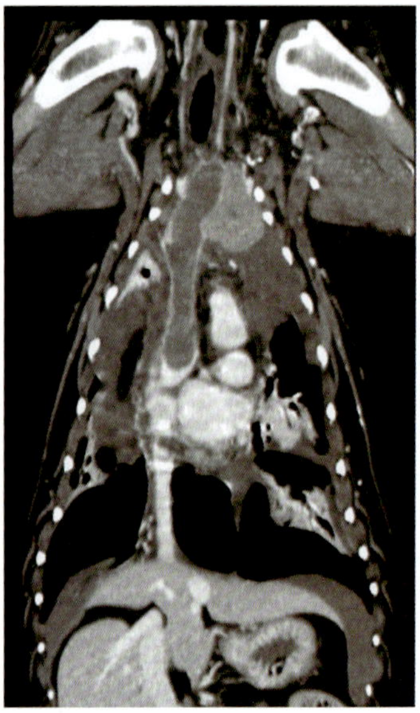

图 58–7

CT 造影增强后冠状面

8.2 组织病理学

肿物细胞呈小巢状排列，含少量嗜酸性胞质，胞核呈圆形至卵圆形，细胞核染色质致密。轻度细胞大小不等和细胞核大小不等。可见明显淋巴细胞浸润。组织学检查提示胸腺瘤。

9. 最终诊断

结合病史及各种检查结果，本病例被诊断为胸腺瘤，伴前腔静脉侵袭，胸膜腔积液及前腔静脉综合征。

10. 治疗及转归

采取姑息治疗，患犬 10 d 后死亡。

11. 讨论

犬的前纵隔的肿瘤相对比较少见，最常见报道的是淋巴瘤、胸腺瘤。其他恶性肿瘤还包括化学感受器瘤、异位甲状旁腺或甲状腺癌。非肿瘤性肿物很罕见，包括囊肿和炎性病灶，如脓肿和肉芽肿。

胸腺瘤在犬中比较少见，起源于胸腺上皮细胞，通常位于前纵隔。常见于老年犬，发病高峰年龄为 9 岁和 10 岁。目前尚无好发品种及性别倾向的报道。临床症状包括咳嗽、运动不耐受、呼吸困难、体重减轻、食欲不振、反流及前腔静脉综合征（头部、颈部或前肢皮下水肿）。胸腺瘤最常伴发的副肿瘤综合征是重症肌无力，高达 40% 的患犬同时出现巨食道及吸入性肺炎。

影像检查对发现胸腺瘤、手术方案制定及预后判断有很大作用。在兽医临床上，常根据胸腺瘤的侵犯程度和能否切除分为良性和恶性肿瘤，而不是根据组织学的恶性特征。因此胸腺瘤评估中最重要的问题是肿物的侵袭性，术前 CT 检查尤为重要。人医有专门的肿瘤侵袭血管的评分系统，分为 0 ～ 4 级。0 级：肿物与血管无接触；1 级：肿物与血管相邻，小于血管周长的四分之一，即＜ 90°；2 级：相邻血管周长 90 ～ 180°；3 级：相邻血管周长 180 ～ 270°；4 级：相邻血管周长＞ 270°。当肿瘤处于 2 级或更高级时，侵袭率为 89%。兽医中尚无类似肿物血管侵袭的标准评分系统。

胸腺瘤的治疗通常首选手术，影响生存时间的一个重要因素是胸腺瘤对周围组织的侵袭性；周围组织侵袭发生率的增加通常与恶性程度增加以及生存时间减少有关。犬胸腺瘤 CT 侵袭征象主要包括前腔静脉及锁骨下静脉侵袭。术中是否有前腔静脉侵袭是一个重要的预后指标。前腔静脉侵袭与围手术期高死亡率相关。该病例经 CT 评估后未进行手术治疗，仅姑息治疗，预后很差。

◆ 参考文献

1.Atwater S W, Powers B E, Park R D, et al. Thymoma in dogs: 23 cases (1980-1991)[J]. Journal of the American Veterinary Medical Association, 1994, 205(7): 1007-1013.

2.Phoa S S, Reeders J W, Stoker J, et al. CT criteria for venous invasion in patients with pancreatic head carcinoma[J]. The British Journal of Radiology, 2000, 73(875): 1159-1164.

3.Robat C S, Cesario L, Gaeta R, et al. Clinical features, treatment options, and outcome in dogs with thymoma: 116 cases (1999–2010)[J]. Journal of the American Veterinary Medical Association, 2013, 243(10): 1448-1454.

4.Scherrer W E, Kyles A E, Samii V F, et al. Computed tomographic assessment of vascular invasion and resectability of mediastinal masses in dogs and a cat[J]. New Zealand Veterinary Journal, 2008, 56(6): 330-333.

5.Withrow S J, Vail D M, Page R L. Withrow and

MacEwen's Small Animal Clinical Oncology [M].6th ed. St. Louis, Missouri: Elsevier Health Sciences, 2020.

6.Yoon J, Feeney D A, Cronk D E, et al. Computed tomographic evaluation of canine and feline mediastinal masses in 14 patients[J]. Veterinary Radiology & Ultrasound, 2004, 45(6): 542-546.

CASE 59

案例59

犬肥大细胞瘤

1. 基本信息及病史

贵宾犬，8 岁，雌性未绝育，饮食欲良好，定期免疫及驱虫。

该犬左肩部及右臀部各有一处皮肤肿物，两处肿物大小相似，直径约 3 cm，表面轻度脱毛，无瘙痒，无破溃。

2. 体格检查

精神尚可，体况评分（BCS）：6/9，体温 38.6 ℃，呼吸频率 24 次 /min，心率 120 次 /min。体重 5.58 kg，口腔黏膜淡粉色。

3. 问题列表

肩部及臀部皮肤肿物。

4. 鉴别诊断

增生、炎症、肿瘤。

5. 初步诊断计划

诊断项目：CBC、血生化检查、细胞学检查。

6. 初步检查结果

6.1 血液检查

CBC 检查结果见表 59-1，生化检查结果见表 59-2。

表 59-1 CBC 检查结果

项目	结果	参考范围
红细胞总数（RBC）	6.67×10^{12}/L	5.1×10^{12} ～ 7.6×10^{12}/L
红细胞比容（HCT）	47.4%	35% ～ 52%
血红蛋白浓度（HGB）	165 g/L	124 ～ 192 g/L
平均红细胞体积（MCV）	71.1 fL	60 ～ 71 fL
网织红细胞绝对值（RET）	18.7×10^3/μL	19.4×10^3 ～ 110×10^3/μL
白细胞数（WBC）	4.72×10^9/L	5.6×10^9 ～ 18.4×10^9/L
中性粒细胞绝对值（NEU）	2.96×10^9/L	2.9×10^9 ～ 13.6×10^9/L
淋巴细胞绝对值（LYM）	1.30×10^9/L	1.1×10^9 ～ 5.3×10^9/L
单核细胞绝对值（MONO）	0.34×10^9/L	0.4×10^9 ～ 1.6×10^9/L
嗜酸性粒细胞绝对值（EOS）	0.11×10^9/L	0.1×10^9 ～ 3.1×10^9/L

续表 59–1

项目	结果	参考范围
嗜碱性粒细胞绝对值（BASO）	0.01×10^9/L	$0 \sim 0.1 \times 10^9$/L
血小板数（PLT）	142×10^3/μL	$148 \times 10^3 \sim 484 \times 10^3$/μL
镜检	片尾可见血小板凝集簇	

表 59–2 生化检查结果

检查项目	结果	参考范围
葡萄糖（GLU）	98 mg/dL	68 ～ 104 mg/dL
肌酐（CREA）	1.0 mg/dL	0.6 ～ 1.4 mg/dL
尿素（UREA）	27 mg/dL	19 ～ 55.7 mg/dL
磷（P）	2.2 mg/dL	2.7 ～ 5.4 mg/dL
钙（Ca）	10.6 mg/dL	9.4 ～ 12 mg/dL
总蛋白（TP）	6.7 g/dL	5.5 ～ 7.2 g/dL
白蛋白（ALB）	3.6 g/dL	22 ～ 40 g/dL
球蛋白（GLOB）	3.1 g/dL	1.9 ～ 3.7 g/dL
白球比（A/G）	1.2	0.9 ～ 1.9
丙氨酸氨基转移酶（ALT）	32 U/L	17 ～ 95 U/L
天门冬氨酸氨基转移酶（AST）	23 U/L	10 ～ 56 U/L
碱性磷酸酶（ALP）	18 U/L	7 ～ 115 U/L
γ– 谷氨酰转肽酶（GGT）	4 U/L	0 ～ 8 U/L
总胆红素（TBIL）	0.2 mg/dL	0 ～ 0.8 mg/dL
胆固醇（CHOL）	248 mg/dL	136 ～ 392 mg/dL
肌酸激酶（CK）	100 U/L	0 ～ 314 U/L
钠（Na）	149.0 mmol/L	143 ～ 150 mmol/L
钾（K）	4.2 mmol/L	4.1 ～ 5.4 mmol/L
氯（Cl）	112.5 mmol/L	106 ～ 114 mmol/L

6.2 细胞学检查

臀部和肩部细胞学检查结果高度一致，结果见图 59–1。

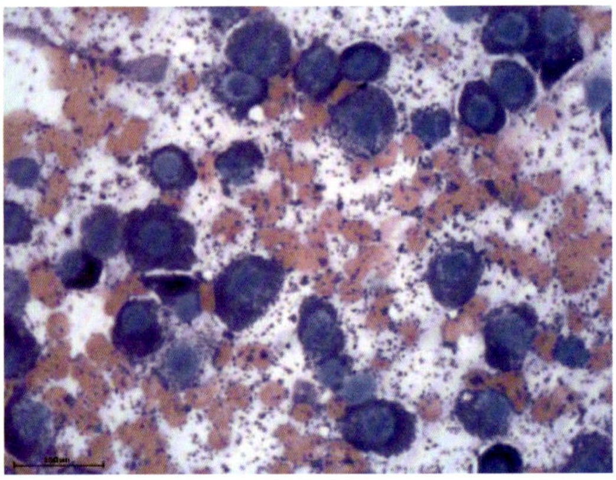

图 59–1

臀部肿物细针抽吸涂片（瑞氏吉姆萨染色，1 000×）

7. 检查结果分析

7.1 CBC 结果

红细胞象：未见明显异常。

白细胞象：未见明显异常。

血小板象：镜检可见血小板在片尾聚集成簇，因此血小板数量减少可能为假性降低。

7.2　血清生化检查结果

低磷血症：由于肝脏、肾脏及其他相关生化指标未见明显异常，因此主要怀疑是由于近期食物中磷摄入不足或饥饿引起的低磷血症。

7.3　细胞学检查结果

两处肿物细胞学表现一致，镜下观察（图 59-1）可见细胞脱落量大，细胞散在分布，呈圆形或椭圆形，细胞大小轻度不等，含有适量嗜碱性胞质，胞质中有大量紫红色颗粒，细胞核呈圆形，位于细胞中心或一侧，染色质呈细腻点状，未见明显核仁，符合肥大细胞瘤的特征。背景可见大量紫红色颗粒及红细胞，少量成纤维细胞，未见病原微生物。

皮肤肿物 FNA 细胞学提示肥大细胞瘤，故进行 c-kit 检查。c-kit 结果显示臀部和肩部肥大细胞瘤 11 号外显子均未见突变。

8. 进一步诊断计划及结果分析

8.1　进一步诊断计划

两处肿物组织病理学、腹部超声检查。

8.2　结果及分析

8.2.1　组织病理学检查结果

两处肿物组织病理学表现相似，见图 59-2。低倍镜下肿物位于真皮层，肿瘤细胞呈片状，束状分布，可见增生的纤维结缔组织分布其中，伴有少量嗜酸性粒细胞浸润。

高倍镜下肿瘤细胞边界清晰，呈圆形或卵圆形，细胞内含有大量深紫红色颗粒，细胞核呈圆形，部分细胞核被紫红色颗粒覆盖，核染色质均一。甲苯胺蓝染色可见大量阳性信号分布于肿瘤细胞胞质。

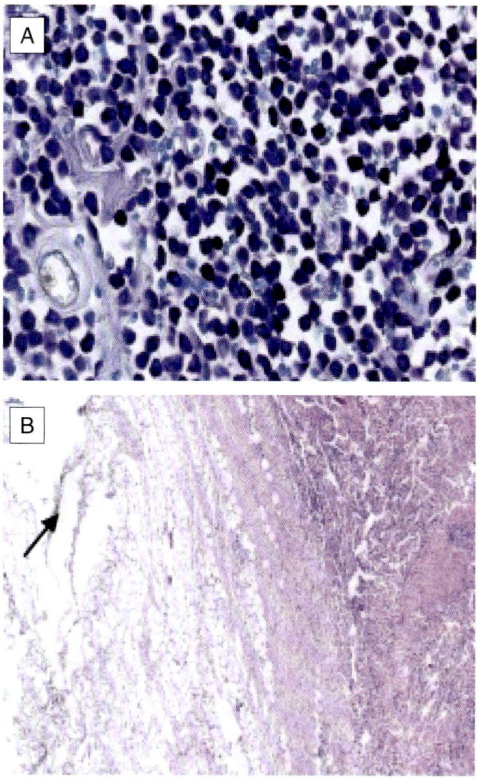

A. 甲苯胺蓝染色，800×；B. 手术深部边缘组织墨汁染色（箭头），（HE 染色，200×）。

图 59-2

左肩部肿物不同染色的组织病理学结果

结果显示两处肿物均为肥大细胞瘤，病理组织分级按 Kiupel 分级系统为低分级，边缘评估发现左肩部深部边缘肿瘤细胞浸润，两处肿物组织外周边缘干净。

8.2.2　超声检查结果

超声结果显示肝脏、胆囊、脾脏、双肾、膀胱形态未见明显异常。腹膜腔内淋巴结、双侧肩前淋巴结未见明显增大。双侧腋下淋巴结大小相同。

9. 诊断

结合细胞学、超声及组织学检查，本病例被诊断为低分级皮肤型肥大细胞瘤，未见肝脾及淋巴结转移，临床分期为Ⅲ期。

10. 治疗及转归

采取手术治疗。术后止痛消炎，定期复查，未见复发。

11. 讨论

肥大细胞瘤（mast cell tumor，MCT）是犬最常见的皮肤恶性肿瘤，在所有皮肤肿瘤中占16%～21%。目前的研究中，肥大细胞瘤无性别、年龄偏好，但是，皮肤MCTs的患病风险随着年龄的增长而增加，患犬的平均年龄为9岁。犬大多数MCT发生在真皮和皮下组织，多为单个肿物，但也有11%～14%的犬有全身多发性肿物。MCT患犬的病史和临床体征有时可能会因肥大细胞颗粒释放组胺、肝素和其他血管活性胺而变得复杂，如周围组织的红斑和水肿、瘙痒或肿瘤大小的变化。本病例属于多发性皮肤型肥大细胞瘤，未见明显肿物瘙痒等症状，这可能与其肿瘤的发展程度相关。

犬MCT发生的分子机制涉及酪氨酸激酶受体KIT，KIT在造血干细胞、黑素细胞和肥大细胞等多种细胞上正常表达，KIT的配体干细胞因子诱导KIT二聚化、磷酸化和细胞内信号的产生，从而促进正常肥大细胞的增殖、分化和成熟。在犬MCT中已被证实KIT表达，此外，25%～30%的中、高级MCT存在c-kit基因突变，突变会导致KIT蛋白不再依赖SCF，自身就可以持续磷酸化。已发现的犬突变位点中，外显子11的突变率最高，占突变总数的14%～21%，酪氨酸激酶抑制剂已经被证明对带有c-kit突变的犬MCTs有效，c-kit突变与局部复发、转移和较差预后的风险增加相关。在本病例中，c-kit 11号外显子未见明显突变，提示预后良好。

通过细胞学检查确诊为肥大细胞瘤的患犬，应对其淋巴结进行仔细触诊。通过腹部触诊、超声检查判断是否有肝、脾增大。本病例超声结果显示，肝、脾、腹腔内淋巴结、双侧肩前淋巴结、双侧腋下淋巴结未见明显异常。此外，血常规和血生化检查均未见明显异常。

本病例组织学病理结果表明未见有丝分裂象，未见多核细胞及不正常核，细胞核大小一致，根据Kiupel等制定的MCTs组织病理学二级分级系统，本病例属于低分级MCTs。

MCTs临床分期通常被认为是犬皮肤MCT最重要的预后工具，通过临床标准、组织病理学和细胞学检查来综合评估。犬MCTs临床一般分为4期，Ⅰ期指局限于皮肤的单个肿瘤，无局部淋巴结浸润；Ⅱ期指局限于皮肤的单个肿瘤，有局部淋巴结浸润；Ⅲ期指多个皮肤肿瘤，或体积较大的浸润性肿瘤，有或无淋巴结浸润；Ⅳ期指有远处转移的肿瘤或复发。此外，淋巴结浸润比多个皮肤 MCT 预后更差。综合血常规、生化、细胞学、c-kit 及组织病理学分级结果，本病例临床分期属于Ⅲ期，但是组织病理学提示左肩部肿瘤深部边缘有肿瘤细胞浸润，有一定复发的可能性。术后对本病例定期复查，半年内未见明显复发，但仍需定期监测。

◆ 参考文献

1. 李格宾，杨紫嫣，林珈好，等．应用分子靶点药物治疗犬肥大细胞瘤的研究进展 [J]. 动物医学进展，2016, 37(2): 80-84.
2.Bostock D E. Neoplasms of the skin and subcutaneous tissues in dogs and cats[J]. British Veterinary Journal, 1986, 142(1): 1-19.
3.Kiupel M, Webster J D, Bailey K L, et al. Proposal of a 2-tier histologic grading system for canine cutaneous mast cell tumors to more accurately predict biological behavior[J]. Veterinary pathology, 2011, 48(1): 147-155.
4.O'connell K, Thomson M. Evaluation of prognostic indicators in dogs with multiple, simultaneously occurring cutaneous mast cell tumours: 63 cases[J]. Veterinary and comparative oncology, 2013, 11(1): 51-62.
5.Roskoski Jr R. Signaling by Kit protein-tyrosine kinase—the stem cell factor receptor[J]. Biochemical and biophysical research communications, 2005, 337(1): 1-13.

CASE 60

案例60 犬前列腺癌

1. 基本信息和病史

喜乐蒂牧羊犬，10 岁，雄性。平时单独饲养于室内，日常主要饲喂干粮和鸡胸肉。定期免疫和驱虫。近期无旅行史。

1 年前患犬左后肢偶有跛行，3 周前开始偶见尿中带鲜血，近 1 周患犬跛行加重，不愿运动，食欲下降，便秘。

2. 体格检查

患犬精神状态较沉郁，BCS：4/9。黏膜颜色粉。脱水程度为 6% ～ 8%。体温 38.6 ℃（肛温）。心率 106 次 /min。视诊肛周无异常，心音及肺音听诊无异常，触诊后腹部及后段腰椎敏感，触诊四肢骨骼未见疼痛，活动双后肢关节未见明显异常。

3. 问题列表

跛行、尿血、便秘、触诊后腹部及后段腰椎敏感。

4. 鉴别诊断

前列腺疾病、椎间盘疾病、下泌尿道疾病。

5. 初步诊断计划

诊断项目：CBC、生化检查、尿液分析、腹部 X 线检查、腹部超声检查。

6. 初步检查结果

CBC 检查结果见表 60–1，生化检查结果见表 60–2。

X 线检查结果见图 60–1、图 60–2。前列腺超声检查图见图 60–3。

表 60–1　CBC 检查结果

项目	结果	参考范围
红细胞总数（RBC）	6.34×10^{12}/L	5.65×10^{12} ～ 8.87×10^{12}/L
红细胞比容（HCT）	44.6%	37.3% ～ 61.7%
血红蛋白浓度（HGB）	15.3 g/dL	13.1 ～ 20.5 g/dL
网织红细胞（RETIC）	65.3×10^{3}/μL	10.0×10^{3} ～ 110.0×10^{3}/μL
平均红细胞体积（MCV）	70.3 fL	61.6 ～ 73.5 fL
平均红细胞血红蛋白浓度（MCHC）	34.3 g/dL	32.0 ～ 37.9 g/dL
红细胞分布宽度（RDW）	15.2%	13.6% ～ 21.7%

续表 60-1

项目	结果	参考范围
白细胞总数（WBC）	23.78×10^9/L	5.05×10^9 ~ 16.76×10^9/L
分叶中性粒细胞（SEG）	20.38×10^9/L	2.95×10^9 ~ 11.64×10^9/L
淋巴细胞（LYM）	1.46×10^9/L	1.05×10^9 ~ 5.10×10^9/L
单核细胞（MONO）	1.84×10^9/L	0.16×10^9 ~ 1.12×10^9/L
嗜酸性粒细胞（EOS）	0.04×10^9/L	0.06×10^9 ~ 1.23×10^9/L
嗜碱性粒细胞（BASO）	0.06×10^9/L	0.00 ~ 0.10×10^9/L
血小板（PLT）	408×10^3/μL	148×10^3 ~ 484×10^3/μL

表 60-2　生化检查结果

项目	结果	参考范围
总胆红素（TBIL）	0.6 mg/dL	0 ~ 0.8 mg/dL
总蛋白（TP）	5.7 g/dL	5.5 ~ 7.2 g/dL
白蛋白（ALB）	3.6 g/dL	3.2 ~ 4.1 g/dL
球蛋白（GLOB）	2.1 g/dL	1.9 ~ 3.7 g/dL
葡萄糖（GLU）	88.3 mg/dL	68 ~ 104 mg/dL
丙氨酸氨基转移酶（ALT）	68.3 U/L	17 ~ 95 U/L
天门冬氨酸氨基转移酶（AST）	48.5 U/L	10 ~ 56 U/L
碱性磷酸酶（ALP）	992.4 U/L	7 ~ 115 U/L
γ- 谷氨酰转肽酶（GGT）	5.6 U/L	0 ~ 8 U/L
胆汁酸（TBA）	10.7 μmol/L	0 ~ 25 μmol/L
尿素（UREA）	19.0 mg/dL	19 ~ 55.7 mg/dL
肌酐（CREA）	0.9 mg/dL	0.6 ~ 1.4 mg/dL
磷（P）	3.8 mg/dL	2.7 ~ 5.4 mg/dL
钙（Ca）	10.6 mg/dL	9.4 ~ 12 mg/dL
总胆固醇（CHOL）	230.8 mg/dL	139 ~ 392 mg/dL
甘油三酯（TG）	56.9 mg/dL	23 ~ 102 mg/dL
肌酸激酶（CK）	396.8 U/L	0 ~ 314 U/L
钾（K）	5.3 mmol/L	4.1 ~ 5.4 mmol/L
钠（Na）	146.7 mmol/L	143 ~ 150 mmol/L
氯（Cl）	112.1 mmol/L	106 ~ 114 mmol/L

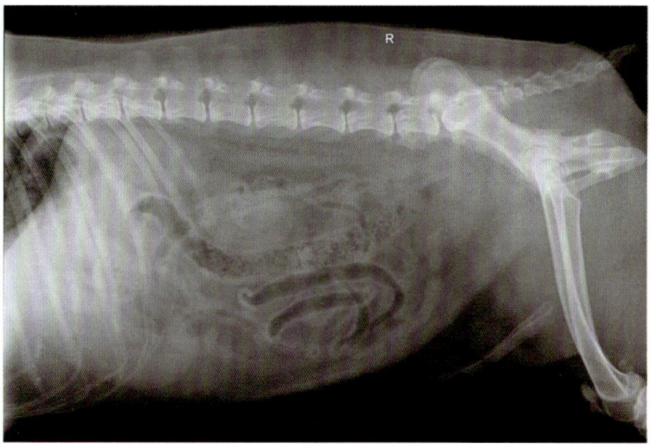

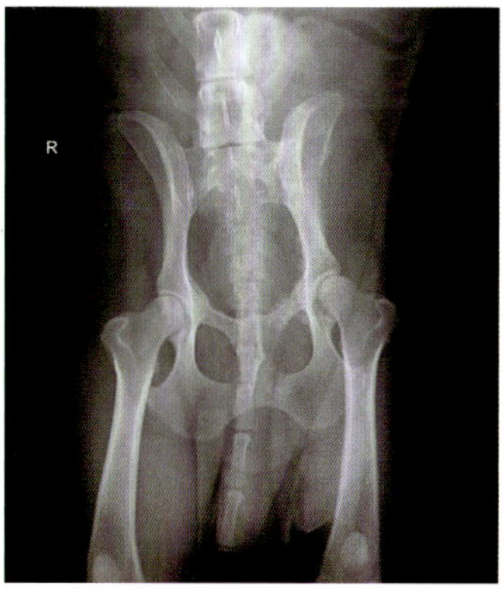

图 60-1（左图）
腹部右侧位 X 线片

图 60-2（右图）
腹部腹背位 X 线片

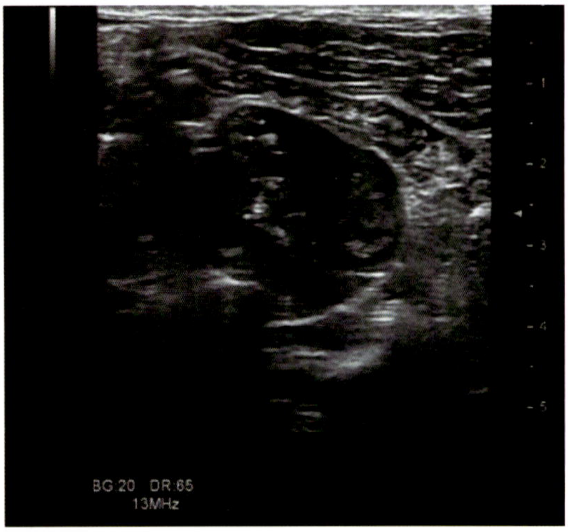

图 60–3

前列腺横断面超声图

7. 初步检查结果分析

7.1 CBC 结果

红细胞象及血小板象未见明显异常。

白细胞象：白细胞总数、中性粒细胞数量及单核细胞数量增高，提示炎症。

7.2 血清生化检查结果

ALP 升高：ALP 的来源较多，但通常可引起血浆 ALP 升高的同工酶包括肝脏、骨骼和类固醇诱导的同工酶，本病例中其他肝酶指标未见异常，基本可以排除肝病引起的指标升高。

CK 升高提示存在肌肉损伤。

7.3 X 线检查结果

L6 ～ L7 椎体腹侧及左侧髂骨及坐骨处可见不规则骨膜反应，左侧髂骨翼局部骨密度不均；L6 ～ L7 椎体腹侧可见软组织密度影像；膀胱及前列腺区域可见多个矿化密度颗粒影像；肝尖钝圆。

X 线提示：L6 ～ L7 及左侧髂骨翼骨侵袭；前列腺矿化或结石；膀胱结石；疑腰下淋巴结增大；肝脏增大。

7.4 超声检查结果

前列腺增大，实质内结节伴矿化灶（图 60–3），疑前列腺肿瘤；双侧髂内淋巴结增大；膀胱结石；双肾肾盂及肾盂憩室内结晶。

8. 进一步诊断计划及结果分析

8.1 进一步诊断计划

对前列腺及髂内淋巴结进行超声引导下细针抽吸，进行细胞学检查。使用尿液沉渣进行 B–raf 检查。

8.2 结果分析

8.2.1 前列腺穿刺结果

脱落细胞量大，成簇分布，连接紧密，边界清晰；细胞大小不等，核仁大小不等，核仁明显（图 60–4）；胞质蓝染，部分空泡化，提示上皮细胞类肿瘤。疑前列腺癌。建议进行组织病理学检查，动物主人拒绝进一步检查。

8.2.2 髂内淋巴结穿刺结果：

大量细胞碎片和上皮细胞，细胞特征与前列腺内的上皮细胞类似，提示前列腺肿瘤细胞转移至淋巴结。

8.2.3 B–raf 结果：

肿瘤细胞存在 B–raf 突变。提示前列腺癌或移形细胞癌。

9. 最终诊断

结合影像学、细胞学及 B–raf 检查，病例最终诊断为前列腺癌。

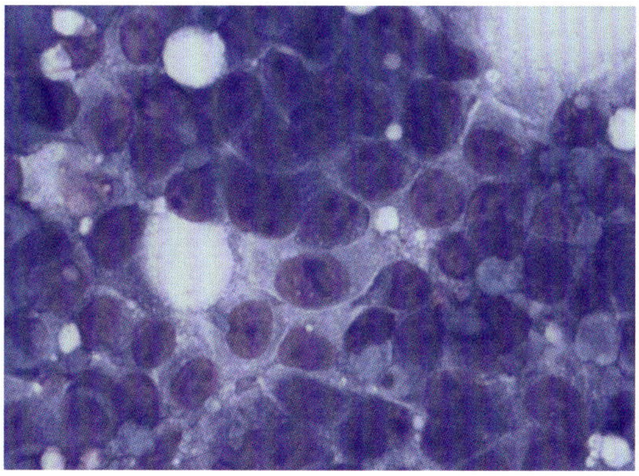

图 60-4

前列腺的细胞学检查（瑞氏吉姆萨染色，1 000×）

10. 治疗及转归

预后不良，主人放弃治疗。

11. 讨论

犬前列腺癌相对罕见，仅占所有肿瘤病例的 0.2% ～ 0.6%。尽管前列腺癌的发病率较低，却是去势公犬中最常见的前列腺疾病。平均发病年龄为 10 岁，中大型犬高发。

前列腺癌导致的临床表现通常与其他前列腺疾病类似，如尿血和排尿困难，前列腺显著增大的病例，可能出现便秘和里急后重。当肿瘤转移至腰椎和骨盆时，还可能出现后肢无力、跛行和/或神经缺陷。经腹部或经直肠通常可触诊到不对称、且质地较硬的前列腺，并且患犬常会有疼痛表现。腹部 X 线检查可能会发现前列腺增大和前列腺区域的矿化影像，但 X 线片对诊断前列腺肿瘤不敏感，因为许多前列腺癌病例可能不会出现显著的前列腺增大。超声检查对前列腺癌的诊断十分重要，典型超声征象为前列腺不对称增大、回声不均伴矿化灶。确诊通常依赖于组织病理学检查。在本病例中，超声引导下前列腺的细针抽吸对最终诊断非常关键。但是，确定犬前列腺癌的具体类型具有挑战，这是因为最常见的两种前列腺肿瘤（前列腺腺癌和前列腺尿道的移行上皮癌）的形态和镜下特征类似，通常需要免疫组化才可能进行区分。

前列腺癌发展迅速且转移率高，在确诊此病后，往往需要其他检查来评估肿瘤的局部 / 远端转移。前列腺癌常见转移至膀胱、尿道及邻近的淋巴结（腰下淋巴结群），超声检查对于评估这些部位十分有效。可以在腹主动脉分叉处进行双侧髂内淋巴结的超声扫查，淋巴结厚径 / 长度之比＞ 0.5 认为增大，有时也可能在更尾侧区域发现一些健康时通常无法探及的淋巴结（如荐淋巴结）。腹部 X 线检查通常也可以发现增大的腰下淋巴结。腰椎和骨盆同样是前列腺癌的常见转移部位，X 线检查可能发现骨溶解或骨膜反应的征象。除此之外，拍摄 3 个体位的胸部 X 线片进行肺转移筛查亦很重要。

由于确诊此病时通常较晚，往往已经处于疾病晚期和 / 或出现转移，因此该病预后较差，中位生存期仅为 30 d。目前尚无有效的化疗方案用于犬前列腺癌的全身治疗，前列腺部分切除术或其他姑息性手术可能对缓解症状有效，在尚未出现转移的病例，也可以考虑前列腺全切术。值得注意的是，去势会显著增加前列腺癌的发生风险，且可能会导致肿瘤发展，因此去势术在治疗此病时无意义。

◆ 参考文献

1.Bacon N, Souza C H M, Franz S. Total cystoprostatectomy: technique description and results in 2 dogs[J]. The Canadian Veterinary Journal, 2016, 57(2): 141.

2.Bryan J N, Keeler M R, Henry C J, et al. A population study of neutering status as a risk factor for canine prostate cancer[J]. The prostate, 2007, 67(11): 1174-1181.

3.Dobson J M, Lascelles B D X. BSAVA manual of canine and feline oncology[M]. 3rd ed. Gloucester: British small animal veterinary association, 2011.

4.Penninck D, d'Anjou M A. Atlas of small animal ultrasonography[M].2nd ed. Iowa: John Wiley & Sons, 2015.

5.Przadka P, Liszka B, Piatek A, et al. Total prostatectomy combined with urethral anastomosis in a dog: a case report[J]. Veterinární medicína, 2019, 64(6): 280-286.

6.Thrall D E. Textbook of Veterinary Diagnostic Radiology[M].7th ed. St. Louis, Missouri: Elsevier Health Sciences, 2017.

CASE 61

案例61
犬膀胱移行细胞癌

1. 基本信息和病史

雪纳瑞，12 岁，雄性已去势。平时单独饲养于室内，日常主要饲喂干粮，偶尔喂食罐头，且近 3 个月无换粮史。定期免疫和驱虫，近期无旅行史。

最近两个月，刚开始排尿时困难，随后顺畅，但排尿时间延长，尿色黄，饮食欲正常。

2. 体格检查

精神良好，BCS：3/5，体温 38.5℃。心率 130 次 /min，呼吸频率 20 次 /min，CRT ＜ 2 s，黏膜颜色粉、湿润度尚可。心音及肺音听诊未见异常。

3. 问题列表

排尿困难。

4. 鉴别诊断

下泌尿道结石、下泌尿道肿物、膀胱炎。

5. 初步诊断计划

诊断项目：CBC、生化检查、尿液检查、腹部超声检查。

6. 初步检查结果

CBC 检查结果见表 61-1，生化检查结果见表 61-2，尿液检查结果见表 61-3。

超声检查结果见图 61-1 至图 61-4。

表 61-1　CBC 检查结果

项目	结果	参考范围
红细胞总数（RBC）	6.33×10^{12}/L	5.65×10^{12} ～ 8.87×10^{12}/L
红细胞比容（HCT）	40.3%	37.3% ～ 61.7%
血红蛋白浓度（HGB）	13.2 g/dL	13.1 ～ 20.5 g/dL
网织红细胞（RETIC）	90×10^{3}/μL	10.0×10^{3} ～ 110.0×10^{3}/μL
平均红细胞体积（MCV）	63.7 fL	61.6 ～ 73.5 fL
平均红细胞血红蛋白浓度（MCHC）	34 g/dL	32.0 ～ 37.9 g/dL
红细胞分布宽度（RDW）	15.1%	13.6% ～ 21.7%
白细胞总数（WBC）	9.32×10^{9}/L	5.05×10^{9} ～ 16.76×10^{9}/L
血小板（PLT）	300×10^{3}/μL	148×10^{3} ～ 484×10^{3}/μL

表 61-2 生化检查结果

项目	结果	参考范围
总胆红素（TBIL）	0.5 mg/dL	0 ~ 0.8 mg/dL
总蛋白（TP）	6.0 g/dL	5.5 ~ 7.2 g/dL
白蛋白（ALB）	3.5 g/dL	3.2 ~ 4.1 g/dL
球蛋白（GLOB）	2.0 g/dL	1.9 ~ 3.7 g/dL
葡萄糖（GLU）	98 mg/dL	68 ~ 104 mg/dL
丙氨酸氨基转移酶（ALT）	80 U/L	17 ~ 95 U/L
天门冬氨酸氨基转移酶（AST）	40 U/L	10 ~ 56 U/L
碱性磷酸酶（ALP）	50 U/L	7 ~ 115 U/L
γ-谷氨酰转肽酶（GGT）	3 U/L	0 ~ 8 U/L
胆汁酸（TBA）	10 μmol/L	0 ~ 25 μmol/L
尿素（UREA）	40 mg/dL	19 ~ 55.7 mg/dL
肌酐（CREA）	1.2 mg/dL	0.6 ~ 1.4 mg/dL
磷（P）	3.4 mg/dL	2.7 ~ 5.4 mg/dL
钙（Ca）	10.4 mg/dL	9.4 ~ 12 mg/dL
总胆固醇（CHOL）	300 mg/dL	139 ~ 392 mg/dL
甘油三酯（TG）	50 mg/dL	23 ~ 102 mg/dL
肌酸激酶（CK）	200 U/L	0 ~ 314 U/L
钾（K）	4.8 mmol/L	4.1 ~ 5.4 mmol/L
钠（Na）	146 mmol/L	143 ~ 150 mmol/L
氯（Cl）	110 mmol/L	106 ~ 114 mmol/L

表 61-3 尿液检查结果

物理性质和化学性质		尿沉渣检查		物理性质和化学性质		尿沉渣检查	
颜色	黄色	红细胞	25 ~ 35 个 /hpf	蛋白	+	结晶	未见
透明度	微浊	白细胞	10 ~ 20 个 /hpf	葡萄糖	阴性	脂滴	未见
比重	1.045	移行上皮细胞	5 ~ 10 个 /hpf	酮体	阴性	微生物	未见
pH	7.0	鳞状上皮细胞	0 ~ 2 个 /hpf	尿胆红素	3.2	采样方式	导尿
潜血	微量	管型	未见				

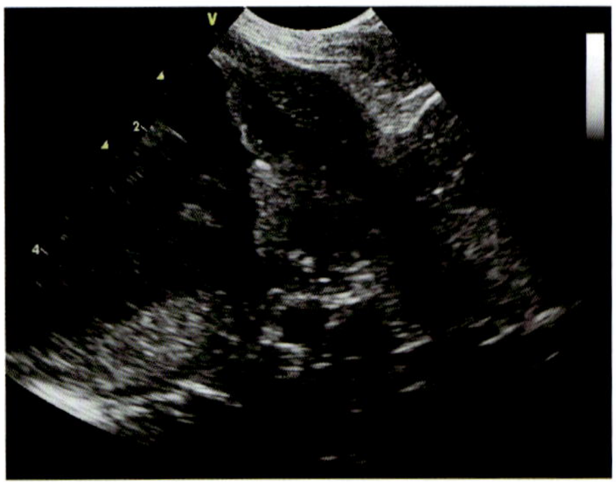

图 61-1

膀胱三角区纵切面超声图

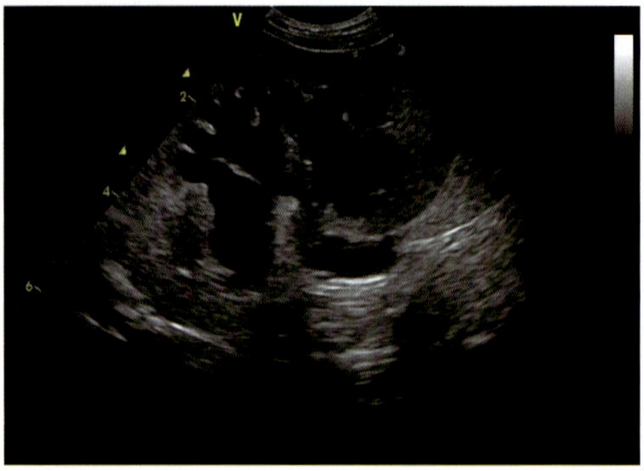

图 61-2

左侧肾脏纵切面超声图

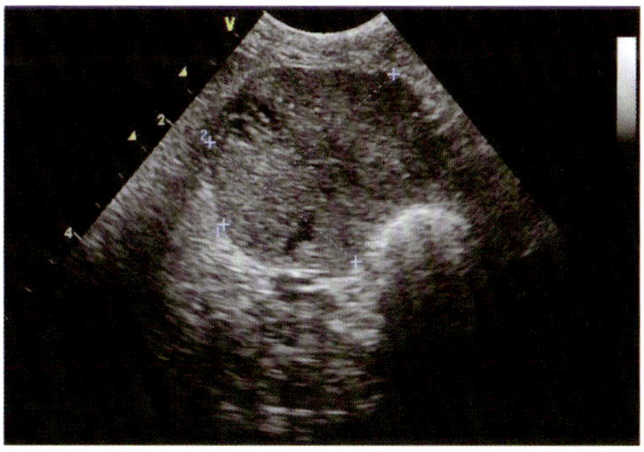

图 61-3

前列腺横断面超声图

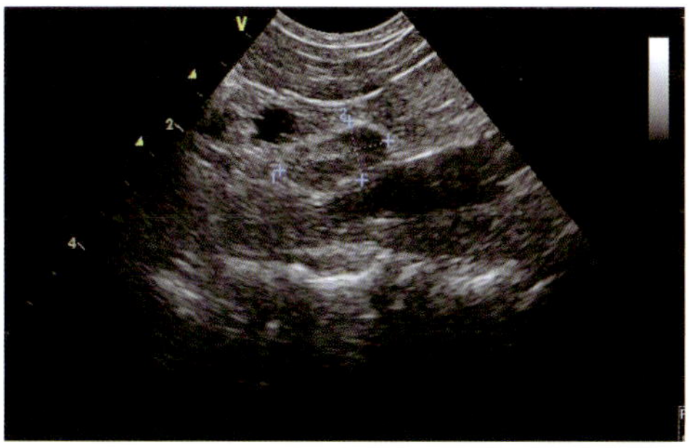

图 61-4

右侧髂内淋巴结纵切面超声图像

7. 初步检查结果分析

7.1　CBC 和血清生化结果

CBC 和血清生化检查未见明显异常。

7.2　尿液检查结果

尿液沉渣镜检可见每个高倍镜下 25 ～ 30 个红细胞和 10 ～ 20 个白细胞，提示存在出血、炎症或肿瘤等情况；结合镜检可见 5 ～ 10 个异常移行上皮细胞，怀疑移行细胞癌导致。建议进一步创伤性导尿检查。

7.3　超声检查结果

膀胱三角区腹侧和背侧壁不均匀向腔内增厚，表面不平滑；肿物堵塞输尿管开口，导致双肾肾盂和输尿管扩张；前列腺和双侧髂内淋巴结回声不均，双侧髂内淋巴结增大。

超声提示：膀胱三角区肿物，可能发生髂内淋巴结转移。

8. 进一步诊断计划及结果分析

8.1　进一步诊断计划

超声引导下对膀胱肿物及前列腺进行创伤性导尿取样，进行细胞学检查。

8.2　结果及分析

8.2.1　细胞学结果

膀胱肿物（图 61-5）和前列腺细胞学形态相似，镜下可见脱落细胞量大，成簇分布，连接紧密，细胞大小不等；染色质粗糙，多核仁；细胞质蓝染，空泡化，部分细胞质内可见嗜酸性内容物。背景可见大量红细胞和少量中性粒细胞，未见病原微生物。

细胞学提示膀胱肿物和前列腺均为上皮源性肿瘤（疑移行细胞癌）。

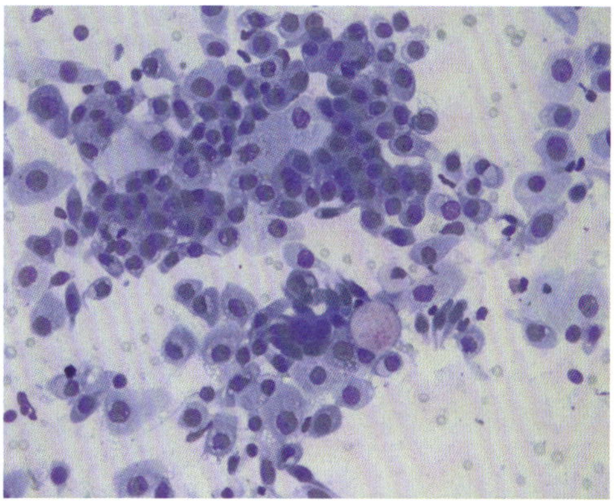

图 61-5

膀胱三角区肿物细胞学检查（Diff-Quik 染色，400×）

8.2.2　组织病理学结果

活检样本可见膀胱黏膜层移行上皮和黏膜下结缔组织，移行上皮增生，向深部侵袭性生长。呈条索状或巢状分布。肿瘤细胞异型性大，细胞核大小不等，可见多核仁，有丝分裂活性高，细胞含有少量胞质，胞质内可见数量不等的圆形空泡。

病理学提示：移行细胞癌。

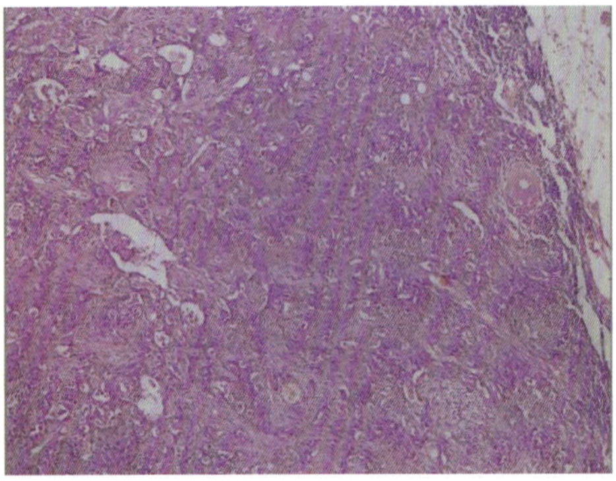

图 61–6

膀胱三角区肿物组织学（HE 染色，100×）

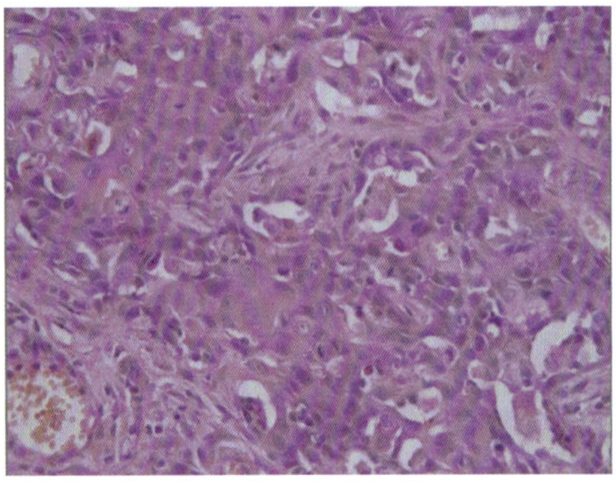

图 61–7

膀胱三角区肿物组织学（HE 染色，400×）

9. 最终诊断

通过病史、超声、细胞学与病理学检查结果，诊断为膀胱移行细胞癌，疑转移至前列腺。

10. 治疗及转归

10.1 治疗

化疗，长春花碱 2 mg/m^2，每周 1 次。

10.2 转归

用长春花碱化疗两个月后，腹部超声检查发现：肿物体积未见明显缩小；双侧肾盂及近端输尿管进一步扩张，其中左肾肾盂严重积水（图 61–8，图 61–9）；前列腺及双侧髂内淋巴结未见明显变化；肝脏出现散在高回声结节（图 61–10）。提示：膀胱三角区肿物体积未见减小，梗阻进一步恶化，可能发生肝脏远端转移。

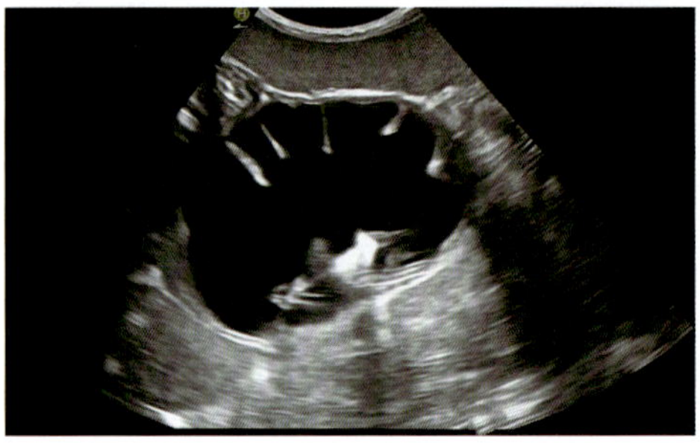

图 61–8

左侧肾脏纵切面（化疗 2 个月后）

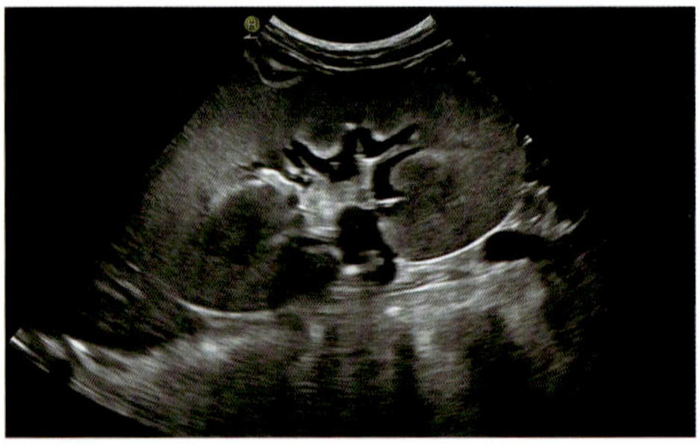

图 61–9

右侧肾脏纵切面（化疗 2 个月后）

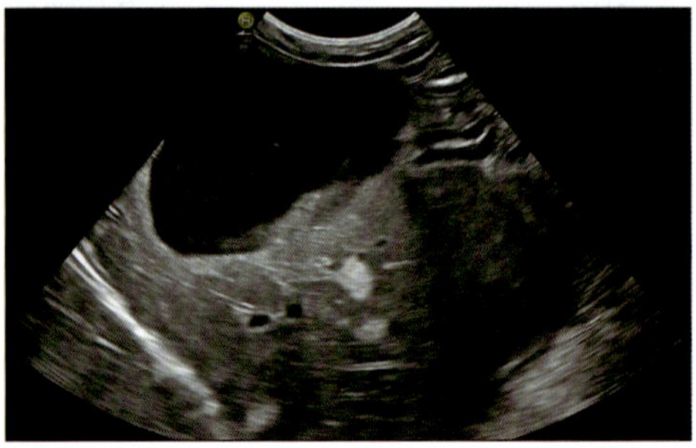

图 61–10

肝脏纵切面（化疗 2 个月后）

11. 讨论

常见的膀胱肿瘤有上皮源性肿瘤（移行细胞癌、鳞状细胞癌、腺癌等）和间质类肿瘤（平滑肌瘤、纤维肉瘤等），其中最常见的是移行细胞癌，占所报道的犬类膀胱肿瘤的 50% ～ 75%。膀胱移行细胞癌多见于老年犬，平均诊断年龄为 11.1 岁。本病例处于高发年龄，研究表明某些品种的患病率更高，如苏格兰㹴犬、比格犬和万能㹴犬。雌性犬比雄性犬患病率高。患犬常见的临床症状是排尿困难和血尿。在某些情况下，体格检查没有明显异常。

与间质肿瘤相比，上皮肿瘤具有不规则的表面。移行细胞癌的超声征象是局灶性壁增厚，不规则的团块延伸至膀胱腔，常见累及部位为膀胱三角区。由于该区域有输尿管乳头，因此当肿物累及输尿管乳头时，会引起单侧或双侧输尿管和/或肾盂扩张。另外移行细胞癌患犬可能同时患膀胱炎、尿道炎、结石和/或存在血凝块。可通过其移动性和是否有多普勒血流信号区分血凝块及肿物。但仅凭超声形态无法确诊膀胱肿物类型，需结合细胞学或组织病理学。超声引导下经皮穿刺膀胱肿物可能会引起肿瘤沿针道发生种植转移。因此，超声引导下经尿道创伤性取样是首选。将带孔的导尿管经尿道插入膀胱，将尿液吸出来，再将导尿管孔移至肿物处进行多次抽吸，即可取出样品进行细胞学分析。膀胱移行细胞癌常见近端转移，因此超声扫查时，还应评估髂内淋巴结、近端尿道、前列腺及输尿管、肾盂。需要注意的是，尿道或前列腺肿瘤也有可能延伸至膀胱，因此当其他部位同时怀疑有肿瘤病变时，也需要进行细胞学或病理学评估。此外还应进行胸部和腹部 X 线检查，以排除肺、髂内淋巴结、骨盆和腰椎转移。

超声检查在膀胱移行细胞癌诊断及治疗监测中有举足轻重的作用：①可根据肿物的形态和位置进行初步判断；②通过观察周围组织器官形态，评估是否有发生近端转移可能；③还可在超声引导下进行创伤性取样，进行细胞学确诊；④治疗期间对肿物形态及其周围组织脏器变化进行复查监测，以评估治疗效果。该病例经尿液检查怀疑 TCC，超声检查提示前列腺和引流淋巴结转移，细胞及组织病理学检查进一步确诊。初诊时已出现肾盂扩张，预后不佳，未开展进一步检查，长春花碱化疗也未见临床效果，预后极为不良。

◆ 参考文献

1.Bebchuk T N. Feline gastrointestinal foreign bodies[J]. Veterinary Clinics: Small Animal Practice, 2002, 32(4): 861-880.

2.Muhlbauer M C, Kneller S K. Radiography of the dog and cat: guide to making and interpreting radiographs[M].Iowa: John Wiley & Sons, 2013.

3.Penninck D, d'Anjou M A. Atlas of small animal ultrasonography[M].2nd ed. Iowa: John Wiley & Sons, 2015.

CASE 62

案例62 犬慢性淋巴细胞白血病

1. 基本信息和病史

金毛猎犬，12 岁，雄性未去势。室内饲养，外出牵遛，饲喂干粮，偶尔喂食人的食物，近 4 个月无换粮史。定期免疫和驱虫。近期无旅行史。5 个月前患真菌性皮肤病，治疗 3 周后已痊愈。

于外院定期体检时发现血常规淋巴细胞数量上升（30.1×10^9/L），犬近期精神良好，饮食欲未见异常，活动量可。

2. 体格检查

患犬精神状态良好，BCS：5/9，体温 38.3℃。心率 88 次 /min，呼吸频率 26 次 /min。黏膜颜色粉，CRT ＜ 2 s，水合状态良好。心音及肺音听诊未见异常，腹部触诊未见明显异常。双侧下颌淋巴结轻度增大，其他浅表淋巴结触诊未见异常。

3. 问题列表

淋巴细胞计数上升、下颌淋巴结增大。

4. 鉴别诊断

淋巴细胞性白血病、慢性感染性疾病（如慢性埃利希体感染、慢性无形体感染等）、淋巴瘤、疫苗接种后反应。

5. 初步诊断计划

诊断项目：血常规、生化检查、PARR 分析、胸部 X 线检查、腹部超声检查。

6. 初步检查结果

血常规检查结果见表 62-1，生化检查结果见表 62-2。

外周血 PARR 分析：检测到 T 淋巴细胞为单克隆增殖，B 淋巴细胞呈多克隆增殖。

表 62-1　血常规检查结果

项目	结果	参考范围（犬）
红细胞总数（RBC）	5.90×10^{12}/L	5.65×10^{12} ～ 8.87×10^{12}/L
红细胞比容（HCT）	40.8%	37.3% ～ 61.7%
血红蛋白浓度（HGB）	14.2 g/dL	13.1 ～ 20.5 g/dL

续表 62-1

项目	结果	参考范围（犬）
网织红细胞（RETIC）	$59.6 \times 10^3/\mu L$	$10.0 \times 10^3 \sim 110.0 \times 10^3/\mu L$
平均红细胞体积（MCV）	69.2 fL	61.6 ~ 73.5 fL
平均红细胞血红蛋白浓度（MCHC）	24.1 g/dL	32.0 ~ 37.9 g/dL
红细胞分布宽度（RDW）	15.1%	13.6% ~ 21.7%
白细胞总数（WBC）	$62.18 \times 10^9/L$	$5.05 \times 10^9 \sim 16.76 \times 10^9/L$
分叶中性粒细胞（SEG）	$6.28 \times 10^9/L$	$2.95 \times 10^9 \sim 11.64 \times 10^9/L$
杆状中性粒细胞（BAND）	/	/
淋巴细胞（LYM）	$50.75 \times 10^9/L$	$1.05 \times 10^9 \sim 5.10 \times 10^9/L$
单核细胞（MONO）	$0.20 \times 10^9/L$	$0.16 \times 10^9 \sim 1.12 \times 10^9/L$
嗜酸性粒细胞（EOS）	$0.62 \times 10^9/L$	$0.06 \times 10^9 \sim 1.23 \times 10^9/L$
嗜碱性粒细胞（BASO）	$0.02 \times 10^9/L$	$0.00 \sim 0.10 \times 10^9/L$
血小板（PLT）	$383 \times 10^3/\mu L$	$148 \times 10^3 \sim 484 \times 10^3/\mu L$
镜检：	白细胞以小、中淋巴细胞为主	

表 62-2　生化检查结果

项目	结果	参考范围（犬）
总胆红素（TBIL）	0.2 mg/dL	0 ~ 0.8 mg/dL
总蛋白（TP）	6.7 g/dL	5.5 ~ 7.2 g/dL
白蛋白（ALB）	3.7 g/dL	3.2 ~ 4.1 g/dL
球蛋白（GLOB）	3.0 g/dL	1.9 ~ 3.7 g/dL
白球比（A/G）	1.2	0.9 ~ 1.9
葡萄糖（GLU）	98 mg/dL	68 ~ 104 mg/dL
丙氨酸氨基转移酶（ALT）	65 U/L	17 ~ 95 U/L
天门冬氨酸氨基转移酶（AST）	27 U/L	10 ~ 56 U/L
碱性磷酸酶（ALP）	152 U/L	7 ~ 115 U/L
γ - 谷氨酰转肽酶（GGT）	8 U/L	0 ~ 8 U/L
胆汁酸（TBA）	3.6 μmol/L	0 ~ 25 μmol/L
尿素（UREA）	39 mg/dL	19 ~ 55.7 mg/dL
肌酐（CREA）	0.7 mg/dL	0.6 ~ 1.4 mg/dL
磷（P）	2.9 mg/dL	2.7 ~ 5.4 mg/dL
钙（Ca）	11.1 mg/dL	9.4 ~ 12 mg/dL
总胆固醇（CHOL）	276 mg/dL	139 ~ 392 mg/dL
甘油三酯（TG）	224 mg/dL	23 ~ 102 mg/dL
肌酸激酶（CK）	123 U/L	0 ~ 314 U/L
钾（K）	5.2 mmol/L	4.1 ~ 5.4 mmol/L
钠（Na）	148.0 mmol/L	143 ~ 150 mmol/L
氯（Cl）	113.2 mmol/L	106 ~ 114 mmol/L

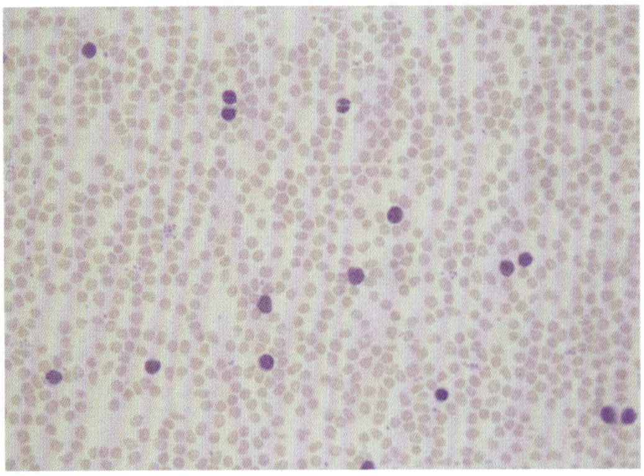

图 62-1

外周血血涂片（瑞氏吉姆萨染色，400×）

7. 初步检查结果分析

7.1 CBC 结果

红细胞象：未见明显异常。

白细胞象：结合 CBC 及血涂片细胞分类计数，白细胞总数升高的主要原因为淋巴细胞数量升高，可能与感染性疾病、淋巴细胞性白血病、疫苗接种后反应及淋巴瘤Ⅴ期相关。

血小板象：未见明显异常。

7.2 血清生化检查结果

未见明显异常。

7.3 X 线检查结果

胸部 X 线片未见明显异常。

7.4 超声检查结果

肝脏轮廓平滑，肝尖钝圆，肝叶内可见一处低回声结节，其余部分实质回声均匀，质地偏细腻，脉管纹理不清。胆囊部分充盈，壁平滑，腔内中量中高回声内容物沉积，流动性尚可，总胆管未见扩张。

提示：类固醇性肝病、肝脏脂质沉积或其他空泡性肝病，伴结节；胆泥淤积。

8. 诊断

结合病史（患犬近期未接种疫苗）及各种检查结果，本病例被诊断为 T 细胞慢性淋巴细胞白血病。

9. 治疗及转归

苯丁酸氮芥每日剂量为 6 mg/m^2，口服，每周复查，视情况调整使用方案；泼尼松龙首周的每日剂量为 1 mg/kg，口服；第二周每日剂量改为 0.75 mg/kg，第 3 周及以后每日剂量改为 0.5 mg/kg。同时配合支持治疗，主要包括：①胃肠道保护治疗；②营养管理；③保肝治疗。该病例治疗反应良好，淋巴细胞指标恢复正常后停药，长期预后良好。治疗后外周血淋巴细胞数变化情况见图 62-2。

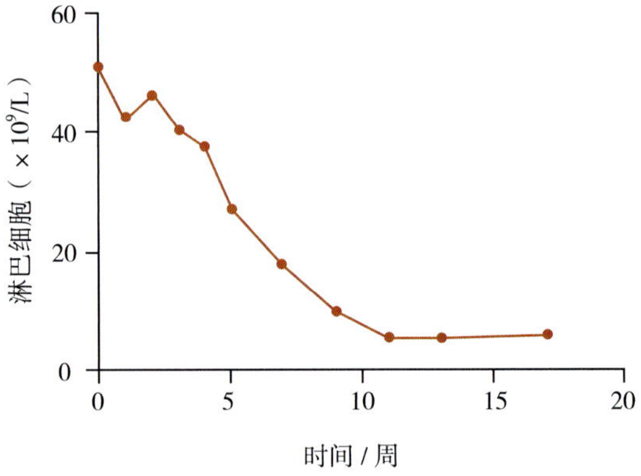

图 62-2

治疗后外周血淋巴细胞计数变化情况

10. 讨论

淋巴细胞性白血病是由骨髓中肿瘤性淋巴细胞增殖所致，可根据肿瘤细胞大小及分化程度，简单分类为慢性淋巴细胞性白血病（细胞分化成熟的小淋巴细胞）和急性淋巴细胞性白血病（细胞分化不成熟的大淋巴细胞）。肿瘤细胞通常起源于骨髓，但偶尔发生在脾脏，肿瘤细胞可能在外周循环血中出现。根据免疫表型分型可将慢性淋巴细胞性白血病分为T细胞慢性淋巴细胞性白血病、B细胞慢性淋巴细胞性白血病和非典型慢性淋巴细胞性白血病，其中T细胞慢性淋巴细胞性白血病最常见，约占2/3；B细胞慢性淋巴细胞性白血病约占1/3；非典型慢性淋巴细胞性白血病少见。慢性淋巴细胞性白血病（chronic lymphocytic leukemia, CLL）患犬通常无明显临床症状，常因偶然发现血常规淋巴细胞计数增多，进而作出诊断。病情较严重的病例可能出现嗜睡和食欲不振。体格检查可能发现轻度外周淋巴结、肝脏及脾脏增大。由于循环血中成熟淋巴细胞数量增加，白细胞计数通常大于 30×10^9/L。患犬可能存在轻度贫血、中性粒细胞减少症和血小板减少症，且会随着疾病的发展以及淋巴细胞计数增多而变得更为明显。尽管CLL患犬的淋巴细胞分化良好，但这些细胞可能存在功能异常。

CLL诊断的关键在于对异常增多的淋巴细胞的鉴别，可通过流式细胞仪来鉴别异常淋巴细胞的免疫表型，也可以通过检查淋巴细胞是否为单克隆（例如使用PARR分析）进行诊断。若外周血中可见足量的异常淋巴细胞，那么骨髓细胞学的评估对于诊断CLL就不是必要的。影像学检查对于CLL的诊断没有帮助，但对于评估肿瘤起源、对全身的侵袭程度以及疾病的预后有重要意义。目前尚未有犬CLL的分期系统，暂将CLL患犬分为WHO淋巴瘤分期系统中的V期。本病例于我院就诊时血常规检查提示淋巴细胞增多，经过PARR检验确定为T细胞单克隆，综上可诊断该犬患有慢性淋巴细胞白血病，且为T细胞型。

犬CLL的治疗取决于疾病的发展程度。若患犬无临床症状，且没有其他血液学异常，可考虑定期复查（每月进行体格检查以及血常规检查）。如若患犬存在严重的血液学异常或已出现临床症状，则需考虑治疗。治疗手段主要为化学疗法，目前最为有效的化疗药物为苯丁酸氮芥，初始剂量为6 mg/m^2（使用7～14 d），后续视情况调整剂量，也可以选择隔日使用2 mg/m^2，作为长期维持治疗。苯丁酸氮芥作为抗肿瘤药物具有较大的毒性，但若以甾体类药物作为载体，可增加其靶向性，降低毒性，故通常使用苯丁酸氮芥的同时，会配合使用泼尼松龙。

CLL患犬的预后通常较其他恶性肿瘤疾病更好，患犬甚至可在没有治疗的情况下存活一年或更长时间。CLL患犬的预后受肿瘤细胞免疫表型的影响较大，T细胞慢性淋巴细胞性白血病、B细胞慢性淋巴细胞性白血病和非典型慢性淋巴细胞性白血病患犬的中位生存期分别约为930 d、480 d和22 d。除免疫表型以外，慢性淋巴细胞白血病患犬的预后也受健康状态、临床症状、血液学指标等因素的影响。截止回访（567 d），患犬仍存活，且主述该病例平日精神、生活状态未见明显异常。

◆ 参考文献

1.Bromberek J L, Rout E D, Agnew M R, et al. Breed distribution and clinical characteristics of B cell chronic lymphocytic leukemia in dogs[J]. Journal of Veterinary Internal Medicine, 2016, 30(1): 215-222.

2.Comazzi S, Gelain M E, Martini V, et al. Immunophenotype predicts survival time in dogs with chronic lymphocytic leukemia[J]. Journal of veterinary internal medicine, 2011, 25(1): 100-106.

3.Withrow S J, Vail D M, Page R L. Withrow and MacEwen's Small Animal Clinical Oncology[M].6th ed. St. Louis, Missouri: Elsevier Health Sciences, 2020.

CASE 63

案例63

犬多中心淋巴瘤

1. 基本信息和病史

金毛猎犬，9 岁，雄性。因便血、葡萄膜炎且外院怀疑淋巴瘤前来就诊，近期精神较差，食欲减退，消瘦（23 kg）。一年前左后肢出现肿物，无骨侵袭，切除活检无明确诊断；患犬有严重的食物过敏。

2. 体格检查

患犬精神沉郁，BCS：4/9，体温 38.1℃、心率 120 次 /min、呼吸频率 40 次 /min；可视黏膜淡粉色，CRT ＜ 2 s，皮肤弹性轻度下降；晶体混浊，结膜轻度充血，左下颌唇黏膜肿胀。

体表淋巴结广泛性增大，阴囊处与腹股沟处水肿，表面发红。

左下颌淋巴结 5.4 cm × 8.6 cm，右下颌淋巴结 2.8 cm × 3.3 cm；

左肩前淋巴结 7.4 cm × 4.9 cm，右肩前淋巴结 4.9 cm × 4.4 cm；

左腘淋巴结 1.6 cm × 1.6 cm，右腘淋巴结 3.3 cm × 3.5 cm；

左腹股沟淋巴结 3.4 cm × 6.1 cm，右腹股沟淋巴结 6.7 cm × 4.4 cm。

3. 问题列表

体表淋巴结肿大、血便、腹泻、葡萄膜炎。

4. 鉴别诊断

多中心淋巴瘤、感染、细菌性肠炎、出血性肠炎。

5. 初步诊断计划

诊断项目：CBC、生化检查、粪便检查、细胞学检查，如有必要进行淋巴细胞克隆分型。

6. 初步检查结果

CBC 检查结果见表 63–1，生化检查结果见表 63–2，粪便检查结果见表 63–3。

表 63-1 CBC 检查结果

检查项目	结果	参考范围
红细胞总数（RBC）	7.25×10^{12}/L	5.65×10^{12} ～ 8.87×10^{12}/L
红细胞比容（HCT）	41.6%	37.3% ～ 61.7%
血红蛋白（HGB）	14.8 g/dL	13.1 ～ 20.5 g/dL
平均红细胞体积（MCV）	57.4 fL	61.6 ～ 73.5 fL
平均红细胞血红蛋白浓度（MCHC）	35.6 g/dL	32.0 ～ 37.9 g/dL
网织红细胞（RETIC）	2.2×10^{3}/μL	10.0×10^{3} ～ 110.0×10^{3}/μL
白细胞总数（WBC）	7.8×10^{9}/L	5.05×10^{9} ～ 16.76×10^{9}/L
中性粒细胞（NEU）	5.68×10^{9}/L	2.95×10^{9} ～ 11.64×10^{9}/L
淋巴细胞（LYM）	1.51×10^{9}/L	1.05×10^{9} ～ 5.10×10^{9}/L
单核细胞（MONO）	0.59×10^{9}/L	0.06×10^{9} ～ 1.12×10^{9}/L
血小板数量（PLT）	247×10^{3}/μL	148×10^{3} ～ 484×10^{3}/μL
镜检	WBC 形态未见明显异常	

表 63-2 生化检查结果

检查项目	结果	参考范围
血糖（GLU）	5.57 mmol/L	4.11 ～ 8.84 mmol/L
肌酐（CREA）	93 μmol/L	71 ～ 212 μmol/L
尿素（UREA）	4.0 mmol/L	5.7 ～ 12.9 mmol/L
磷（P）	0.81 mmol/L	1.00 ～ 2.42 mmol/L
钙（Ca）	2.26 mmol/L	1.95 ～ 2.83 mmol/L
总蛋白（TP）	69 g/L	57 ～ 89 g/L
白蛋白（ALB）	31 g/L	22 ～ 40 g/L
球蛋白（GLOB）	39 g/L	28 ～ 51 g/L
白球比（A/G）	0.8	0.9 ～ 1.9
丙氨酸氨基转移酶（ALT）	14 U/L	12 ～ 130 U/L
碱性磷酸酶（ALP）	168 U/L	14 ～ 111 U/L
γ- 谷氨酰转肽酶（GGT）	3 U/L	0 ～ 11 U/L
总胆红素（TBIL）	＜ 2 μmol/L	0 ～ 11 μmol/L

表 63-3 粪便检查结果

检查项目	结果	检查项目	结果
颜色	浅黄色	肌纤维	0 ～ 5 个 /hpf
性状	透明	中性脂肪	0 ～ 3 个 /hpf
红细胞	满视野	淀粉颗粒	未见
白细胞	0 ～ 5 个 /hpf	真菌	未见明显异常
寄生虫	未见	其他	未见明显异常

粪便采集方式：导粪管采集新鲜粪便。

淋巴结抽吸细胞学检查结果见图 63-1。

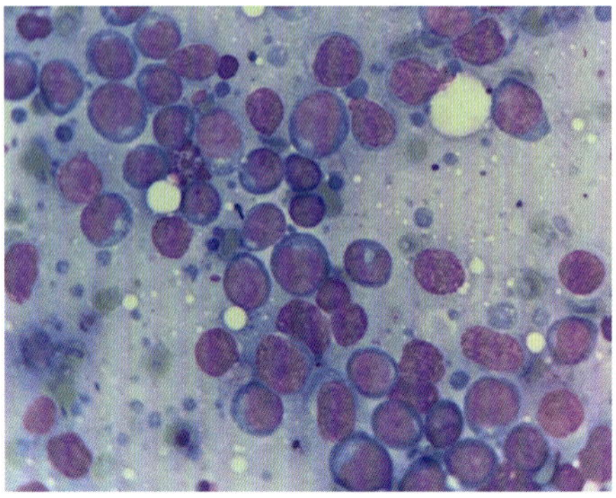

图 63-1

淋巴结抽吸细胞学检查结果（瑞氏吉姆萨染色，1 000×）

脾脏超声检查结果见图 63-2。

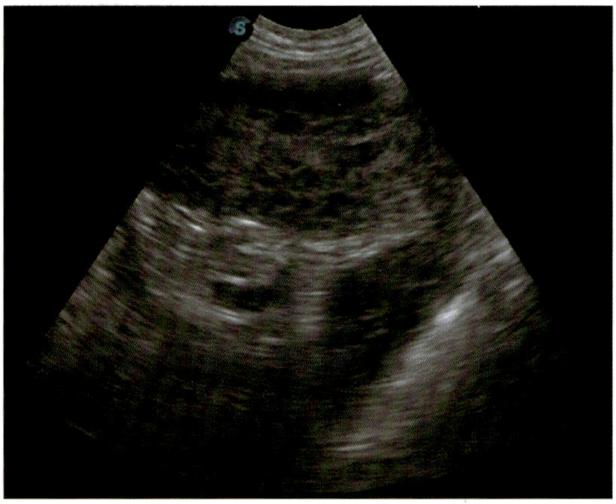

图 63-2

脾脏超声征象

7. 初步检查结果分析

7.1　CBC 结果

红细胞象：RBC、HCT、HGB 均在参考范围内，MCV 下降，RETIC 在参考范围下限，由于犬出现明显便血（失血），提示骨髓对失血未作出再生反应。

白细胞象：未见明显异常。

血小板象：未见明显异常。

7.2　血清生化检查结果

尿素下降：肌酐正常，尿素下降，多数无明显的临床提示意义。

低磷血症：该病例血钙正常，血磷轻度下降，无明显临床意义。

碱性磷酸酶升高：ALP 广泛存在于肝脏、骨骼、肾脏、胎盘、肠道内，除了肝内和肝外胆汁淤积，一些肝外因素也会影响 ALP 升高，包括激素诱导、使用苯巴比妥类药物、成骨细胞活性增强等。该病例胆红素和其他肝酶均正常，仅 ALP 轻度升高，很难确定升高的机制，需进行深入检查来确定。

7.3　粪便检查结果

粪便检查可见大量完整的红细胞，提示出血性肠炎，转诊前后粪便检查均未见虫卵，暂不考虑寄生虫引起的肠炎。

7.4　细胞学检查及克隆分型结果

细胞学可见大量圆形细胞，以淋巴母细胞为主（$>95\%$），核仁明显，大量丝分裂象，背景中大量淋巴小体，符合淋巴瘤的细胞学特征。克隆分型结果提示为 B 细胞淋巴瘤。

7.5　超声检查结果

腹部多个淋巴结增大，脾脏上有大量低回声结节，呈“蜂窝煤”状，提示脾脏淋巴瘤转移。肝脏未见明显异常。

8. 诊断

综合分析所获资料，诊断为多中心型 B 细胞淋巴瘤，临床Ⅳ期，伴食物过敏。

9. 治疗及转归

首选 CHOP 治疗方案，第一周长春新碱 0.7 mg/m^2，第二周环磷酰胺 200 mg/m^2，第三周多柔比星 30 mg/m^2，多柔比星注射后间隔两周重复此循环。第一个循环外加泼尼松龙，第一周 2 mg/kg，第二周 1.5 mg/kg，第三周 1 mg/kg，第四周 0.5 mg/kg。

患犬于初次确诊 4 个月后死于耐药。

10. 讨论

多中心淋巴瘤是犬最常见的造血细胞

肿瘤，约占淋巴疾病的80%。任何年龄的犬均可发病，但中老年犬高发。该病例9岁，处于高发年龄。

多中心淋巴瘤患犬主要表现为淋巴结广泛性增大，且在首次诊断时多已发生肝脏、脾脏转移，甚至骨髓转移。增大的淋巴结无痛感，无明显炎症反应。多数病例初次就诊时无全身临床表现（WHO亚分期a），严重病例会出现厌食、体重下降、呕吐、腹泻、喘、呼吸困难、发热等症状，WHO分期归入亚分期b，b亚期患犬预后比a亚期患犬差。该病例初次就诊时，已出现严重腹泻、体重下降等临床表现，临床分期处于亚分期b。

如果怀疑多中心淋巴瘤，除了细胞学检查，需要进行全面的病史调查、体格检查，以及血常规检查、生化检查、X线检查及超声检查；必要时还要进行免疫分型或克隆分析、凝血检查等，甚至需要高级影像学检查。该病例因葡萄膜炎和血便看诊，但怀疑为淋巴瘤，细胞学检查支持这一诊断，克隆分型提示为B细胞淋巴瘤。

该病的治疗手段主要为化疗，目前主要采用基于CHOP（长春新碱、环磷酰胺、多柔比星和泼尼松龙）和COP（长春新碱、环磷酰胺、泼尼松龙）的治疗方案，B细胞淋巴瘤对化疗较为敏感，因此该病例采取了经典的CHOP化疗。第一个循环时，患犬反应良好，由于存在食物过敏，化疗期间饲喂燕麦粥和鹿肉，反应良好；第二个循环时，患犬开始出现骨髓抑制，有白细胞下降、贫血等副肿瘤综合征，因此积极给予支持疗法，必要时给予集落细胞刺激因子、促红细胞生成素，或延迟化疗。患犬在前两个循环表现较好，体重增加，但随后出现严重耐药，洛莫司汀等药也无明显效果，患犬于初次确诊4个月后死于耐药。

在淋巴瘤的预后因素中，肿瘤的解剖位置、WHO临床分期、WHO临床亚分期、组织病理学分级、免疫表型、性别、贫血、皮质类固醇治疗时间、P-糖蛋白表达、解剖位置、化疗介导的骨髓毒性、LDH活性、血清钴氨素水平、C反应蛋白水平等对预后均有重要的提示意义。该病例存活时间远低于多中心淋巴瘤的中位存活时间，在初次就诊时，有腹泻、便血、消瘦等全身症状，临床Ⅳ期（亚分期b），同时有严重的食物过敏，化疗初期即表现出贫血、白细胞减少症等骨髓毒性，这些均为不良预后因素，加大了治疗难度，患犬最终也因耐药和癌症恶病质而死亡。

◆ 参考文献

1.North S M, Banks T A. Small Animal Oncology : An Introduction[M]. London: Elsevier Health Sciences, 2009.

2.Sayag D, Fournel-Fleury C, Ponce F. Prognostic significance of morphotypes in canine lymphomas: A systematic review of literature[J]. Veterinary and comparative oncology, 2018, 16(1): 12-19.

3.Valenciano A C, Cowell R L. Cowell and

Tyler's Diagnostic Cytology and Hematology of the Dog and Cat[M].5th ed. St. Louis, Missouri: Elsevier Health Sciences, 2020.
4.Withrow S J, Vail D M, Page R L. Withrow and MacEwen's Small Animal Clinical Oncology[M].6th ed. St. Louis, Missouri: Elsevier Health Sciences, 2020.

CASE 64

案例64 猫肾脏淋巴瘤

1. 基本信息和病史

家养短毛猫，9岁，雄性去势。患猫于1年前被诊断出肾脏B细胞淋巴瘤，采用长春新碱、环磷酰胺、泼尼松龙联合治疗，最近出现耐药，体重减轻，精神很差，厌食，就诊前1 d出现尿失禁。

2. 体格检查

患猫精神沉郁，体温38.9℃、心率180次/min、呼吸频率20次/min，SBP 122 mmHg；CRT约2 s，皮肤弹性轻度下降，眼球轻度凹陷，脱水程度6%～8%；BCS：4/9。

触诊可探及双侧增大的肾脏，且表面不规则，腹中部团块。

3. 问题列表

肾脏淋巴瘤复发、脱水。

4. 鉴别诊断

肾脏淋巴瘤伴CKD、癌症恶病质。

5. 初步诊断计划

诊断项目：CBC、生化检查、血气检查、腹部超声检查。

6. 初步检查结果

CBC检查结果见表64-1，生化检查结果见表64-2，血气检查结果见表64-3，尿液检查结果见表64-4。

超声检查结果见图64-1、图64-2。

表64-1 CBC检查结果

检查项目	结果	参考范围
红细胞总数（RBC）	3.27×10^{12}/L	5×10^{12} ～ 10×10^{12}/L
红细胞比容（HCT）	18.35%	24%～45%
血红蛋白浓度（HGB）	5.2 g/dL	8～15 g/dL
平均红细胞体积（MCV）	56 fL	39～55 fL
平均红细胞血红蛋白浓度（MCHC）	28.1 g/dL	30～36 g/dL
白细胞总数（WBC）	13.64×10^9/L	5.5×10^9 ～ 19.5×10^9/L
中性粒细胞（NEU）	10.36×10^9/L	2.50×10^9 ～ 14×10^9/L
淋巴细胞（LYM）	2.45×10^9/L	1.50×10^9 ～ 7.0×10^9/L

续表 64-1

检查项目	结果	参考范围
单核细胞（MONO）	0.82×10^9/L	0 ～ 1.5×10^9/L
血小板（PLT）	106×10^3/μL	300×10^3 ～ 800×10^3/μL
镜检	RBC 形态未见明显异常，片尾可见血小板凝集簇	

表 64-2 生化检查结果

检查项目	结果	参考范围
血糖（GLU）	9.62 mmol/L	4.11 ～ 8.84 mmol/L
肌酐（CREA）	519 μmol/L	71 ～ 212 μmol/L
尿素（UREA）	24.2 mmol/L	5.7 ～ 12.9 mmol/L
磷（P）	2.51 mmol/L	1.00 ～ 2.42 mmol/L
钙（Ca）	2.25 mmol/L	1.95 ～ 2.83 mmol/L
总蛋白（TP）	71 g/L	57 ～ 89 g/L
白蛋白（ALB）	30 g/L	22 ～ 40 g/L
球蛋白（GLOB）	41 g/L	28 ～ 51 g/L
白球比（A/G）	0.7	0.8 ～ 1.5
丙氨酸氨基转移酶（ALT）	23 U/L	12 ～ 130 U/L
碱性磷酸酶（ALP）	14 U/L	14 ～ 111 U/L

表 64-3 血气检查结果

检查项目	结果	参考范围
钠离子（Na^+）	152 mmol/L	147 ～ 162 mmol/L
钾离子（K^+）	3.5 μmol/L	2.9 ～ 4.2 μmol/L
氯离子（Cl^-）	123 mmol/L	112 ～ 129 mmol/L
pH	7.366	7.250 ～ 7.40
二氧化碳总量（TCO_2）	18 mmol/L	16 ～ 25 mmol/L
二氧化碳分压（PCO_2）	30.3 g/L	33 ～ 51 g/L
碳酸氢根（HCO_3^-）	17.4 mmol/L	13 ～ 25 mmol/L
细胞外碱剩余（BE）	–8 mmol/L	（–5）～（+2）mmol/L
阴离子间隙（Anion Gap）	15 mmol/L	10 ～ 27 mmol/L

表 64-4 尿液检查结果

检查项目	结果	检查项目	结果	检查项目	结果	检查项目	结果
颜色	浅黄色	RBC	未见	尿蛋白 PRO	+	磷酸铵镁结晶	0 ～ 1 个 /hpf
透明度	透明	WBC	未见	葡萄糖 GLU	阴性	脂滴	0 ～ 5 个 /hpf
pH	6.0	移行上皮细胞	0 ～ 1 个 /hpf	酮体 KET	阴性	微生物	未见
尿比重 USG	1.010	鳞状上皮细胞	0 ～ 2 个 /hpf	胆红素 BIL	+	UPC	0.96
潜血 BLO	阴性	管型	未见				

尿液采集方式：膀胱穿刺。

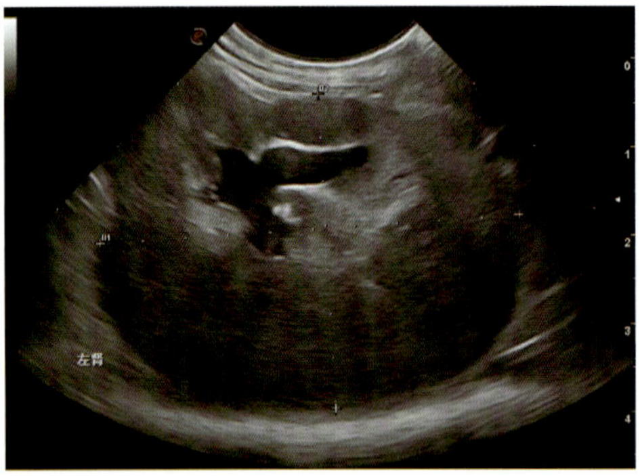

图 64–1

左侧肾脏超声征象

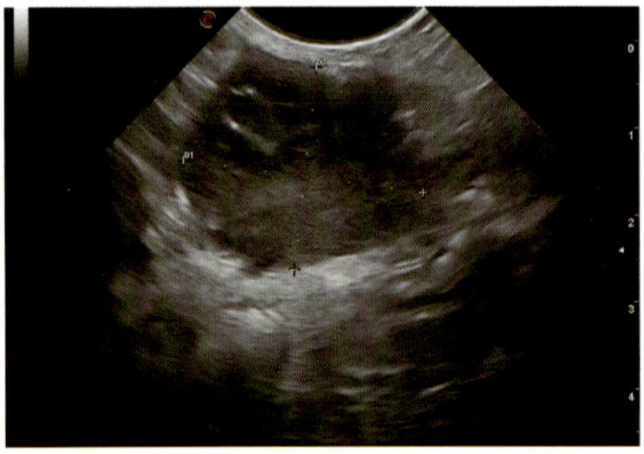

图 64–2

肠系膜淋巴结超声征象

7. 初步检查结果分析

7.1 CBC 结果

红细胞象：RBC、HCT、HGB 同时下降，血涂片未见多染性红细胞增多症，提示非再生性贫血。

白细胞象：未见明显异常。

血小板象：血小板计数下降，但血涂片中可见血小板凝集簇，提示计数假性下降。

7.2 血清生化检查结果

高血糖症：猫高血糖最常见的原因包括应激、糖尿病、餐后血糖升高等，该病例需进一步检查排除糖尿病，但因尿糖、尿酮体均为阴性，主要怀疑应激因素。

肌酐升高伴尿素升高：结合该病例的病史，这一变化主要提示淋巴瘤引起慢性肾病。

高磷血症：考虑到该猫患有慢性肾病，尿比重下降，高磷血症的主要原因是肾小球滤过率下降。

7.3 血气分析结果

血气分析结果未见明显异常。

7.4 尿液检查结果

该猫尿比重 1.010，为等渗尿，尿蛋白阳性，UPC 升高，提示慢性肾病肾小球滤过率下降，并出现蛋白丢失性肾病。

7.5 腹部超声检查结果

该猫双肾明显增大，皮髓质分界不清，左侧肾盂扩张，腹腔内淋巴结明显增大。

8. 诊断

综合分析，将该病例诊断为肾脏淋巴瘤复发。

9. 治疗及转归

经典 COP 方案耐药，改用长春花碱、洛莫司汀（CCNU）、放线菌素 D 等药物控制，两个月内，因贫血输血三次，改用 CCNU 后疗效明显，精神食欲都得到较好的恢复。

10. 讨论

猫肾脏淋巴瘤是第二大常见的结外淋巴瘤，约占淋巴瘤疾病的 1/3。肾脏淋巴瘤可单独发生，也可与消化道淋巴瘤伴发。该病常发于老年猫，平均发病年龄为 9 岁。该猫初次诊断出该病时为 8 岁。

该病与 FeLV 和 FIV 相关性不大，患猫 FeLV 和 FIV 检查均呈阴性。大多数病例为 B 细胞表型，该病例为 B 细胞淋巴瘤，但未活检进行组织学分级。

猫患肾脏淋巴瘤后，主要临床表现和肾功能不全有关，包括多饮多尿、食欲下降、体重减轻等，体格检查时常发现触诊肾脏增大、脱水等表现。因病患消瘦，主人在家中也可发现腹部“团块”，其实为增大的肾脏。

该病例在一年前采用了长春新碱、环磷酰胺和泼尼松龙（COP）联合治疗，连续用药 8 周，肾脏恢复正常，血常规、生化等各项检查指标也恢复正常，随后停药。一年后，患猫淋巴瘤复发，且表现出严重的耐药现象，肾脏和腹腔淋巴结持续增大。因此，本次治疗更换为长春花碱，但使用一个月后也出现耐药，又更换为 CCNU、放线菌素 D 等治疗，表现良好，生命体征也得到较好的短暂恢复。两个月后，CCNU 和放线菌素 D 均出现耐药，因消瘦、贫血、低蛋白血症等恶病质迅速衰弱，最后被实施安乐死。

值得注意的是，患猫在耐药后出现了贫血、氮质血症、恶病质等副肿瘤综合征，因此，输血、补液治疗等支持疗法，显得尤为重要。然而由于客观原因，可供选择的补救治疗方案很有限，如果不能及时给予支持疗法，很难维持生命。贫血是肾脏淋巴瘤的常见副肿瘤综合征，主要原因包括肾脏损伤 EPO 生成不足、化疗骨髓抑制、淋巴瘤骨髓转移、恶病质消耗等，需进行定期复查，HCT 低于 15% 时，需积极输血治疗。该病例在末期时因贫血进行过 3 次输血治疗，对 EPO 治疗无反应。氮质血症也是肾脏淋巴瘤的常见副肿瘤综合征，在积极化疗缓解肾脏疾病的前提下，还要进行积极的补液治疗，主人可自行长期皮下补液，缓解症状。恶病质是恶性肿瘤最常见的副肿瘤综合征之一，需积极给予营养支持。在耐受饲管的情况下，可放置食道饲管或鼻饲管，按每日能量需求给予营养支持，不耐受饲管的情况下，可进行肠外营养支持治疗。该病例末期时厌食，强饲两个月，但仍不能满足机体营养需求，需要更积极地解决恶病质问题。

综上所述，肾脏淋巴瘤晚期病情复杂，化疗的同时，需全面管理副肿瘤综合征，积极改善病患的生活质量。

◆ 参考文献

1.Elliott J, Finotello R. A dexamethasone, melphalan, actinomycin-D and cytarabine chemotherapy protocol as a rescue treatment for feline lymphoma[J]. Veterinary and comparative oncology, 2018, 16(1): E144-E151.

2.North S M, Banks T A. Small Animal Oncology: An Introduction[M]. London: Elsevier Health Sciences, 2009.

3.Valenciano A C, Cowell R L. Cowell and Tyler's Diagnostic Cytology and Hematology

of the Dog and Cat[M].5th ed. St. Louis, Missouri: Elsevier Health Sciences, 2020.
4.Withrow S J, Vail D M, Page R L. Withrow and MacEwen’s Small Animal Clinical Oncology[M].6th ed. St. Louis, Missouri: Elsevier Health Sciences, 2020.

CASE 65

案例65 犬动脉血栓

1. 基本信息和病史

猎狐㹴犬，11岁，雄性已去势。室内饲养，日常饲喂商品化犬粮。常规免疫，近3个月未驱虫。无既往病史。

因食欲不振、呕吐、双后肢不能站立行走来我院就诊，就诊前2周开始出现左后肢乏力、疼痛，使用非甾体类抗炎药，无明显改善。

2. 体格检查

精神沉郁，BCS：4/9，体温37.5 ℃，心率110次/min，呼吸频率60次/min，动脉收缩压180～200 mmHg。黏膜颜色粉，CRT ≈ 2 s。心音及肺音无明显异常，腹部触诊轻度敏感。脊柱触压不敏感，右后肢股动脉脉搏微弱，本体反射阴性，有深部痛觉反射，肢端温热；左后肢股动脉脉搏缺失，本体反射阴性，无深部痛觉反应，肢端温度凉。

3. 问题列表

脉搏缺失、双后肢瘫痪、呕吐、厌食、血压升高。

4. 鉴别诊断

后肢血栓、脊椎神经损伤、胰腺炎、胃肠炎、肾损伤。

5. 初步诊断计划

诊断项目：CBC、生化检查、尿常规检查、cPL、脊椎X线检查、腹部超声检查。

6. 初步检查结果

CBC检查结果见表65–1。生化检查结果见表65–2。尿常规检查结果见表65–3。其他实验室检查结果见表65–4。

表65–1 CBC检查结果

项目	结果	参考范围（犬）
红细胞总数（RBC）	6.43×10^{12}/L	5.65×10^{12} ～ 8.87×10^{12}/L
红细胞比容（HCT）	42.2%	37.3% ～ 61.7%
血红蛋白浓度（HGB）	14.1 g/dL	13.1 ～ 20.5 g/dL

续表 65-1

项目	结果	参考范围（犬）
网织红细胞（RETIC）	18×10^3/μL	10.0×10^3 ～ 110.0×10^3/μL
平均红细胞体积（MCV）	65.6 fL	61.6 ～ 73.5 fL
平均红细胞血红蛋白浓度（MCHC）	21.9 g/dL	32.0 ～ 37.9 g/dL
红细胞分布宽度（RDW）	17.7%	13.6% ～ 21.7%
白细胞总数（WBC）	15.93×10^9/L	5.05×10^9 ～ 16.76×10^9/L
分叶中性粒细胞（SEG）	14.14×10^9/L	2.95×10^9 ～ 11.64×10^9/L
杆状中性粒细胞（BAND）	/	/
淋巴细胞（LYM）	0.70×10^9/L	1.05×10^9 ～ 5.10×10^9/L
单核细胞（MONO）	0.78×10^9/L	0.16×10^9 ～ 1.12×10^9/L
嗜酸性粒细胞（EOS）	0.28×10^9/L	0.06×10^9 ～ 1.23×10^9/L
嗜碱性粒细胞（BASO）	0.03×10^9/L	0.00 ～ 0.10×10^9/L
血小板（PLT）	144×10^3/μL	148×10^3 ～ 484×10^3/μL

表 65-2　生化检查结果

项目	结果	参考范围（犬）
总胆红素（TBIL）	0.2 mg/dL	0 ～ 0.8 mg/dL
总蛋白（TP）	6.1 g/dL	5.5 ～ 7.2 g/dL
白蛋白（ALB）	2.6 g/dL	2.5 ～ 3.5 g/dL
球蛋白（GLOB）	3.5 g/dL	1.9 ～ 3.7 g/dL
白球比（A/G）	0.7	0.9 ～ 1.9
葡萄糖（GLU）	101 mg/dL	68 ～ 104 mg/dL
丙氨酸氨基转移酶（ALT）	1153 U/L	17 ～ 95 U/L
天门冬氨酸氨基转移酶（AST）	46 U/L	10 ～ 56 U/L
碱性磷酸酶（ALP）	1483 U/L	7 ～ 115 U/L
γ - 谷氨酰转肽酶（GGT）	6 U/L	0 ～ 8 U/L
胆汁酸（TBA）	4 μmol/L	0 ～ 25 μmol/L
尿素（UREA）	98 mg/dL	19 ～ 55.7 mg/dL
肌酐（CREA）	7 mg/dL	0.6 ～ 1.4 mg/dL
磷（P）	13.4 mg/dL	2.7 ～ 5.4 mg/dL
钙（Ca）	13.4 mg/dL	9.4 ～ 12 mg/dL
总胆固醇（CHOL）	295.4 mg/dL	139 ～ 392 mg/dL
甘油三酯（TG）	94.8 mg/dL	23 ～ 102 mg/dL
肌酸激酶（CK）	54760 U/L	0 ～ 314 U/L
钾（K）	5.36 mmol/L	4.1 ～ 5.4 mmol/L
钠（Na）	144 mmol/L	143 ～ 150 mmol/L
氯（Cl）	108.5 mmol/L	106 ～ 114 mmol/L

表 65-3　尿常规检查结果

物理性质和化学性质		尿沉渣检查	
颜色	黄色	红细胞	未见
透明度	清亮	白细胞	未见
比重	1.009	移行上皮细胞	未见
pH	5.0	鳞状上皮细胞	未见
潜血	+	管型	未见
蛋白	痕量	结晶	未见
葡萄糖	阴性	脂滴	未见
酮体	阴性	微生物	未见
尿胆红素	阴性	采样方式	接尿

表 65-4　其他实验室检查结果

项目	结果	参考范围（犬）
犬 C 反应蛋白（CRP）	31.2 mg/L	0 ～ 10.00 mg/L
犬胰腺特异性脂肪酶（SNAP cPL）	异常	正常

腹部超声结果见图 65-1 至图 65-4。

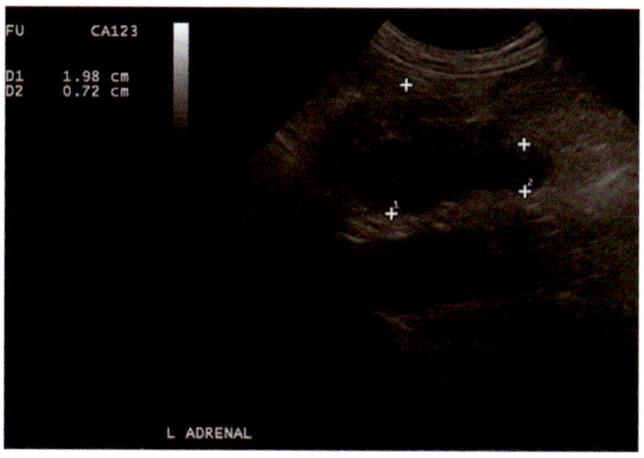

图 65-1

左侧肾上腺超声图

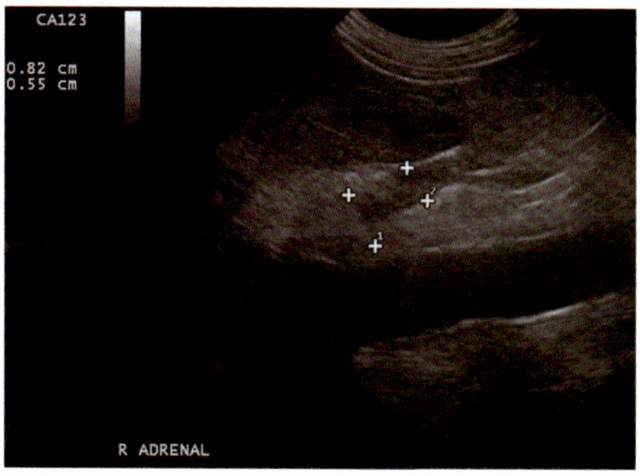

图 65-2

右侧肾上腺超声图

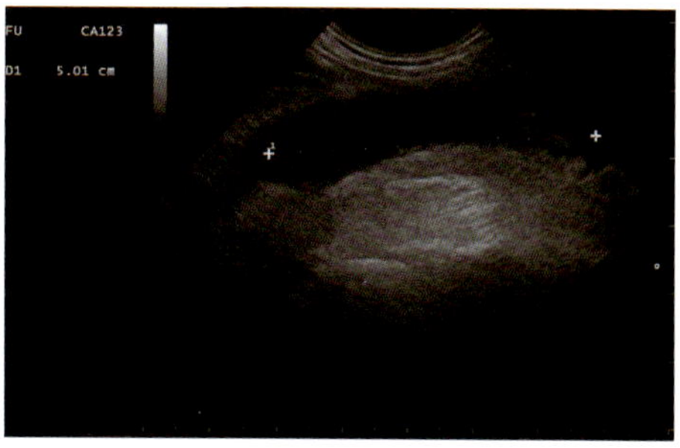

图 65-3

腹主动脉血栓超声图

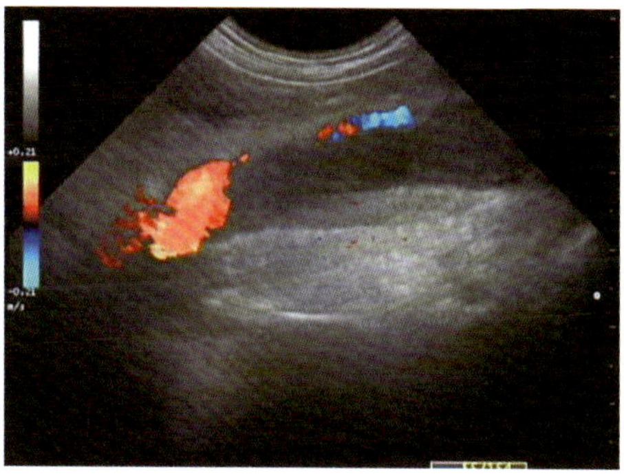

图 65-4

血栓周围多普勒血流信号超声图

7. 初步检查结果分析

7.1　CBC 结果

未见明显异常。

7.2　血清生化结果

碱性磷酸酶升高：碱性磷酸酶在体内存在多种形式的同工酶，可能来自肝脏、骨骼、药物诱导等，超声检查提示肾上腺增大，考虑与肾上腺释放过多的糖皮质激素有关。

谷氨酸氨基转移酶升高：这种酶是肝脏细胞受损伤时泄漏的酶，也受糖皮质激素的影响。结合本病例，考虑与肾上腺释放过多的糖皮质激素有关。

氮质血症：结合尿比重考虑为肾脏损伤导致的肾性氮质血症，同时还伴有肾功能排泄功能下降时继发的高磷血症和高钙血症。

高肌酸激酶血症：该指标显著升高，提示肌肉损伤。

7.3 尿常规结果

等渗尿：提示肾脏浓缩尿液的能力下降。

7.4 其他实验室检查结果

CRP：升高，提示急性全身炎症。

cPL：异常，提示动物可能存在急性胰腺炎，也可能肾脏排泄功能下降，导致该项指标呈现异常。

7.5 超声检查结果

双肾轮廓平滑，皮质回声增强，皮髓质分界清晰，提示肾脏损伤。

左肾上腺轮廓不平滑，呈哑铃状，实质回声不均，头极增大，厚 1.98 cm，尾极厚 0.72 cm（图 65–1）；右肾上腺轮廓不平滑，实质回声不均，头极增大，厚 0.82 cm，尾极厚 0.55 cm（图 65–2），提示双侧肾上腺肿物。

主动脉至双侧股动脉分叉处可见低回声结构（图 65–3），并延伸至双侧股动脉内，主动脉内长度 5.01 cm，延伸至双侧股动脉内，累及长度无法测量，主动脉和双侧股动脉内可见微弱多普勒信号（图 65–4），提示主动脉及双侧股动脉内不完全栓塞。

8. 进一步诊断计划及结果分析

8.1 进一步诊断计划

进一步进行肾上腺皮质功能测试（ACTH 刺激试验和低剂量地塞米松抑制试验，两种试验间隔 4 天进行）、心脏超声检查、胸腰椎 X 线检查。

8.2 结果及分析

肾上腺功能测试结果见表 65–5。

表 65–5 肾上腺功能测试结果

项目	结果	参考范围
ACTH 基础值	48.97 ng/mL	刺激后：
ACTH 刺激 1 h	212.07 ng/mL	＜ 20，提示肾上腺机能减退 ＜ 60，提示医源性肾上腺机能亢进 60 ～ 180，提示正常 180 ～ 240，怀疑肾上腺机能亢进 ＞ 240，提示肾上腺机能亢进
LDD 基础值	46.03 ng/mL	8 h ＜ 10，正常
LDD 抑制 4 h	35.02 ng/mL	8 h 10 ～ 14，怀疑肾上腺机能亢进
LDD 抑制 8 h	35.91 ng/mL	8 h ＞ 14，4 h ＜ 50% 基础值或＜ 14，提示垂体依赖性肾上腺机能亢进 8 h ＞ 14，且＞ 50% 基础值，4 h ＞ 50% 基础值提示肾上腺肿瘤或垂体依赖性肾上腺机能亢进

8.2.1 肾上腺功能测试

肾上腺功能测试提示为肾上腺皮质功能亢进，但不能单独通过该试验区分是肾上腺肿瘤还是垂体肿瘤。

8.2.2 脊柱 X 线检查

未见明显异常。

8.2.3　心脏超声检查

心脏超声检查发现左室游离壁轻度增厚，二尖瓣轻度反流。

9. 最终诊断

结合病史及各种检查结果，本病例诊断为动脉血栓、慢性肾病、胰腺炎、肾上腺皮质功能亢进、退行性心脏瓣膜病。

10. 治疗及转归

根据诊断结果和临床症状，给予患犬积极的支持治疗，包括吸氧、输液、使用布托啡诺（0.2 mg/kg，IV，q2h）及利多卡因［50 μg/（kg·min），CRI］控制疼痛，针对动脉血栓使用尿激酶 4 400 IU/kg，单次 IV 之后 4 400 IU/kg CRI，持续 12 h、肝素钠（150 U/kg，SC，q12h）、氯吡格雷（2 mg/kg，PO，q24h）；针对胃肠道症状，给予法莫替丁（1 mg/kg，SC，q24h）和马罗匹坦（1 mg/kg，SC，q24h）；其他治疗还包括头孢噻呋钠（5 mg/kg，IV，q24h）、碳酸钙（30 mg/kg，PO，q8h）、贝那普利（0.25 mg/kg，PO，q12h）、曲洛司坦（1.5 mg/kg，PO，q24h）。

治疗期间，血气检查的主要异常表现是血钾轻度升高、氮质血症、轻度代谢性酸中毒。血清乳酸水平为 2.85 mmol/L（参考范围 0.5 ～ 2.5 mmol/L），血糖检测结果：颈静脉 5.7 mmol/L，右后肢 5.7 mmol/L，左后肢 5.2 mmol/L（参考范围 3.5 ～ 6 mmol/L），纤维蛋白原 5 g/L（参考范围 1.2 ～ 3.0 g/L）。使用肝素后活化部分凝血活酶时间监测见表 65–6。

表 65–6　使用肝素后活化部分凝血活酶时间监测　s

项目	基础值	第一次肝素注射后 1 h	第一次肝素注射后 8 h	第二次肝素注射后 12 h	第二次肝素注射后 36 h	参考范围
活化部分凝血活酶时间	88	177	88	136	91	60 ～ 93

治疗后动物未再出现呕吐，疼痛缓解，收缩压维持约 140 mmHg。左后肢肢端温度、脉搏、深部疼痛反应短时间恢复，至第 5 天，左后肢脉搏不连续至缺失，腹股沟处触压敏感。B 超复查腹主动脉及股动脉处血栓均有明显增大，仍为不完全栓塞。第 7 天，主人决定接患犬出院回家护理。后回访发现，患犬于出院一周后在家中死亡。

11. 讨论

动物血小板、凝血因子过度活化，而纤维蛋白溶解及抗血栓系统受抑制，会导致血栓形成。猫的动脉血栓多是由于心肌病导致，而犬动脉血栓病因可能涉及心、肾、内分泌、肿瘤、血液、消化等多个系统或器官的疾病。这些疾病打破凝血和抗凝系统的平衡从而导致血栓形成。由于本病例合并多种疾病，作者认为该病例中，动脉血栓的形成很可能与肾上腺肿物有关。

临床症状的严重程度取决于致病原因、栓塞位置、栓塞程度、栓塞持续的时间等因素。临床表现可总结为 6 个“P”：疼痛（pain）、苍白（paleness）、知觉异常（paresthesia）、脉搏缺失（pulselessness）、瘫痪 / 麻痹（paresis/paralysis）、乏力（prostration）。本病例为最典型的动脉血栓病症，即双后肢出现慢性神经反射缺失及灌注不良的症状：疼痛、知觉异常、脉搏缺失、瘫痪、乏力。血清生化检查结果也表现出肌肉损伤相关指标显著升高。

通过全面的病史调查和体格检查，可以完整地评估动物的体况，获得诊断潜在病因的信息。在诊疗工作中，建议对所有后肢瘫痪的动物都进行动脉血栓排查。最基础的实验室检查包括血常规检查、生化检查、尿液检查等，虽然并不会有血栓相关的特异性变化，但可反映潜在疾病，如本病例中肾病和肾上腺功能异常的诊断。影像学检查是最具特异性的手段，超声检查可发现腹腔大血管可能存在各种回声强度的血栓，还可进行定位、测量栓子大小、评估血栓周围的血流情况，该检查无侵入性，相对安全。

该类病例的治疗目标是支持治疗，稳定体况；防止血栓进一步变大及生成更多血栓；如有条件可以减小血栓，恢复灌流。最重要也最具有挑战的是控制潜在疾病。支持治疗主要包括吸氧、液体治疗、保温、营养支持、疼痛管理。

抗血栓治疗主要包括三类药物（表 65–7）。推荐使用溶栓药物的时机是发生栓塞后 6 ～ 18 h，否则易出现再灌注损伤。抗凝药物的使用会延长凝血指标，使用肝素时需监测活化部分凝血活酶时间，目标值为基础值的 1.5 ～ 2 倍，本病例使用肝素后监测结果见表 65–6，符合治疗目标。本药主要经肾排泄，所以肾病动物需要调整用药间隔时间。使用这些药物时，均需要注意出血风险，一旦发生严重出血，如尿血、便血、内脏出血等需立即停药，监测凝血指标恢复正常后，方可考虑重新用药。

除了药物治疗，还有导管血栓清除术、经皮机械性血栓清除术、超声溶栓等外科手段，可以用来清除或减小血栓。本

表 65–7　抗血栓治疗用药

药物种类	药理	疗效	代表药物
溶栓药物	将纤溶酶原转化为纤溶酶，溶解纤维蛋白	减小 / 清除血栓	链激酶、尿激酶、组织纤维蛋白酶原激活剂
抗凝药物	激活抗凝血酶，抑制促凝血因子 / 维生素 K 拮抗剂	预防形成血栓	肝素、低分子量肝素、华法林
血小板抑制剂	减少血小板的激活，抑制血小板的凝集 / 抑制血清素、血栓素 A2 的生成	预防形成血栓，促进侧支循环的建立	阿司匹林、氯吡格雷

病预后谨慎至不良，急性病例的中位存活期仅为 9 d，慢性发作病例的中位存活期为 293 d，而不治疗病例的中位存活期仅 1 d。目前，文献中已明确的会导致预后不良的因素包括：急性发作、不能行走、蛋白丢失性肾病；而接受华法林治疗则可能会改善预后。本病例至发病后期持续不能行走的状态也提示了预后不良，从开始出现后肢乏力存活期仅 1 个月时间。

犬动脉血栓的发病率低，所以极易被忽视，而且本病可能有不同的病因、致病机理。缺乏特异性临床症状，可能为急性发作，也可能表现为慢性症状。实验室检查无特征性变化，超声检查的特异性极高，但敏感性低。药物治疗的疗效个体差异极大，目前尚无一致推荐的治疗流程和药物剂量，诊断和治疗难度都极具挑战。

◆ 参考文献

1.Lake-Bakaar G A, Johnson E G, Griffiths L G. Aortic thrombosis in dogs: 31 cases (2000–2010)[J]. Journal of the American Veterinary Medical Association, 2012, 241(7): 910-915.

2.Richard W. Nelson, C Guillermo Couto. 小动物内科学 [M]. 5 版 . 夏兆飞 , 陈艳云 , 王姜维，主译 . 北京：中国农业大学出版社，2019.

3.Thompson M F, Scott-Moncrieff J C, Hogan D F. Thrombolytic therapy in dogs and cats[J]. Journal of Veterinary Emergency and Critical Care, 2001, 11(2): 111-121.

4.Williams T P E, Shaw S, Porter A, et al. Aortic thrombosis in dogs[J]. Journal of Veterinary Emergency and Critical Care, 2017, 27(1): 9-22.

CASE 66

案例66 犬退行性瓣膜病

1. 基本信息和病史

混种犬，10 岁，雄性未去势。室内单独饲养，外出牵遛。日常饲喂犬粮，定期免疫和驱虫。

因近一个月运动能力下降，运动后或激动时易喘、咳嗽而就诊。就诊时食欲轻度下降，饮水尚可，大小便正常。咳嗽在夜间更为严重。

2. 体格检查

患犬呈 QAR，BCS：5/9。体温 38.0℃，心率 146 次 /min，呼吸频率 36 次 /min。黏膜颜色粉，CRT < 2 s，水合良好，脉搏质量可。心音及肺音听诊：左心尖收缩期 4/6 级心杂音，肺音无明显异常。腹部触诊未见明显异常。

3. 问题列表

运动耐受性差，咳嗽，左心尖收缩期 4/6 级心杂音，呼吸急促。

4. 鉴别诊断

心血管疾病、呼吸系统疾病。

5. 初步诊断计划

诊断项目：CBC、生化检查、心电图、血压、胸部 X 线片、超声心动图。

6. 初步检查结果

CBC 检查结果见表 66–1。生化检查结果见表 66–2。心电图检查结果见图 66–1 和表 66–3。

表 66–1　CBC 检查结果

项目	结果	参考范围（犬）
红细胞总数（RBC）	7.35×10^{12}/L	5.65×10^{12} ～ 8.87×10^{12}/L
红细胞比容（HCT）	43.2%	37.3% ～ 61.7%
血红蛋白浓度（HGB）	15.3 g/dL	13.1 ～ 20.5 g/dL
网织红细胞（RETIC）	77.2×10^3/μL	10.0×10^3 ～ 110.0×10^3/μL
平均红细胞体积（MCV）	58.8 fL	61.6 ～ 73.5 fL
平均红细胞血红蛋白浓度（MCHC）	35.4 g/dL	32.0 ～ 37.9 g/dL
红细胞分布宽度（RDW）	20.7%	13.6% ～ 21.7%

续表 66-1

项目	结果	参考范围（犬）
白细胞总数（WBC）	10.32×10^9/L	5.05×10^9 ～ 16.76×10^9/L
分叶中性粒细胞（SEG）	6.90×10^9/L	2.95×10^9 ～ 11.64×10^9/L
淋巴细胞（LYM）	2.28×10^9/L	1.05×10^9 ～ 5.10×10^9/L
单核细胞（MONO）	0.66×10^9/L	0.16×10^9 ～ 1.12×10^9/L
嗜酸性粒细胞（EOS）	0.46×10^9/L	0.06×10^9 ～ 1.23×10^9/L
嗜碱性粒细胞（BASO）	0.02×10^9/L	0.00 ～ 0.10×10^9/L
血小板（PLT）	322×10^3/μL	148×10^3 ～ 484×10^3/μL
镜检	红细胞、白细胞形态未见明显异常	

表 66-2　生化检查结果

项目	结果	参考范围（犬）
总胆红素（TBIL）	0.4 mg/dL	0 ～ 0.8 mg/dL
总蛋白（TP）	6.8 g/dL	5.5 ～ 7.2 g/dL
白蛋白（ALB）	3.4 g/dL	3.2 ～ 4.1 g/dL
球蛋白（GLOB）	3.4 g/dL	1.9 ～ 3.7 g/dL
白球比（A/G）	1.0	0.9 ～ 1.9
葡萄糖（GLU）	96 mg/dL	68 ～ 104 mg/dL
丙氨酸氨基转移酶（ALT）	70 U/L	17 ～ 95 U/L
碱性磷酸酶（ALP）	40 U/L	7 ～ 115 U/L
γ－谷氨酰转肽酶（GGT）	4 U/L	0 ～ 8 U/L
尿素（UREA）	66.6 mg/dL	19 ～ 55.7 mg/dL
肌酐（CREA）	1.1 mg/dL	0.6 ～ 1.4 mg/dL
磷（P）	3.8 mg/dL	2.7 ～ 5.4 mg/dL
钙（Ca）	9.9 mg/dL	9.4 ～ 12 mg/dL
总胆固醇（CHOL）	139 mg/dL	139 ～ 392 mg/dL

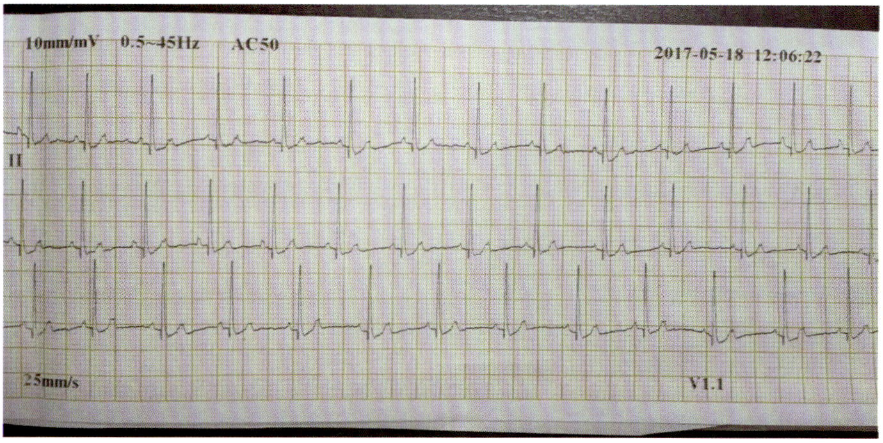

图 66-1

心电图（Ⅱ导联，50 mm/s，10 mm/mV）

表 66-3　心电图检查结果

参数	结果	参考范围（犬）
心率	146 次 /min	成年：70 ～ 160 次 /min 幼年：70 ～ 200 次 /min
P 波振幅	0.15 mV	＜ 0.4 mV
P 波时限	40 ms	成年：＜ 40 ms 巨型犬：＜ 50 ms
PR 间期	90 ms	60 ～ 130 ms
QRS 振幅	1.3 mV	＞ 0.5 且＜ 3 mV
QRS 时限	50 ms	＜ 70 ms
QT 间期	170 ms	150 ～ 250 ms
ST 段	正常	抬高 / 压低＜ 0.2 mV
T 波振幅	0.1	正向，负向或双向，高度不大于 R 波振幅的 25%
心电图印象	RR 间期相等；P 波增宽，存在切迹	
心电图提示	1. 窦性心动过速 2. 可能存在左心房增大与二尖瓣疾病	

血压检查结果见表 66-4。

表 66-4　血压检查结果

肢体，袖带，犬精神	收缩压	参考范围（犬）
左前，3#，紧张	140 ～ 146 mmHg	90 ～ 140

X 线检查结果见图 66-2、图 66-3。超声心动图见图 66-4。

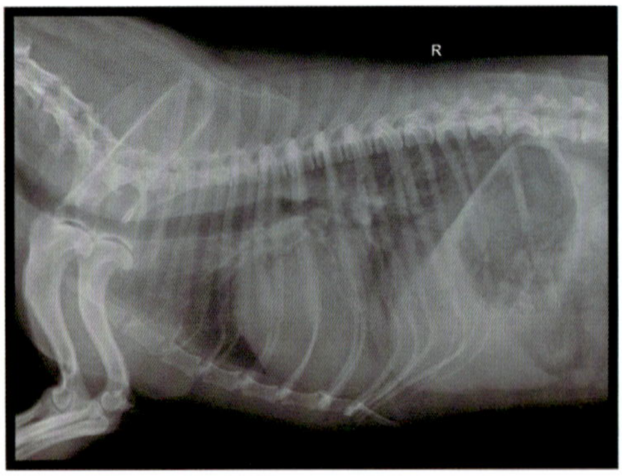

图 66-2

胸部右侧位 X 线片

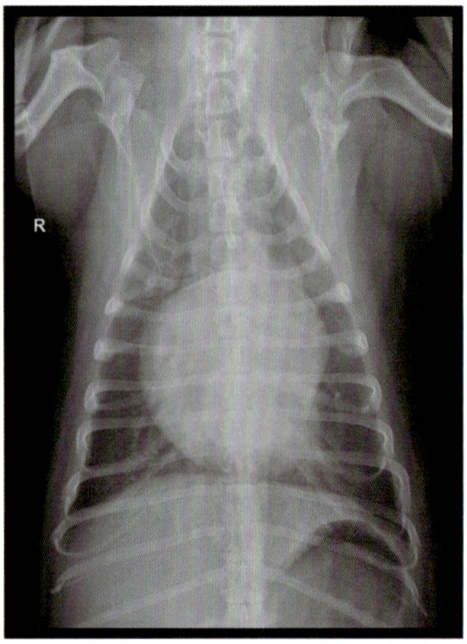

图 66-3

胸部腹背位 X 线片

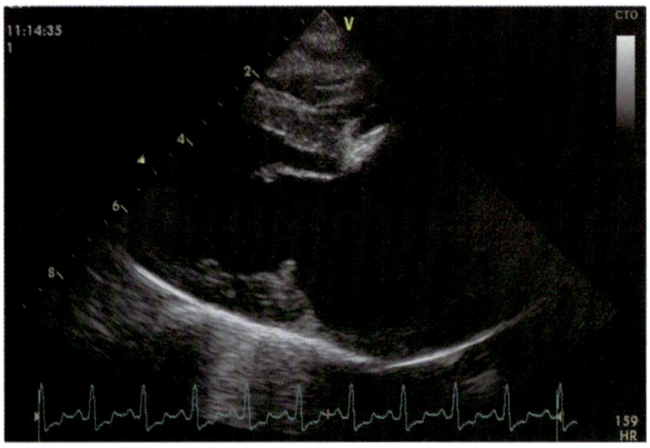

图 66-4

超声心动图：右侧胸骨旁长轴四腔观

7. 初步检查结果分析

7.1　CBC 结果

未见明显异常。

7.2　血清生化检查结果

尿素轻度升高：由于肌酐正常，尿素轻度升高可能与高蛋白饮食、胃肠道出血、蛋白分解代谢增强相关。

7.3　心电图、血压检查结果

窦性心动过速的原因可分为：生理性（如运动、兴奋、疼痛、恐惧）、低血容量、低血压、高心输出量状态（如发热、贫血、败血症等）、药物（拟交感神经药物）、充血性心力衰竭，结合该犬的病史及临床表现，窦性心动过速与紧张和充血性心力衰竭相关性较大。P 波时限延长可见于左心房增大或房内传导阻滞（少见），而在犬中，可导致左心房增大的疾病包括二尖瓣退行性病变、扩张型心肌病、二尖瓣发育不良 / 狭窄。患犬血压为参考范围上限，需排除白大褂效应，并定期复查。

7.4 X 线检查结果

胸部侧位 X 线片，VHS ≈ 11.5，侧位气道上抬，心影与胸骨接触面积增大，心影后背侧缘膨出；肺脏前叶动静脉未见明显增粗；胸部正位 X 线片，可见心胸比增大，后叶支气管分叉处可见牛仔腿征；肺后叶非血管线性纹理增多。

X 线提示：全心增大；肺部疑存在渗出，不排除轻度肺水肿。

7.5 超声心动检查结果

超声心动图结果显示，二尖瓣增厚，中度脱垂；左心室容量过载［LVDd:42.34mm（25.95–27.85mm）］，左心房容量过载［LA/AO:2.15（正常＜1.6）］，左心收缩功能正常，舒张功能下降代偿［E/A＞2（正常＜1）］

8. 诊断

结合病史及检查结果，本病例诊断为退行性瓣膜病，因其已出现左心衰表现（肺水肿），判定为退行性瓣膜病 C 期（ACVIM 分期）。

9. 治疗

匹莫苯丹，0.25 mg/kg，PO，q12h；呋塞米，2 mg/kg，PO，q12h；螺内酯，2 mg/kg，PO，q24h；贝那普利，0.5 mg/kg，PO，q12h。

限制钠离子摄入［＜30 mg/（kg·d）］，适当限制运动，监测静息时呼吸频率。

10. 转归

2 周后复查，犬精神良好，饮食欲正常，静息时呼吸频率＜30 次 /min，运动耐受性仍较差。心杂音无变化，肺音无异常，血压 130 mmHg。实验室检查发现肌酐略有升高，仍位于参考范围内（由 1.1 mg/dL 升至 1.3 mg/dL），电解质及酸碱平衡未见明显异常。

因此，该犬对标准治疗反应良好，可归入退行性瓣膜病 C 期，需终身用药，并定期复查，调节用药。

11. 讨论

退行性瓣膜病（MMVD）是犬最常见的心脏病，好发于体重 20 kg 以下的小型犬，雄性犬发病率高于雌性，发病率随年龄增长而升高，严重者可引起充血性心力衰竭。退行性瓣膜病最常影响二尖瓣，也可能影响三尖瓣、主动脉瓣和肺动脉瓣，病变的瓣膜发生增厚和畸形，引起瓣膜闭锁不全和该瓣口反流，导致心脏重塑，并最终引起心脏功能障碍。该病病程很长，可能在犬出现心杂音数年后才出现心衰相关症状，而很多犬在死后剖检时才被确诊为亚临床性退行性瓣膜病。MMVD 的临床症状主要表现为运动不耐受、呼吸急促、晕厥、咳嗽等，还可能伴有肺动脉高压、肺水肿、心房纤颤等并发症。由于其严重程度差异巨大，需根据其程度进行分期，并针对各期进行治疗，目前已有共识指南作出分期及用药推荐，并受到广泛认同。

MMVD A 期患犬不存在任何明显的心脏结构性异常，不需要任何治疗或营养调整，只需定期体检监测。MMVD B 期患犬存在心杂音和反流，但无心衰症状。对于这些犬，建议根据其超声心动和胸部 X 线片判断是否需要开始药物治疗。若同时符合以下四条标准可归入 B2 期，开始匹莫苯丹单独用药治疗，即：心杂音 ≥ 3/6；超声心动右胸骨短轴观，LA：AO ≥ 1.6；舒张期左心室内径［经体重校正后（LVIDDN）］≥ 1.7；品种特异性 VHS 评分＞ 10.5。若不满足以上 4 条，则归入 B1 期。B1 期与 A 期相同，暂不需要任何治疗。若患犬存在心衰症状，且对包含匹莫苯丹、血管紧张素转换酶抑制剂、呋塞米、螺内酯在内的标准治疗方案反应良好，可归入 C 期；而反应不佳，或需要更高剂量利尿剂的患犬被归入 D 期。

对于出现急性心源性肺水肿的患犬，需进行包括吸氧、镇静、利尿、匹莫苯丹等在内的紧急治疗，以调节动物的血流动力学状态，并保证组织供氧，对常规治疗反应不佳的动物可能需要更加激进地降低后负荷，或使用多巴酚丁胺、硝普钠、硝酸甘油软膏等其他药物。

在营养管理方面，B2 期及以上分期的患犬均需要充足的能量摄入，以防出现心源性恶病质。有证据支持添加 ω–3 脂肪酸可能有益。不同分期的犬理想体况评分、限钠程度不同，具体营养方案应在考虑患犬目前的营养状况及共存疾病后，个体化定制。

◆ 参考文献

1.Borgarelli M, Ferasin L, Lamb K, et al. Delay of appearance of sYmptoms of canine degenerative mitral valve disease treated with spironolactone and benazepril: the dstudy[J]. Journal of Veterinary Cardiology, 2020, 27: 34-53.

2.Ettinger S J, Feldman E C, Cote E. Textbook of Veterinary Internal Medicine[M].8th ed. St. Louis, Missouri: Elsevier health sciences, 2016.

3.Keene B W, Atkins C E, Bonagura J D, et al. ACVIM consensus guidelines for the diagnosis and treatment of myxomatous mitral valve disease in dogs[J]. Journal of veterinary internal medicine, 2019, 33(3): 1127-1140.

CASE 67

案例67 猫肥厚型心肌病

1. 基本信息和病史

美国短毛猫，1 岁，雄性已去势。平时单独饲养于室内，日常主要饲喂干粮和罐头，偶尔饲喂水果。定期免疫和驱虫，近期无旅行史。

日常（尤其夏季）运动后容易喘、张口呼吸。近半个月运动不耐受加剧，嗜睡。就诊当天晨间突发双后肢无法站立，嚎叫。

2. 体格检查

患猫精神紧张。BCS：3/5。呼吸浅快，肺音明显，呼吸频率 96 次 /min。心率 220 次 /min，听诊奔马律，无明显心杂音。双后肢疼痛明显，双侧跗关节及以下皮温凉，双侧股动脉脉搏缺失，无本体反射。

3. 问题列表

运动不耐受、奔马律、双后肢瘫痪。

4. 鉴别诊断

心脏病、动脉血栓栓塞、胸腰椎疾病。

5. 初步诊断计划

诊断项目：CBC、生化检查、PT/aPTT、血气、乳酸、血压测量、胸部 X 线检查、超声心动检查、腹部超声检查。

6. 初步检查结果

CBC 检查结果见表 67–1，生化检查结果见表 67–2，凝血检查结果见表 67–3，血气检查结果见 67–4。

血压测量：多普勒法测得前肢动脉收缩压为 140 mmHg。

X 线检查结果见图 67–1、图 67–2。超声检查结果见图 67–3、图 67–4。

表 67–1 CBC 检查结果

检查项目	结果	参考范围（猫）
红细胞总数（RBC）	9.59×10^{12}/L	6.54×10^{12} ～ 12.20×10^{12}/L
红细胞比容（HCT）	41.6%	30.3% ～ 52.3%
血红蛋白浓度（HGB）	13.8 g/dL	9.8 ～ 16.2 g/dL
平均红细胞体积（MCV）	43.4 fL	35.9 ～ 53.1 fL
平均红细胞血红蛋白浓度（MCHC）	33.2 g/dL	28.1 ～ 35.8 g/dL

续表 67-1

检查项目	结果	参考范围（猫）
红细胞分布宽度（RDW）	24.8%	15.0% ～ 27.0%
网织红细胞（RETIC）	$15.3 \times 10^3/\mu L$	3.0×10^3 ～ $50.0 \times 10^3/\mu L$
白细胞总数（WBC）	$16.57 \times 10^9/L$	2.87×10^9 ～ $17.02 \times 10^9/L$
中性粒细胞（NEU）	$11.59 \times 10^9/L$	2.30×10^9 ～ $10.29 \times 10^9/L$
淋巴细胞（ LYM）	$3.71 \times 10^9/L$	0.92×10^9 ～ $6.88 \times 10^9/L$
单核细胞（MONO）	$0.28 \times 10^9/L$	0.05×10^9 ～ $0.67 \times 10^9/L$
嗜酸性粒细胞（EOS）	$0.74 \times 10^9/L$	0.17×10^9 ～ $1.57 \times 10^9/L$
嗜碱性粒细胞（ BASO）	$0.25 \times 10^9/L$	0.01×10^9 ～ $0.26 \times 10^9/L$
血小板（PLT ）	$366 \times 10^3/\mu L$	151×10^3 ～ $600 \times 10^3/\mu L$

表 67-2 生化检查结果

检查项目	结果	参考范围（猫）
血糖（GLU）	277 mg/dL	71 ～ 182 mg/dL
肌酐（CREA）	1.0 mg/dL	0.6 ～ 1.4 mg/dL
总蛋白（TP）	7.2 g/dL	6.6 ～ 8.4 g/dL
白蛋白（ALB）	3.3 g/dL	3.2 ～ 4.13 g/dL
球蛋白（GLOB）	3.9 g/dL	2.5 ～ 4.7 g/dL
白球比（A/G）	0.8	0.8 ～ 1.5
丙氨酸氨基转移酶（ALT）	44.2 U/L	28 ～ 109 U/L
碱性磷酸酶（ALP）	83.7 U/L	11 ～ 49 U/L
胆汁酸（TBA）	4.5 μmol/L	0 ～ 10 μmol/L
甘油三酯（TG）	53 mg/dL	30 ～ 106 mg/dL
钠（Na）	154 mmol/L	149 ～ 158 mmol/L
钾（K）	4.0 mmol/L	3.8 ～ 5.5 mmol/L
氯（Cl）	124 mmol/L	111 ～ 124 mmol/L
猫血清淀粉样蛋白 A（SAA）	191.7 mg/L	0 ～ 2.00 mg/L

表 67-3 凝血检查结果

项目	结果	参考范围（猫）
凝血酶原时间（PT）	20 s	13 ～ 22 s
活化部分凝血活酶时间（APTT）	72 s	60 ～ 112 s

表 67-4 血气检查结果

项目	结果	参考范围（猫）	项目	结果	参考范围（猫）
酸碱度（pH）	7.339	7.25 ～ 7.40	细胞外碱剩余（BE）	－6	（-5）～（+2）
二氧化碳总量（TCO_2）	21 mmol/L	16 ～ 25 mmol/L	阴离子间隙（AG）	14 mmol/L	10 ～ 27 mmol/L
二氧化碳分压（pCO_2）	37.2 mmHg	33 ～ 51 mmHg	乳酸（Lac）—颈静脉	2.54 mmol/L	0.3 ～ 2.5 mmol/L
碳酸氢根（HCO_3^-）	20 mmol/L	13 ～ 25 mmol/L	乳酸（Lac）—后肢	5.46 mmol/L	0.3 ～ 2.5 mmol/L

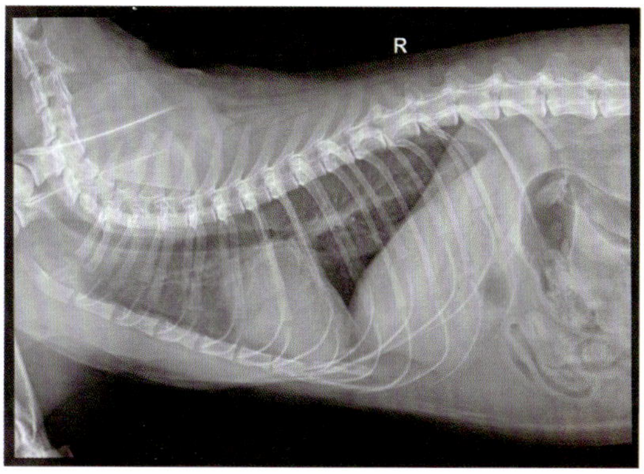

图 67-1

胸部右侧位 X 线片

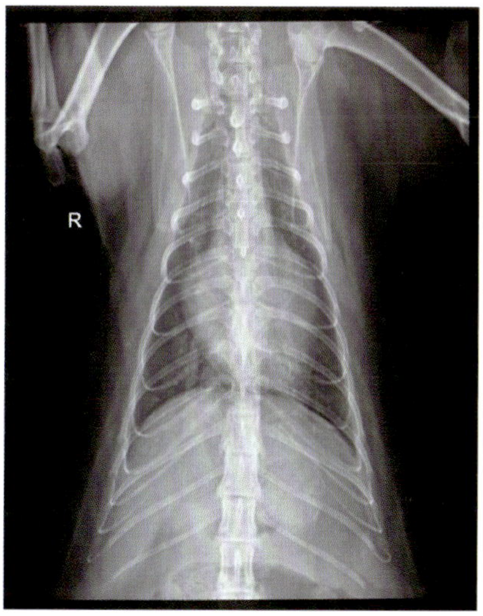

图 67-2

胸部腹背位 X 线片

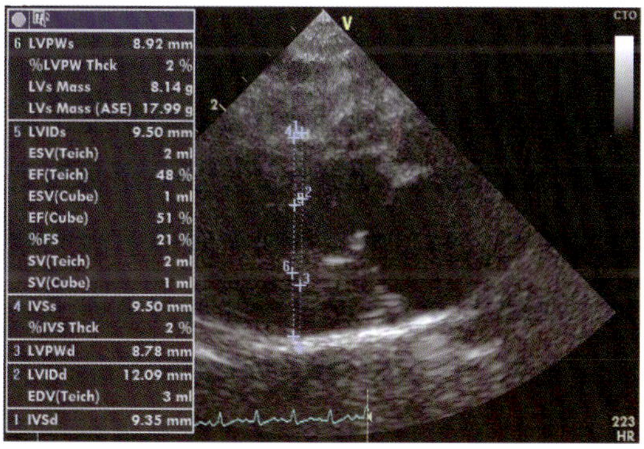

图 67-3

超声心动检查：右侧胸骨旁长轴四腔观

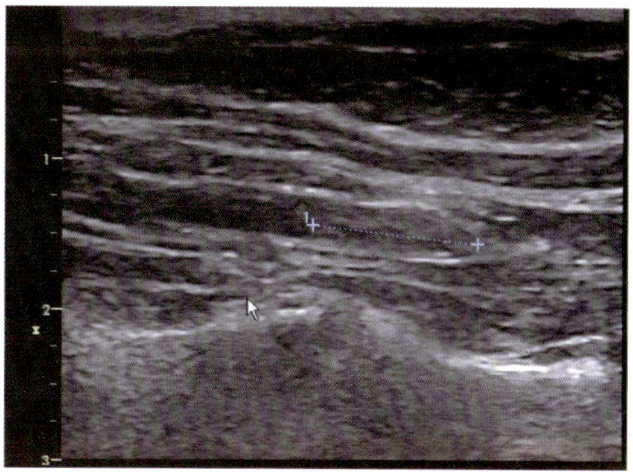

图 67-4

腹主动脉超声检查

7. 初步检查结果分析

7.1　CBC 结果

未见明显异常。

7.2　血清生化检查结果

高血糖：可能与疼痛、应激有关。

SAA 升高：提示全身性炎症反应。

7.3　凝血检查结果

PT、aPTT 未发现明显异常。

7.4　血气检查结果

高乳酸血症：提示组织灌注不良。后肢乳酸测量值较颈静脉明显升高，提示双后肢灌注更差。

7.5　X 线检查结果

胸部侧位 X 线片心影呈“靴筒”形，正位 X 线片心影呈“爱心”形。

X 线提示：心影增大。

7.6　超声心动检查结果

超声心动检查显示室间隔及左室游离壁增厚（IVSd = 6.5 mm；LVPWd = 8.78 mm），乳头肌肥厚，左心房容量过载（LA = 17.03 mm；LA/AO = 1.92）；二尖瓣微量反流；主动脉少量反流；左心收缩功能处于参考值下限。

7.7 腹部超声检查结果

腹部超声显示腹主动脉近髂内外动脉分支头侧水平腔内，有一产回声内容物，彩色血流多普勒信号局部缺失（图 67-4 光标所示）。

超声提示：肥厚型心肌病，腹主动脉分叉处血栓栓塞。

8. 诊断

结合该病例的病史、体格检查、实验室诊断以及影像学诊断结果，确诊该猫患有肥厚型心肌病伴腹主动脉血栓栓塞。

9. 治疗及转归

治疗方案包括：①镇痛，使用布托啡诺；②心脏病管理，使用强心及血管扩张剂（匹莫苯丹）；③抗血栓治疗，使用低分子肝素、氯吡格雷；④护理，后肢保温、监测后肢感觉及运动能力变化。

经 6 d 的积极治疗后，患猫平稳度过急性疼痛期，双后肢有再灌注迹象，皮温及脉搏基本恢复，但仍无感觉及运动能力。继续使用低分子肝素、氯吡格雷及匹莫苯丹治疗 12 d 后，停用低分子肝素，继续使用氯吡格雷及匹莫苯丹。治疗半年后，患猫运动能力改善，左后肢运动能力及关节活动范围已恢复正常，股动脉脉搏均可感。

10. 讨论

肥厚型心肌病（hypertrophic cardiomyopathy，HCM）是最常见的猫心脏病。多数 HCM 患猫未表现出明显的临床症状，仅在体检或术前评估中发现异常（如听诊时存在收缩期杂音）。有 70% ～ 80% 表现临床症状的 HCM 患猫会出现充血性心力衰竭（CHF）和 / 或动脉血栓栓塞（ATE）的症状。本病例所出现的急性双后肢瘫痪、肢端温度低、双侧股动脉脉搏缺失及后肢疼痛均符合典型的 ATE 表现，其呼吸急促更可能与动脉血栓栓塞导致的疼痛有关。

超声心动扫查是诊断 HCM 的金标准。比较被认可的标准是舒张末期左室壁厚度 ≥ 6 mm，本病例的左心室游离壁舒张末期厚度为 8.78 mm，排除了高血压和常见的内分泌疾病（因患猫年龄偏小）的影响，可确诊为肥厚型心肌病。左心房大小可用于进一步评估 HCM 的严重程度，并对血栓风险有一定的预测价值。通常认为，LA：AO 超过 1.6 或者 LA 内径（收缩期）超过 16 mm 时，提示动脉血栓栓塞风险，本病例的 LA：AO 为 1.92（＞ 1.6），收缩期 LA 内径为 17.03 mm（＞ 16 mm），提示其有较高的血栓栓塞风险。胸部 X 线片是确认 CHF 的金标准，也是排除其他导致呼吸困难原因的重要手段。但是，X 线片不是筛查猫心肌病的首选方法，因为在 X 线片上，轻度至中度心脏增大可能无明显异常征象。本病例胸部 X 线片整体肺野密度尚可，可初步排除肺水肿及其他肺部异常导致的呼吸急促。另外，其胸部 X 线片提示心影轮廓增大，符合肥厚型心肌病的特征。

治疗 ATE 的基本原则是控制伴发的 CHF 和心律不齐、预防血栓进一步形成。以及支持治疗。在急性期最初的 24 h，其主要治疗措施包括疼痛管理、抗凝治疗及抗血小板治疗。若动物同时伴发 CHF，则需要给予利尿剂及吸氧。此外，也可以进行溶栓治疗，但由于其出血及再灌注损伤的风险，一般不推荐使用。本病例在确诊后即开始进行相关治疗，包括使用布托啡诺进行疼痛管理、使用低分子肝素及氯吡格雷防止血栓进一步生成，促进侧支循环。由于患猫未出现明显的左室流出道梗阻，且左心室收缩功能处于下限，因此在治疗时添加了匹莫苯丹，以改善心室收缩功能。需要强调的是，使用匹莫苯丹治疗猫的 HCM 是比较有争议的做法，不推荐应用于所有病例。

◆ 参考文献

1.Ettinger S J, Feldman E C, Cote E. Textbook of Veterinary Internal Medicine[M].8th ed. St. Louis, Missouri: Elsevier health sciences, 2016.

2.Fuentes V L. Arterial thromboembolism: risks, realities and a rational first-line approach[J]. Journal of Feline Medicine and Surgery, 2012, 14(7): 459-470.

3.Luis Fuentes V, Abbott J, Chetboul V, et al. ACVIM consensus statement guidelines for the classification, diagnosis, and management of cardiomyopathies in cats[J]. Journal of Veterinary Internal Medicine, 2020, 34(3): 1062-1077.

4.Richard W. Nelson, C Guillermo Couto. 小动物内科学 [M]. 5 版 . 夏兆飞 , 陈艳云 , 王姜维, 主译 . 北京：中国农业大学出版社，2019.

案例68

CASE 68

犬动脉导管未闭

1. 基本信息和病史

柯基犬，7月龄，雌性未绝育。常规免疫及驱虫，主诉平时饮食、精神状态、活动良好。因绝育就诊。

2. 体格检查

患犬精神状态良好，BCS：3/5，触诊体表淋巴结无明显增大，腹部触诊无明显异常。体温38.5℃，安静时呼吸频率36次/min，心率150次/min。触诊胸前区震颤，听诊心基部Ⅴ/Ⅵ级持续性心杂音、肺音尚可。

3. 问题列表

胸前区震颤、心基部Ⅴ级持续性心杂音、呼吸频率略偏快。

4. 鉴别诊断

动脉导管未闭（PDA）、永存动脉干、动静脉瘘。

5. 初步诊断计划

诊断项目：X线检查、超声心动检查、CT检查。

6. 初步检查结果

X线检查结果见图68-1、图68-2。

超声心动结果见图68-3、图6-4和图68-5。

CT血管造影后图像见图68-6。

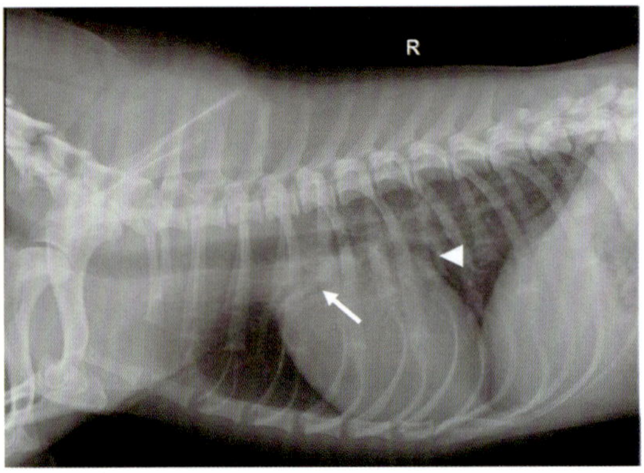

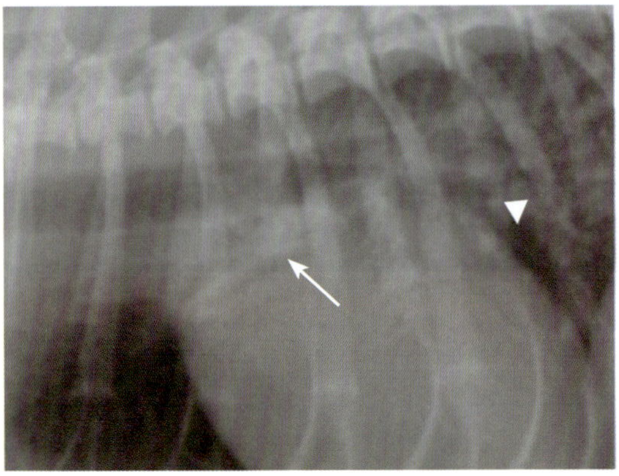

图68-1

胸部右侧位X线片（上图）及局部放大图（下图）

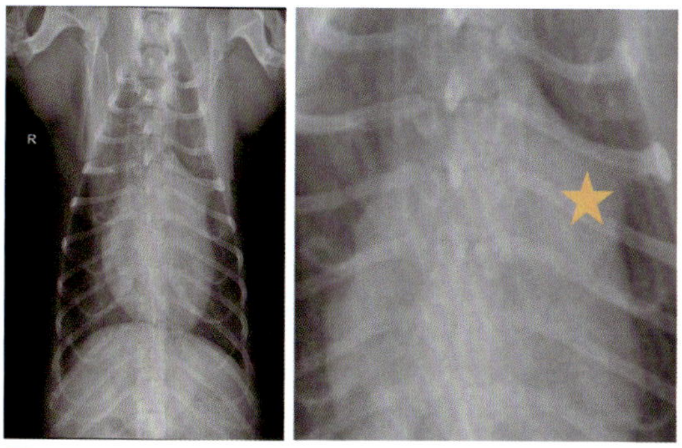

图 68-2

胸部腹背位 X 线片（左图）及局部放大图（右图）

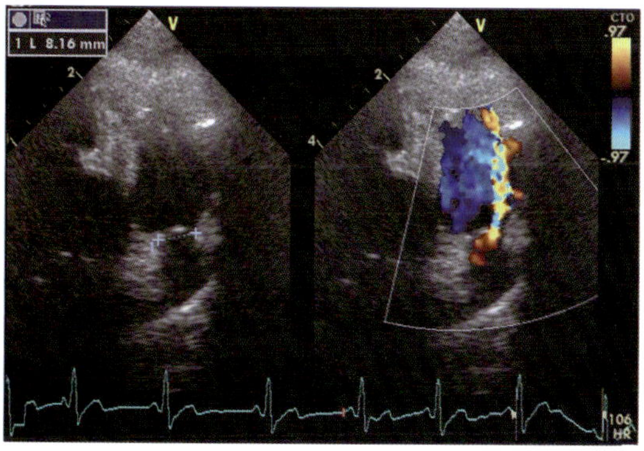

图 68-3

超声心动图：左侧胸骨旁短轴（肺动脉水平）二维（左）及彩色多普勒图像（右）

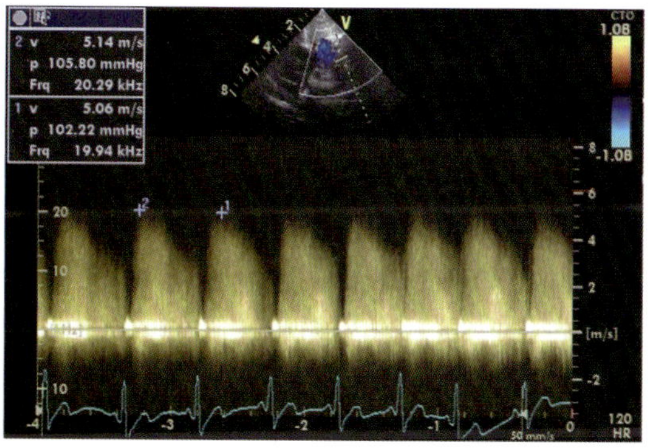

图 68-4

超声心动图：左侧胸骨旁短轴（肺动脉水平）频谱多普勒图像

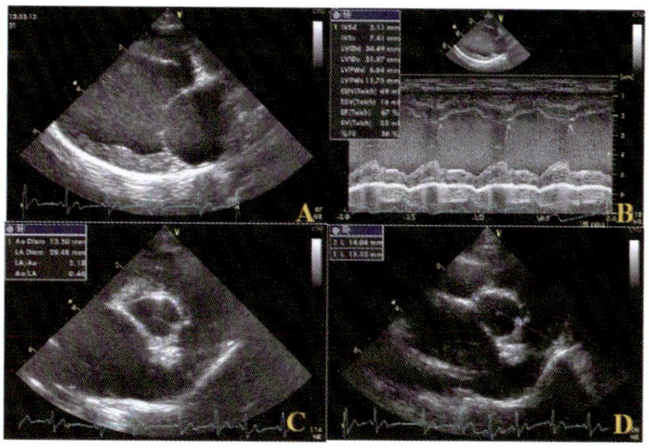

A. 右侧胸骨旁长轴四腔观；B. 右侧胸骨旁长轴四腔 M 型图像；C. 右侧胸骨旁短轴观（左心房 - 主动脉水平）；D. 右侧胸骨旁短轴观（肺动脉水平）

图 68-5

超声心动图

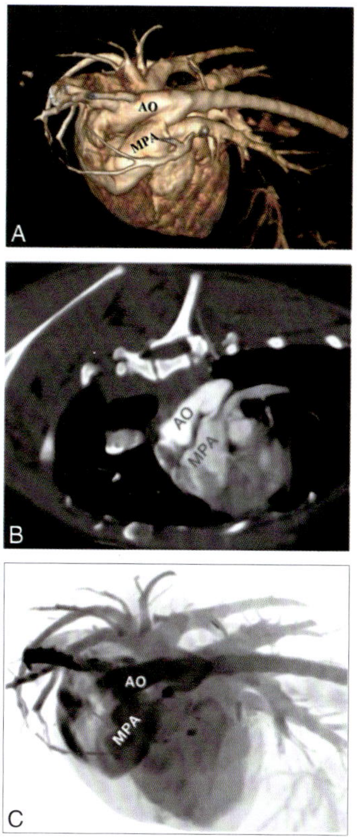

A. 三维重建立体图，矢状面；B. 多平面重建图，矢状面；C. 多平面重建反相成像图，矢状面

图 68-6

CT 血管造影后图像

7. 初步检查结果分析

7.1 胸部 X 线检查结果

图 68-1 心影尾背侧缘膨出（无尾箭头所示），提示左心房增大；箭头所示为肺前叶血管增粗；图 68-2 心影轮廓 1 ～ 2 点钟方向膨出（星号所示），提示肺动脉膨出。

7.2 超声心动图检查结果

图 68-3 左图显示一导管于肺动脉处开口，开口处突然变细（孔径大小约 3.17 mm，近肺动脉端导管直径 8.16 mm）；图 68-3 右图显示持续性湍流自动脉导管流入肺动脉。图 68-4 显示连续多普勒测得该血流收缩期峰值流速为 5.14 m/s，计算得出主动脉 - 肺动脉收缩期压差 105.80 mmHg。图 68-5 中 A、B、C 显示左心室及左心房容量过载。

结果提示：左 - 右分流（主动脉至肺动脉分流）PDA，伴左心室及左心房容量过载，无明显肺动脉高压。

7.3 CT 扫描结果

CT 血管造影后多平面重建、三维重建图（图 68-6）显示降主动脉与肺动脉之间动脉导管影像，且有血流通过，未见其他异常动静脉瘘影像。

8. 诊断

结合体格检查及各检查结果，本病例被诊断为左 - 右分流的动脉导管未闭（PDA），伴左心室及左心房容量过载。

9. 治疗及转归

该犬最终经开胸术进行动脉导管结扎术（图 68-7），箭头所示为动脉导管处。

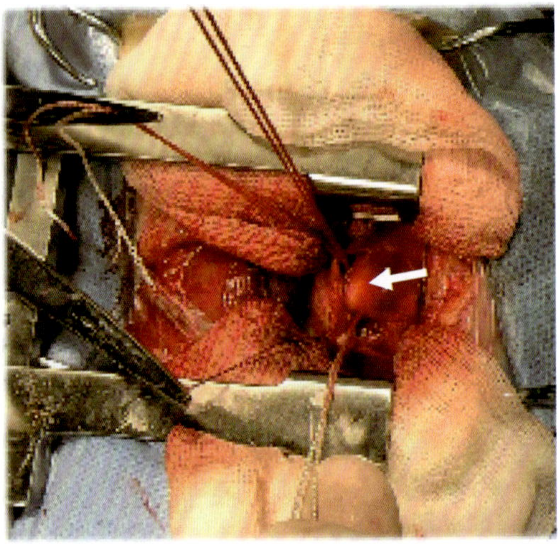

图 68-7

开胸导管结扎术手术图。

术后 1 个月复查心超，结果显示原导管肺动脉侧开口处无明显湍流束，左心室及左心房容量过载情况明显改善。与首诊测量值对比情况见表 68-1。

表 68-1　部分心脏超声测量指标

部分心脏超声测量指标	术前	术后 1 个月	参考值
LVDd/mm	34.49	27.55	22.71 ～ 24.76
LA/AO	2.18	1.50	1.6
EDVI/（mL/m^2）	132	84	＜ 100
ESVI/（mL/m^2）	43	30	＜ 30
EF/%	67	72	70.9 ± 6.0

10. 讨论

动脉导管是降主动脉与肺动脉之间的管状结构，正常情况下在出生后几个小时内发生功能性闭合，而对于患有遗传性 PDA 的动物，其导管壁组织结构异常，从而导致无法正常收缩闭合。PDA 是犬最常见的先天性心血管疾病之一，多发于小型犬，研究显示好发病品种为贵宾犬、比熊犬、柯基犬及博美犬等。本文中病例为一幼龄柯基犬，为常发品种之一。

初期患犬心脏收缩和舒张时血液都会从降主动脉分流到肺动脉，因为正常情况下在整个心动周期中主动脉的压力更高。这种左－右的分流导致肺循环、左心房、左心室容量超负荷。短路血流取决于两个循环间的压力梯度和导管直径。肺血流量过多会引起肺血管病变、血管阻力增加和肺动脉高压。当肺动脉压和主动脉压相等时，则几乎没有分流；若肺动脉压超过主动脉压，会发生逆流（右－左分流）。

体格检查（特别是心音听诊）及影像学检查对 PDA 的诊断意义重大。体格检查时，该病的典型特征包括在左心基部听诊到持续性心杂音（经常伴随心前区震颤）、脉搏亢进和黏膜呈粉色。X 线检查可能出现的征象为：①左心增大：侧位心影拉长、心影尾背侧缘膨出，正位心胸比增大；②肺血管增粗，通常侧位前叶血管明显；③主肺动脉干膨出：正位 X 线片心影 1 ～ 2 点钟方向；④主动脉膨出：侧位心影前缘心基部增宽，正位 12 点～ 1 点膨出；⑤伴有左心衰竭的肺水肿：肺门周围及肺野密度升高，间质型 / 肺泡型变化。本文中病例出现前四个征象。超声心动图典型特征（左－右分流）：①可见开口于肺动脉的导管影像；②肺动脉内的持续性反向湍流束；③左心或全心容量过载（二维或 M 型测量值大于参考值）。CT 或介入设备血管造影可直观显示 PDA 处，同时可排查其他动静脉瘘及主肺动脉窗。

对于左－右分流的患犬应及早进行手术或封堵治疗，以防止疾病进一步发展，甚至重塑恢复，但并不是所有的 PDA 均可进行外科或介入治疗，反向 PDA 不建议封闭，此阶段封堵后会导致右心后负荷突然增加，引起急性右心衰竭而导致动物死亡。而左－右分流的 PDA 病例，治疗方法 (手术或介入) 和设备的选择基于多种因素，包括 PDA 的形态、最小导管直径 (MDD) 和患犬体型。当出现患病动物体型特别小，但是孔径大的 PDA 或 III 型 PDA 时，应考虑手术结扎。因为体型特别小但孔径大的 PDA 患犬股动脉直径较小，很难进行介入封堵；而封堵器在 III 型 PDA 时难以锚定。本文中病例为左－右分流，无明显肺动脉高压，可进行结扎或封堵治疗。

PDA 术后评估可在术后立即进行或术后 24 h 之内进行，随后分别在术后的第 1、3、6、12 个月后进行评估。术后立即评估主要是评估手术 / 封堵效果，以确定导管口完全封闭。而术后多次复查重点评估心脏腔室容量变化（LVDs、LVDd、EDVI）以及心肌功能（ESVI、EF）评估，以判断预后。经胸超声心动图重新评估，即可评估容量和收缩力的变化，验证闭塞装置的位置，以及对残余血流定量。本文病例不足之处在于仅在术后 1 个月进行复查，结果显示该犬术后向正向良好预后方向发展。

◆ 参考文献

1.De Madron E, Chetboul V, Bussadori C. Clinical echocardiography of the dog and cat[M]. St. Louis, Missouri: Elsevier Health Sciences, 2016.

2.Goodrich K R, Kyles A E, Kass P H, et al. Retrospective comparison of surgical ligation and transarterial catheter occlusion for treatment of patent ductus arteriosus in two hundred and four dogs (1993–2003)[J]. Veterinary Surgery, 2007, 36(1): 43-49.

3.Lavennes M, Chetboul V, Passavin P, et al. Successful transcatheter retrieval of embolized Amplatz Canine Duct Occluders in two dogs[J]. Journal of Veterinary Cardiology, 2018, 20(6): 451-457.

4.Oliveira P, Domenech O, Silva J, et al. Retrospective review of congenital heart disease in 976 dogs[J]. Journal of veterinary internal medicine, 2011, 25(3): 477-483.

5.Ware W. Cardiovascular disease in small animal medicine[M]. Iowa: CRC Press, 2011.

CASE 69

案例69 犬先天性三尖瓣狭窄

1. 基本信息和病史

拉布拉多犬，雄性未绝育，1 岁 6 月龄 28 kg。室内单独饲养，正常牵遛。常规免疫与驱虫。患犬在 3 月龄时在当地医院查出心脏增大，当时未做进一步检查。

因患犬近半个月频繁腹泻，运动不耐受，腹围增大及频繁晕厥表现而就诊。

2. 体格检查

犬呈 BAR，BSC：2/5。体温 38.8 ℃，心率 150 次 /min，节律整齐，呼吸急促（兴奋相关）。可视黏膜颜色粉，水合良好，CRT ≈ 1 s。肺音因犬过度兴奋无法详细评估，心音未发现明显异常。颈静脉具有肉眼可见的搏动，腹围轻度增大，触诊肝脏增大。双侧股动脉脉搏偏弱，脉率比 1∶1。多普勒测量所得的动脉收缩压为 120 mmHg。

3. 问题列表

晕厥、颈静脉搏动、运动不耐受、腹围增大。

4. 鉴别诊断

心包填塞、右心充血性心衰、胸内肿物压迫。

5. 初步诊断计划

诊断项目：CBC、生化检查、腹部超声检查、胸部 X 线检查、超声心动检查。

6. 初步检查结果

CBC 检查结果见表 69–1。生化检查结果见表 69–2。

胸部 X 线检查结果见图 69–1、图 69–2。

超声心动检查结果见图 69–3、图 69–4 和图 69–5。

表 69–1　CBC 检查结果

项目	结果	参考范围
红细胞总数（RBC）	6.09×10^{12}/L	5.65×10^{12} ～ 8.87×10^{12}/L
红细胞比容（HCT）	39.8%	37.3% ～ 61.7%
血红蛋白浓度（HGB）	13.9 g/dL	13.1 ～ 20.5 g/dL

续表 69-1

项目	结果	参考范围
网织红细胞（RETIC）	17.1 × 10^3/μL	10.0×10^3 ～ 110.0×10^3/μL
平均红细胞体积（MCV）	65.4 fL	61.6 ～ 73.5 fL
平均红细胞血红蛋白浓度（MCHC）	34.9 g/dL	32.0 ～ 37.9 g/dL
红细胞分布宽度（RDW）	14.7%	13.6% ～ 21.7%
白细胞总数（WBC）	14.45×10^9/L	5.05×10^9 ～ 16.76×10^9/L
分叶中性粒细胞（SEG）	10.34×10^9/L	2.95×10^9 ～ 11.64×10^9/L
杆状中性粒细胞（BAND）	0	/
淋巴细胞（LYM）	1.48×10^9/L	1.05×10^9 ～ 5.10×10^9/L
单核细胞（MONO）	0.82×10^9/L	0.16×10^9 ～ 1.12×10^9/L
嗜酸性粒细胞（EOS）	0.81×10^9/L	0.06×10^9 ～ 1.23×10^9/L
嗜碱性粒细胞（BASO）	0×10^9/L	0.00 ～ 0.10×10^9/L
血小板（PLT）	235×10^3/μL	148×10^3 ～ 484×10^3/μL

表 69-2　血清生化检查结果

项目	结果	参考范围（犬）
总胆红素（TBIL）	0.2 mg/dL	0 ～ 0.8 mg/dL
总蛋白（TP）	6.5 g/dL	5.5 ～ 7.2 g/dL
白蛋白（ALB）	3.6 g/dL	3.2 ～ 4.1 g/dL
球蛋白（GLOB）	2.9 g/dL	1.9 ～ 3.7 g/dL
白球比（A/G）	1.2	0.9 ～ 1.9
葡萄糖（GLU）	102 mg/dL	68 ～ 104 mg/dL
丙氨酸氨基转移酶（ALT）	66 U/L	17 ～ 95 U/L
天门冬氨酸氨基转移酶（AST）	27 U/L	10 ～ 56 U/L
碱性磷酸酶（ALP）	110 U/L	7 ～ 115 U/L
γ－谷氨酰转肽酶（GGT）	0 U/L	0 ～ 8 U/L
胆汁酸（TBA）	0 μmol/L	0 ～ 25 μmol/L
尿素（UREA）	29 mg/dL	19 ～ 55.7 mg/dL
肌酐（CREA）	0.8 mg/dL	0.6 ～ 1.4 mg/dL
磷（P）	5.3 mg/dL	2.7 ～ 5.4 mg/dL
钙（Ca）	10.9 mg/dL	9.4 ～ 12 mg/dL
总胆固醇（CHOL）	194 mg/dL	139 ～ 392 mg/dL
甘油三酯（TG）	33 mg/dL	23 ～ 102 mg/dL
肌酸激酶（CK）	185 U/L	0 ～ 314 U/L
钾（K）	4.5 mmol/L	4.1 ～ 5.4 mmol/L
钠（Na）	145 mmol/L	143 ～ 150 mmol/L
氯（Cl）	108 mmol/L	106 ～ 114 mmol/L

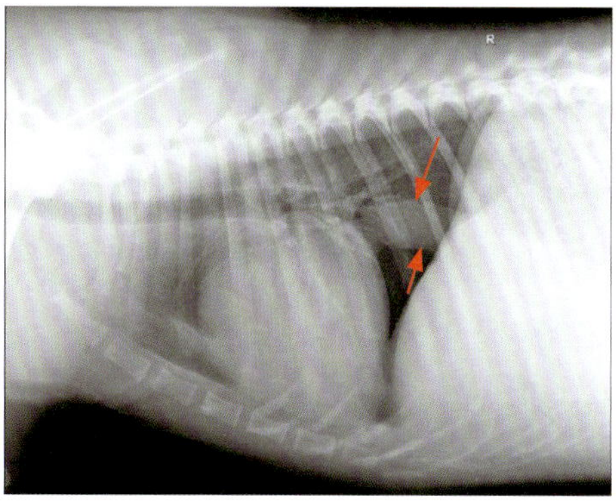

图 69–1

胸部右侧位 X 线片

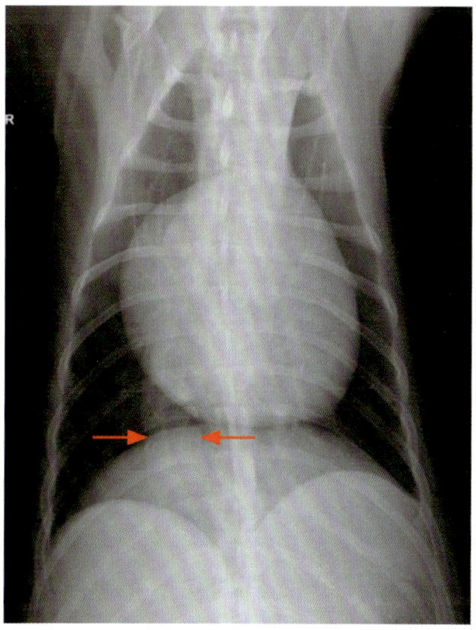

图 69–2

胸部腹背位 X 线片

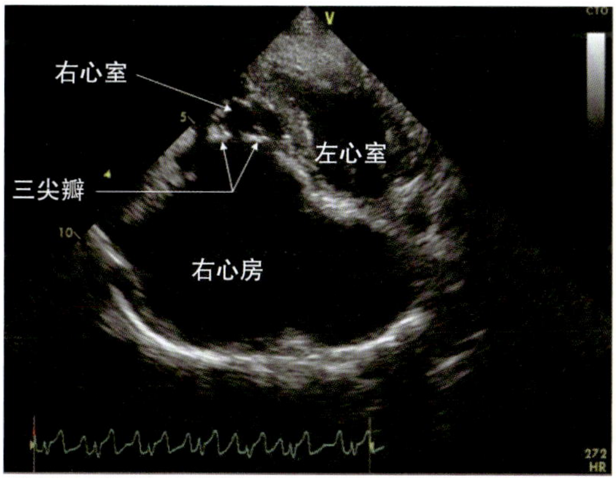

图 69–3

超声心动图：左侧心尖四腔观图像

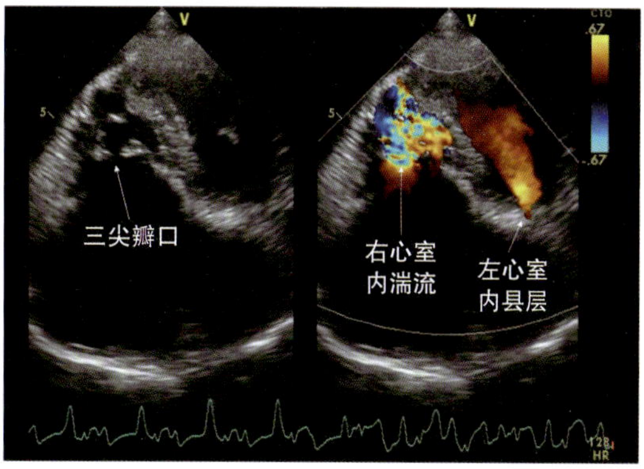

图 69–4

超声心动图：左侧心尖四腔观二维与同步彩色多普勒图像

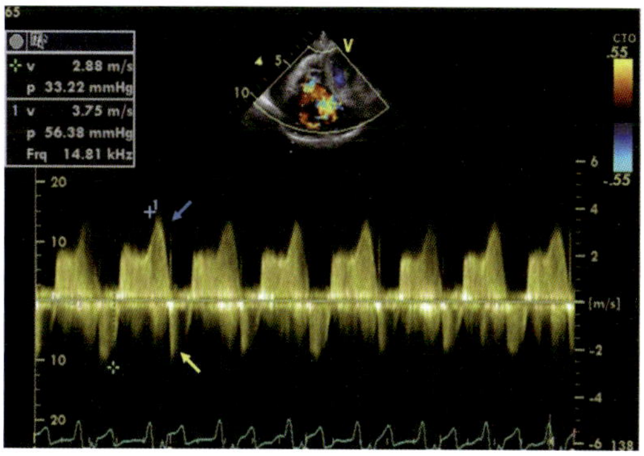

图 69–5

超声心动图：右室流入道（三尖瓣）频谱多普勒图像

7. 初步检查结果分析

7.1　CBC 结果

未见明显异常。

7.2　血清生化检查结果

未见明显异常。

7.3　X 线片检查结果

胸部 X 线片可见全心增大，气管上抬，心影边界清晰。后腔静脉显著增粗且扭曲（图 69–1 与图 69–2 箭头之间）；肺前叶动静脉偏细。

7.4　超声心动检查结果

二维超声心动检查可见右心房显著增大，右心室轻度增大，室间隔向左心室突出。三尖瓣向右心室隆起，瓣叶不均匀增厚，三尖瓣瓣叶在舒张期无法完全打开（图 69–3 箭头所示）。

心脏周围出现均匀的无回声暗区，提示为心包积液，厚径 5 mm。

彩色血流多普勒可见舒张期右心室内湍流（图 69–4 箭头所示）。频谱多普勒可见舒张期跨三尖瓣峰值流速（*V*max）为 3.75 m/s、平均流速（*V*mean）为 2.20 m/s；舒张期跨三尖瓣峰值压力差（Pmax）为 56.38 mmHg，平均压力差（Pmean）为 19.36 mmHg（图 69–5 上方箭头所示）；收缩期可见三尖瓣反流（图 69–5 下方箭头所示）。

8. 诊断

根据动物的品种、年龄、病史和临床症状，结合典型的影像学检查结果，该犬被确诊为先天性三尖瓣狭窄。

9. 治疗及转归

建立诊断后，给予该犬药物治疗，使用的药物包括呋塞米（30 mg/ 次，2 次 / d，口服）、匹莫苯丹（7.5 mg/ 次，2 次 / d，空腹口服）。建议低盐饮食、限制活动。患犬在使用药物后，呼吸急促和运动不耐受表现有明显改善，虚弱 / 晕厥发作次数减少。期间动物主人未再复诊，用药 1 个月后症状再次恶化。电话回访，患犬在诊断 64 d 后实行安乐死。

10. 讨论

犬的三尖瓣狭窄非常罕见，文献报道的病因包括植入的起搏器引起的获得性三尖瓣粘连和先天性发育异常。人的三尖瓣狭窄有 90% 是由风湿性瓣膜病引起的，但是目前犬没有类似的报道。犬先天性三尖瓣狭窄可能是三尖瓣发育不良的一种特殊表现形式，因为目前所报道的犬先天性三尖瓣狭窄的犬种，大多是拉布拉多犬，而这种犬也是三尖瓣发育不良最高发的品种。

本病例未接受过起搏器植入，其品种和发病年龄亦符合先天性三尖瓣狭窄的特征。严重的三尖瓣狭窄会引起右心充血性心力衰竭，以及前向心输出不足相关表现，出现腹围增大、肝脾肿大、颈静脉搏动、阵发性虚弱、晕厥和运动不耐受，与本病例的表现相符。值得一提的是，严重三尖瓣狭窄的动物体检时应能听到三尖瓣区舒张期心杂音，但是本病例并未听诊到。多数报道的病例在体格检查过程中也未发现明显的舒张期杂音。本病例未听到心杂音的原因可能为舒张期杂音一般强度在 3 级以下（6 级评分系统），且犬就诊时极不配合检查、喘气严重，妨碍了心音的准确评估。由此可见，对于疑似病例，不能根据动物没有舒张期杂音来排除三尖瓣狭窄的诊断。

三尖瓣狭窄的确诊需借助影像学检查。患犬胸部 X 线片最突出的表现是后腔静脉严重增粗，以及肺部血管纹理变细，这与一些病例报道的描述类似。由于本病例存在心包积液，严重干扰心影轮廓的判读，从 X 线上很难确定是否存在右心增大。超声心动是诊断和评估三尖瓣狭窄最重要的手段。据文献报道，三尖瓣狭窄的二维超声心动表现包括右心房增大、舒张期三尖瓣向右心室内隆起、三尖瓣增厚、三尖瓣开放受限等。上述典型的表现在本病例均出现。此外，由于三尖瓣狭窄被认为是三尖瓣发育不良的一种特殊表现，部分患犬还可能同时存在三尖瓣闭锁不全。本病例亦存在三尖瓣闭锁不全。最核心的检查内容是经三尖瓣口进行右心流入道的血流和频谱多普勒超声心动检查。舒张期右心室内出现湍流提示血流流速升高。在正常情况下，舒张期经三尖瓣的血流峰值压力差（P_{max}）应小于 4 mmHg，平均压力差（P_{mean}）应小于 1.5 mmHg，若 P_{mean} 超过 5 mmHg，则提示严重的三尖瓣狭窄。本病例出现明显的舒张期右心室内湍流，流入道血流流速升高，经频谱多普勒所测得的舒张期跨三尖瓣 P_{max} 和 P_{mean} 分别为 56.38 mmHg 和 19.36 mmHg，均提示严重的三尖瓣狭窄。一篇包含 5 例犬的病例报告显示，所有患犬的舒张期跨三尖瓣 P_{mean} 均超过 8 mmHg。此外，三尖瓣狭窄典型的舒张期三尖瓣频谱多普勒波形很难与其他右心疾病混淆，因此有一定的示病意义。

三尖瓣狭窄的治疗手段包括手术干预和药物治疗，这与其他瓣膜狭窄的治疗原则类似。从有限的病例报道来看，更推荐的治疗方案为经三尖瓣球囊瓣膜成形术（balloon valvuloplasty）。7 例进行球囊瓣膜成形术的患犬，临床症状均有明显改善，有 6 例在术后有将近 15 个月的无症状期，有 1 例在术后出现严重的三尖瓣反流，出现顽固性右心衰，在术后 3 个月被实施安乐死，暂无药物治疗的相关资料可供参考。本病例未进行手术治疗，药物治疗 2 个月后被安乐。

◆ 参考文献

1.Abbott J A, Hamilton S M, Pyle R L. Balloon valvuloplasty for palliative treatment of tricuspid stenosis with right-to-left atrial-level shunting in a dog[J]. Journal of the American Veterinary Medical Association, 2002, 220(4): 491-6, 464.

2.Boon J A. Veterinary echocardiography[M]. 2nd ed. Iowa: John Wiley & Sons, 2011.

3.Connolly D J, Neiger-Aeschbacher G, Brockman D J. Tricuspid valve stenosis caused by fibrous adhesions to an endocardial pacemaker lead in a dog[J]. Journal of Veterinary Cardiology, 2007, 9(2): 123-128.

4.Gunther-Harrington C T, Michel A O, Stern J A. Acquired tricuspid valve stenosis due to intentionally redundant transvenous lead placement for VDD pacing in two small dogs[J]. Journal of Veterinary Cardiology, 2015, 17(4): 298-303.

5.Lake-Bakaar G A, Griffiths L G, Kittleson M D. Balloon valvuloplasty of tricuspid stenosis: a retrospective study of 5 Labrador retriever dogs[J]. Journal of veterinary internal medicine, 2017, 31(2): 311-315.

CASE 70

案例70

犬特发性出血性心包炎

1. 基本信息和病史

金毛猎犬，8岁，雄性已去势。室内单独饲养，饲喂商品化犬粮。常规免疫，驱虫。无既往病史。

就诊前1个月出现运动不耐受、上楼梯时虚脱和腹围增大，近两周食欲减退，伴有腹泻。

2. 体格检查

犬精神轻度沉郁，BCS：3.5/5，体温38.7℃，呼吸频率60次/min，心率165次/min，黏膜颜色粉色。水合尚可。颈静脉怒张，心音及肺音无明显异常。腹围增大，冲击触诊有波动感，疑存在腹水。

3. 问题列表

虚脱、腹水、颈静脉怒张、食欲减退。

4. 鉴别诊断

心包填塞、右心充血性心力衰竭、胸内肿物压迫。

5. 初步诊断计划

诊断项目：CBC、生化检查、超声心动检查。

6. 初步检查结果

CBC检查结果见表70–1，生化检查结果见表70–2，超声心动检查结果见图70–1。

表70–1 CBC检查结果

项目	结果	参考范围（犬）
红细胞总数（RBC）	6.81×10^{12}/L	5.65×10^{12} ～ 8.87×10^{12}/L
红细胞比容（HCT）	44.7%	37.3% ～ 61.7%
血红蛋白浓度（HGB）	14.9 g/dL	13.1 ～ 20.5 g/dL
网织红细胞（RETIC）	56.1×10^{3}/μL	10.0×10^{3} ～ 110.0×10^{3}/μL
平均红细胞体积（MCV）	65.7 fL	61.6 ～ 73.5 fL
平均红细胞血红蛋白浓度（MCHC）	35.1 g/dL	32.0 ～ 37.9 g/dL
红细胞分布宽度（RDW）	16.7%	13.6% ～ 21.7%
白细胞总数（WBC）	14.74×10^{9}/L	5.05×10^{9} ～ 16.76×10^{9}/L
分叶中性粒细胞（SEG）	8.30×10^{9}/L	2.95×10^{9} ～ 11.64×10^{9}/L

续表 70-1

项目	结果	参考范围（犬）
杆状中性粒细胞（BAND）	0	/
淋巴细胞（LYM）	4.61×10^9/L	1.05×10^9 ～ 5.10×10^9/L
单核细胞（MONO）	1.02×10^9/L	0.16×10^9 ～ 1.12×10^9/L
嗜酸性粒细胞（EOS）	0.81×10^9/L	0.06×10^9 ～ 1.23×10^9/L
嗜碱性粒细胞（BASO）	0×10^9/L	0.00 ～ 0.10×10^9/L
血小板（PLT）	455×10^3/μL	148×10^3 ～ 484×10^3/μL

表 70-2　血清生化检查结果

项目	结果	参考范围（犬）
总胆红素（TBIL）	0.2 mg/dL	0 ～ 0.8 mg/dL
总蛋白（TP）	5.7 g/dL	5.5 ～ 7.2 g/dL
白蛋白（ALB）	3.6 g/dL	3.2 ～ 4.1 g/dL
球蛋白（GLOB）	2.1 g/dL	1.9 ～ 3.7 g/dL
白球比（A/G）	1.7	0.9 ～ 1.9
葡萄糖（GLU）	95 mg/dL	68 ～ 104 mg/dL
丙氨酸氨基转移酶（ALT）	54 U/L	17 ～ 95 U/L
天门冬氨酸氨基转移酶（AST）	18 U/L	10 ～ 56 U/L
碱性磷酸酶（ALP）	28 U/L	7 ～ 115 U/L
γ-谷氨酰转肽酶（GGT）	2 U/L	0 ～ 8 U/L
胆汁酸（TBA）	0 μmol/L	0 ～ 25 μmol/L
尿素（UREA）	50 mg/dL	19 ～ 55.7 mg/dL
肌酐（CREA）	0.9 mg/dL	0.6 ～ 1.4 mg/dL
磷（P）	3.3 mg/dL	2.7 ～ 5.4 mg/dL
钙（Ca）	9.9 mg/dL	9.4 ～ 12 mg/dL
总胆固醇（CHOL）	163 mg/dL	139 ～ 392 mg/dL
甘油三酯（TG）	33 mg/dL	23 ～ 102 mg/dL
肌酸激酶（CK）	320 U/L	0 ～ 314 U/L
钾（K）	4.6 mmol/L	4.1 ～ 5.4 mmol/L
钠（Na）	148 mmol/L	143 ～ 150 mmol/L
氯（Cl）	112 mmol/L	106 ～ 114 mmol/L

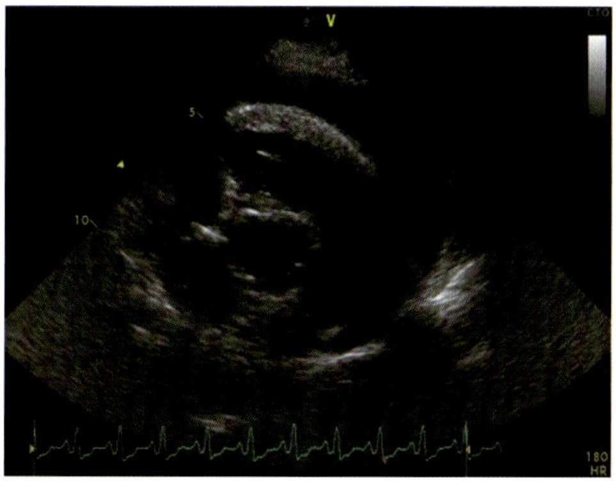

图 70-1

超声心动图：右侧胸骨旁短轴图像

7. 初步检查结果分析

7.1 CBC 检查结果

未见明显异常。

7.2 血清生化检查结果

未见明显异常。

7.3 超声心动检查

二维超声心动检查可见在心脏周围有深度约 2 cm 的无回声暗区，见图 70–1。提示心包积液，未发现明显的心脏肿物。

8. 进一步诊断计划及结果分析

8.1 进一步诊断计划

进行心包积液分析、心包积液细菌培养、凝血筛查。

8.2 结果及分析

心包积液提示出血性渗出，HCT = 33%。心包积液细菌需氧与厌氧培养结果为阴性。活化部分凝血活酶时间（aPTT）为 85 s（参考范围：60 ～ 93 s）；凝血酶原时间（PT）为 12 s（参考范围：11 ～ 14 s），均正常。

9. 最终诊断

结合动物的品种、病史、影像学检查与心包积液检查结果，可初步诊断为特发性出血性心包炎引起的心包积液。

10. 治疗及转归

犬常规术前准备，采取左侧卧进行开胸术与心包部分切除术。术中发现少量胸腔积液，心包明显增厚，切除部分右侧心包膜，大小约 3 cm × 3 cm（图 70–2、图 70–3），切下的心包组织送检，进行病理组织学检查。常规闭合胸腔，术后住院留观。至撰写本文时，犬仍存活，且生活质量明显改善，但犬术后仍然出现腹水和胸水等右心填塞的相关表现，须不定期进行腹腔穿刺与胸腔穿刺。术后只使用匹莫苯丹（0.3 mg/kg，2 次 /d，口服）。

心包组织病理学结果为中度慢性活动性纤维化脓性心包炎，符合特发性出血性心包炎的表现。

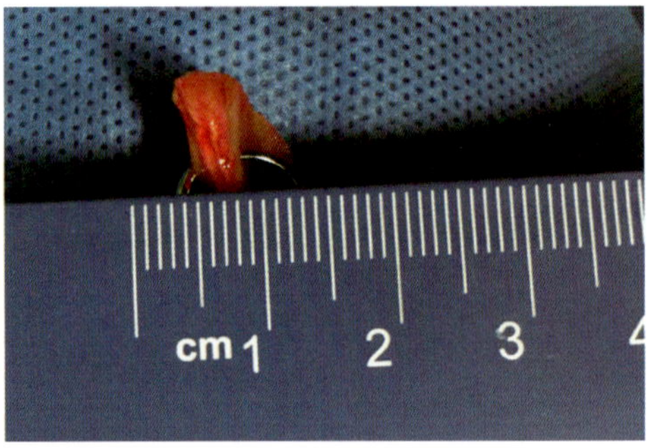

图 70–2

切除的心包组织横切面

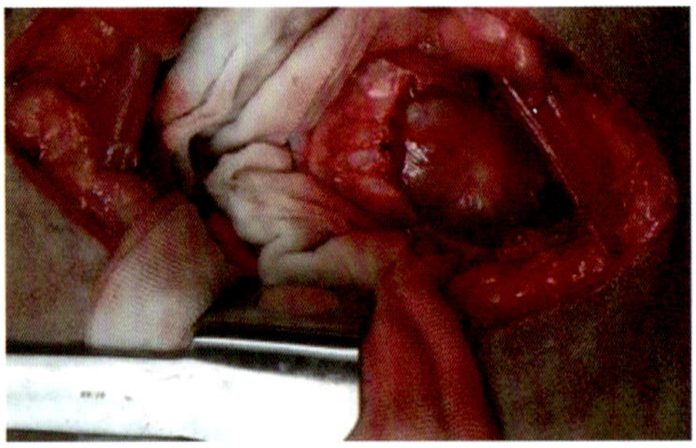

图 70–3

心包部分切除术后图片

11. 讨论

特发性出血性心包炎以金毛猎犬、德国牧羊犬、拉布拉多犬和圣伯纳犬多发，中老年犬多发。心包炎的主要临床症状与心脏填塞所引起的右心充血和前向心输出不足有关。心包积液的典型检查异常包括心音沉闷、颈静脉怒张和股动脉减弱，即所谓的 Beck 三联征（beck triad）；但是，并非所有的患病动物均会同时出现 Beck 三联征，若为限制性心包炎，则一般不存在大量心包积液，因此，心音沉闷并非本病的特征之一。

特发性心包炎的血常规和血清生化表现无特异性，而心包积液分析能提供更多信息。超过 90% 的犬心包积液为出血性（红细胞比容> 10%）。回顾本病例整个诊治过程，出血性心包积液的鉴别诊断显得尤为重要。关于限制性心包炎的病因排查，本病例通过细胞学检查和微生物培养排除了感染的可能。文献显示，犬的心包积液很罕见与微生物感染相关，而细胞学检查本身对于心包积液的微生物排查具有很高的敏感性和准确性。

超声心动检查是评估心包积液最重要的手段。首先，本病例心包出血的主要鉴别诊断包括心脏肿瘤、凝血病、心房撕裂等。超声对于实质性肿瘤的诊断有很高的敏感性，尤其是连续多次评估。本病例在将近 1 年的就诊过程中多次进行超声心动检查，均未发现实质性心脏肿物，所以可排除肿瘤性心包出血的可能性。本病例的心包组织病理学检查结果，也排除了间皮瘤的诊断。

反复的心包积液（心包穿刺超过 3 次）和怀疑存在限制性心包炎的动物需进行心包切除。心包切除有多种术式，包括胸腔镜引导下心包开窗术、部分心包切除术、心包次全切术与全心包切除术。对于单纯的反复性心包积液而言，上述的术式各有利弊，需根据具体的病例选择最合适的方案。而对于怀疑限制性心包炎的动物而言，心包次全切术和全心包切除术更为合适，因为单纯的开窗术和部分心包切除术，既无法达到切除渗出来源的目的，也无法取得最佳的释放心包内压的效果，从而导致动物术后继续出现右心填塞的相关表现。本病例采取了部分心包切除术，术后至今出现持续性右心填塞表现，究其根源，与所选择的术式不合适有着很大的关系。

◆ 参考文献

1.Cagle L A, Epstein S E, Owens S D, et al. Diagnostic yield of cytologic analysis of pericardial effusion in dogs[J]. Journal of veterinary internal medicine, 2014, 28(1): 66-71.

2.Case J B, Maxwell M, Aman A, et al. Outcome evaluation of a thoracoscopic pericardial window procedure or subtotal pericardectomy via thoracotomy for the treatment of pericardial effusion in dogs[J]. Journal of the American Veterinary Medical Association, 2013, 242(4): 493-498.

3.Johnson M S, Martin M, Binns S, et al. A retrospective study of clinical findings, treatment and outcome in 143 dogs with pericardial effusion[J]. Journal of Small Animal Practice, 2004, 45(11): 546-552.

4.MacDonald K A, Cagney O, Magne M L. Echocardiographic and clinicopathologic characterization of pericardial effusion in dogs: 107 cases (1985–2006)[J]. Journal of the American Veterinary Medical Association, 2009, 235(12): 1456-1461.

5.Smith F W K, Tilley L P, Oyama M, et al. Manual of canine and feline cardiology[M].5th ed. St. Louis, Missouri: Elsevier Health Sciences, 2015.

6.Zini E, Glaus T M, Bussadori C, et al. Evaluation of the presence of selected viral and bacterial nucleic acids in pericardial samples from dogs with or without idiopathic pericardial effusion[J]. The Veterinary Journal, 2009, 179(2): 225-229.

CASE 71

案例71 猫腹膜心包膈疝

1. 基本信息和病史

布偶猫，1岁，雌性。平时单独饲养于室内，日常主要饲喂干粮和罐头，最近无换粮史。定期免疫和驱虫，近期无旅行史。

主诉动物精神状态良好，食欲正常，平时活动强度小，偶尔跑动时出现呼吸急促，1 ～ 2 min 后缓解，未见晕厥和咳嗽。

2. 体格检查

BCS：5/9，心率 204 次 /min，呼吸频率 40 次 /min，黏膜呈粉色，CRT < 2 s。听诊右侧心音较弱，未见明显心杂音和节律不齐，呼吸音未见异常。

3. 问题列表

运动不耐受、心音减弱。

4. 鉴别诊断

心包积液、胸水、心脏病、膈疝。

5. 初步诊断计划

诊断项目：胸部 X 线检查、胸膜腔超声扫查及超声心动检查。

6. 初步检查结果

X 线检查结果见图 71-1、图 71-2。胸膜腔超声扫查结果见图 71-3。

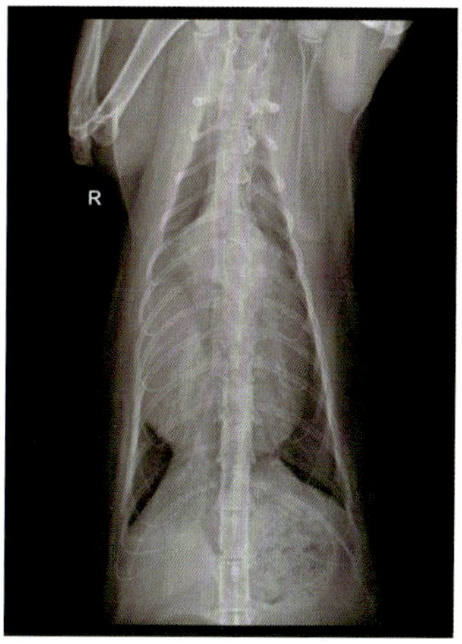

图 71-1

胸部腹背位 X 线片

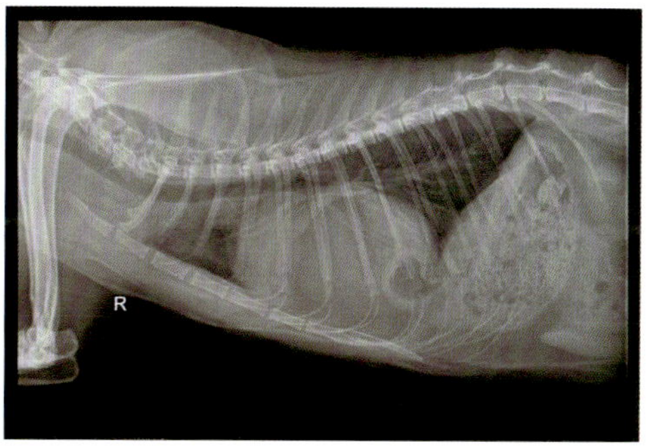

图 71-2

胸部右侧位 X 线片

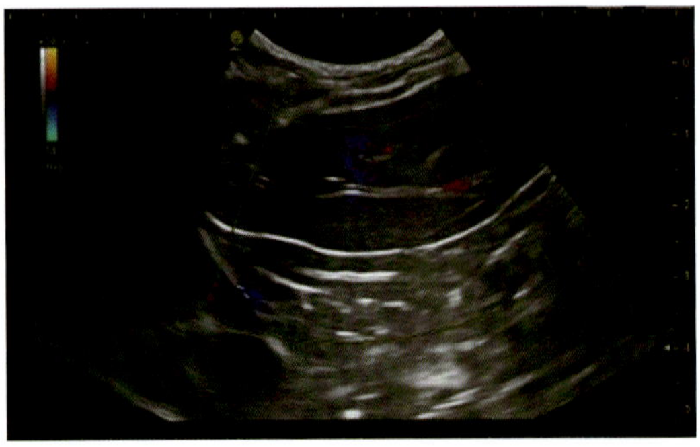

图 71-3

胸膜腔超声图

7. 初步检查结果分析

7.1 X 线检查结果

侧位气管上抬，心影轮廓增大，心影内可见气体影像与腹部相连。正位心胸比增大；肺野密度均一。胃轴前移，前腹部未见肝脏影像。

X 线提示：腹膜心包膈疝，疝内容物可能包括肝脏、部分胃。

7.2 胸膜腔超声扫查结果

胸腔区域可见肝脏及镰状韧带影像；左侧膈影不连续，右侧肝前可见膈影；腹腔内肝脏体积减小，胃内少量积气，且部分向头侧移位，跨过膈影。

超声提示：膈疝，疝内容物为肝脏、镰状韧带及部分胃肠道。

7.3 超声心动检查结果

心脏各腔室大小、各瓣口血流未见明显异常。左心收缩、舒张功能未见异常。

8. 进一步诊断计划及结果分析

8.1 进一步诊断计划

进一步进行血常规、生化检查。

8.2 结果及分析

CBC 检查结果见表 71-1，生化检查结果见表 71-2。

表 71-1 CBC 检查结果

项目	结果	参考范围
红细胞总数（RBC）	10.71×10^{12}/L	6.54×10^{12} ～ 12.2×10^{12}/L
红细胞比容（HCT）	42.0%	30% ～ 52%
血红蛋白浓度（HGB）	146 g/dL	98 ～ 162 g/dL
网织红细胞（RETIC）	45.0×10^3/μL	4×10^3 ～ 50×10^3/μL
平均红细胞体积（MCV）	39.2 fL	33 ～ 55 fL
平均红细胞血红蛋白浓度（MCHC）	348 g/L	262 ～ 359 g/L
红细胞分布宽度（RDW）	22.2%	13.8% ～ 20.8%
白细胞总数（WBC）	15.97×10^9/L	4.7×10^9 ～ 18.6×10^9/L
分叶中性粒细胞（SEG）	5.84×10^9/L	2.3×10^9 ～ 12.5×10^9/L
杆状中性粒细胞（BAND）	0	/
淋巴细胞（LYM）	8.47×10^9/L	0.9×10^9 ～ 6.8×10^9/L
单核细胞（MONO）	0.41×10^9/L	0.1×10^9 ～ 1.1×10^9/L
嗜酸性粒细胞（EOS）	1.24×10^9/L	0.1×10^9 ～ 2.2×10^9/L
嗜碱性粒细胞（BASO）	0.01×10^9/L	0.0 ～ 0.26×10^9/L
血小板（PLT）	226×10^3/μL	151×10^3 ～ 400×10^3/μL

表 71-2　生化检查结果

项目	结果	参考范围
总胆红素（TBIL）	0.2 mg/dL	0 ～ 0.8 mg/dL
总蛋白（TP）	8.0 g/dL	6.6 ～ 8.4 g/dL
白蛋白（ALB）	4.0 g/dL	3.2 ～ 4.3 g/dL
球蛋白（GLOB）	4.0 g/dL	2.5 ～ 4.7 g/dL
白球比（A/G）	1.0	0.8 ～ 1.5
葡萄糖（GLU）	130 mg/dL	71 ～ 182 mg/dL
丙氨酸氨基转移酶（ALT）	59 U/L	28 ～ 109 U/L
天门冬氨酸氨基转移酶（AST）	30 U/L	10 ～ 48 U/L
碱性磷酸酶（ALP）	27 U/L	11 ～ 49 U/L
γ-谷氨酰转肽酶（GGT）	3 U/L	0 ～ 4 U/L
胆汁酸（TBA）	0.7 μmol/L	0 ～ 10 μmol/L
尿素（UREA）	47 mg/dL	36 ～ 75 mg/dL
肌酐（CREA）	1.3 mg/dL	0.8 ～ 2.1 mg/dL
磷（P）	4.8 mg/dL	2.6 ～ 5.5 mg/dL
钙（Ca）	10.5 mg/dL	9.0 ～ 12 mg/dL
总胆固醇（CHOL）	115 mg/dL	101 ～ 323 mg/dL
甘油三酯（TG）	34 mg/dL	30 ～ 106 mg/dL
肌酸激酶（CK）	161 U/L	0 ～ 186 U/L
钾（K）	3.8 mmol/L	3.8 ～ 5.5 mmol/L
钠（Na）	149.0 mmol/L	149 ～ 158 mmol/L
氯（Cl）	111.4 mmol/L	111 ～ 124 mmol/L

8.2.1　CBC 结果

红细胞象：未见明显异常。

白细胞象：淋巴细胞数升高，可能是由于兴奋导致的生理性升高。

血小板象：未见明显异常。

8.2.2　生化结果

未见明显异常。

9. 最终诊断

结合该病例的病史、体格检查和影像诊断结果，患猫被诊断为腹膜心包膈疝，疝内容物为肝脏、部分胃肠道、镰状韧带。由于动物已出现运动不耐受，动物主人担心病情发展影响预后，决定择期进行腹膜心包膈疝修补术。

10. 治疗及转归

术前给予患猫预防性抗生素。患猫麻醉后，术部大范围剃毛，常规外科准备。静脉输注乳酸林格氏液，同时恒速静脉输注布托啡诺，总液速为 5 mL/（kg · h）。开腹可见大部分肝脏从膈肌疝孔疝入心包，包括左内叶、右内叶、右外叶、方叶及胆囊，未见其他腹腔器官疝入。缓慢将疝入心包的肝脏牵拉出来，胆囊大小及形态尚可，左侧大部分肝叶萎缩不可见，仅残留部分左内叶。连续缝合疝孔处膈肌，闭合疝孔，在收针前抽出胸腔内残留气体，确认疝孔闭合完全后关腹。术后动物住院继续监护和治疗，每 2 h 通过脉搏血氧仪监测血氧饱和度，并评估疼痛。治疗方案主要包括输液维持灌注和血糖、抗菌治疗和镇痛。

患猫恢复良好，术后 3 d 出院。2 周后来院拆线，动物精神状态良好，无运动不耐受表现。术后 30 d 回访，动物状态良好，未再出现运动后呼吸急促的情况。

11. 讨论

腹膜心包膈疝（peritoneopericardial diaphragmatic hernia，PPDH）患病动物的腹腔与心包腔相连通。许多患病犬猫一出生或出生不久就会死亡，故该病在小动物临床并不常见，有研究表明犬猫 PPDH 的总患病率为 0.025%。家养长毛猫和喜马拉雅猫发病率较高。正常情况下猫的心包与膈肌并不相连，因此猫 PPDH 通常都是先天发育异常导致的。患猫可能伴发先天性心脏疾病或胸骨畸形，也可能终身不表现明显的临床症状。

PPDH 患猫可能会因为出现相应的临床症状来就诊，也可能是在做其他检查时无意中发现。初诊以动物病史、体格检查和临床影像学检查为依据，通过手术探查确诊。患猫可见运动不耐受、呼吸急促、呼吸困难、咳嗽、呕吐和厌食，有时也会因肝性脑病而出现神经症状。体格检查最常见心音低沉，以右侧偏多；此外还可能有心杂音，也可见发热、肺音异常、体型瘦弱；由于腹部器官进入胸腔，腹部触诊可能较柔软或空虚。X 线和超声是 PPDH 诊断的金标准。PPDH 的 X 线征象包括心影轮廓增大、气管上抬、心影与膈的边界消失、膈影不连续、心影内出现充气的结构、胸骨缺陷、背侧腹膜心包间皮残留。

推荐对患病动物进行手术修复，尤其是已经出现相关临床症状的动物。早期修复可防止急性呼吸困难和继发的急性术后肺水肿。对于出现临床症状的动物建议手术治疗；无症状的病患可以保守治疗，但是需监测动物的呼吸状态，一旦出现相关症状，需及时就医。肝疝动物在麻醉前应预防性使用抗生素，肝脏扭转或器官损伤的动物，将肝脏重新放回腹腔时可导致大量毒素释放进血液，需预先使用类固醇药物。动物仰卧时需要保持头高尾低，以减少腹腔脏器对胸腔的压迫。由于肺脏无法正常扩张，应使用呼吸抑制作用较轻的药物。推荐使用吸入麻醉，但是避免使用一氧化二氮。为了预防吸收性肺不张，推荐使用氧气和医用空气混合气体，吸入氧气占比 50% ～ 65%。对于慢性膈疝，机械通气的目的是维持氧合和血压正常，因此通气设定相对保守（高呼吸频率、低潮气量和低气道峰压），避免出现呼吸机引起的肺损伤和高气道压力引起肺复张后的肺水肿。如果动物出现脏器与心包粘连，可能需要进行开胸术，分离粘连组织，甚至切除部分心包。

术后应监测动物呼吸状态及血氧饱和度，必要时检测动脉血气，呼吸状态差的动物要及时供氧。肺水肿是膈疝修复后快速肺复张时最常见的并发症。膈疝修补术属于重度疼痛级别的手术，术后应积极镇痛。

手术治疗 PPDH 成功率较高，且死亡率较低，术后器官功能恢复良好。另外，没有手术干预的情况下，动物也可以正常生活多年。手术治疗和保守治疗的中位存活期均较长，分别为 8.2 年和 5 年。因此，PPDH 猫可以根据是否出现临床症状来选择手术或保守治疗。

◆ 参考文献

1.Burns C G, Bergh M S, McLoughlin M A. Surgical and nonsurgical treatment of peritoneopericardial diaphragmatic hernia in dogs and cats: 58 cases (1999–2008)[J]. Journal of the American Veterinary Medical Association, 2013, 242(5): 643-650.

2.Fossum T W. Small Animal Surgery[M]. 5th ed. Pennsylvania: Elsevier Health Sciences, 2018.

3.Morgan K R S, Singh A, Giuffrida M A, et al. Outcome after surgical and conservative treatments of canine peritoneopericardial diaphragmatic hernia: a multi-institutional study of 128 dogs[J]. Veterinary Surgery, 2020, 49(1): 138-145.

4.Reimer S B, Kyles A E, Filipowicz D E, et al. Long-term outcome of cats treated conservatively or surgically for peritoneopericardial diaphragmatic hernia: 66 cases (1987–2002)[J]. Journal of the American Veterinary Medical Association, 2004, 224(5): 728-732.

5.Wheeler E P, Abelson A L, Wetmore L A, et al. Anesthesia case of the month[J]. Journal of the American Veterinary Medical Association, 2020, 257(8): 809-812.

CASE 72

案例72 犬会阴疝

1. 基本信息和病史

迷你贵宾犬，8 岁，雄性。平时单独饲养于室内，以餐桌食物为主。定期免疫、驱虫，近期无旅行史，无既往史。

近 1 个月发现右侧会阴部肿胀，排便困难，频率增加。精神及饮食欲无明显异常。

2. 体格检查

患犬精神状态良好，警觉，BCS：4/9，体温 38.6℃。心率 96 次 /min，呼吸频率 36 次 /min。牙结石 II ～ III 级，黏膜颜色粉，CRT ＜ 2 s，心音及肺音听诊未见异常。右侧会阴部肿胀，软组织质地。动物抗拒直肠检查。

3. 问题列表

会阴部肿胀、排便困难。

4. 鉴别诊断

会阴疝、会阴部肿物、直肠肿物、肛囊肿物。

5. 初步诊断计划

诊断项目：CBC、生化检查、会阴部超声。

6. 初步检查结果

CBC 检查结果见表 72–1，生化检查结果见表 72–2。会阴部超声结果见图 72–1、图 72–2。

表 72–1 CBC 检查结果

项目	结果	参考范围
红细胞总数（RBC）	7.73×10^{12}/L	5.65×10^{12} ～ 8.87×10^{12}/L
红细胞比容（HCT）	52.4%	37.3% ～ 61.7%
血红蛋白浓度（HGB）	18.5 g/dL	13.1 ～ 20.5 g/dL
网织红细胞（RETIC）	67.8×10^{3}/μL	10.0×10^{3} ～ 110.0×10^{3}/μL
平均红细胞体积（MCV）	63.9 fL	61.6 ～ 73.5 fL
平均红细胞血红蛋白浓度（MCHC）	35.3 g/dL	32.0 ～ 37.9 g/dL
红细胞分布宽度（RDW）	18.3%	13.6% ～ 21.7%
白细胞总数（WBC）	10.85×10^{9}/L	5.05×10^{9} ～ 16.76×10^{9}/L

续表 72-1

项目	结果	参考范围
分叶中性粒细胞（SEG）	8.5×10^9/L	$2.95 \times 10^9 \sim 11.64 \times 10^9$/L
杆状中性粒细胞（BAND）		/
淋巴细胞（LYM）	1.27×10^9/L	$1.05 \times 10^9 \sim 5.10 \times 10^9$/L
单核细胞（MONO）	0.86×10^9/L	$0.16 \times 10^9 \sim 1.12 \times 10^9$/L
嗜酸性粒细胞（EOS）	0.21×10^9/L	$0.06 \times 10^9 \sim 1.23 \times 10^9$/L
嗜碱性粒细胞（BASO）	0.01×10^9/L	$0.00 \sim 0.10 \times 10^9$/L
血小板（PLT）	263×10^3/μL	$148 \times 10^3 \sim 484 \times 10^3$/μL

表 72-2　生化检查结果

项目	结果	参考范围
总胆红素（TBIL）	0.2 mg/dL	0 ～ 0.8 mg/dL
总蛋白（TP）	7.2 g/dL	5.5 ～ 7.2 g/dL
白蛋白（ALB）	4.0 g/dL	3.2 ～ 4.1 g/dL
球蛋白（GLOB）	3.2 g/dL	1.9 ～ 3.7 g/dL
白球比（A/G）	1.3	0.9 ～ 1.9
葡萄糖（GLU）	115 mg/dL	68 ～ 104 mg/dL
丙氨酸氨基转移酶（ALT）	40 U/L	17 ～ 95 U/L
天门冬氨酸氨基转移酶（AST）	21 U/L	10 ～ 56 U/L
碱性磷酸酶（ALP）	24 U/L	7 ～ 115 U/L
γ- 谷氨酰转肽酶（GGT）	5 U/L	0 ～ 8 U/L
胆汁酸（TBA）	0.1 μmol/L	0 ～ 25 μmol/L
尿素（UREA）	36 mg/dL	19 ～ 55.7 mg/dL
肌酐（CREA）	0.7 mg/dL	0.6 ～ 1.4 mg/dL
磷（P）	1.8 mg/dL	2.7 ～ 5.4 mg/dL
钙（Ca）	10.3 mg/dL	9.4 ～ 12 mg/dL
总胆固醇（CHOL）	225 mg/dL	139 ～ 392 mg/dL
甘油三酯（TG）	42 mg/dL	23 ～ 102 mg/dL
肌酸激酶（CK）	96 U/L	0 ～ 314 U/L
钾（K）	4.1 mmol/L	4.1 ～ 5.4 mmol/L
钠（Na）	146 mmol/L	143 ～ 150 mmol/L
氯（Cl）	112.1 mmol/L	106 ～ 114 mmol/L

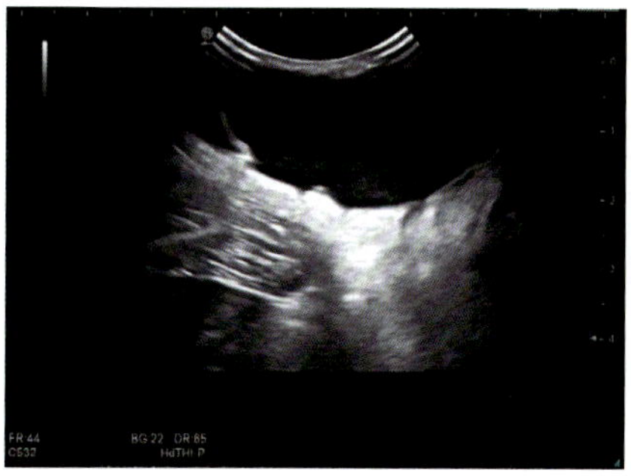

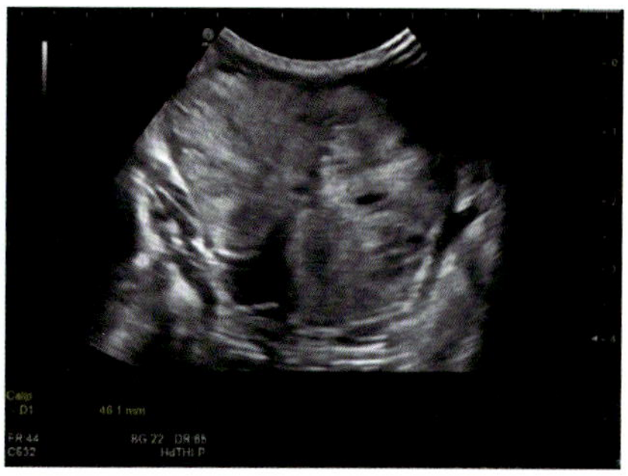

图 72-1（左图）

右侧会阴部超声图：积液

图 72-2（右图）

右侧会阴部超声图：前列腺

7. 初步检查结果分析

7.1 CBC 结果

红细胞象：未见明显异常。

白细胞象：未见明显异常。

血小板象：未见明显异常。

7.2 血清生化检查结果

血糖轻度升高：血糖升高的原因主要包括餐后效应、应激、糖尿病等，犬一般不会出现应激性血糖显著升高，该病例血糖轻微升高可能和餐后或应激有关。

血磷轻度下降：无明显提示意义。

7.3 超声检查结果

右侧会阴部肿胀处可探及回声不均前列腺影像及游离产回声暗区，前列腺轮廓欠平滑，实质内散在无回声小囊，前列腺大小约 4.61 cm × 4.49 cm × 3.08 cm。

超声提示：右侧会阴疝，疝内容物为囊性增生的前列腺及疝内积液。

8. 诊断

结合病史及各项检查结果，本病例初步诊断为右侧会阴疝伴前列腺囊性增生，疝内积液。由于未进行直肠检查，不确定左侧是否存在会阴疝，待麻醉后直肠检查进一步确定。实验室诊断结果提示患犬无明显炎症，肝肾功能未见明显异常。

9. 治疗及转归

麻醉后进行直肠检查，确诊为双侧会阴疝。预施行双侧会阴疝修补 + 去势术。硬膜外麻醉、睾丸内阻滞作为术中、术后镇痛。清理直肠粪便，排空双侧肛囊并使用生理盐水冲洗肛囊。直肠深部填塞棉球。4–0 monosyn 行荷包缝合。尿道留置导尿管以便于术中辨别尿道。于左侧会阴部，尾根至坐骨结节弧形切开皮肤，分离皮下组织。术中证实疝内容物为脂肪，尾骨肌、提肛肌、肛门外扩约肌、闭孔内肌肌肉量尚可。还纳疝内容物。紧贴坐骨分离闭孔内肌。2–0 monosyn 结节、十字缝合尾骨肌、提肛肌、肛门外扩约肌 3 针，2–0 monosyn 结节缝合尾骨肌、提肛肌、肛门外扩约肌、闭孔内肌 1 针，2–0 monosyn 结节缝合闭孔内肌、肛门外扩约肌 2 针，闭合疝孔。3–0 monosyn 结节缝合皮下组织，十字缝合皮肤。右侧同法进行修补。主要步骤见图 72–3。常规公犬去势术。术后直肠检查以确定疝被完全修补，且缝线没有穿透直肠壁。

术后继续进行支持治疗，治疗方案主要包括：①输液维持灌注；②镇痛；③长期进行饮食管理。

术后动物恢复良好，排便困难缓解。

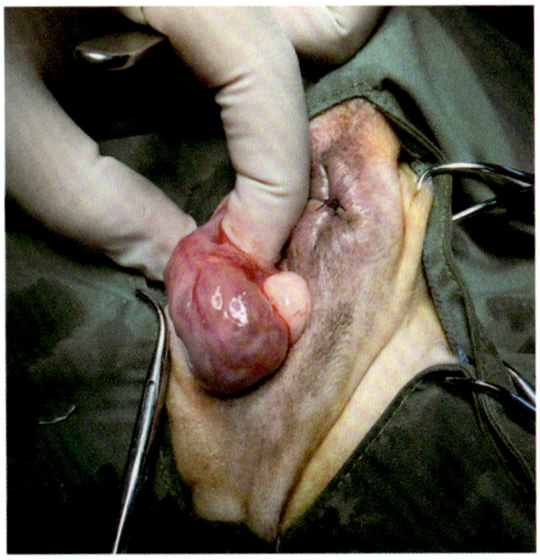

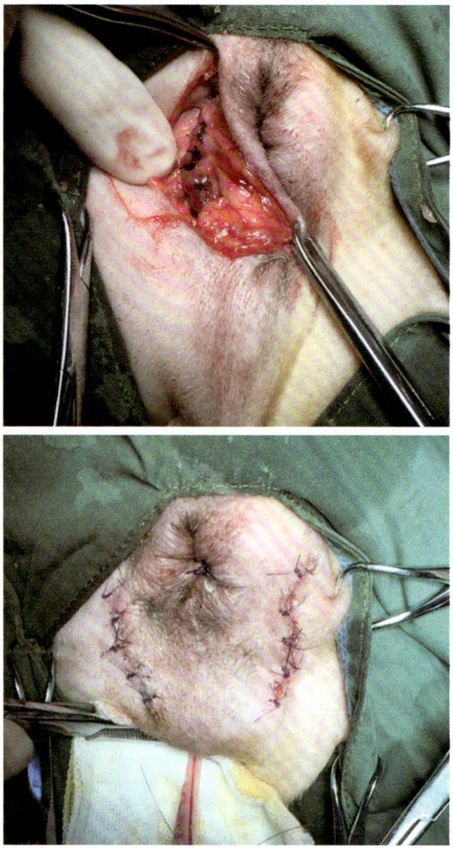

图 72–3

会阴疝修补术

10. 讨论

会阴疝是小动物临床常见疾病。该病是由盆膈膜弱化以及分离造成的，病因还包括会阴部肌肉发育不全及萎缩、激素影响和前列腺增生等。失去盆膈膜支撑会导致直肠扩张与偏离，同时可能出现多种腹腔脏器疝出。若疝出物为膀胱或肠管，可能出现嵌顿，为急症，需要紧急处理。犬常见，猫偶见。其中公犬发病率明显高于母犬，可能与母犬盆膈膜比公犬结实有关，未去势公犬发病率远高于去势公犬。犬会阴疝好发年龄为 7 ～ 9 岁。不同文献中好发品种差异较大，这可能是不同地区、不同时间的养宠偏好不同所致。此外，单侧会阴疝比双侧高发，右侧会阴疝比左侧高发。最常见的萎缩肌肉为提肛肌，最常见的会阴疝位置主要介于提肛肌、闭孔内肌和肛门外扩约肌之间。本病例中，患犬 8 岁且未去势，均与文献描述相符。初诊时明显临床表现为右侧会阴疝，但直肠检查后最终确诊为双侧会阴疝，因此在临床诊疗中，特别是当患犬不太配合检查时，需告诉宠主，要以麻醉后直肠检查结果为准。

该病的核心诊断是直肠检查。检查者将食指朝外后方靠近肛门时，可以轻易透过皮肤与大拇指相接触。通过直肠检查可以确定是否存在疝气、单侧还是双侧，以及疝出的位置，特别需要鉴别是否存在腹侧疝和背侧疝。根据直肠检查的结果来制定手术治疗方案。同时也可以排除直肠肿物、肛囊肿物等。其他辅助诊断包括超声鉴别疝内容物的性质、腹部 X 线评估前列腺大小，判断是否存在膀胱转位疝出。

最常用的手术方法包括常规疝缝合法和闭孔内肌转位法，同时进行去势术。常规疝修补法用于疝出位置为提肛肌、闭孔内肌和肛门外括约肌之间且肌肉量尚丰满的情况。修补疝孔时，使用 0# 或 2–0 单丝线预置好，然后从背侧到腹侧逐一结节缝合。要保证缝合时带入足够多的肛门外括约肌，若使用荐坐韧带，必须保证是半穿透，而非环绕它，以避免损伤坐骨神经。闭孔内肌转位法的优点是可以减少腹侧缝线的张力，减少肛门外括约肌的扭转，同时带入肌肉组织和血供，促进术后创口愈合。本病例使用了闭孔内肌转位法进行双侧会阴疝修补，同时进行去势，预后较为良好。

术后短期护理包括镇痛，保持创口清洁、干燥，饮食管理以软化粪便。硬膜外麻醉可提供良好的术中和术后短期镇痛。若出现直肠脱，可考虑暂时性肛门缝合，对于出现顽固性直肠脱，或术前预判可能出现直肠脱的患犬，可进行结肠固定术。大便失禁为常见一过性并发症，但若直肠神经受损严重，可能出现永久性大便失禁。长期护理重点是做好饮食管理以软化粪便。本病例术后进行疼痛管理和饮食管理，术后未复发。

◆ 参考文献

1. 袁占奎，何丹，马燕斌，等．犬会阴疝修补术 212 例 [J]. 中国兽医杂志，2009 (8): 66-67.
2. Fossum T W. Small Animal Surgery[M].5th ed. Pennsylvania: Elsevier Health Sciences, 2018.
3. Pekcan Z, Besaltİ O, Sİrİn Y S, et al. Clinical and surgical evaluation of perineal hernia in dogs: 41 cases[J]. Kafkas Üniversitesi Veteriner Fakültesi Dergisi, 2010, 16(4): 573-578.
4. Sharma A K, Kumari Chandrakala L K, Singh S, et al. Successful surgical management of recurrent perineal hernia using colopexy and cystopexy in a dog[J]. International Journal of Livestock Research, 2016, 6(4): 105-109.

CASE 73

案例73 犬阴囊疝

1. 基本信息和病史

混种犬，12 岁，雄性。日常主要饲喂犬粮，偶尔饲喂餐桌食物。定期免疫和驱虫，近期无旅行史，既往身体健康。

患犬近一周左右未进食，有饮欲，偶尔会呕吐，精神不佳，排尿正常，未见排便。在他院使用抗生素治疗效果不明显。

2. 体格检查

患犬精神沉郁，BCS：4/9。心率 110 次 /min，呼吸频率 20 次 /min。黏膜颜色粉，CRT ＜ 2 s，脱水程度 6% ～ 8%。心音及肺音听诊未见明显异常，右侧腹股沟环到阴囊可见条索状突起，质地硬，皮肤颜色正常，右侧阴囊比左侧略大。

3. 问题列表

呕吐、右侧腹股沟环至阴囊区域可见条索状突起。

4. 鉴别诊断

腹股沟疝、腹壁疝、阴囊疝、肿瘤。

5. 初步诊断计划

诊断项目：CBC、生化检查、血气检查、体表突起处超声扫查。

6. 初步检查结果

CBC 检测结果见表 73–1，生化检查结果见表 73–2。血气检查结果见表 73–3。超声扫查结果见图 73–1。

表 73–1　CBC 检查结果

项目	结果	参考范围
红细胞总数（RBC）	6.86×10^{12}/L	5.65×10^{12} ～ 8.87×10^{12}/L
红细胞比容（HCT）	40.9%	37.3% ～ 61.7%
血红蛋白浓度（HGB）	13.2 g/dL	13.1 ～ 20.5 g/dL
网织红细胞（RETIC）	22.5×10^{3}/μL	10.0 ～ 110.0/μL
平均红细胞体积（MCV）	62.6 fL	61.6 ～ 73.5 fL
平均红细胞血红蛋白浓度（MCHC）	33.8 g/dL	32.0 ～ 37.9 g/dL
白细胞总数（WBC）	24.2×10^{9}/L	5.05×10^{9} ～ 16.76×10^{9} /L
血小板（PLT）	383×10^{3}/μL	148×10^{3} ～ 484×10^{3}/μL

表 73-2 生化检查结果

项目	结果	参考范围
总胆红素（TBIL）	0.20 mg/dL	0 ~ 0.8 mg/dL
总蛋白（TP）	7.20 g/dL	5.5 ~ 7.2 g/dL
白蛋白（ALB）	2.13 g/dL	3.2 ~ 4.1 g/dL
球蛋白（GLOB）	5.08 g/dL	1.9 ~ 3.7 g/dL
葡萄糖（GLU）	75.67 mg/dL	68 ~ 104 mg/dL
丙氨酸氨基转移酶（ALT）	72.00 U/L	17 ~ 95 U/L
天门冬氨酸氨基转移酶（AST）	80.00 U/L	10 ~ 56 U/L
碱性磷酸酶（ALP）	148.00 U/L	7 ~ 115 U/L
γ-谷氨酰转肽酶（GGT）	5.00 U/L	0 ~ 8 U/L
胆汁酸（TBA）	24.60 μmol/L	0 ~ 25 μmol/L
尿素（UREA）	19.98 mg/dL	19 ~ 55.7 mg/dL
肌酐（CREA）	0.76 mg/dL	0.6 ~ 1.4 mg/dL
磷（P）	3.00 mg/dL	2.7 ~ 5.4 mg/dL
钙（Ca）	9.61 mg/dL	9.4 ~ 12 mg/dL
总胆固醇（CHOL）	179.42 mg/dL	139 ~ 392 mg/dL
甘油三酯（TG）	51.37 mg/dL	23 ~ 102 mg/dL
肌酸激酶（CK）	272.00 U/L	0 ~ 314 U/L
钾（K）	4.35 mmol/L	4.1 ~ 5.4 mmol/L
钠（Na）	143.40 mmol/L	143 ~ 150 mmol/L
氯（Cl）	111.00 mmol/L	106 ~ 114 mmol/L

表 73-3 血气检查结果

项目	结果	参考范围
酸碱度（pH）	7.449	7.35 ~ 7.45
二氧化碳总量（TCO_2）	27 mmol/L	17 ~ 25 mmol/L
二氧化碳分压（pCO_2）	37.2 mmHg	35 ~ 38 mmHg
碳酸氢根（HCO_3^-）	25.8 mmol/L	15 ~ 23 mmol/L
细胞外碱剩余（BE）	2	（0）~（+6）
阴离子间隙（AG）	14 mmol/L	8 ~ 25 mmol/L

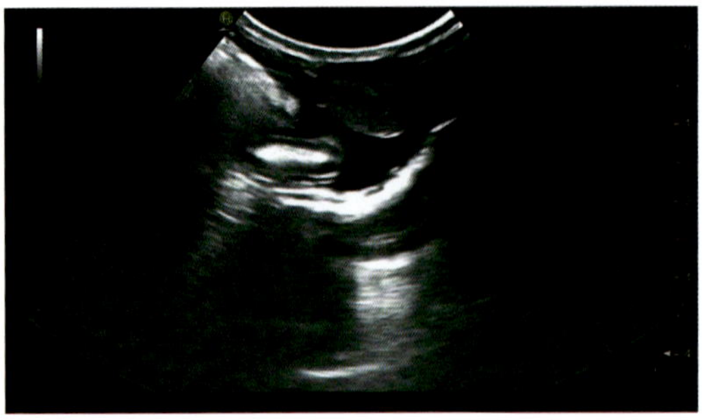

图 73-1

右侧腹股沟超声扫查

7. 初步检查结果分析

7.1 CBC 结果

红细胞及血小板无明显异常。

白细胞总数轻度升高，可能与全身性炎性反应、应激等因素有关，需进一步排查病因。

7.2 血清生化检查结果

血清生化检查可见白蛋白下降，球蛋白升高：白蛋白下降的原因包括合成减少、经肾脏或肠道丢失增多、经血液丢失等。结合病史和其他检查结果，该病例出现这种蛋白变化可能与炎症相关，而非丢失增多引起。

ALP 轻度升高：ALP 为胆汁淤积酶，

但无其他相关指标佐证，不排除类固醇肝病或肝外因素引起。

7.3 血气检测结果

轻微碱中毒，可能与呕吐造成胃酸丢失相关。

7.4 超声检查结果

患犬右侧腹股沟到阴囊条索状突起内部，可见脂肪组织以及部分小肠影像，且周围可探及少量无回声暗区伴后方回声增强。

超声提示：右侧阴囊疝，疝内容物为脂肪和部分小肠。

8. 诊断

结合该病例的病史、体格检查、实验室检查和影像学检查结果，患犬被诊断为右侧阴囊疝，疝内容物为脂肪和部分小肠。

9. 治疗及转归

调整体况后，实施阴囊疝修补术和公犬去势术。犬吸入麻醉，仰卧保定。术部常规外科准备。于阴囊疝上方切开皮肤，分离皮下组织，分离疝囊，暴露疝环，因为疝内容物嵌闭，所以向头侧进行切口扩创解除嵌闭。开腹探查可见腹腔内中量的淡红色积液。剪开疝囊后可见空肠末段肠管嵌闭，与网膜粘连嵌闭部分的肠管颜色暗红，前段肠管扩张积气，网膜色黑，已坏死。剥离粘连的肠管和大网膜，去除坏死大网膜。肠管与大网膜粘连处肠壁增厚，暗红。用剩余网膜包裹后还纳腹腔，摘除双侧睾丸后修剪多余总鞘膜。连续缝合闭合疝环，无菌温生理盐水冲洗创口，结节缝合皮下组织、皮肤。

术后通过镇痛、抗菌及输液积极对症治疗，并监测血象变化，避免动物情绪激动和剧烈活动。

术后两周拆线，患犬精神良好，饮食、排尿排便正常。

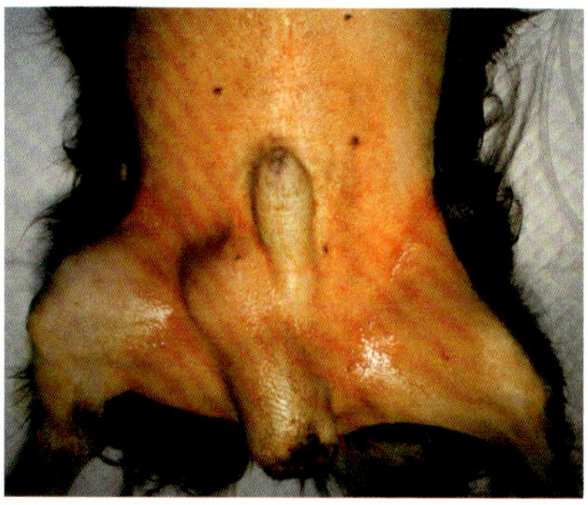

图 73-2

腹股沟环到阴囊的条索状突起

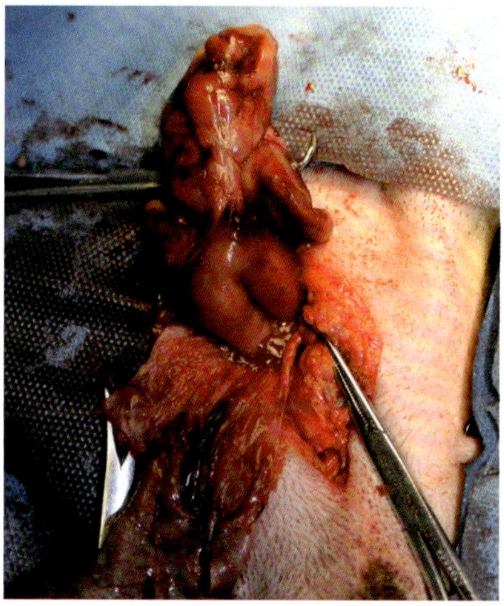

图 73-3

嵌闭的肠管和大网膜粘连

10. 讨论

阴囊疝是由腹股沟环受损后，腹腔的内容物突出到鞘突，进入邻近的阴囊中引起的。疝入鞘突的器官不需到达阴囊即可称为阴囊疝。阴囊疝是一种很少见的间接疝，尤其对于猫而言。大多数病例发生于年轻公犬，多为单侧发病。发生阴囊疝时，腹腔内容物出现嵌闭的概率很高。关于阴囊疝的成因和遗传性目前了解尚少，先天性缺损和外伤均会导致一些犬的阴囊疝。

阴囊疝常表现为硬的条索状团块突入到阴囊、阴囊肿胀、局部温度升高，配种后高发。如果疝内容物为肠道，并发生肠道嵌闭，则会出现呕吐和疼痛的表现。其鉴别诊断包括外伤、睾丸或阴囊肿瘤、睾丸炎和严重的阴囊感染。可通过触诊阴囊基部来诊断阴囊疝，若腹股沟环远端精索直径正常，则排除阴囊疝；若在腹股沟环到阴囊处触摸到条索状突起，则可诊断为阴囊疝。建议结合 X 线、超声或 CT 辅助确诊。超声检查对阴囊疝很重要，可以判断睾丸血供情况、是否发生精索扭转或阴囊积液，并辅助判断疝内容物的类型。除非出现器官嵌闭，否则实验室检查通常没有异常。本病例主要依靠超声检查做出诊断。

因为阴囊疝发生时腹腔内容物嵌闭的概率很高，所以确诊为阴囊疝后最好在动物体况稳定后立即进行修补。对于内容物未发生坏死或者可还纳的阴囊疝，可在腹股沟环上方切开皮肤，需要小心分离疝囊或腹股沟环周围组织，以免损伤疝内容物或其他重要结构。仔细检查疝内容物状态，若可还纳，则修补阴囊疝的方法与腹股沟疝的方法类似：暴露疝囊，视情况切开疝囊，将疝内容物还纳腹腔。如果要保留睾丸，需将已扩张的疝囊颈部（壁层鞘膜）贯穿缝合或数个水平褥式缝合，进而缩小孔道。这些线结要尽可能靠近内腹股沟环。再结节缝合闭合外腹股沟环，保留尾侧开口，使精索、血管与神经分支不受到挤压即可。若预计进行去势术，则需要打开疝囊，结扎精索并摘除睾丸。疝囊需要结扎深至腹外斜肌的筋膜。闭合外腹股沟环，但需要为生殖动静脉分支及外阴血管保留足够的空间。通常不需移除远端壁层鞘膜，以免造成额外出血。若阴囊下垂则可考虑阴囊切除术。不进行去势的动物阴囊疝很容易复发，阴囊疝也可能会遗传，且阴囊疝动物还可能发生睾丸肿瘤，因此在修补阴囊疝时通常建议进行去势术。该病例手术修补疝气的同时，摘除双侧睾丸，术后恢复良好。

发生脏器嵌闭的阴囊疝可经腹中线进行开腹，若有必要，须切除无法还纳的坏死组织，由于坏死组织会严重污染鞘突，故需要整体切除。若情况允许，应尽量减少局部污染的风险。若局部伤口有较大的死腔或伤口，可能形成血清肿、血肿或感染，则建议进行引流。该病例疝的网膜已发生坏死，所以术中将其切除。肠管无明显嵌顿表现，因此直接还纳后缝合疝孔，预后良好。

◆ 参考文献

1.Fossum T W. Small Animal Surgery[M]. 5th ed. Pennsylvania: Elsevier Health Sciences, 2018.

2.Hayes Jr H M, Pendergrass T W. Canine testicular tumors: epidemiologic features of 410 dogs[J]. International Journal of Cancer, 1976, 18(4): 482-487.

3.Johnston S A, Tobias K M. Veterinary surgery: small animal[M].2nd ed. St. Louis, Missouri: Elsevier Health Sciences, 2017.

CASE 74

案例74

猫口面瘘

1. 基本信息和病史

家养短毛猫，12 岁，雄性已去势，体重 4.6 kg。室内饲养，日粮为干粮及湿粮（罐头），近期无换粮史，饮食欲良好，体重无明显变化。定期免疫、驱虫，不刷牙。

就诊 6 个月前发现患猫右侧面部皮肤肿胀、破溃，从破溃处间歇性流出血性分泌物。曾在其他医院治疗，使用抗生素后好转，停药后复发。

2. 体格检查

患猫精神状态尚可，BCS：2/5，体温 39.1℃。心率 210 次 /min，呼吸频率 20 次 /min，口腔黏膜颜色粉红，CRT < 2 s，心音及肺音听诊未见异常，口腔敏感。

右眼眶内眦下方可见面部创口，呈鲜红色，直径约 3 mm，未见明显肿胀（图 74–1）。口腔检查：牙结石 1 ~ 2 级，伴轻度牙龈炎。右上颌犬齿（104）复杂冠折，齿折时间不明确，主诉无明显疼痛表现。未见明显鼻腔出血或异常鼻腔分泌物。

面部触诊对称性良好，无明显压痛，未见明显眼部不对称或结构异常。

图 74–1

就诊时右眼眶内眦下方面部创口

3. 问题列表

口腔敏感、面部破溃。

4. 鉴别诊断

牙源性瘘管、面部肿瘤、外伤、皮肤病。

5. 初步诊断计划

诊断项目：CBC、生化检查、凝血检查。

6. 初步检查结果

CBC 检查结果见表 74–1。生化检查结果见表 74–2。凝血检查结果见表 74–3。

表 74-1　CBC 检查结果

检查项目	结果	参考范围
红细胞总数（RBC）	9.31×10^{12}/L	6.54×10^{12} ～ 12.20×10^{12}/L
红细胞比容（HCT）	47.2%	30.3% ～ 52.3%
血红蛋白（HGB）	14.9 g/dL	9.8 ～ 16.2 g/dL
平均红细胞体积（MCV）	49.2 fL	35.9 ～ 53.1 fL
平均红细胞血红蛋白浓度（MCHC）	32.4 g/dL	28.1 ～ 35.8 g/dL
网织红细胞（RETIC）	15.9×10^3/μL	3.0×10^3 ～ 50.0×10^3/μL
网织红细胞血红蛋白含量（RETIC-HGB）	15.1 pg	13.2 ～ 20.8 pg
白细胞总数（WBC）	16.95×10^9/L	2.87×10^9 ～ 17.02×10^9/L
中性粒细胞（NEU）	9.62×10^9/L	2.30×10^9 ～ 10.29×10^9/L
血小板数量（PLT）	99×10^3/μL	151×10^3 ～ 600×10^3/μL
镜检	片尾可见血小板凝集簇	

表 74-2　生化检查结果

检查项目	结果	参考范围
血糖（GLU）	9.68 mmol/L	4.11 ～ 8.84 mmol/L
肌酐（CREA）	116 μmol/L	71 ～ 212 μmol/L
尿素（UREA）	11.0 mmol/L	5.7 ～ 12.9 mmol/L
磷（P）	1.41 mmol/L	1.00 ～ 2.42 mmol/L
钙（Ca）	2.32 mmol/L	1.95 ～ 2.83 mmol/L
总蛋白（TP）	59 g/L	57 ～ 89 g/L
白蛋白（ALB）	27 g/L	22 ～ 40 g/L
球蛋白（GLOB）	41 g/L	28 ～ 51 g/L
白球比（A/G）	0.66	0.8 ～ 1.5
丙氨酸氨基转移酶（ALT）	39 U/L	12 ～ 130 U/L
天门冬氨酸氨基转移酶（AST）	32 U/L	0 ～ 46 U/L
碱性磷酸酶（ALKP）	56 U/L	14 ～ 111 U/L
γ- 谷氨酰转肽酶（GGT）	1 U/L	0 ～ 4 U/L
总胆红素（TBIL）	8 μmol/L	0 ～ 15 μmol/L
胆固醇（CHOL）	4.21 mmol/L	1.68 ～ 5.81 mmol/L
胰淀粉酶（AMYL）	930 U/L	500 ～ 1500 U/L
脂肪酶（LIPA）	420 U/L	100 ～ 1400 U/L
肌酸激酶（CK）	280 U/L	0 ～ 314 U/L
钠（Na）	4.42 mmol/L	3.8 ～ 4.6 mmol/L
钾（K）	145.5 mmol/L	140.7 ～ 156 mmol/L
氯（Cl）	111.9 mmol/L	110 ～ 123 mmol/L

表 74-3　凝血检查结果

检查项目	结果	参考范围
凝血酶原时间（PT）	14 s	11 ～ 14 s
活化部分凝血活酶时间（aPTT）	80 s	60 ～ 93 s

7. 初步检查结果分析

7.1 CBC 结果

红细胞象及血小板象：未见明显异常。

白细胞象：未见明显异常。

7.2 血清生化检查结果

血糖轻度升高，可能与应激有关。

7.3 凝血检查结果

凝血检查未见明显异常。

8. 进一步检查计划

麻醉后口腔探查和影像学检查。

9. 进一步检查结果及分析

9.1 麻醉后口腔检查

104 复杂冠折，断面粗糙，伴有淡黄色菌斑附着，牙探针无法经齿折断面探入髓腔；104 颊侧齿龈边缘轻微红肿，牙周探针探查牙周袋深度正常，无出血，牙齿无明显活动性。右上颌第三前臼齿（107）近中侧根牙周袋加深（3 mm），探查时齿龈出血（图 74–2）。其他牙齿牙体及牙周探查均未见明显异常。牙龈红肿与探查出血提示牙龈炎；牙周探查牙周袋深度增加提示牙周病，牙周附着组织丢失。

9.2 影像学检查

拍摄口内 X 线片，可见 104 齿根区域牙周韧带、硬骨板结构影像消失，根尖周不规则低密度区；牙根中 1/3 处牙体密度不均一，可见局灶性不规则低密度区，边界粗糙。107 近中侧齿根周围齿槽骨丢失，齿根缺失。106 齿根缺失（图 74–3）。

X 线提示：104 根尖周病变及牙吸收病变，邻近的 106、107 齿根发生牙吸收病变。

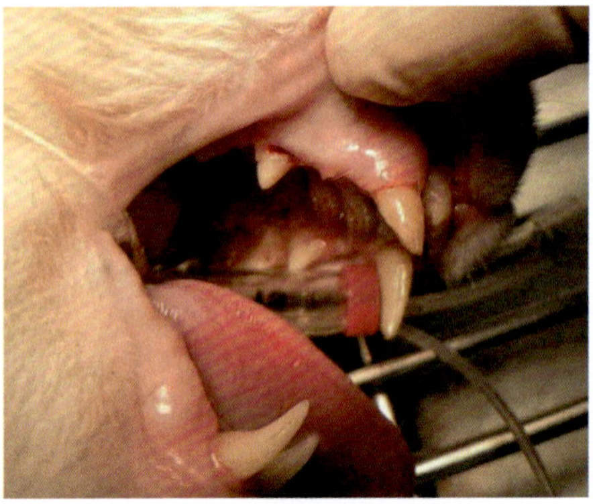

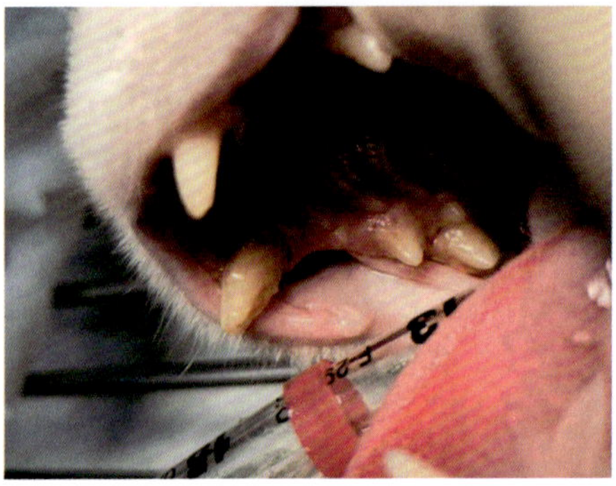

图 74–2

右上颌犬齿（104）复杂冠折，颊侧面观及腭侧面观，107 近中侧齿龈牙周探查后出血

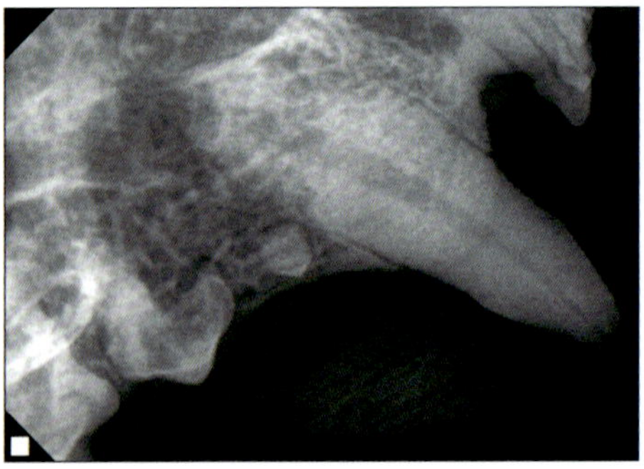

图 74–3

口内 X 线片（右上颌犬齿区域）

10. 最终诊断

根据该病例创部对抗生素有反应的病史，结合体格检查、影像学检查，患猫被诊断为牙源性瘘管，与 104 齿直接相关。

11. 治疗

麻醉后，放置咽部填塞物，冲洗口腔，超声洁牙治疗牙冠及龈下，开放式拔除 104、107 齿。可见 104 牙根缺血样变化，存在明显吸收区域，牙根区域近髓区呈紫红色（图 74–4）。牙周探针经面部创口可伸入 104 齿槽内，使用 1 mm 牙挺探查，确认面部瘘管与该齿槽相通。随后清创、缝合。因 104 唇侧齿龈黏膜较薄，质地脆弱，故剪除部分 104 唇侧龈缘齿龈，使用球钻对齿槽骨进行整形，直至边缘平滑；黏膜下骨膜切开，延长齿龈瓣，检查无张力后，结节缝合齿龈，闭合口腔创口。结节缝合闭合 107 处齿龈。术后 X 线检查未见齿根残留。

为防止咬合损伤，与宠主沟通后进行牙冠整形。对应右下颌犬齿（404）冠侧 1/3 酸蚀 15 s，充分冲洗后吹干，涂布粘合剂，并分层放置光固化树脂，减少微渗漏。最终 404 牙冠顶端呈球形（图 74–5）。操作结束后，再次评估猫的咬合情况。

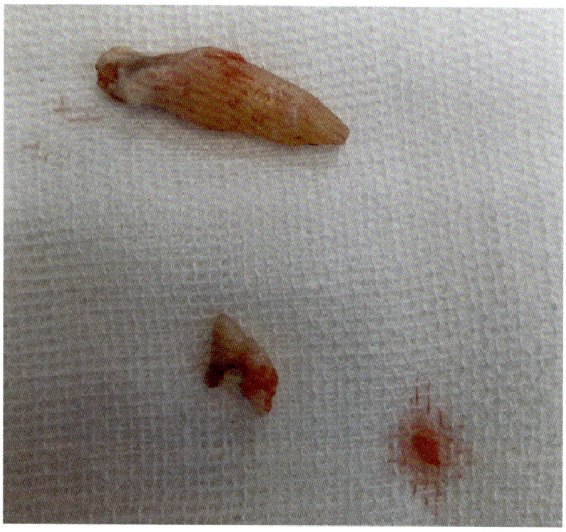

图 74–4

104 颊侧面观，齿根病变

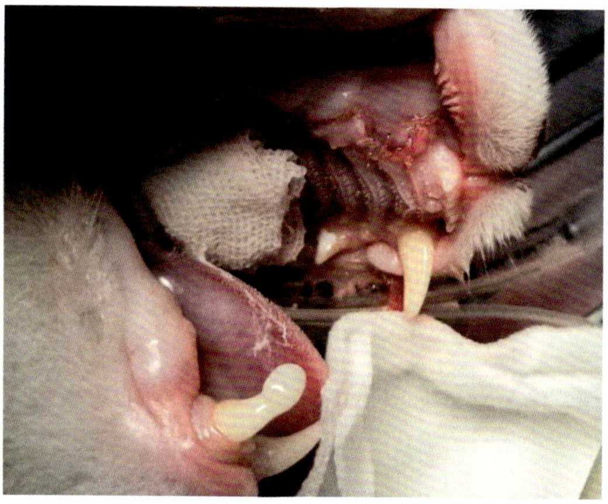

图 74–5

104 下颌犬齿（404）牙冠整形术后

12. 讨论

与犬类似，猫牙源性面瘘最常由上颌第四前臼齿引起（108/208）。猫上颌第四前臼齿齿根位于两侧眶下区域，典型的面部瘘管也常发生于此处；与之不同的是，犬齿齿根位于眼眶吻腹侧，因此，由犬齿引发的瘘管多发生于内眦下方。基于此，可在初诊时，根据瘘管的不同位置，粗略判断引起瘘管的病变牙齿。

值得注意的是，瘘管开口并不是判断病变牙齿的充分依据，任何瘘道都可在皮下移行，并开口于其他位置。牙源性面瘘确诊应包括牙周及牙体探查（寻找根尖周病变来源）、影像学检查、拔牙术、探针探查、液体灌洗等方法，最终确定与瘘管相通的齿槽。值得注意的是，在较严重的根尖周病变，可能存在多个齿槽同时与瘘管相通。

最常见的根尖周病变原因是感染，对于复杂齿折的病例，牙探针无法探入髓腔并不能直接判断不存在根尖周病变。齿折急性发生时，并没有足够的时间生成修复性牙本质，快速封闭髓腔，即使后来修复性牙本质封闭了髓腔尖端，也可能已经发生牙髓感染。对牙髓感染的牙齿进行影像学检查，可能观察到的表现有且不限于：与正常侧对应牙齿相比，牙髓腔增宽（牙髓坏死），根尖周牙周韧带、硬骨板结构影像消失，根尖周低密度区等。在感染状态下，可能发生起始于牙体表面或牙髓内的牙吸收进程。

对猫而言，拔除上颌犬齿后，评估下颌犬齿与上唇的位置关系是必要的。如果手术仍保留较多齿槽骨，或唇部没有明显内翻，此时下颌犬齿在由张口到闭口的咬合过程中，可能不会与上唇接触。如果发生接触，则更可能在术后也发生损伤。本病例中，直接对下颌犬齿的牙冠进行树脂覆盖，使其尖端呈球形，避免扎入唇部造成锐性损伤。

◆ 参考文献

1.DuPont G A, DeBowes L J. Atlas of dental radiography in dogs and cats[M]. St. Louis, Missouri: Elsevier Health Sciences, 2008.

2.Gorrel C. Veterinary dentistry for the general practitioner[M].2nd ed. St. Louis, Missouri: Elsevier Health Scienccs, 2013.

3.Holmstrom S E. Veterinary Dentistry: A Team Approach[M].3rd ed. St. Louis, Missouri: Elsevier Health Sciences, 2018.

4.Negro V B, Hernández S Z. Odontogenic periorbital fistula in a cat[J]. Journal of Veterinary Dentistry, 2003, 20(1): 31-33.

5.Niemiec B. Small animal dental, oral and maxillofacial disease: a colour handbook[M]. London: CRC Press, 2011.

6.Tutt C. 小动物牙科技术图谱 [M]. 刘朗 , 等译 . 北京 : 中国农业出版社 , 2012.

CASE 75

案例75

犬败血性休克

1. 基本信息和病史

迷你贵宾犬，9岁，雌性未绝育。室内单独饲养，常规牵遛。主要饲喂商品化犬粮，定期免疫和驱虫。近期无旅行史，无既往病史。

就诊前10 d发现犬外阴流出红棕色黏稠分泌物，且伴有多饮多尿。就诊前3 d犬精神沉郁，饮食欲下降，尿量少于正常，每日呕吐1～2次，呕吐量较少。

2. 体格检查

患犬呈昏睡状态，BCS：2.5/5。脱水约8%，肛温37.4 ℃，心率128次/min，呼吸频率80次/min，CRT约2–3 s，肢端凉，股动脉质弱。心音及呼吸模式未见异常，肺音偏粗。口腔黏膜粉黄色。腹围增大，腹部坚实，外阴有少量红棕色分泌物。

多普勒测量动脉收缩压约65 mmHg；血氧饱和度未见异常。

根据上述检查结果，确定动物处于休克（非心源性休克）状态，需进行紧急处理。

3. 紧急处置

使用乳酸林格氏液扩容，初始液速为60 mL/（kg·h），每15 min监测灌注及水合指标变化，液体复苏30 min后患犬意识水平改善，CRT约2 s，收缩压升至90 mmHg。同时动物快速血糖检测值为3.6 mmol/L，使用1%～2.5%含糖液维持血糖正常。此后逐渐减低液速并持续监护动物体征，同时进行诊断。

4. 问题列表

休克、厌食、呕吐、多饮多尿、外阴脓性分泌物、腹围增大、黏膜黄染。

5. 鉴别诊断

子宫蓄脓、内分泌性疾病、肾脏损伤、肝胆疾病。

6. 初步诊断计划

诊断项目：CBC、生化检查、静脉血气检查、生殖系统超声检查。

7. 初步检查结果

CBC检查结果见表75–1。生化检查结果见表75–2。静脉血气检查结果见表75–3。

表 75–1 CBC 检查结果

项目	结果	参考范围
红细胞总数（RBC）	6.05×10^{12}/L	5.65×10^{12} ～ 8.87×10^{12}/L
红细胞比容（HCT）	35.4%	37.3% ～ 61.7%
血红蛋白浓度（HGB）	12.8 g/dL	13.1 ～ 20.5 g/dL
网织红细胞（RETIC）	114.3×10^{3}/μL	10.0×10^{3} ～ 110.0×10^{3}/μL
平均红细胞体积（MCV）	58.5 fL	61.6 ～ 73.5 fL
平均红细胞血红蛋白浓度（MCHC）	36.2 g/dL	32.0 ～ 37.9 g/dL
红细胞分布宽度（RDW）	17.3%	13.6% ～ 21.7%
白细胞总数（WBC）	92.02×10^{9}/L	5.05×10^{9} ～ 16.76×10^{9}/L
分叶中性粒细胞（SEG）	*5.9×10^{9}/L	2.95×10^{9} ～ 11.64×10^{9}/L
淋巴细胞（LYM）	*34.59×10^{9}/L	1.05×10^{9} ～ 5.10×10^{9}/L
单核细胞（MONO）	*51.37×10^{9}/L	0.16×10^{9} ～ 1.12×10^{9}/L
嗜酸性粒细胞（EOS）	0.17×10^{9}/L	0.06×10^{9} ～ 1.23×10^{9}/L
嗜碱性粒细胞（BASO）	0.00/L	0.00 ～ 0.10×10^{9}/L
血小板（PLT）	238×10^{3}/μL	148×10^{3} ～ 484×10^{3}/μL
镜检：杆状中性粒细胞占比 23%，中性粒细胞呈中毒性变化		

* 表示疑似，需结合人工镜检。

表 75–2 生化检查结果

项目	结果	参考范围（犬）
总胆红素（TBIL）	8.1 mg/dL	0 ～ 0.8 mg/dL
总蛋白（TP）	9.0 g/dL	5.5 ～ 7.2 g/dL
白蛋白（ALB）	2.9 g/dL	3.2 ～ 4.1 g/dL
球蛋白（GLOB）	6.1 g/dL	1.9 ～ 3.7 g/dL
白球比（A/G）	0.5	0.9 ～ 1.9
葡萄糖（GLU）	96 mg/dL	68 ～ 104 mg/dL
丙氨酸氨基转移酶（ALT）	61 U/L	17 ～ 95 U/L
天门冬氨酸氨基转移酶（AST）	126 U/L	10 ～ 56 U/L
碱性磷酸酶（ALP）	264 U/L	7 ～ 115 U/L
γ – 谷氨酰转肽酶（GGT）	8 U/L	0 ～ 8 U/L
胆汁酸（TBA）	40 μmol/L	0 ～ 25 μmol/L
尿素（UREA）	150.2 mg/dL	19 ～ 55.7 mg/dL
肌酐（CREA）	3.3 mg/dL	0.6 ～ 1.4 mg/dL
磷（P）	26.6 mg/dL	2.7 ～ 5.4 mg/dL
钙（Ca）	9.37 mg/dL	9.4 ～ 12 mg/dL
总胆固醇（CHOL）	316 mg/dL	139 ～ 392 mg/dL
甘油三酯（TG）	108 mg/dL	23 ～ 102 mg/dL
肌酸激酶（CK）	244 U/L	0 ～ 314 U/L
钾（K）	6.93 mmol/L	4.1 ～ 5.4 mmol/L
钠（Na）	132.5 mmol/L	143 ～ 150 mmol/L
氯（Cl）	90.6 mmol/L	106 ～ 114 mmol/L

表 75-3　静脉血气检查结果

项目	结果	参考范围（犬）
酸碱度（pH）	7.344	7.35 ～ 7.45
二氧化碳总量（TCO_2）	13 mmol/L	17 ～ 25 mmol/L
二氧化碳分压（pCO_2）	22.7 mmHg	35 ～ 38 mmHg
碳酸氢根（HCO_3^-）	12.4 mmol/L	15 ～ 23 mmol/L
细胞外碱剩余（BE）	-13	（0）～（+6）
阴离子间隙（AG）	40.2 mmol/L	8 ～ 25 mmol/L

腹部超声检查见图 75-1。

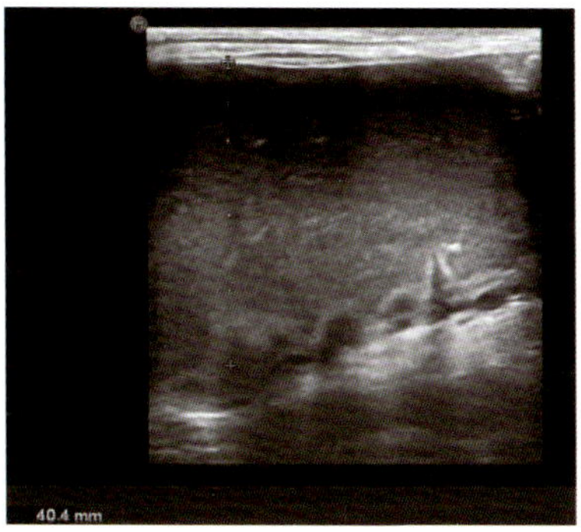

图 75-1

子宫超声图

8. 初步检查结果分析

8.1 CBC 结果

红细胞象：轻度非再生性贫血，结合白细胞象怀疑为炎性贫血。

白细胞象：白细胞总数和杆状中性粒细胞中毒性变化提示存在重度炎症。

血小板象：未见明显异常。

8.2 血清生化检查结果

氮质血症伴高磷血症：可能与肾前性因素（脱水）和肾性因素（全身炎性反应和灌注不良导致的肾损伤）相关。

高球蛋白血症：提示炎症。

天门冬氨酸转氨酶、碱性磷酸酶和总胆红素升高，主要提示炎性反应造成的肝内胆汁淤积和肝损伤。

8.3 静脉血气结果

代谢性酸中毒伴呼吸性碱中毒。代谢性酸中毒的发生与灌注不良相关；引起呼吸性碱中毒的因素包括灌注不良、疼痛、败血症等。

8.4 超声检查结果

超声征象：双侧子宫角扩张，最大直径约 4 cm，腔内呈产回声暗区伴后方回声增强。

超声提示：子宫积液（液性浑浊）。

9. 诊断

结合病史、临床表现及检查结果，本病例诊断为犬子宫蓄脓伴败血性休克。

10. 治疗及转归

确诊子宫蓄脓伴败血性休克后，紧急经静脉给予头孢噻呋钠。此时血压存在下降趋势，开始使用血管加压药物（多巴胺）维持血压，并快速进行病理性子宫卵巢摘除术。手术顺利，腹腔内无其他明显异常。术后患犬状态不稳定，根据动物体况及检测结果调整液体治疗、抗生素治疗和疼痛管理等方案，经住院 1 周后顺利出院。下面为患犬各项指标的监测情况。

10.1 灌注、水合指标监测

复苏期间液速较高，灌注指标（血压、心率、黏膜颜色、CRT、脉搏、肢端温度、尿量等）及水合指标（黏膜湿润度、水合过度表现等）可发生较快变化，应密切监测，以及时作出调整，建议每 15 ～ 20 min 监测一次。图 75-2 为患犬收缩压及部分其他灌注指标的变化。

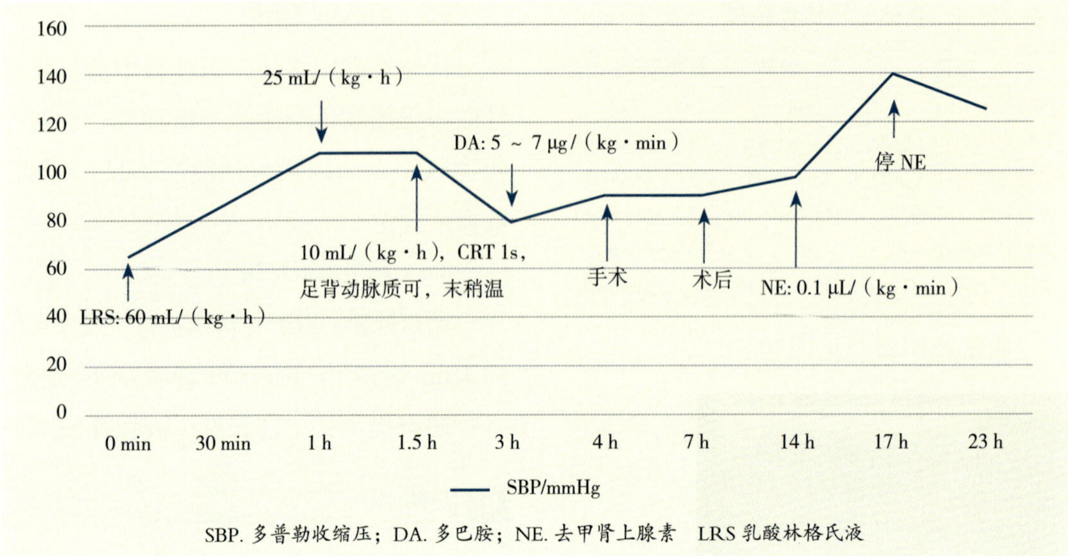

图 75-2

患犬收缩压及部分其他灌注指标的变化

10.2 体温监测

患犬入院时肛温为 37.4℃，肢端凉，使用毛巾保暖，待液体复苏后体温逐渐正常。对于败血症动物，全身性细菌感染引起白细胞释放花生四烯酸，提高体温调定点致体温升高。而对于重症动物，体温调节能力可能丧失进而导致低体温。故败血性休克动物可能出现体温降低或体温升高，应根据监测结果进行适当保温或降温。另外，需要注意对于灌注不良的低体温动物，为保证核心器官的灌注，外周温度不宜升高过快。

10.3 血糖监测

患犬入院时血糖低至 3.6 mmol/L，使用 1% ～ 2.5% 含糖液维持血糖正常。人医研究显示，理想的血糖调控有助于降低重症患者死亡率。对于败血病例，导致低血糖的因素可能包含摄入减少、肝功能异常、炎症介质的作用导致血糖过量消耗、低血压和低血氧引发无氧酵解导致血糖过量消耗。而血糖过高可能加速细菌繁殖，加重疾病。

10.4 酸碱紊乱

患犬血气酸碱变化见表 75-4。患犬术后出现较严重的呼吸性酸中毒，且脉搏血氧饱和度（SpO_2）及呼吸频率（RR）下降，推测与麻醉苏醒期肺泡通气量下降有关，予以吸氧后呼吸性酸中毒逐渐消除。需要提出的是，重症病例呼吸性酸中毒的纠正应针对潜在病因，如有需要可吸氧，若动脉二氧化碳分压＞ 60 mmHg，应当进行机械通气。

表 75-4 患犬血气酸碱变化

项目	入院前	复苏后	术后	参考范围
酸碱度（pH）	7.344	7.451	7.110	7.35 ～ 7.45
二氧化碳总量（TCO_2）	13 mmol/L	19 mmol/L	17 mmol/L	17 ～ 25 mmol/L
二氧化碳分压（pCO_2）	22.7 mmHg	25.5 mmHg	49.6 mmHg	35 ～ 38 mmHg
碳酸氢根（HCO_3^-）	12.4 mmol/L	17.8 mmol/L	15.7 mmol/L	15 ～ 23 mmol/L

10.5 电解质变化

患犬钠离子浓度变化及检测后所输液体见表 75-5。对于该患犬，低钠血症的原因可能包括胃肠道丢失和并发的肾功能不全。入院使用乳酸林格氏液输注，至入院 15 h 时，可见血钠升高速度过快，但患犬无高血钠的相关神经症状。随后输注含钠量较低的液体，血钠浓度以合理速度升至正常。推测患犬血钠浓度升高过快与暂时性肾排钠功能障碍以及肾小管对抗利尿激素反应性下降导致低渗液丢失有关。除钠离子外，氯离子浓度与钠离子浓度的变化相关性较大，一般不需要独立于血钠浓度进行分析。而钾离子浓度主要受摄入、尿液排出和细胞内外转移等因素的影响，本患犬入院时存在高血钾，随后尿量增多，其浓度恢复正常。

表 75-5 钠离子浓度变化及检测后所输液体

项目	血钠浓度	液体类型	液体钠离子浓度
入院前	124 mmol/L	乳酸林格氏液	130 mmol/L
入院 15 h	142 mmol/L	林格氏液	147.5 mmol/L
入院 23 h	152 mmol/L	全血	142 ～ 150 mmol/L
入院 30 h	159 mmol/L	乳酸林格氏液：5% 葡糖糖溶液 =4：1	104 mmol/L
入院 39 h	158 mmol/L	乳酸林格氏液：5% 葡糖糖溶液 =3：2	78 mmol/L
参考范围	142 ～ 150 mmol/L	—	—

10.6 肾功能监测

该患犬血气的尿素氮变化如表 75-6，可见尿素氮快速下降。12% ～ 37% 子宫蓄脓病例可出现肌酐、尿素氮水平升高，可能由脱水或可逆性肾小管损伤所致，应当进行监测以评估肾功恢复情况。

表 75-6 尿素氮变化 mg/dL

项目	第 1 天	第 2 天	第 4 天	参考范围
尿素氮（BUN）	＞ 140	44	17	10 ～ 26

10.7 白蛋白监测

患犬的白蛋白变化见表 75-7。第 1 天受脱水状态影响，白蛋白相对升高。第 5 天检测后，采取静脉输注白蛋白和增加鸡肉饲喂量的方法进行补充，ALB 逐渐恢复正常。

表 75-7 白蛋白变化 g/L

项目	第 1 天	第 5 天	第 7 天	参考范围
白蛋白（ALB）	29	19	23	22 ～ 39

11. 讨论

休克可分为 5 种类型：低血容量性休克、心源性休克、分布性休克、代谢性休克以及缺氧性休克，前 3 种统称循环性休克。低血容量性休克是指有效循环血量减少造成的休克，例如失血、严重脱水。心源性休克是指心脏无法泵出充足血流造成的休克，例如扩张型心肌病发展至心衰期。分布性休克是指血管阻力显著降低或升高，或者血流分布不均导致的休克，例如败血症、胃扩张扭转。代谢性休克是指细胞代谢紊乱造成的休克，例如低血糖、线粒体功能障碍。缺氧性休克是指动脉血氧含量降低造成的休克，例如贫血、高铁血红蛋白血症。犬的休克可分为代偿期、失代偿早期和失代偿晚期，各期特征及灌注指标变化见表 75–8。与犬不同，猫发生休克时通常无明显代偿期，直接表现为低心率、低血压和低体温。

全身炎症反应综合征（systemic inflammatory response syndrome，SIRS）定义为机体对感染性或非感染性因素产生的全身性炎症反应，可导致器官衰竭和死亡。SIRS 的判定标准见表 75–9，但此标准特异性较低，临床中应注意甄别其他可满足标准但并非 SIRS 的情况，例如动物紧张。而败血症是指由细菌感染引发的 SIRS，败血性休克是指在败血症的基础上出现休克。通过体格检查快速判定休克是临床医生应当具备的基本技能，否则急重症动物的治疗将被延误，体格检查中的灌注评估包括：精神状态、心率、黏膜颜色、血质、CRT、脉搏、肢端温度等。

表 75–8　犬的休克分期

分期	特征	灌注指标
代偿期	由于儿茶酚胺的释放引起心输出量增加	心率可能轻微加快、黏膜充血、CRT 缩短（< 1 s）、脉搏亢进、血压、意识状态正常
失代偿早期	血液更多分布到心脏和脑部，开始发生组织缺氧和乳酸中毒	心动过速、黏膜苍白、CRT 延长、脉搏弱、肢端凉、低血压
失代偿晚期	自主调节能力丧失	心动过缓、黏膜苍白、无 CRT 脉搏弱或无、低体温、严重低血压、昏迷

表 75–9　犬猫 SIRS 的诊断标准

项目	犬（满足 2/4 项）	猫（满足 3/4 项）
体温 /℃	> 39.2 或< 37.2	> 40.6 或< 36.6
心率 /（次 /min）	> 120	> 225 或< 140
呼吸频率 /（次 /min）	> 20	> 40
白细胞总数 /（$\times 10^3/\mu L$）；杆状中性粒细胞占比	> 16 或< 6；> 3%	> 19 或< 5

该犬满足诊断标准中心率、呼吸频率、白细胞总数及杆状中性粒细胞占比等条件，提示 SIRS 状态，结合存在细菌感染来源（子宫）、灌注不良，考虑为分布性休克。结合患犬多尿、饮欲差、呕吐等病史及水合评估，可能同时存在由脱水导致的低血容量性休克。

关于败血症动物的抗菌治疗，大量临床兽医遵循人医相关治疗指南。重点是在败血症和败血性休克时，须经验性尽早静脉注射具有不同抗菌机制的广谱抗生素。当培养细菌有结果时，可视情况更换抗生素；当病情明显好转时，应减少抗生素使用种类。

对于子宫蓄脓导致的败血性休克，手术是治疗的重要一环。在改善动物灌注的情况下，尽快进行手术。过早手术麻醉风险极大，延迟手术则难以纠正败血症，需要临床医生根据具体情况来把控时机，作出合适选择。该病例在诊断评估后，迅速静脉注射抗生素，并使用多巴胺升压，之后手术治疗。

另外，按照 2018 年《欧洲伴侣动物兽医联合会关于合理使用抗生素的建议》，对于子宫蓄脓病例，通常不建议进行组织培养和药敏试验，除非发生子宫破裂或腹膜炎。

子宫蓄脓虽为常见病，但其管理却并不简单，尤其是发生败血性休克时，绝不可掉以轻心。Kirby 曾提出过重症病例监护的 20 项原则，对于重症病例的监护具有指导意义，上文提及的监护项目均来源于此，但针对子宫蓄脓病例，仍有其他需要注意的项目，例如呼吸、凝血功能、乳酸、疼痛管理、伤口护理、营养管理等。

败血症情况下，内毒素和细胞因子可造成急性肺损伤和呼吸窘迫综合征，所以即使患犬在发病早期呼吸无异常，但随着病情发展有可能发生变化。应定时监测，必要时予以吸氧及机械通气。炎症的存在首先会导致凝血机能亢进，患犬也有发生弥散性血管内凝血的风险，必须监测凝血指标和出血情况，必要时可输注血浆。乳酸是评估灌注的实验室指标，连续性监测可指导治疗和评估预后，如果高乳酸血症持续无明显下降，则患犬预后不良。

疼痛管理和伤口护理是手术动物的基本护理项目。重症动物在病情明显好转之前，精神状态多为沉郁，疼痛感不如非重症动物容易被察觉，但临床兽医不可忽视。早期恢复肠内营养，可有效维护胃肠道功能，也有助于维持血清白蛋白浓度，同样是加速康复的重要条件。

本文对一例因子宫蓄脓继发败血性休克犬的治疗和监护进行了较为细致的阐述，以期对相关病例处理提供借鉴。但不同的子宫蓄脓病例情况各异，且患犬可并发其他疾病，兽医需要具体情况具体分析，作出合适的临床决定。

◆ 参考文献

1.Bonagura J D, Twedt D C. Kirk's current Veterinary Therapy[M].14th ed. St. Louis,

Missouri: Elsevier Health Sciences, 2008.
2.Dellinger R P, Levy M M, Rhodes A, et al. Surviving Sepsis Campaign: international guidelines for management of severe sepsis and septic shock, 2012[J]. Intensive care medicine, 2013, 39: 165-228.
3.Ettinger S J, Feldman E C, Cote E. Textbook of Veterinary Internal Medicine[M].8th ed. St. Louis, Missouri: Elsevier health sciences, 2016.
4.Silverstein D, Hopper K. Small animal critical care medicine[M].2nd ed. St. Louis, Missouri: Elsevier Health Sciences, 2014.

CASE 76

案例76

猫高钠血症

1. 基本信息和病史

折耳猫，5岁，雌性未绝育，体重1.9 kg。严格室内群养，日常饲喂商品化猫粮。定期免疫，未定期驱虫。耳螨病史，目前已停药2个月。

就诊前2周患猫活动性下降。近5 d食欲废绝，饮欲下降，体重减轻。由于多猫环境，未能评估患猫发病前的排尿、排便情况。

2. 体格检查

患猫意识淡漠，BCS：3/9，肛温35.6℃，肢端凉。心率130次/min，心音听诊尚可，呼吸浅快，肺音听诊粗厉。黏膜苍白，CRT > 2 s，脱水约10%，多普勒测量收缩压60 mmHg。腹部触诊肾区敏感；氨味口气，双眼有脓性分泌物，少量鼻分泌物。

3. 问题列表

休克、肾区触诊敏感，黏膜苍白。

由于患猫评估脱水约10 %，结合其他体征，提示休克类型为低血容量性休克。进行液体复苏，以60 mL/kg的复苏液量分4次给予，每次输注时间为15 min，每次输注完毕后进行体征监测。液体复苏30 min后，患猫心率回升至160次/min，收缩压升至94 mmHg。逐渐降低液速，同时进行诊断性检测。

4. 鉴别诊断

肾脏损伤、贫血。

5. 初步诊断计划

诊断项目：CBC、生化检查、血气检查、尿液检查、猫血清淀粉样蛋白A（SAA）、泌尿系统超声扫查。

6. 初步检查结果

CBC检查结果见表76–1，生化检查结果见表76–2，血气检查结果见表76–3，尿液检查结果见表76–4，SAA检查结果见表76–5。

表 76-1 CBC 检查结果

项目	结果	参考范围
红细胞总数（RBC）	2.60×10^{12}/L	6.54×10^{12} ～ 12.20×10^{12}/L
红细胞比容（HCT）	12.3%	30.3% ～ 52.3%
血红蛋白浓度（HGB）	4.1 g/dL	9.8 ～ 16.2 g/dL
网织红细胞（RETIC）	1.8×10^{3}/μL	3.0×10^{3} ～ 50.0×10^{3}/μL
平均红细胞体积（MCV）	47.3 fL	35.9 ～ 53.1 fL
平均红细胞血红蛋白浓度（MCHC）	33.3 g/dL	28.1 ～ 35.8 g/dL
红细胞分布宽度（RDW）	27.2%	15.0% ～ 27.0%
白细胞总数（WBC）	8.77×10^{9}/L	2.87×10^{9} ～ 17.02×10^{9}/L
分叶中性粒细胞（SEG）	7.73×10^{9}/L	2.30×10^{9} ～ 10.29×10^{9}/L
杆状中性粒细胞（BAND）	/	/
淋巴细胞（LYM）	0.71×10^{9}/L	0.92×10^{9} ～ 6.88×10^{9}/L
单核细胞（MONO）	0.32×10^{9}/L	0.05×10^{9} ～ 0.67×10^{9}/L
嗜酸性粒细胞（EOS）	0.00×10^{9}/L	0.17×10^{9} ～ 1.57×10^{9}/L
嗜碱性粒细胞（BASO）	0.01×10^{9}/L	0.01×10^{9} ～ 0.26×10^{9}/L
血小板（PLT）	241×10^{3}/μL	148×10^{3} ～ 484×10^{3}/μL

表 76-2 生化检查结果

项目	结果	参考范围
总胆红素（TBIL）	1.2 mg/dL	0 ～ 0.8 mg/dL
总蛋白（TP）	7.9 g/dL	6.6 ～ 8.4 g/dL
白蛋白（ALB）	3.3 g/dL	3.2 ～ 4.3 g/dL
球蛋白（GLOB）	4.7 g/dL	2.5 ～ 4.7 g/dL
白球比（A/G）	0.7	0.8 ～ 1.5
葡萄糖（GLU）	198 mg/dL	71 ～ 182 mg/dL
丙氨酸氨基转移酶（ALT）	27.8 U/L	28 ～ 109 U/L
天门冬氨酸氨基转移酶（AST）	37.6 U/L	10 ～ 48 U/L
碱性磷酸酶（ALP）	32.2 U/L	11 ～ 49 U/L
γ-谷氨酰转肽酶（GGT）	1.3 U/L	0 ～ 4 U/L
胆汁酸（TBA）	5.1 μmol/L	0 ～ 10 μmol/L
尿素（UREA）	287.7 mg/dL	36 ～ 75 mg/dL
肌酐（CREA）	15.0 mg/dL	0.8 ～ 2.1 mg/dL
磷（P）	17.1 mg/dL	2.6 ～ 5.5 mg/dL
钙（Ca）	10.0 mg/dL	9.0 ～ 12 mg/dL
总胆固醇（CHOL）	188.3 mg/dL	101 ～ 323 mg/dL
甘油三酯（TG）	44.3 mg/dL	30 ～ 106 mg/dL
肌酸激酶（CK）	212.3 U/L	0 ～ 186 U/L
钾（K）	4.6 mmol/L	3.8 ～ 5.5 mmol/L
钠（Na）	169 mmol/L	149 ～ 158 mmol/L
氯（Cl）	130.4 mmol/L	111 ～ 124 mmol/L

表 76-3　血气分析检查结果

项目	结果	参考范围
酸碱度（pH）	7.012	7.25 ～ 7.40
二氧化碳总量（TCO_2）	10 mmol/L	16 ～ 25 mmol/L
二氧化碳分压（pCO_2）	42.1 mmHg	33 ～ 51 mmHg
碳酸氢根（HCO_3^-）	11.1 mmol/L	13 ～ 25 mmol/L
细胞外碱剩余（BE）	−24	（−5）～（+2）
阴离子间隙（AG）	30 mmol/L	10 ～ 27 mmol/L

表 76-4　尿液分析检查结果

物理性质和化学性质		尿沉渣检查	
颜色	黄色	红细胞	未见
透明度	清亮	白细胞	未见
比重	1.014	移行上皮细胞	0 ～ 2 个 /hpf
pH	5.0	鳞状上皮细胞	偶见
潜血	+	管型	未见
蛋白	微量	结晶	未见
葡萄糖	阴性	脂滴	5 ～ 8 个 /hpf
酮体	阴性	微生物	未见
尿胆红素	阴性	采样方式	接尿

表 76-5　猫血清淀粉样蛋白 A 检测结果

项目	结果	参考范围
猫血清淀粉样蛋白 A（SAA）	3.83 mg/L	0 ～ 2.00 mg/L

肾与膀胱超声图像见图 76-1、图 76-2 和图 76-3。

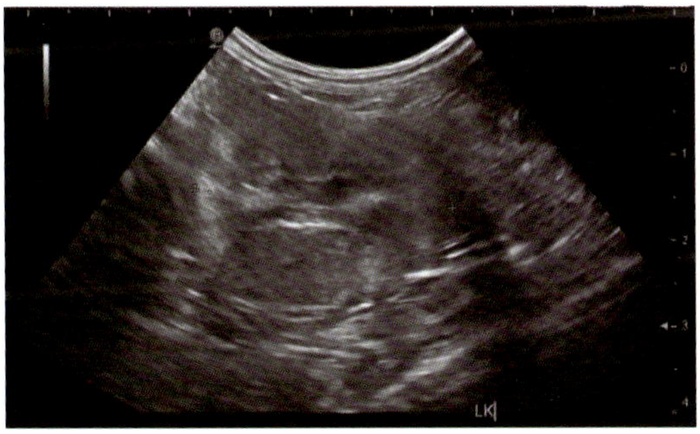

图 76-1

左肾纵切面超声图

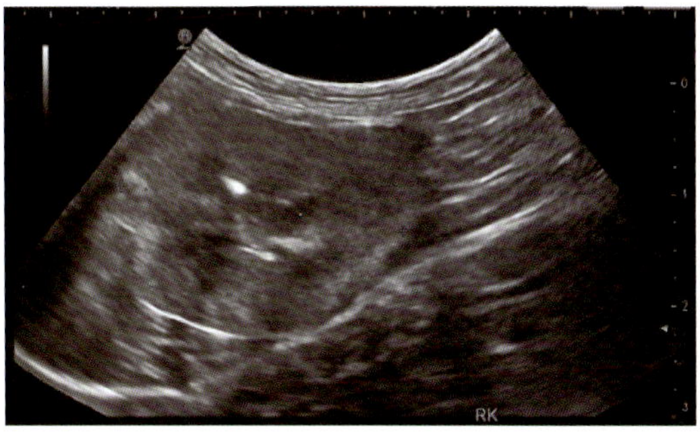

图 76-2

右肾纵切面超声图

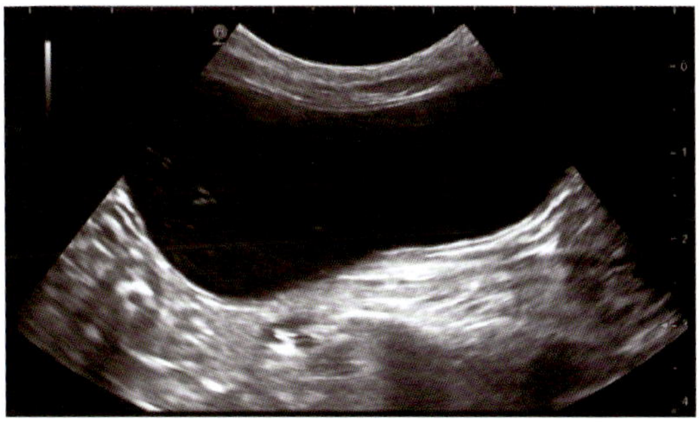

图 76-3

膀胱纵切面超声图

7. 初步检查结果分析

7.1　CBC

红细胞象：红细胞总数、红细胞比容以及血红蛋白浓度下降，且不伴有网织红细胞升高，提示重度非再生性贫血。

白细胞象：未见明显异常。

血小板象：未见明显异常。

7.2　血清生化检查

氮质血症：肌酐、尿素氮严重升高，结合高磷血症和泌尿系统超声，主要怀疑肾损伤引起的；因为动物存在严重脱水，所以也存在肾前性氮质血症。

高钠血症：高钠血症常见于钠摄入过多或纯水丢失过多，或者是肾脏排泄钠发生障碍引起；因患猫无相关摄入增加的病史，同时结合氮质血症和泌尿系统的超声，主要怀疑是肾脏排泄障碍导致的高钠血症。

7.3 血气分析

pH 下降同时伴有碳酸氢根降低，提示严重的代谢性酸中毒及呼吸性酸中毒。

7.4 尿液分析

结合病史，在患猫脱水情况下尿比重仍为 1.014，怀疑出现肾脏浓缩能力下降，尿蛋白阳性。

7.5 泌尿系统超声

双肾轮廓不平滑，皮质回声增强，皮质内可见多处高回声楔形区域，皮髓质分界不清；双肾肾盂憩室内可见强回声光点；膀胱适度充盈，壁平滑，腔内可见少量强回声光点伴彗星尾。

超声提示：双肾慢性肾病，双肾肾盂憩室结晶；膀胱内有少量结晶/细胞成分。

8. 诊断

结合患猫病史及各种检查结果，本病例诊断为慢性肾功能衰竭急性发作，伴有重度非再生性贫血、高钠血症、代谢性酸中毒；其中高钠血症因慢性肾病低渗性液体丢失过多而导致。

9. 治疗及转归

因患猫存在重度非再生性贫血，就诊当天输全血 40 mL。治疗期间定时检测血钠水平见图 76-4，根据血钠调整输液类型，同时鼓励患猫自主饮水以缓慢纠正患猫的高钠血症。

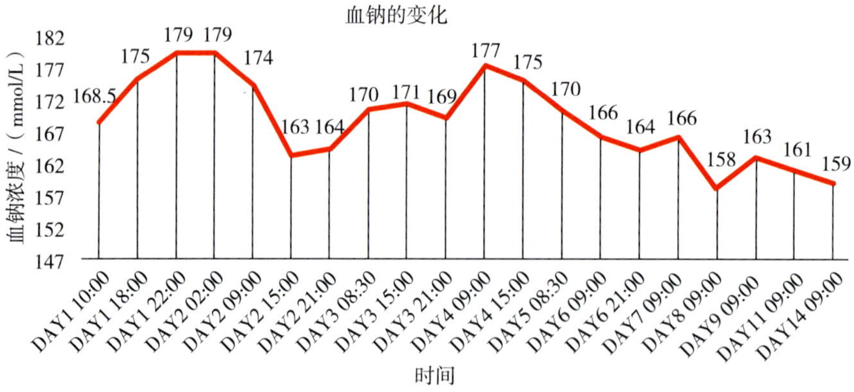

图 76-4

治疗期间血钠的变化

根据监测血钠的情况，调整输注的液体类型。治疗期间输液类型的变化调整见表 76-5。同时，常规使用胃肠道保护药、促红细胞生成素及右旋糖酐铁等，对症治疗。

猫住院 11 d 后出院，期间患猫精神逐渐好转，恢复自主饮食，红细胞比容稳定，血钠下降到正常范围；出院半月后回访，猫精神、饮食欲良好。

表 76–5　根据血钠输液类型的调整变化

日期	血钠浓度 mmol/L	液体类型	钠浓度 mmol/L	日期	血钠浓度 mmol/L	液体类型	钠浓度 mmol/L
DAY1 10:00	168.5	/	/	DAY4 09:00	177	LRS:5%GS 1:2	43
DAY1 18:00	175	LRS:5%GS 1:1	65	DAY4 15:00	175	LRS:5%GS 1:2	43
DAY1 22:00	179	LRS:5%GS 1:1	65	DAY5 08:30	170	LRS:5%GS 1:2	43
DAY2 02:00	179	LRS:5%GS 1:1	65	DAY6 09:00	166	LRS:5%GS 1:2	43
DAY2 09:00	174	LRS	130	DAY6 21:00	164	LRS:5%GS 1:2	43
DAY2 15:00	163	复方氯化钠	147	DAY7 09:00	158	LRS:5%GS 1:1	65
DAY2 21:00	164	LRS	130	DAY8 09:00	163	LRS:5%GS 1:2	43
DAY3 08:30	170	LRS:5%GS 5:1	108	DAY9 09:00	161	LRS:%GS 1:1	65
DAY3 15:00	171	LRS:5%GS 2:1	87	DAY11 09:00	159	LRS:5%GS1 :1	65
DAY3 21:00	169	LRS:5%GS 1:1	65			/	

10. 讨论

犬猫机体水分丢失多于钠丢失，或给予大量含钠液体时可出现高钠血症。犬猫正常的血钠浓度分别是 140 ～ 150 mmol/L，150 ～ 160 mmol/L。通常犬血钠浓度高于 170 mmol/L，猫血钠浓度高于 175 mmol/L 才可能出现神经症状，临床症状是由神经元脱水引起。水钠平衡的调节受到渴觉中枢和盐皮质激素等多种激素的调节。犬猫发病一般是多因素作用的结果。其中犬高钠血症最常见的病因包括神经系统疾病、肿瘤及呼吸系统疾病；猫高钠血症最常见的病因为泌尿系统疾病、神经系统疾病及甲状腺机能亢进。

本病例根据检查结果及治疗反应诊断为泌尿系统疾病引起的高钠血症，导致高钠血症的原因包括由剩余功能肾单位中溶质排泄增加引起的渗透性利尿，以及对抗利尿激素的肾小管反应性（部分肾性尿崩症），都可能引起尿液中过量的低渗性流体损失，从而引起高钠血症。

犬猫高钠血症的临床症状和血钠升高的速度相关，常见临床症状为神经症状，一般高血钠发展越快，神经症状越严重。慢性高钠血症动物一般无临床症状，急性高钠血症的临床症状包括厌食、嗜睡、呕吐、肌肉无力、定向障碍、共济失调、癫痫发作、昏迷和死亡等。在治疗慢性高钠血症过程中，可能出现临床症状，当血清钠浓度迅速降低时，可能导致脑水肿和相关临床症状。该病例一直没有出现明显的神经症状，和高血钠缓慢发展有关。

在稳定动物体况后需尽可能找到高血钠的根本原因，需详细问诊动物的病史；可通过病史、尿液分析、激素检测等确定动物血容量的变化，选择不同类型的液体输液。治疗的目的在于补充丢失的水分和电解质，并促进肾脏排出多余的 Na。不同高血钠病因引起血容量变化情况见表 76–6。

表 76-6　不同高血钠病因引起的血容量变化

血容量减少	血容量正常	容量过载
肾性丢失（慢性肾病或非少尿急性肾损伤）	饮水过少症（罕见）	盐中毒
胃肠道丢失（呕吐或腹泻）	· 尿崩症（伴有摄水减少	· 医源性
烧伤	· 中枢性（神经性）尿崩症	· 海水摄入
渗透性利尿	· 先天性肾性尿崩症	高渗盐水
· 糖尿病	· 获得性肾性尿崩症	碳酸氢钠盐输入
· 糖尿病酮症酸中毒	发热	原发性醛固酮增多症
· 高渗综合征	饮水不足	肾上腺皮质机能亢进
· 甘露醇		
· 去梗阻后利尿		

慢性高钠血症应缓慢纠正，避免出现神经症状，纠正速度应小于 0.5 mEq/（L · h）。同时 3.7 mL/（kg · h）的纯水补充速度可以使钠浓度下降约 1 mEq/（L · h）。建议动物脱水时使用钠离子浓度差在 10 mEq/L 的晶体液先纠正脱水，并在治疗过程中建议 2 ～ 6 h 重新评估血钠浓度，根据血钠复查结果调整输液方案。但对于急重症病例，如需因低血压扩容，需在扩容结束后及时复查血钠浓度，对于严重高钠同时需扩容的病例更应该根据需要增加复查频率。该病例在就诊时已出现低血容量休克，期间使用生理盐水进行扩容，并输注新鲜全血纠正低血压，血压稳定后复查血钠已升至 175 mmol/L。理想情况下轻度到中度高钠血症可在 1 ～ 2 天内纠正，但该病例在治疗期间血钠波动较大，直至治疗第 8 天血钠浓度才基本降到正常范围，和原发疾病类型、输液类型的选择有关，同时与治疗期间饮水记录不准确、忽略了患猫自主饮水对血钠的影响也有关系。对临床医生，可通过增加血钠复查频率，以期更好管理高钠血症。

因犬猫高血钠整体死亡率较高，其中犬 20.6%，猫 28.1% 左右，所以在动物诊疗中及时发现并治疗高血钠非常重要。当动物具有下列高血钠的风险因素，如脱水、不饮水、行为异常、抽搐、多尿、呕吐、腹泻，或者结合病史怀疑有高钠血症时（如梗阻后利尿），都需要及时检测血清钠离子的浓度，避免漏诊。

◆ 参考文献

1.Cheuvront S N, Kenefick R W, Sollanek K J, et al. Water-deficit equation: systematic analysis and improvement[J]. The American journal of clinical nutrition, 2013, 97(1): 79-85.

2.Guillaumin J, DiBartola S P. A quick reference on hypernatremia[J]. Veterinary Clinics: Small Animal Practice, 2017, 47(2): 209-212.

3.Guillaumin J, DiBartola S. Disorders of sodium and water homeostasis[J]. Clinical Small Animal Internal Medicine, 2020: 1067-1077.

4.Lindner G, Funk G C. Hypernatremia in critically ill patients[J]. Journal of critical care, 2013, 28(2): 216. e11-216. e20.

5.Ueda Y, Hopper K, Epstein S E. Incidence, severity and prognosis associated with hypernatremia in dogs and cats[J]. Journal of veterinary internal medicine, 2015, 29(3): 794-800.